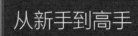

从新手到高手

夏丽华 / 编著

UML 建模、设计与分析

从新手到高手

U0203219

清华大学出版社

北京

内 容 简 介

UML 是支持模型化和软件系统开发的图形化语言,为软件开发的所有阶段提供模型化和可视化支持,是一种重要的建模、设计与分析工具。全书分 3 篇 19 章,介绍了 UML 概述、UML 建模工具概述、用例和用例图、类图、对象图和包图、活动图、顺序图、通信图和时序图、状态机图、组件图和部署图、组合结构图和交互概览图、UML 与 RUP、对象约束语言、UML 扩展机制、UML 与数据库设计、基于 C++ 的 UML 模型实现、UML 与建模、Web 应用程序设计、嵌入式系统设计等内容。

本书图文并茂,秉承了基础知识与实例相结合的特点,其内容简单易懂、结构清晰、实用性强、案例经典,适合 UML 建模初学者、大中专院校师生及计算机培训人员使用,同时也是 UML 爱好者的必备参考书。

图书在版编目(CIP)数据

UML 建模、设计与分析从新手到高手/夏丽华编著. —北京:清华大学出版社,2019(2024.5重印)
(从新手到高手)
ISBN 978-7-302-49199-6

Ⅰ. ①U… Ⅱ. ①夏… Ⅲ. ①面向对象语言-程序设计 Ⅳ. ①TP312.8

中国版本图书馆 CIP 数据核字(2017)第 330884 号

责任编辑:陈绿春 常建丽
封面设计:潘国文
责任校对:胡伟民
责任印制:刘 菲

出版发行:清华大学出版社
      网   址:https://www.tup.com.cn, https://www.wqxuetang.com
      地   址:北京清华大学学研大厦 A 座   邮   编:100084
      社 总 机:010-83470000   邮   购:010-62786544
      投稿与读者服务:010-62776969, c-service@tup.tsinghua.edu.cn
      质量反馈:010-62772015, zhiliang@tup.tsinghua.edu.cn

印 装 者:三河市君旺印务有限公司
经   销:全国新华书店
开   本:190mm×260mm   印   张:23   字   数:680 千字
版   次:2019 年 4 月第 1 版   印   次:2024 年 5 月第 3 次印刷
定   价:69.00 元

产品编号:063669-01

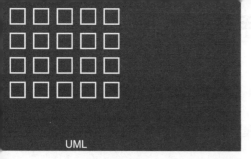

前　言

　　软件的发展至今已经有近70年的历史，面向对象技术开始有深入的研究，并广泛应用也近50年了，已经成为软件开发中分析、设计、实现的主流方法和技术。UML始于1997年的一个OMG（对象管理组织）标准，是一种支持模型化和软件系统开发的图形化语言，可为软件开发的所有阶段提供模型化和可视化支持。它不仅统一了Booch、Rumbaugh和Jacobson的表示方法，而且做了进一步的发展，并最终统一为大众所接受的标准建模语言。

　　UML适用于系统开发过程中从需求分析到完成测试的各个阶段：在需求分析阶段，可以用用户模型视图来捕获用户需求；在分析和设计阶段，可以用静态结构和行为模型视图来描述系统的静态结构和动态行为；在实现阶段，可以将UML模型自动转换为用面向对象程序设计语言实现代码。

1．本书内容介绍

　　全书系统全面地介绍UML建模、设计与分析的应用知识，每章都提供了丰富的实用案例，用来巩固所学知识。本书共分为19章，内容概括如下：

　　第1章：为UML概述，包括认识UML、UML的组成、UML的视图和通用机制、Rational统一过程、面向对象开发等内容。

　　第2章：为UML建模工具概述，包括常用UML建模工具、使用Rational Rose建模、Rose建模的基本操作、逆向工程、正向工程等内容。

　　第3章：为用例和用例图，包括用例图的构成、用例关系和描述、绘制用例图等内容。

　　第4章：为类图，包括类图的概念、泛化关系、依赖关系和实现关系、关联关系、绘制类图等内容。

　　第5章：为对象图和包图，包括对象和类、对象和链、对象图概述、包图概述、包之间的关系、对象图和包图建模、绘制对象图等内容。

　　第6章：为活动图，包括活动图概述、活动图的组成元素、分支与合并、分叉与汇合、绘制活动图等内容。

　　第7章：为顺序图，包括顺序图概述、顺序图的构成元素、建模和执行、绘制顺序图等内容。

　　第8章：为通信图和时序图，包括通信图概述、操作消息元素、时序图概述、时间约束和替代、绘制通信图等内容。

　　第9章：为状态机图，包括状态机概述、事件、动作、转移的类型、组合状态、绘制状态机图等内容。

　　第10章：为组件图和部署图，包括组件图概述、部署图概述、组合组件图和部署图、绘制部署图、绘制组件图等内容。

　　第11章：为组合结构图和交互概览图，包括内部结构、端口、协作、组成部分、使用交互、组合交互等内容。

　　第12章：为UML与RUP，包括RUP概述、RUP的二维空间、核心工作流程、Rose在RUP模型中的应用等内容。

　　第13章：为对象约束语言，包括对象约束语言概述、数据类型、创建集合、操作集合、对象级约束、消息级约束、约束和泛化等内容。

第 14 章：为 UML 扩展机制，包括 UML 的体系结构、UML 核心语义、构造型、标记值、约束等内容。

第 15 章：为 UML 与数据库设计，包括数据库设计概述、类图到数据库的转换、完整性与约束验证、数据库实现与转换技术等内容。

第 16 章：为基于 C++的 UML 模型实现，包括模型元素的简单实现、实现关联、受限关联的实现、UML 关系的实现、特殊类的实现等内容。

第 17 章：为 UML 与建模，包括数据建模，业务建模和 Web 建模等内容。

第 18～19 章：通过 Web 应用程序设计和嵌入式系统设计 2 个综合案例，详细介绍了 UML 在建模、设计和分析方面的实际应用。

2．本书主要特色

❑ **系统全面，超值实用**　全书提供了 15 个练习案例和 2 个综合案例，通过示例分析、设计过程讲解 UML 建模、设计与分析的应用知识。每章穿插大量提示、分析、注意和技巧等栏目，构筑了面向实际的知识体系。本书采用了紧凑的体例和版式，相同的内容下，篇幅缩减了 30%以上，实例数量增加了 50%。

❑ **串珠逻辑，收放自如**　统一采用三级标题灵活安排全书内容，摆脱了普通培训教程按部就班讲解的窠臼。每章都配有扩展知识点，便于用户查阅相应的基础知识。本书内容安排收放自如，方便读者学习。

❑ **全程图解，快速上手**　各章内容分为基础知识和实例演示两部分，全部采用图解方式，图像均做了大量的裁切、拼合、加工，信息丰富，效果精美，阅读体验轻松，上手容易。

❑ **新手进阶，加深印象**　全书提供了 77 个基础实用案例，通过示例分析、设计应用，全面加深 UML 建模、设计与分析的基础知识应用方法的讲解。新手进阶部分，每个案例都提供了操作简图与操作说明。

3．本书使用对象

本书从 UML 的基础知识入手，全面介绍了 UML 建模、设计与分析面向应用的知识体系。本书可作为高职高专院校学生学习用书，也可作为计算机办公应用用户深入学习 UML 建模的培训和参考资料。

参与本书编写的人员除了封面署名人员之外，还有于伟伟、王翠敏、冉洪艳、刘红娟、谢华、张振、卢旭、吕咏、扈亚臣、程博文、方芳、房红、孙佳星、张彬、马海霞等。

由于编者水平有限，疏漏之处在所难免，欢迎读者朋友登录清华大学出版社的网站 www.tup.com.cn 与我们联系，帮助我们改进提高。

本书相关素材请扫描封底的二维码进行下载。如果在下载过程中碰到问题，请联系陈老师，联系邮箱：chenlch@tup.tsinghua.edu.cn。

编者

2019 年 1 月

UML

目　录

准备篇

第1章

UML 概述

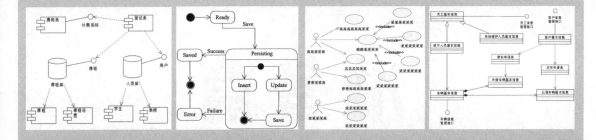

　　统一建模语言（Unified Modeling Language，UML）是一种支持模型化和软件系统开发的图形化语言，为软件开发的所有阶段提供模型化和可视化支持，包括由需求分析到规格，到构造和配置。面向对象的分析与设计方法的发展在 20 世纪 80 年代末至 20 世纪 90 年代中出现了一个高潮，UML 便是这个高潮的产物，它能让系统构造者用标准的、易于理解的方式建立起能够表达出他们想象力的系统蓝图，并且提供了便于不同的人之间有效共享和交流设计结果的机制。

1.1　认识 UML

UML 是面向对象软件的标准化建模语言。UML 由于不仅具有简单、统一的特点，而且还能表达软件设计中的动态和静态信息，因此已成为现在诸多领域内建模的首选标准。

1.1.1　UML 的发展历程

UML 起源于多种面向对象建模方法，而面向对象建模语言最早出现于 20 世纪 70 年代中期，到 80 年代末发展极为迅速。据统计，从 1989 年至 1994 年，面向对象建模语言的数量从不到 10 种增加到 50 多种。在众多的建模语言中，各类语言的创造者极力推崇自己的语言，并不断地发展完善它。但由于各种建模语言固有的差异和优缺点，使得使用者很难根据应用的特点选择合适的建模语言。

UML 是 Grady Booch(Booch)、James Rumbaugh (OMT)和 Ivar Jacobson(OOSE)智慧的结晶。其中，OMT 擅长分析，Booch 擅长设计，而 OOSE 擅长业务建模。James Rumbaugh 于 1994 年离开 GE 公司加入 Booch 所在的 Rational 公司，他们一起研究一种统一的方法。

1995 年完成"统一方法〔Unified Method〕"0.8 版。之后 Ivar Jacobson 加入，吸取了他的用例(Use Case〕思想，于 1996 年完成"统一建模语言"0.9 版。

1997 年 1 月，UML 版本 1.0 被提交给 OMG 〔对象管理组织〕，作为软件建模语言标准化的候选。随后一些重要的软件开发商和系统集成商成为"UML 伙伴〔UML Partners〕"，其中有 Microsoft、IBM 和 HP。经过应用并吸收了开发商和其他诸多意见后，于 1997 年 9 月再次提交给 OMG，11 月 7 日正式被 OMG 采纳作为业界标准。

2001 年，UML 1.4 版本被核准推出。2005 年，UML 2.0 标准版发布。UML 2.0 建立在 UML 1.x 基础之上，大多数的 UML 1.x 模型在 UML 2.0 中都可用，但 UML 2.0 在结构建模方面有了一系列重大的改进，包括结构类、精确的接口和端口、拓展性、交互片断和操作符，以及基于时间建模能力的增强。

UML 版本变更得比较慢，主要因为建模语言的抽象级别高，所以相对而言，实现语言（如 C#、Java 等）版本变更更加频繁。2010 年 5 月发布了 UML 2.3。2012 年 1 月，UML 2.4 的所有技术环节已经完成，目前只需等待进入 OMG 的投票流程，然后将发布为最新的 UML 规约。同时，UML 也被 ISO 吸纳为标准 ISO/IEC 19501 和 ISO/IEC 19505。UML 的发展历程如下图所示。

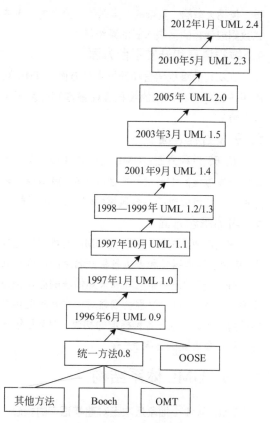

1.1.2　UML 统一的作用

UML 的中文含义为统一建模语言。"统一"在 UML 中具有特殊的作用和含义，主要体现在如下

6 个方面。

1．方法和表示法方面

在以往出现的方法和表示法方面，UML 合并了许多面向对象方法中被普遍接受的概念，对每种概念，UML 都给出了清晰的定义、表示法和有关术语。使用 UML 可以对已有的各种方法建立的模型进行描述，并比原来的方法描述得更好。

2．软件周期方面

在软件开发的生命期方面，UML 对开发的要求具有无缝性。开发过程中的不同阶段可以采用相同的一整套概念和表示法，在同一个模型中，它们可以混合使用，而不必转换概念和表示法。这种无缝性对迭代的增量式软件开发至关重要。

3．应用领域方面

在应用领域方面，UML 适用于各种领域的建模，包括大型的、复杂的、实时的、分布的、集中式数据或计算的、嵌入式的系统等。

4．编程语言和开发平台方面

在实现的编程语言和开发平台方面，UML 可应用于运行各种不同的编程实现语言和开发平台的系统。

5．开发过程方面

在开发过程方面，UML 是一种建模语言，不是对开发过程的细节进行描述的工具。就像通用程序设计语言可以进行许多风格的程序设计一样。

6．内部概念方面

在内部概念方面，在构建 UML 元模型的过程中，应特别注意揭示和表达各种概念之间的内在联系。试图用多种适用于已知和未知情况的办法把握建模中的概念，这个过程会增强对概念及其适用性的理解。这不是统一各种标准的初衷，但却是统一各种标准最重要的结果之一。

1.1.3　UML 体系结构

UML 从 4 个抽象层次上对建模语言的概念、模型元素和结构等进行了全面的定义，并规定了相应的表示方法和图形符号，它们分别如下。

- 元元模型层（**Metameta Model**）位于结构的最上层，组成 UML 的最基本元素"事物（Thing）"，代表要定义的所有事物。
- 元模型层（**Meta Model**）组成 UML 的基本元素，包括面向对象和面向组件的概念。这一层的每个概念都是元元模型层中"事物"的实例。
- 模型层（**Model**）组成 UML 的模型，这一层中的概念都是元模型层中概念的实例化。该层的模型通常叫作类模型（Class Model）或类型模型（Type Model）。
- 用户模型层（**User Model**）该层的每个实例都是模型层和元模型层概念的实例。该层中的模型通常叫作对象模型（Object Model）或实例模型（Instance Model）。

上述 4 层体系结构定义了 UML 的所有内容。具体来说，UML 的核心由视图（Views）、图（Diagrams）、模型元素和通用机制组成。

- 视图　视图是表达系统某一个方面特征的 UML 建模元素的子集，它并不是具体的图，而是由一个或多个图组成对系统某个角度的抽象。建造完整个系统时，通过定义多个反映系统不同方面的视图，才能做出完整、精确的描述。
- 图　图由各种图片组成，用于描述一个视图内容。图并不仅仅是一幅图片，而是在某一个抽象层上对建模系统的抽象表示。UML 中共定义了 9 种基本图，结合这些图可以描述系统所有的视图。
- 模型元素　UML 中的模型元素包括事物和事物之间的联系。事物描述了面向对象概念，如类、对象、消息和关系等。事物之间的联系能够把事物联系在一起，组成有意义的结构模型。常见的联系包括关联关系、依赖关系、泛化关系、实现关系和聚合关系等。
- 通用机制　通用机制用于为模型元素提供额外信息，如注释、模型元素的语义等，同时它还提供扩展机制，允许用户对 UML 进行扩展，以便适应特殊的方法、组织或用户。

1.1.4　UML 建模流程

了解了 UML 的体系结构之后，还需要了解一下 UML 建模的流程，为使用 UML 建模奠定基础。

进行面向对象软件开发建模时，需要按 5 个步骤进行，每步都需要与 UML 进行紧密结合，这 5 步分别是：需求分析、分析、设计、构造和测试。

1．需求分析

UML 的用例图可以表示用户的需求。通过用例建模，可以对外部的角色以及它们所需要的系统功能建模。角色和用例是用它们之间的关系通信建模的。每个用例指定了用户的需求：用户要求系统做什么。

2．分析

分析阶段主要考虑所要解决的问题，可以用 UML 的逻辑视图和动态视图来描述。在该阶段只为问题域类建模，不定义软件系统解决方案的细节，如用户接口的类、数据库等。

3．设计

在设计阶段，把分析阶段的成果扩展成技术解决方案。加入新的类来提供技术基础结构、用户接口、数据库等。设计阶段结果是构造阶段的详细规格说明。

4．构造

在该阶段中，把设计阶段的类转移成某种面向对象程序设计语言的代码。在对 UML 表示的分析和设计模型进行转换时，最好不要直接把模型转换成代码。因为在早期阶段，模型是理解系统并对系统进行结构化的手段。

5．测试

系统测试通常分为单元测试、集成测试、系统测试和接受测试几个不同的级别。单元测试是对一个类或一组类进行测试，通常由程序员进行；集成测试通常测试集成组件和类，看它们之间是否能恰当地协作；系统测试验证系统是否具有用户所要求的所有功能；接受测试验证系统是否满足所有需求，通常由用户完成。不同的测试小组可以使用不同的 UML 图作为工作基础：单元测试使用类图和类的规格说明；典型的集成测试使用组件图和协作图；系统测试则使用用例图来确定系统行为是否符合图中的定义。

UML 1.2　UML 的组成

至此，我们已经对 UML 的发展过程有了一定了解，并且认识了 UML 体系结构中每层的作用。除了上述了解的 UML 基本概述外，还需要了解一下 UML 的组成。

UML 的组成包括事物、关系和图。其中，事物是 UML 中的重要组成部分，关系具有联系元素的作用，而图则是很多有相互关系的事物的组。

1.2.1　事物

UML 中包括构件事物、行为事物、分组事物和注释事物。

1．构件事物

构件事物是 UML 模型的静态部分、描述概念或物理元素，主要包括类、接口、协作、用例、组件、节点和活动类。

❑　类

类是对具有相同属性、方法、关系和语义的一组对象的抽象。一个类可以实现一个或多个接口。UML 中类的符号如下图所示。

Class
−Attrl
−Size
−Type
+Oper()
+Show()

❑　接口

接口是为类或组件提供特定服务的一组操作

的集合。一个接口可以实现类或组件的全部动作，也可以实现其中的一部分。UML 中的接口符号如下图所示。

❑ 协作

协作定义了交互操作。一个给定的类可能是几个协作的组成部分，这些协作代表构成系统模式的实现。协作在 UML 中使用虚线构成的椭圆表示，如下图所示。

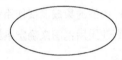

❑ 用例

用例描述系统中特定参与者执行的一系列动作。模型中的用例通常用来组织动作事物，它是通过协作来实现的。UML 中使用实线椭圆表示用例，如下图所示。

❑ 组件

组件是实现了一个接口集合的物理上可替换的系统部分。UML 中组件的表示如下图所示。

❑ 节点

节点是运行时存在的一个物理元素，代表一个可计算的资源，通常占用一些内存，具有处理能力。UML 中节点的表示法如下图所示。

节点

❑ 活动类

活动类是类对象有一个或多个进程或线程的

类，与普通的类相似，只是该类对象代表元素的行为和其他元素同时存在。UML 中活动类的表示法和类相同，只是边框使用粗线条，如下图所示。

Class
–Attrl
–Size
–Type
+Oper()
+Show()

2．行为事物

行为事物又称动作事物，是 UML 模型中的动态部分，代表时间和空间上的动作。交互和状态机是 UML 模型中两个基本的动态事物元素，它们通常和其他结构元素、主要的类、对象连接在一起。

❑ 交互

交互是一组对象在特定上下文中，为达到某种特定目的而进行一系列消息交换组成的动作。交互中组成动作对象的每个操作都要详细列出，包括消息、动作次序和连接等。UML 中使用带箭头的直线表示，并在直线上对消息进行标注，如下图所示。

消息

❑ 状态机

状态机由一系列对象的状态组成。在 UML 中，状态机的表示法如下图所示。

3．分组事物

分组事物是 UML 模型中重要的组成部分。分组事物使用的机制称为包。包可以将彼此相关的元素进行分组。结构事物、动作事物，甚至其他分组事物都可以放在一个包中。包只存在于开发阶段。UML 中包的表示法如下图所示。

Name

4．注释事物

注释事物是 UML 中模型元素的解释部分。在 UML 中，注释事物由统一的图形表示，如下图所示。

1.2.2　关系

UML 中，关系共分为 5 种，分别是关联关系、依赖关系、泛化关系、实现关系和聚合关系。这里对它们进行简要介绍，并讲解每种关系的图形表示。

1．关联关系

关联关系体现了两个类之间，或者类与接口之间的一种依赖关系，表现为一个类似属性的形式包含对另一个类的一个或多个对象的应用。关联的两端中以关联双方的角色和多重性标记，如下图所示。

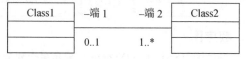

2．依赖关系

依赖关系描述一个元素对另一个元素的依附。依赖关系使用带有箭头的虚线从源模型指向目标模型，如下图所示。

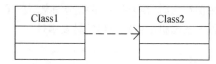

3．泛化关系

泛化关系也称为继承关系，这种关系意味着一个元素是另一个元素的特例。泛化关系使用带有空心三角箭头的直线作为其图形表示，箭头从表示特殊性事物的模型元素指向表示一般性事物的模型元素，如下图所示。

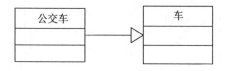

4．实现关系

实现关系描述一个元素实现另一个元素。实现关系使用一条带有空心三角箭头的虚线作为其图形表示，箭头从源模型指向目标模型，表示源模型元素实现目标模型元素。实现关系表示法如下图所示。

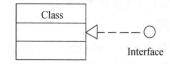

5．聚合关系

聚合关系描述元素之间部分与整体的关系，即表示一个整体的模型元素可由几个表示部分的模型元素构成。聚合关系使用带有空心菱形的直线表示，其中菱形连接表示整体的模型元素，而其他端则连接表示部分的模型元素。聚合关系表示法如下图所示。

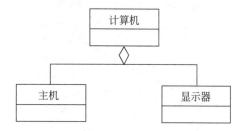

1.2.3　图

每种 UML 的视图都是由一个或多个图组成的，图就是系统架构在某个侧面的表示。所有的图一起组成系统的完整视图。UML 2.0 提供了 13 种不同的图，通过它们的相互组合提供了建模系统中的所有视图。UML 中的 13 种图可以归纳为下列 5 种类型图。

- ❑ **静态图**　包含类图、对象图、包图、组合结构图。
- ❑ **动态图**　状态图、活动图。
- ❑ **用例图**　用例图。
- ❑ **交互图**　顺序图、通信图、时序图、交互概览图。
- ❑ **实现图**　组件图、部署图。

从应用的角度来看，当采用面向对象技术设计系统时，第一步是描述需求，第二步是根据需求建立系统的静态模型图，第三步是描述系统的行为。其中，第一步和第二步需要建立的模型为静态模型，包括用例图、类图、包图、对象图、组合结构图、组件图和部署图等；而第三步需要建立的模型为执行模型，包含状态图、活动图、顺序图、通信图、时序图和交互概览图等图形。

1. 用例图

用例图（Use Case Diagram）显示多个外部参与者以及他们与系统提供的用例之间的连接。用例是系统中的一个可以描述参与者与系统之间交互作用的功能单元。用例图仅仅描述系统参与者从外部观察到的系统功能，并不描述这些功能在系统内部的具体实现。如下图中的用例图，展示了一组用例、参与者及其之间的关系。

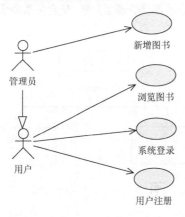

2. 类图

类图（Class Diagram）以类为中心，图中的其他元素或属于某个类，或与类相关联。在类图中，类可以有多种方式相互连接：关联、依赖、特殊化，这些连接称为类之间的关系。所有的关系连同每个类内部结构都在类图中显示。

通知
+通知内容 +发送人 +发送时间 +接收人 +确认时间
+发送() +确认() +查询() +删除()

3. 对象图

对象图（Object Diagram）是类图的变体，使用与类图相似的符号描述。不同之处在于，对象图显示的是类的多个对象实例，而非实际的类。可以说，对象图是类图的一个实例，用于显示系统执行时的一个可能，即在某一时刻上系统显现的样子。

4. 状态图

状态图（State Diagram）是对类描述的补充，用于显示类的对象可能具备的所有状态，以及引起状态改变的事件。状态之间的变化称为转移，状态图由对象的各个状态和连接这些状态的转移组成。事件的发生会触发状态的转移，导致对象从一种状态转化到另一种状态。

实际建模时，并不需要为所有的类绘制状态图，仅对那些具有多个明确状态并且这些状态会影响和改变其行为的类才绘制状态图。

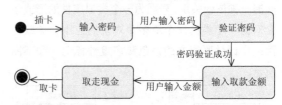

5. 顺序图

顺序图（Sequence Diagram）显示多个对象之间的动态协作，重点是显示对象之间发送消息的时间顺序。顺序图也显示对象之间的交互，就是在系统执行时，某个指定时间点将发生的事情。顺序图的一个用途是用来表示用例中的行为顺序，当执行一个用例行为时，顺序图中的每个消息对应了一个类操作或状态机中引起转移的触发事件。

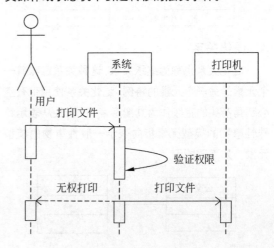

6. 活动图

活动图（Activity Diagram）用于描述执行算法的工作流程中涉及的活动。动作状态代表一个活动，即一个工作流步骤或一个操作的执行。活动图由多个动作组成，当一个动作完成后，动作将会改变，转移到一个新的动作。这样，控制就在这些互相连接的动作之间流动。

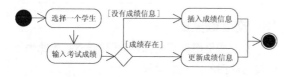

7. 通信图

通信图是顺序图之外另一个表示交互的方法。与顺序图一样，通信图也展示对象之间的交互关系。和顺序图描述随着时间交互的各种消息不同，通信图侧重于描述哪些对象之间有消息传递，而不像顺序图那样侧重在某种特定的情形下对象之间传递消息的时序性。也就是说，顺序图强调的是交互的时间顺序，而通信图强调的是交互的情况和参与交互的对象的整体组织。

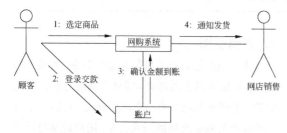

通信图作为表示对象间相关作用的图形表示，也可以有层次结构。可以把多个对象作为一个抽象对象，通过分解，用下层通信图表示出多个对象间的协作关系，这样可缓解问题的复杂度。

8. 组件图

组件图（Component Diagram）用代码组件来显示代码物理结构，一般用于实际的编程中。组件可以是源代码组件、二进制组件或可执行组件。组件中包含它所实现的一个或多个逻辑类的相关信息。组件图中显示组件之间的依赖关系，并可以很容易地分析出某个组件的变化将会对其他组件产生什么样的影响。

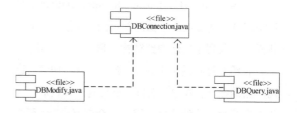

9. 部署图

部署图（Deployment Diagram）用于显示系统的硬件和软件物理结构，不仅可以显示实际的计算机和节点，还可以显示它们之间的连接和连接类型。

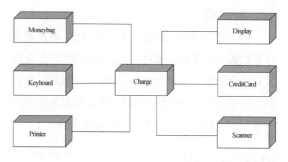

10. 包图

包图用于展现模型要素的基本组织单元，以及这些组织单元之间的依赖关系。包图是维护和控制系统总体结构的重要建模工具。对复杂系统进行建模时，经常需要处理大量的类、接口、组件、节点等元素，这时有必要对它们进行分组。把语义相近并倾向于同一变化的元素组织起来加入同一个包中，以便理解和处理整个模型。

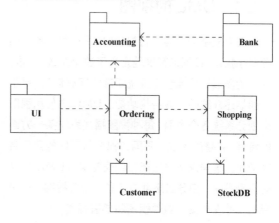

11．组合结构图

组合结构图（Composite Structure Diagram）是 UML 2.0 中新增最有价值的新视图，也称为组成结构图，主要用于描述内部结构、端口和协作等。

在组合结构图中出现了"端口"和"协议"这两个新的概念，其中"端口"是类的一种性质，用于确定该类与外部环境之间的一个交互点，也可以确定该类与其内部各组件之间的交互点；而"协议"则是基于 UML 中的"协作"概念衍生而成的，主要描述参与结合的多个元素（角色）的一种结构，以及各自完成特定的功能，并通过协作提供某些新功能。

12．时序图

时序图是顺序图的另一种表现形式。时序图显示系统内各对象处于某种特定状态的时间，以及触发这些状态发生变化的消息。构造一个时序图最好的方法是从顺序图中提取信息，然后按照时序图的构成原则，相应添加时序图的各构成部件。

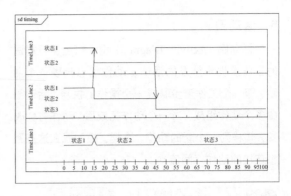

13．交互概览图

交互概览图具有类似活动图的外观，因此也可以按活动图的方式来理解。

交互概览图的外观与活动图类似，只是将活动图中的动作元素改为交互概览图中的交互关系。如果概览图内的一个交互涉及时间，则使用时间图；如果概览图中的另一个交互可能需要关注消息次序，则可以使用顺序图。交互概览图将系统内单独的交互结合起来，并针对每个特定交互使用最合理的表示法，以显示出它们如何协同工作，来实现系统的主要功能。

1.3 UML 的视图和通用机制

至此，我们已经对 UML 的发展历程、建模流程和组成有了一定了解，并且认识了 UML 体系结构中每层的作用。除了上述了解的 UML 基本概述外，还需要了解一下 UML 的视图和通用机制等 UML 元素。

1.3.1 UML 的视图

在对复杂的工程进行建模时，系统可由单一的图形来描述，该图形精确地定义了整个系统。但是，单一的图形不可能包含系统所需的所有信息，更不可能描述系统的整体结构功能。UML 中使用视图来划分系统各个方面，每种视图描述系统某一方面的特性。完整的系统由不同的视图从不同的角度共同描述，这样系统才可能被精确定义。UML 中具有多种视图，细分起来共有 5 种：用例视图、逻辑视图、并发视图、组件视图和部署视图。

1．用例视图

用例视图强调从系统的外部参与者（主要是用户）的角度所需要的功能，描述了系统应该具有的功能。用例是系统中的一个功能单元，可以被描述为参与者与系统之间的一次交互。用户对系统要求的功能被当作多个用例在用例视图中进行描述，一个用例就是对系统的一个用法的通用描述。

用例视图是其他视图的核心，它的内容直接驱动其他视图的开发。系统要提供的功能都在用例视图中描述，用例视图的修改会对所有其他的视图产生影响。此外，通过测试用例视图还可以检验最终的校验系统。

2．逻辑视图

逻辑视图的使用者主要是设计人员和开发人员，它描述用例视图提出的系统功能的实现。与用例视图相比，逻辑视图主要关注系统内部，它既描述系统的静态结构,如类、对象及它们之间的关系,又描述系统内部的动态协作关系。对系统中静态结构的描述使用类图和对象图,而对动态模型的描述则使用状态图、时序图、协作图和活动图。

3．并发视图

并发视图的使用者主要是开发人员和系统集成人员,它主要考虑资源的有效利用、代码的并行执行以及系统环境中异步事件的处理。除了系统划分为并发执行的控制以外,并发视图还需要处理线程之间的通信和同步。描述并发视图主要使用状态图、协作图和活动图。

4．组件视图

组件是不同类型的代码模块,它是构造应用的软件单元。而组件视图是描述系统的实现模块以及它们之间的依赖关系。在组件视图中可以添加组件的其他附加信息,如资源分配或其他管理信息。描述组件视图的主要是组件图,它的使用者主要是开发人员。

5．部署视图

部署视图使用者主要是开发人员、系统集成人员和测试人员,它显示系统的物理部署,描述位于节点上的运行实例的部署情况,还允许评估分配结果和资源分配。例如,一个程序或对象在哪台计算机上执行,执行程序的各节点设备之间是如何连接的。部署视图一般使用部署图来描述。

1.3.2   通用机制

通用机制使得 UML 更简单和易于使用。通用机制可以为模型元素添加注释、信息或语义,还可以对 UML 进行扩展。这些通用机制中包括了修饰、注释、规格说明和扩展机制。

1．修饰

修饰（Adornment）为图中的模型元素增加了语义,建模时可以将图形修饰附加到 UML 图中的模型元素上。例如,当一个元素代表某种类型时,名称显示为粗体;当同一元素表示该类型的实例时,该元素名称显示为下画线修饰。

UML 中的修饰通常写在相关元素的旁边,所有对这些修饰的描述与它们所影响元素的描述放在一起。下图所示为类和对象修饰示意图。

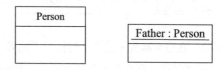

2．注释

UML 的表达能力很强,尽管如此,也不能完全表达出所有信息。所以,UML 中提供了注释,用于为模型元素添加额外信息与说明。注释以自由文本的形式出现,它的信息类型为字符串,可以附加到任何模型中,并且可以放置在模型元素的任意位置上。在 UML 图中,注释使用一条虚线连接它所解释或细化的元素,如下图所示。

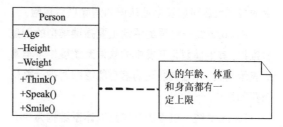

3．规格说明

模型元素具有许多用于维护该元素的数据值特性,特性用名称和标记值定义。标记值是一种特定的类型,如整型或字符串。UML 中有许多预定义的特性,如文档（Documentation）、职责（Responsibility）、永久性（Persistence）和并发性（Concurrency）。

4．扩展机制

UML 的扩展机制（Extensibility）允许根据需要自定义一些构造型语言成分。通过该扩展机制,用户可以自定义使用自己的元素。UML 扩展机制由 3 部分组成:构造型（Stereo Type）、标记值（Tagged Value）和约束（Constraint）。

扩展机制的基础是 UML 元素,扩展形式是为元素添加新语义。扩展机制可以重新定义语义,增加新语义和为原有元素添加新的使用限制,只能在原有元素基础上添加限制,而非对 UML 进行直接修改。

1.4 Rational 统一过程

UML 在很大程度上独立于过程，因此可以运用许多软件过程。在众多的软件过程中，Rational 统一过程是特别适用于 UML 生命周期的方法之一，是一种重量级过程。

1.4.1 过程的特点

Rational 统一过程是一个迭代的过程，迭代方法可以加深对问题的理解，以及通过多个周期的循环，得到一个不断递进的、有效的解决方案。这种迭代方法在本质上具有适应新需求或业务目标改变的灵活性，可以及早地认识和消除项目风险。

Rational 统一过程的活动主要强调模型的创建和维护，其中模型为开发中的软件系统提供了丰富的表示语义，并且其表达的信息能够即时被计算机捕获和控制。

Rational 统一过程的开发是以体系结构为中心的，着重于早期开发以及软件体系结构的基线，从而使开发更加便利，使重复工作最小化，以及增加构件复用的可能性和最终系统的可维护性。

Rational 统一过程的开发活动是用况驱动的，该过程重点强调在透彻地理解如何使用被交付系统的基础上建造系统。而用况和脚本的观念用于编排从需求捕获到测试的过程流，并提供从开发到被交付系统的可跟踪线索。

Rational 统一过程支持面向对象技术，该过程模型支持对象、类以及它们之间的关系等概念，并使用 UML 作为其公共表示法。

Rational 统一过程是一个可配置的过程，该过程是建立在简单、清晰、提供过程家族共性的过程体系结构基础上的。并且，Rational 统一过程还可以被修改为适用于不同的情况。Rational 统一过程中包含了如何配置过程，从而可以适应一个组织的需求指南。

Rational 统一过程激励客观的、不断前进的质

量控制和风险管理，质量评估内建在过程中，存在于所有活动中，涉及所有的参与者，并使用客观的度量和标准，并不是把质量控制当成一个事后或一个独立的活动进行处理。Rational 统一过程的风险管理也内建在过程中，这样就可以在开发过程中及早地发现和防范项目过程中的一些风险。

1.4.2 阶段和迭代

Rational 统一过程中的阶段是指过程中的 2 个重要里程碑之间的一段时间，在该时间内将会达到一组定义良好的目标，完成一些制品，并做出是否进入下一个阶段的决定。Rational 统一过程包括初始、细化、构造和移交 4 个阶段。

- **初始** 为项目建立构想、范围和初始计划。
- **细化** 用于设计、实现、测试一个健全的体系结构，并完成项目计划。
- **构造** 用于建造第一个可工作的系统版本。
- **移交** 把系统交付给它的最终用户。

在上述的 4 个阶段中，初始和细化阶段更注重开发生命周期的创造性和工程性的活动，而构造和移交阶段则更注重生产活动。

1. 阶段

在 4 个阶段中都有许多迭代出现，迭代代表一个完整的开发周期，从分析中的需求捕获到实现和测试，产生一个可执行的发布版本。该发布版本可以不包含商业版本的完整特性，只是为评估和测试提供坚实的基础，并为下一个开发周期提供统一的基线。

1）初始阶段

初始阶段的主要活动是为系统建立构想，并限定项目的范围，包括业务用况、高层需求和初始项目计划。而项目计划包括成功准则、风险评估、所需资源评估以及一个显示主要里程碑进度表的阶

段计划。另外，在初始阶段还通常需要建立一个用作概念验证的可执行原型。

初始阶段需要的人数通常最少，而在初始阶段的最后，则需要检查项目的生命周期目标，决定是否继续进行全范围的开发。

2）细化阶段

细化阶段的目标是分析问题域，建立一个健全的、合理的体系结构基础，并精化项目计划和消除项目的高风险因素。由于体系结构的选定离不开对整个系统的理解，因此在该阶段中需要描述大部分系统需求。另外，还需要实现一个用于演示对体系结构的选择并执行重要用况的系统，以验证这个体系结构。

细化阶段会涉及作为关键人员的系统架构师和项目经理，以及分析人员、开发人员、测试和其他人员。相对于初始阶段，细化阶段需要更庞大的团队以及更多的时间。

在细化阶段的最后，还需要检查详细的系统目标和范围、体系结构的选择，以及主要风险的解决方法，并确定是否继续进行构造。

3）构造阶段

在构造阶段，需要迭代地、增量式地开发一个准备移交给用户团体的完整产品。在该阶段中，需要描述剩余的需求和验收标准，并充实设计和完成对软件的实现及测试。

在构造阶段需要涉及系统架构师、项目经理和构造团队的领导，以及全体开发人员和测试人员。

在构造阶段的最后，需要决定软件、场地和用户是否已经为部署第一个可工作的系统版本做好了相应的准备。

4）移交阶段

移交阶段主要是为用户团队部署软件，在该过程中的演示、专题讨论会及各种发布都需要用户参与进来。另外，将系统移交到用户手中时，通常会出现额外的开发和调试系统、更正某些未察觉的问题，以及需要完成一些被推迟的特性等问题。

在移交阶段需要涉及项目经理、测试人员、发布专家、市场以及销售人员。

在移交阶段的最后，还需要判定该项目的生命周期是否达标，并确定是否开始另一个开发周期。

2．迭代

Rational 统一过程的每个阶段都包含了多个迭代，一个迭代是一个完整的开发循环，并产生一个可执行产品的发布版。该发布版可构成开发中的最终产品的一个子集，并能通过迭代增量式地成长，变成最终系统。

虽然每个迭代按照不同的阶段都具有不同的重点，但是每个迭代都会经历各种任务。在初始阶段，迭代的重点是需求捕获；在细化阶段，迭代的重点是转移到分析、设计和体系结构的实现；在构造阶段，迭代的重点是详细的设计、实现以及测试；在移交阶段，迭代的重点是部署。

3．开发周期

经过 4 个阶段的过程被称为一个开发周期，在一个完整的开发周期中会产生一个软件。第一个开发周期被称为初始开发周期，一个现存的产品会以相同的顺序重复开发周期（重复初始、细化、构造和移交 4 个阶段），从而演化到下一代产品。这种过程是系统的演化过程，因此在初始开发周期后面的开发周期是它的演化周期。

1.4.3　任务和制品

在了解了 Rational 统一过程中的阶段和迭代之后，还需要了解过程的任务。

Rational 统一过程包含业务建模、需求、分析和设计、实现、测试、部署、配置管理、项目管理和环境 9 个任务。

- ❑ **业务建模**　用于描述用户组织的结构和动态特性。
- ❑ **需求**　用于获取需求，可以使用多种方法来获取。
- ❑ **分析和设计**　用于描述多种体系结构视图。
- ❑ **实现**　用于考虑软件开发、单元测试和集成。

❑ **测试**　用于描述脚本、测试执行和缺陷追踪指标。

❑ **部署**　用于确定材料清单、版本说明、培训以及交付一个应用系统的其他方面。

❑ **配置管理**　用于控制和维护项目制品和管理活动的完整性。

❑ **项目管理**　用于描述一个迭代过程的不同的工作策略。

❑ **环境**　用于确定开发一个系统所需要的基础设施。

Rational 统一过程中的每个任务会捕获一组相关的制品和活动，制品是一些可被产生、操作或消耗的文档、报告或可执行程序。而活动主要描述了工作人员为创建或修改制品所需要完成的任务（思考步骤、执行步骤和重复步骤），以及用来执行这些任务的技术和准则。

1.4.4　制品

Rational 统一过程的每个活动都会产生相关的制品，这些制品既可以被要求作为输入，又可以被产生作为输出。

制品之间的重要连接与某些任务有关，它既可以用来直接输入到后续活动中，又可以在项目中作为引用资源保存，除此之外，还可以作为合约要求交付的产品。

1．模型

模型是 Rational 统一过程中最重要的一种制品，一个模型可以实现一个简化，而创建模型是为了更好地理解将要创建的系统。

在 Rational 统一过程中，一些模型用于可视化、详述、构造和文档化一个软件的密集系统，并可以覆盖所有重要的决策，这些模型如下所述。

❑ **业务用况模型**　用于建立组织的抽象。

❑ **业务分析模型**　用于建立系统的语境。

❑ **用况模型**　用于建立系统的功能需求。

❑ **分析模型（可选）**　用于建立概念设计。

❑ **设计模型**　用于建立问题的词汇及解决方案。

❑ **数据模型（可选）**　用于建立数据库和其他库的数据表示法。

❑ **部署模型**　用于建立执行的硬件拓扑结构以及系统的并发和同步机制。

❑ **实现模型**　用于建立装配和发布物理系统的各部件。

在 Rational 统一过程中，一个系统的体系结构是在设计视图、交互视图、部署视图、实现视图和用况视图这 5 种视图中进行捕获的。

2．其他模型

Rational 统一过程的制品被归类为管理制品和技术制品，而技术制品被分为 5 个集合。

1）需求集合

需求集合用于描述系统必须做什么，这个集合聚集了描述系统必须做什么的所有信息。这些信息包括用况模型、非功能需求模型、领域模型、分析模型以及用户需求的其他形式，而其他形式则包括试验模型、接口原型、规则约束等。

2）设计集合

设计集合用于描述系统是如何被构造的，这个集合聚集了描述系统如何被构造的信息，捕获一些关于系统如何被构造的决定，并考虑到时间、预算、遗产系统、复用、质量目标等所有约束。该集合包括设计模型、测试模型以及系统特性的其他形式，而其他形式则包括原型和可执行的体系结构。

3）测试集合

测试集合用于描述确认和验证系统的方法，这个集合聚集了测试系统的信息，包括脚本、测试用例、缺陷追踪指标以及验收标准。

4）实现集合

实现集合用于描述被开发的软件构件的装配，这个集合聚集了构成系统的软件元素的所有信息，包括源代码、配置文件、数据文件、软件构件等。除此之外，还包括描述如何装配这个系统的信息。

5）部署集合

部署集合提供用于可交付配置的所有数据，这个集合聚集软件被实际包装、运载、安装以及在目标环境中运行的所有信息。

1.5 　面向对象开发

面向对象(Object Oriented，OO)是软件开发方法，它是一个依赖于几个基本原则的思想库，目前已经席卷了整个软件界。面向对象是一种对现实世界理解和抽象的方法，是计算机编程技术发展到一定阶段后的产物，它强调在软件开发过程中面向客观世界或问题域中的事物，采用人类在认识客观世界的过程中普遍运用的思维方法，直观、自然地描述客观世界中的有关事物。目前，面向对象的概念和应用已超越了程序设计和软件开发，扩展到如数据库系统、交互式界面、分布式系统、网络管理结构、CAD 技术、人工智能等领域。

1.5.1　面向对象的概念

面向对象不仅是一些具体的软件开发技术与策略，而且是一整套关于如何看待软件系统与现实世界的关系，用什么观点来研究问题并进行求解，以及如何进行系统构造的软件方法学。

面向对象的核心是对象，它是系统中用来描述客观事物的一个实体，它是构成系统的一个基本单位。一个对象由一组属性和对这组属性进行操作的一组服务组成。从更抽象的角度来说，对象是问题域或实现域中某些事物的一个抽象，它反映该事物在系统中需要保存的信息和发挥的作用；它是一组属性和有权对这些属性进行操作的一组服务的封装体。客观世界是由对象和对象之间的联系组成的。

面向对象的软件工程方法的基础是面向对象编程语言。一般认为，诞生于 1967 年的 Simula-67 是第一种面向对象的编程语言。尽管该语言对后来许多面向对象语言的设计产生了很大的影响，但它并没有后续版本。继而，20 世纪 80 年代初，Smalltalk 语言掀起了一场"面向对象"运动。随后便诞生了面向对象的 C++、Eiffel 和 CLOS 等语言。尽管当时面向对象的编程语言在实际使用中具有一定的局限性，但它仍被广泛关注，一批批面向对象编程书籍层出不穷。直到今天，面向对象编程语

言数不胜数，在众多领域发挥着各自的作用，如 C++、Java、C#、VB.NET 和 C++.NET 等。随着面向对象技术的不断完善，面向对象技术逐渐在软件工程领域得到了应用。

面向对象的软件工程方法包括面向对象分析（OOA）、面向对象设计（OOD）、面向对象编程（OOP）等内容。

1．面向对象分析

OOA 是应用面向对象方法进行系统分析的。OOA 是面向对象方法从编程领域向分析领域发展的产物。从根本上讲，面向对象是一种方法论，不仅仅是一种编程技巧和编程风格，而且是一套可用于软件开发全过程的软件工程方法。OOA 是其中第一个环节。OOA 的基本任务是运用面向对象方法，从问题域中获取需要的类和对象，以及它们之间的各种关系。

2．面向对象设计

OOD 指面向对象设计，在软件设计生命周期中发生于 OOA 之后。在面向对象的软件工程中，OOD 是软件开发过程中的一个大阶段，其目标是建立可靠的、可实现的系统模型；其过程是完善OOA 的成果，细化分析。其与 OOA 的关系为：OOA 表达了"做什么"，而 OOD 则表达了"怎么做"，即分析只解决系统"做什么"，不涉及"怎么做"，而设计则解决"怎么做"的问题。

3．面向对象编程

OOP 就是使用某种面向对象的语言，实现系统中的类和对象，并使得系统能够正常运行。在理想的 OO 开发过程中，OOP 只是简单地使用编程语言实现了 OOA 和 OOD 分析和设计模型。

1.5.2　面向对象开发的概述

面向对象开发方法的原则是，鼓励软件开发者在软件生命周期内应用其概念来工作和思考。只有较好地识别、组织和理解了应用领域的内在概念，

才能有效表达出数据结构和函数的细节。

面向对象开发只有到了最后几个阶段，才不是独立于编程语言的概念过程。所以，可以将面向对象开发看作是一种思维方式，而不是一种编程技术。它的最大好处在于帮助规划人员、开发者和客户清晰地表达出抽象的概念，并将这些概念互相传达。它可以充当规约、分析、文档、接口以及编程的一种媒介。

为了加深读者对面向对象开发的理解，下面将它与传统软件开发作比较。面向对象的开发方法把完整的信息系统看成对象的集合，用这些对象来完成所需要的任务。对象能根据情况执行一定的行为，并且每个对象都有自己的数据。而传统开发方法则把系统看成一些与数据交互的过程，这些数据与过程隔离保存在不同文件中，当程序运行时，就创建或修改数据文件。下图显示了面向对象开发与传统软件开发之间的区别。

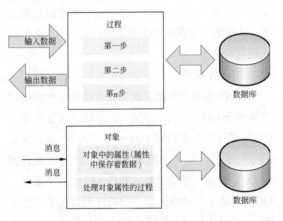

过程通过接收输入的数据，对它进行处理，随后保存数据或输出数据。面向对象则是通过接收消息来更新它的内部数据。这些差别虽然看起来简单，

但对整个系统的分析、设计和实现来说却非常重要。

任何一种开发方法，在开发系统之前，开发人员都会对此项目进行分析。系统需求分析就是对系统需求的研究、了解和说明。系统需求定义了系统要为从事业务活动的用户完成的任务。这些需求一般用图表来描述。对图表进行规范化后就构成了该系统的基本需求模型。系统分析过程中建立的模型被称为逻辑模型，因为它仅描述了系统的需求，所以不涉及如何实现此需求。系统设计就是建立一个新模型，该模型展示了组成软件系统所使用的技术。系统设计过程中建立的模型也称为物理模型。

在传统的结构化分析和设计中，开发人员也使用图形模型，如数据流图（DFD）用来表示输入、输出和处理，还要建立实体关系图（ERD），以表示有关存储数据的详细信息。它的设计模型主要由结构图等构成。

在 OO 开发中，因为需要描述不同的对象，所以 OO 开发中建立的模型不同于传统模型。例如，OO 开发不仅需要用数据和方法来描述建模，还需要用模型来描述对象之间的交互。OO 开发中使用 UML 来构造模型。

OO 开发方法不仅在模型上与传统的开发方法不同，系统开发生命周期也不同。系统开发生命周期是开发一个项目的管理框架，它列出了开发系统时的每个阶段和在每个阶段所要完成的任务。几个主要的阶段有计划、分析、设计、实现和支持。系统开发生命周期最初用在传统的系统开发中，但它也能用在 OO 开发中。OO 开发人员经常使用迭代开发方法来分析、设计和实现。

迭代开发方法就是先分析、设计，编写部分程序完成系统需求的一部分，然后再分析、设计、编程完成其他需求。下图演示了迭代开发方法。

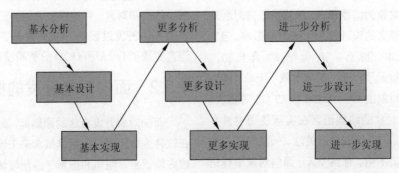

迭代开发方法和早期瀑布开发方法形成了鲜明对比。在瀑布开发方法中，在开始设计前要完成所有的需求分析，然后在需求分析的基础上进行系统设计，编程工作要在系统分析和设计完成后才进行。虽然传统开发方法也使用了迭代开发方法，但是因为每个迭代过程都涉及改进和增加模块的功能，而且在 OO 开发过程中每次迭代只需增加一个类，所以 OO 开发比传统开发更适用于迭代开发。

OO 方法在建造系统模型和描述系统如何工作方面和传统的编程方法不同，但在系统开发生命周期和项目管理中，OO 开发仍然和传统系统开发有相似之处。

1.5.3　面向对象的主要特征

为了进一步理解面向对象的内涵，还需要进一步了解面向对象的主要特征。

1．抽象

抽象〔Abstract〕是忽略事物中与当前目标无关的非本质特征，更充分地注意与当前目标有关的本质特征，从而找出事物的共性，并把具有共性的事物划为一类，得到一个抽象的概念。

例如，在设计一个学生管理系统的过程中以学生李华为例，就只关心他的学号、班级、成绩等，而忽略他的身高、体重等信息。因此，抽象性是对事物的抽象概括和描述，实现了客观世界向计算机世界的转化。将客观事物抽象成对象及类是比较难的过程，也是面向对象方法的第一步。例如，将学生抽象成对象及类的过程如下图所示。

2．封装

封装是面向对象的一个重要原则。封装指将对象属性和操作结合在一起，构成一个独立的对象。它的内部信息是隐蔽的，不允许外界直接存取对象的属性，而只能通过指定的接口与对象联系。

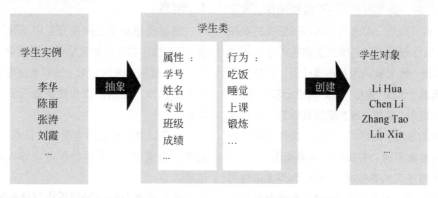

封装使得对象属性和操作紧密结合在一起，这反映了事物的状态特性和动作与事物不可分割的特征。系统中把对象看成其属性和操作的结合体，就使对象能够集中而完整地描述一个事物，避免了将数据和功能分离开进行处理，从而使得系统的组成与现实世界中的事物具有良好的对应性。

封装的信息隐蔽作用反映出事物的独立性。这样使得对于对象外部而言，只需要注意对象对外呈现的行为，而不必关心其内部的工作细节。封装可以使软件系统的错误局部化，从而大大降低查错和排错的难度。另一方面，当修改对象内部时，由于它只通过操作接口对外部提供服务，因此大大减少

了内部修改对外部的影响。

3．继承

继承是指子类可以拥有父类的全部属性和操作。继承是 OO 方法的一个重要概念，并且是 OO 技术可以提高软件开发效率的一个重要原因。

建造系统模型时，可以根据所涉及的事物的共性抽象出一些基本类，在此基础上再根据事物的个性抽象出新的类。新类既具有父类的全部属性和操作，又具有自己独特的属性和操作。父类与子类的关系为一般与特殊的关系。

继承机制具有特殊的意义。由于子类可以自动拥有父类的全部属性和操作，这样使得定义子类

时，不必重复定义那些在父类中已经定义过的属性和操作，只需要声明该类是某个父类的子类，将精力集中在定义子类所特有的属性和操作上。这样就提高了软件的可重用性。

继承具有传递性。如果子类 B 继承了类 A，而子类 C 又继承了类 B，则子类 C 可以继承类 A 和类 B 的所有属性和操作。这样，子类 C 的对象除了具有该类的所有特性外，还具有全部父类的所有特性。

如果限定每个子类只能单独继承一个父类的属性和操作，则这种继承称为单继承。在有些情况下，一个子类可以同时继承多个父类的属性和操作，这种继承称为多重继承。

4．多态性

在面向对象的开发中，多态性是指在父类中定义的属性和操作被子类继承后，可以具有不同的数据类型或表现出不同的行为。例如，定义一个父类"几何图形"时，为其定义了一个绘图操作。当子类"椭圆"和"矩形"都继承了几何图形类的绘图操作时，该操作根据不同的类对象将执行不同的操作。在"椭圆"类对象调用绘图操作时，该操作将绘制一个椭圆，而当"矩形"类对象执行该操作时，将绘制一个矩形。这样，当系统的其他部分请求绘制一个几何图形时，同样的"绘图"操作消息因为接收消息的对象不同，将执行不同的操作。

在父类与子类的类层次结构中，利用多态性可以使不同层次的类共享一个方法名，而各自有不同的操作。当一个对象接收到一个请求消息时，采取的操作将根据该对象所属的类决定。

在继承父类的属性和操作的名称时，子类也可以根据自己的情况重新定义该方法。这种情况称为重载。重载是实现多态性的方法之一。

5．关联

在现实世界中，事物不是孤立的、互相无关的，而是彼此之间存在着各种各样的联系。例如，在一个学校中，有教师、学生、教室等事物，它们之间存在着某种特定的联系。在面向对象的方法中，用关联来表示类或对象集合之间的这种关系。在面向对象中，常把对象之间的连接称为链接，而把存在对象连接的类之间的联系称为关联。

如果在 OOA 和 OOD 阶段定义了一个关联，那么在实现阶段必须通过某种数据结构来实现它。关联还具有多重性，多重性表示关联的对象之间数量上的约束，有一对一、一对多、多对多等不同的情况。

6．聚合

现实世界中既有简单的事物，也有复杂的事物。当人们认识比较复杂的事物时，常用的思维方法为：把复杂的事物分解成若干个比较简单的事物。在面向对象的技术中，像这样将一个复杂的对象分解为几个简单对象的方法称为聚合。

聚合是面向对象方法的基本概念之一。它指定了系统的构造原则，即一个复杂的对象可以分解为多个简单对象。同时，它也表示为对象之间的关系：一个对象可以是另一个对象的组成部分，同时，该对象也可以由其他对象构成。

7．消息

消息是指对象之间在交互中所传递的通信信息。当系统中的其他对象需要请求该对象执行某个操作时，就向其发送消息，该对象接收消息并完成指定的操作，然后把操作结果返回到请求服务的对象。

一个消息一般应该含有如下信息：接收消息的对象、请求该对象提供的服务、输入信息和响应信息。

消息在面向对象的程序中具体表现为函数调用，或其他类似于函数调用的机制。对于一个顺序系统，由于其不存在并发执行多个任务的情况，其操作是按顺序执行的，因此其消息实现目前主要为函数调用。而在并发程序和分布式程序中，消息则为进程间的通信机制和远程调用过程等其他通信机制。

1.5.4　面向对象的层

面向对象的开发中，通常把面向对象系统中相互联系的所有对象分成 3 层：数据访问层、业务逻辑层和表示层，区分层次的目的是遵循"高内聚、低耦合"的思想。它们的作用如下。

1．数据访问层

主要是针对原始数据（数据库或者文本文件等存放数据的形式）进行操作的层，而不是指原始数据。也就是说，是对数据的操作，而不是数据库，具体为业务逻辑层或表示层提供数据服务。

2．业务逻辑层

主要是针对具体问题的操作，也可以理解成对

数据层的操作，对数据业务进行逻辑处理。如果说数据层是积木，那逻辑层就是对这些积木的搭建。

3．表示层

简单来说，表示就是展现给用户的界面，即用户在使用一个系统时的所见所得，像菜单、按钮和输入框等都属于这一层。下图是在图书管理系统中添加学生信息和借书信息操作时的三层过程。

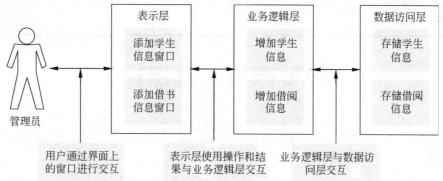

从上图中可以看出，管理员和图形用户界面（表示层）交流，图形用户界面一般由包含表示对象的窗口组成，窗口中包含按钮、菜单、工具栏的窗体。用户不能直接和业务逻辑层交互，而是通过鼠标和键盘对用户界面进行操作，使表示层与业务逻辑层交互。

当业务逻辑层中的对象需要保存实现持久化时，就需要使用数据库实现对象的持久性，即保存对象中的数据。每个过程需要为每个逻辑类定义一个单独的数据访问层，以便处理数据和保存有用的信息。

> **提示**
>
> 这 3 层构成了系统的物理模型。在构造系统模型过程中，开发人员会使用 UML 作为建造模型的工具。下节将介绍与此对应的 3 种模型。

1.5.5　面向对象的模型

UML 中提供了 3 种面向对象的模型，使用这 3 种模型从不同的视角来描述系统，它们分别是描述系统内部对象及其关系的类模型，描述对象生命历史的状态模型，以及描述对象之间交互行为的交互模型。每种模型都会在开发的所有阶段中得到应用，并随着开发过程的进行获得更多的细节。对系

统的完整描述，需要所有这 3 种视角的模型。

1．类模型

类模型（Class Model）描述了系统内部对象及其关系的静态结构。类模型界定了软件开发的上下文，包含类图。类图（Class Diagram）的节点是类，弧表示类间的关系。

2．状态模型

状态模型（State Model）描述了对象随着时间发生变化的那些方面。状态模型使用状态图确定并实现控制。状态图（State Diagram）的节点是状态，弧是由事件引发的状态间的转移。

3．交互模型

交互模型（Interaction Model）描述系统中的对象如何协作，以完成更广泛的任务。交互模型自用例开始，用例的概念随后会用顺序图和活动图详细描述。用例（Use Case）关注系统的功能，即系统为用户做了哪些事情。顺序图（Sequence Diagram）显示交互的对象以及发生交互的时间顺序。活动图（Activity Diagram）描述重要的处理步骤。

上述的 3 个模型描述了一套完整系统的相互独立的部分，但它们又是交叉相连的。类模型是最基本的，因为在描述何时以及如何发生变化之前，要先描述是哪些内容正在发生变化。

第**2**章

UML 建模工具概述

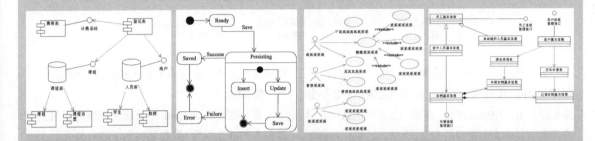

    随着 UML 的提出与发展，为适应软件项目开发的复杂性和广泛性，建模工具被日益重视起来。建模工具将软件开发维护过程中的需求分析、系统结构体系、代码实现、系统测试以及系统改进各个环节都进行了规范化，每个软件开发者都希望找到适合自己的，并且尽可能简单的建模工具。而 UML 就是为此设计的一种图形化描述工具。使用 UML 建模工具不仅可以使软件项目开发变得结构简明，而且还可以使软件项目开发变得更加容易被理解。

2.1 常用 UML 建模工具

面向对象的建模工具应对系统的模型进行可视化、构造和文档化，并且应该拥有特定的概念和表示方法。随着 UML 的发展，许多建模工具应运而生，其中比较具有代表性的建模工具有 Visio、PowerDesigner、StarUML 和 Rational Rose（简称 Rose）等。

2.1.1　Visio

Visio 是 Microsoft 公司推出的一款专业办公绘图软件，具有简单性与便捷性等强大的关键特性。它能够将自己的思想、设计与最终产品演变成形象化的图像进行传播，同时还可以帮助用户创建具有专业外观的图表，以便理解、记录和分析信息、数据、系统和过程。

Visio 是一种便于 IT 和商务专业人员就复杂信息、系统和流程进行可视化处理、分析和交流的软件。它使文档的内容更加丰富、更容易克服文字描述与技术上的障碍，让文档变得更加简洁、易于阅读与理解。

Visio 原来仅仅是一种画图工具，主要用来描述各种图形，直到 Visio 2000 版本才开始引进从软件分析设计到代码生成的全部功能。虽然 Visio 对软件开发中的 UML 支持仅仅是其中的很少一部分，但它却是目前最能够用图形方式表达各种商业图形用途的工具。

最新版的 Microsoft Office Visio 2016 可以帮助用户轻松地可视化、分析与交流复杂的信息，并可以通过创建与数据相关的 Visio 图表来显示复杂的数据与文本，这些图表易于刷新，并可以轻松地了解、操作和共享企业内的组织系统、资源及流程等相关信息。

Office Visio 2016 中包含了 3 个类型的版本，分别为 Visio 标准版 2016、Visio 专业版 2016 和 Visio Pro for Office 365 版。其中，Visio 标准版 2016 拥有丰富的内置模具和强大的图表绘制功能，包含

用于业务、基本网络图表、组织结构图、基本流程图和通用多用途图表的模具；Visio 专业版 2016 拥有 70 个内置模板和成千上万个形状，可以让个人和团队轻松地创建和共享专业和多用途的图表，从而简化复杂的信息；Visio Pro for Office 365 可以通过 Office 365 订阅最新服务，并可使用 Visio 专业版 2016 的所有功能。

使用 Visio 可以轻松地将流程、系统和复杂的信息可视化，并且 Visio 还提供了特定工具用以支持 IT 和商务人员的不同图表的制作需求。

Office Visio 2016 为用户提供了网络图、工作流图、数据库模型图、软件图等模板，这些模板可用于可视化和简化业务流程、跟踪项目和资源、绘制组织结构图、映射网络、绘制建筑地图以及优化系统。

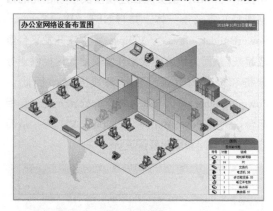

Visio 新增了自动连接功能，可以自动连接形状，使形状均匀分布并自动对齐，无须用户再绘制连接线。而在移动连接的形状时，会保持连接，并且连接线会在形状之间自动重排。

Visio 中的绘图和图表制作软件有助于 IT 和商务人员轻松可视化、分析和交流复杂信息，并能够将难以理解的复杂文本和表格转换为一目了然的 Visio 图表。除此之外，Visio 还可以通过创建与数据相关的 Visio 图表，用于显示模型数据。

Visio 与 Office 产品能够很好地兼容，可以将图形直接复制或嵌入到 Word 文档中。但是，对于

代码生成，则倾向于支持微软公司的产品 VB、C++、MS SQL Server 等，以比较方便描述图形语义，而对于软件开发过程中的迭代开发，则显得力不从心。

2.1.2 PowerDesigner

PowerDesigner 是 Sybase 公司的 CASE 工具集，使用它可以方便地对管理信息系统进行分析设计，他几乎包括了数据库模型设计的全过程。

PowerDesigner 采用模型驱动方法，将业务与 IT 结合起来，可帮助部署有效的企业体系架构，并为软件开发生命周期管理提供强大的分析与设计技术。

利用 PowerDesigner 不仅可以制作数据流程图、概念数据模型、物理数据模型，而且还可以为数据仓库制作结构模型，以及对团队设计模型进行控制。

PowerDesigner 独具匠心地将多种标准数据建模技术（UML、业务流程建模以及市场领先的数据建模）集成于一体，并与.NET、WorkSpace、PowerBuilder、Java™、Eclipse 等主流开发平台集成起来，从而为传统的软件开发周期管理提供业务分析和规范的数据库设计解决方案。因此，PowerDesigner 可以与许多流行的软件开发工具相配合，例如 PowerBuilder、Delphi、VB 等，从而缩短开发时间和优化系统设计。

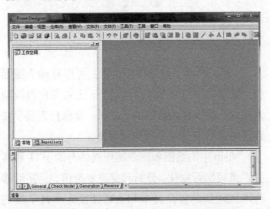

PowerDesigner 开始是对数据库建模而发展起来的一种数据库建模工具，直到 7.0 版才开始支持面向对象开发，而后又引入了对 UML 的支持。

PowerDesigner 可以对数据库进行强大的设计，是一款开发人员常用的数据库建模工具，包括概念数据模型、物理数据模型、面向对象模型和业务程序模型 4 种模型。使用它可以分别从概念数据模型 (Conceptual Data Model) 和物理数据模型 (Physical Data Model)2 个层次对数据库进行设计。

此外，PowerDesigner 还支持 60 多种关系数据库管理系统〔RDBMS〕版本，运行在 Microsoft Windows 平台上，并提供了 Eclipse 插件。

由于 PowerDesigner 主要用于支持数据库建模，它可支持 90%左右的数据库；但它对 UML 建模所使用的各种图的支持却不尽如人意，虽然在后续的版本中加强了 UML 建模功能，但大多数用户并不会使用它进行 UML 建模。虽然 PowerDesigner 是支持数据库建模的，但其 UML 的分析功能却具有独特的功能；PowerDesigner 不仅可以生成代码，而且还对 Sybase 公司的 PowerBuilder、C++、Java、VB、C#具有很好的支持。

2.1.3 StarUML

StarUML(简称 SU)，是一种创建和生成 UML 类图和其他类型的统一建模语言图表的工具。它是由韩国公司主导开发出来的产品，可以直接到 StarUML 网站下载。

StarUML 是一款开放源码的 UML 开发工具，具有发展快、灵活、可扩展性强等优点。由于 StarUML 是一套开放源码的软件，不仅可以免费下载，而且还提供免费的代码。

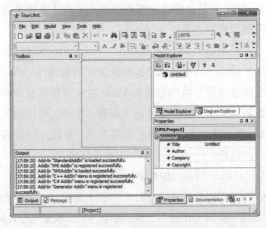

StarUML 可绘制 UML 中的用例图、类图、序

列图、状态图、活动图、通信图、构件图、部署图等 9 种图，而且还可以导出 JPG、JPGE、BMP、EMF 和 WMF 等格式的影像文件。

StarUML 不仅可以依据类图的内容生成 Java、C++、C#代码，而且还能够读取 Java、C++、C# 代码反向生成类图。

StarUML 遵守 UML 的语法规则，不支持违反语法的动作。StarUML 接受 XMI 1.1、1.2 和 1.3 版的导入导出，其中 XMI 是一种以 XML 为基础的交换格式，用以交换不同开发工具所生成的 UML 模型。

StarUML 支持 23 种 GoF 模式(Pattern)，以及 3 种 EJB 模式，并结合了模式和自动生成代码功能，方便用户落实设计。除此之外，StarUML 还可以读取 Rational Rose 生成的文件，让原先 Rose 的用户可以转而使用免费的 StarUML。

2.2　使用 Rational Rose 建模

Rational Rose 是 Rational 公司出品的一种面向对象的统一建模语言的可视化建模工具，用于可视化建模和公司级水平软件应用的组件构造。

2.2.1　Rational Rose 概述

Rational Rose 包括 UML、OOSE 和 OMT。其中 UML 由 Rational 公司的 3 位世界级面向对象技术专家 Grady Booch、Ivar Jacobson 和 James Rumbaugh 通过对早期面向对象研究和设计方法的进一步扩展而得来，为可视化建模软件奠定了坚实的理论基础。

1．Rational Rose 简介

Rational Rose 是一个完全的、具有能满足所有建模环境（Web 开发、数据建模、Visual Studio 和 C++）灵活性需求的一套解决方案。Rational Rose 允许开发人员、项目经理、系统工程师和分析人员在软件开发周期内将需求和系统的体系架构转换成代码，对需求和系统的体系架构进行可视化，以易于理解。在软件开发周期内使用同一种建模工具可以确保更快更好地创建满足客户需求的可扩展、灵活且可靠的应用系统。

在 Rational Rose 中，可以使用拖放符号的方法，将有用的元素、目标、消息/关系设计成各种类，并通过类来创建一个应用的模型框架。在创建模型的过程中，Rational Rose 会进行记录并选择 C++、Visual Basic、Java、Oracle、CORBA 或者数据定义语言（Data Definition Language）来产生代码。

2．Rational Rose 特征

Rational Rose 的两个受欢迎的特征是它提供反复式发展和来回旅程工程的能力。Rational Rose 允许设计师利用反复发展（有时也叫进化式发展），因而在各个进程中新的应用能够被创建，把一个反复的输出变成下一个反复的输入。然后，当开发者开始理解组件之间是如何相互作用并在设计中进行调整时，Rational Rose 能够通过回溯和更新模型的其余部分来保证代码的一致性，从而展现出被称为"来回旅程工程"的能力。Rational Rose 是可扩展的，可以使用可下载附加项和第三方应用软件，它支持 COM/DCOM (ActiveX)、JavaBeans 和 Corba 组件标准。

3．Rational Rose 功能

Rational Rose 是基于 UML 的可视化建模工具。UML 是一种语言、一种表示方法、一种交流沟通的工具，特别适用于软件密集型系统的表示。

目前版本的 Rational Rose 可以实现下列功能：

❑ 对业务进行建模（工作流）。

❑ 建立对象模型（表达信息系统内有哪些对象，它们之间是如何协作完成系统功能的）。

❑ 对数据库进行建模，并可以在对象模型和数据模型之间进行正、逆向工程，相互同步。

❑ 建立构件模型（表达信息系统的物理组成，如有什么文件、进程、线程、如何分布等）。

❑ 生成目标语言的框架代码，如 VB、Java、

Delphi 等。

除此之外，Rational Rose 并不是单纯的绘图工具，它专门支持 UML 建模，具有很强的校验功能，并且还支持多种语言的双向项目。Rational Rose 早期不具备对数据库端建模的功能，但当前版本已经加入了数据库建模功能，也就是 Rational Rose 中的"Data Modeler"工具。利用它可将对象模型转换成数据模型，也可以将现有的数据模型转换成对象模型，从而实现两者间的同步。

具体来说，Data Modeler 可以实现下列功能：

❏ 将对象模型转换成数据模型，即将类映射到数据库的表，构成传统的 E-R 图（Data Modeler | Transform to Data Model）。

❏ 将数据模型转换成对象模型（Data Modeler | Transform to Object Model）。

❏ 利用数据模型生成数据库 DDL，也可以直接连接到数据库里，对数据库产生结果（Data Modeler | Forward Engineer）。

❏ 从现有数据库或 DDL 文件里生成数据模型（Data Modeler | Reverse Engineer）。

❏ 将数据模型同 DDL 文件或现有数据库进行比较（Data Modeler | Compare to...）。

注意

一个类能被转换为一个数据库表，它的 persistence 属性必须是 transient。

4．Rational Rose 特点

作为一种建模工具，Rational Rose 易于使用，支持使用多种构件和多种语言的复杂系统建模，并且可以利用双向项目支持实现迭代开发，而团队管理功能则可以支持大型、复杂的项目和大型且队员分散在各地的开发团队。

Rational Rose 在建模方面具有下面 6 个特点。

1）保证模型和代码高度一致

Rational Rose 可以实现真正意义上的正向、逆向和双向工程；在正向工程中，Rational Rose 可以为建模生成相应的代码；在逆向工程中，Rational Rose 可以从原来的软件系统中导出系统模型；在双向工程中，Rational Rose 可以真正实现模型和代码之间的循环工程，从而保证模型与代码的高度一致性，并通过保护开关使得在双向工程中不会丢失或覆盖已经开放的任何代码。

2）支持多种语言

Rational Rose 本身可以支持 C++、Visual C++、Java、Smalltalk、Ada、Visual Basic 和 PowerBuilder，除此之外还可以为 CORBA 应用产生接口定义语言（IDL）和为数据库应用产生数据库描述语言（DDL）。

3）为团队开发提供强有力的支持

Rational Rose 提供了两种团队开发方式，一种是采用 SCM（软件配置管理）的团队开发方式；另一种是不采用 SCM 的团队开发方式。这两种开发方式为用户提供了极大的灵活性，用户可以根据开发模式、团队人员数目和资金情况来选择开发方式。

Rational Rose 与 ClearCase 和 SourceSafe（微软公司产品）等 SCM 工具实现了内部集成，在遵循微软版本控制系统的标准 API-SCC（源代码控制）时，便可以将 API 的任何版本控制系统集成到 Rational Rose 中作为配置管理工具。

4）支持模型的 Internet 发布

Rational Rose 的 Internet Web Publisher 能够创建一个基于 Web 的 Rational Rose 模型的 HTML 版本，使得其他人员能够通过标准的浏览器或 IE 来浏览该模型。

5）生成使用简单且定制灵活的文档

Rational Rose 本身提供了直接产生模型文档功能，用户可以利用 Rational 文档生成工具 SoDA 提供的模型文档模板，轻松自如地自动生成 OOA 和 OOD 阶段所需要的各种重要文档。

值得注意的是，无论是 Rational Rose 自身还是 SoDA 所产生的文档均为 Word 文档，并且在 Rational Rose 中可以直接启动 SoDA，而 SoDA 可以无缝集成 Word。

6）支持关系数据库的建模

Rose 增加了数据库建模功能，可以为 ANSI、Oracle、SQL Server、Sybase 和 Watcom 等支持标准 DDL 的数据库自动生成数据描述语言。

除上述特点之外，Rational Rose 还可以与微软 Visual Studio 系列工具中的 GUI 进行完美结合，在为

建模带来方便的同时也获得了大量用户的青睐，目前 Rational Rose 已成为大多数开发人员的首选建模工具。

Rational Rose 是市场上第一个提供支持基于 UML 的数据建模和 Web 建模的工具，在开发过程中对各种语义、模块、对象以及流程、状态等描述，能够从各个方面和角度来分析和设计，使软件的开发蓝图更加清晰，内部结构更加明朗；但 Rational Rose 对数据库的迭代开发并不是很理想。Rational Rose 现在已经退出市场，不过仍有一些公司在使用，因而 IBM 推出了 Rational Software Architect 来替代 Rational Rose。

2.2.2 Rational Rose 工作环境

启动 Rational Rose 进入到主界面，Rational Rose 的主界面由"浏览器窗口""文档窗口""工具箱""模型图窗口"和"日志窗口"组成。

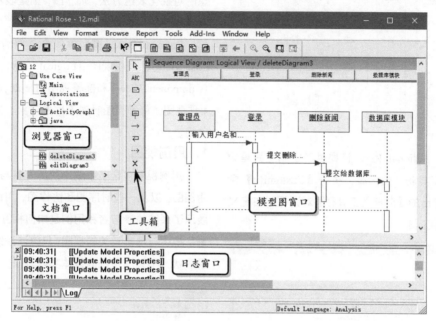

通过上图可以详细了解 5 种窗口的具体位置。下面详细介绍各种窗口的作用。

1．浏览器窗口

浏览器是层次结构，组成树形视图样式，用于在 Rational Rose 模型中迅速定位。浏览器可以显示模型中的所有元素，包括用例、关系、类和组件等。每个模型元素可能又包含其他元素。利用浏览器可以实现增加模型元素（如参与者、用例、类、组件、图等）、浏览器现有的模型元素、浏览器现有的模型元素之间的关系，移动模型元素，重命名模型元素，将模型元素添加到图中，将模型元素组成包，访问模型元素的详细规范等功能。

右击"浏览器窗口"，执行【Hide】命令即可隐藏该窗口。除此之外，还可以执行【View】|【Browser】命令，隐藏该窗口。隐藏该窗口之后，再次执行【View】|【Browser】命令，显示该窗口。

2．文档窗口

"文档窗口"用于建立、查看或更新模型元素的文档，如对浏览器中的每一个参与者写一个简要定义，只要在"文档窗口"中输入这个定义即可。将文档加入到类中时，从"文档窗口"输入的所有内容都将显示为代码的注释。而当在"浏览器窗口"或"模型图窗口"中选择不同的模型元素时，"文档窗口"会自动更新显示所选元素的文档。

3．工具箱

工具箱中包括适用于当前模型图的工具。工具箱中的工具并不是一成不变的，每个模型图都有各自对应的工具箱。例如，下图从左到右依次为协作图、顺序图、状态图和用例图模型的工具箱。

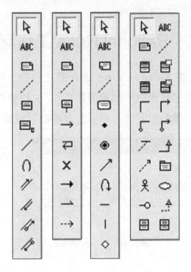

另外，Rational Rose 还提供了定制工具箱功能。右击工具箱空白区域，执行【Customize】命令，可在弹出的【自定义工具栏】对话框中自定义工具箱中的工具。

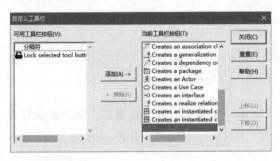

4．模型图窗口

"模型图窗口"主要用于显示和编辑一个或几个 UML 框图，在该窗口中可以打开任意一个模型，并利用左边的工具箱对模型图进行浏览和修改。

当用户在"模型图窗口"中修改模型图中的元素时，Rational Rose 会自动更新浏览器。同样，通过"浏览器窗口"修改模型图中的元素时，Rational Rose 也会自动更新相应的图，从而保证模型的一致性。

5．日志窗口

"日志窗口"主要用于查看错误信息和报告各

个命令的结果，在动作记录区中记录了用户对模型所做的所有重要动作。

2.2.3　Rational Rose 中的视图

在了解 Rational Rose 中的视图之前，需要先了解一下模型、视图和图的概念。其中，"模型"是包含软件模式信息的元素，"视图"是模型中信息的可视化表达方法，而"图"则是表示用户特定设计思想的可视元素的集合。

Rational Rose 模型中包含了用例视图（Use Case View）、逻辑视图（Logical View）、组件视图（Component View）和部署视图（Deployment View）4 种视图，每种视图针对不同的对象，具有不同的作用。

1．用例视图

用例视图包含了系统中的所有参与者、用例和用例图，以及一些时序图和协作图。用例视图主要展示了系统的参与者和用例是如何相互作用的，它是系统中与现实无关的视图，只关注系统功能的高层形状，不关注系统的具体实现方法。

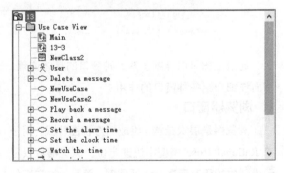

用例视图包含包（Package）、用例（Use Case）、参与者（Actor）、类（Class）、用例图（Use Case Diagram）、类图（Class Diagram）、顺序图（Sequence Diagram）、协作图（Collaboration Diagram）、活动图（Activity Diagram）和状态机图（Statechart Diagram）模型元素。

每个系统都会拥有一个主（Main）用例图，以及表示边界（参与者）和提供的大部分功能的元素。

2. 逻辑视图

逻辑视图又称为设计视图,主要关注系统如何实现用例中提供的功能,并提供系统的详细图形和描述组件间如何关联。

逻辑视图中包含了类(Class)、类的效用(Class Utility)、用例（Use Case）、接口（Interface）、包(Package)、类图(Class Diagram)、用例图(Use Case Diagram)、顺序图（Sequence Diagram）、协作图（Collaboration Diagram）、活动图（Activity Diagram）和状态机图（Statechart Diagram）模型元素,利用这些细节元素,开发人员可以构造系统的详细信息。

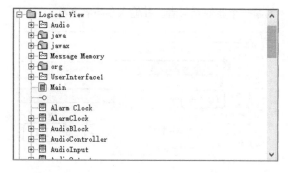

系统中只有一个逻辑视图,它以图形的方式说明了关键的用例实现、子系统、包和类。

3. 组件视图

组件视图显示代码模块间的关系,包含模型代码库、可执行文件、运行库和其他组件信息,组件是代码的实际模块。

组件图中包含了包（Package）、组件(Component)、组件图（Component Diagram）模型元素。

4. 部署视图

部署视图显示进程和设备及其相互间的实际连接,它关注系统的实际部署,可能与系统的逻辑结构有所不同。例如,系统的逻辑结构可能为三层,但部署可能为两层。

部署图中包含了进程（Process）、处理器(Processor)和设备（Device）模型元素,除此之外,部署视图还需要处理一些容错、网络带宽、故障恢复和响应时间等其他问题。

2.3 Rational Rose 建模的基本操作

在对 Rational Rose 的操作环境有了一定了解后,下面学习如何使用 Rational Rose 进行建模,如何来保存、发布模型,以及导入和导出模型。

2.3.1 新建 Rational Rose 模型

使用 Rational Rose 建模首先需要创建一个模型,既可以使用系统内置的框架模型,又可以建立一个全新的模型。

Rational Rose 模型文件的扩展名为.mdl,若要创建模型,可执行【File】|【New】命令,或单击【工具栏】中的【New】按钮,即可弹出【Create New Model】对话框,选择所需使用的模板,单击【OK】按钮,即可创建模板。

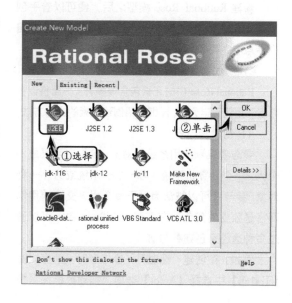

如果不使用模板，则需要单击【Cancel】按钮，系统会自动创建一个空白项目。

如果选用模板，Rational Rose 会自动装入该模板的默认包、类和组件。模板提供了每个包中的类和接口，以及各种相应的属性和操作。例如，下图中左侧是使用 J2EE 模板的浏览器，而右侧是空白项目的浏览器。

在 Rational Rose 中，框架是一系列预定义的模型元素，它既可以定义某种系统结构，又可以提供某些可重用的构件。

> **技巧**
> 在 Rational Rose 中，可以执行【File】|【Open】命令，在弹出的对话框中选择模型文件，单击【Open】按钮，即可打开模型。

2.3.2 创建 Rational Rose 框图

新建 Rational Rose 模型之后，便可以着手创建 Rational Rose 框图了。下面，将详细介绍框图中参与者、用例等一些元素的创建方法。

1. 创建元素

Rational Rose 中的元素包含很多种，下面将以参与者和用例元素为例，详细介绍创建元素的操作方法。

1）创建参与者

参与者表示使用系统的对象。参与者可以是一个人、一个计算机系统、另一个子系统或另外一种对象。参与者可以被认为对于每个用来交流的用例而言是独立的角色。在 Rational Rose 中，可以通过多种途径来创建参与者。

例如，在创建"管理员"参与者时，则可以在【工具箱】中选择【Actor】选项，拖动鼠标在"模

型图窗口"中绘制图形，并修改图形名称。

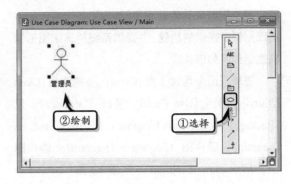

除了用工具法创建参与者之外，还可以在"浏览器窗口"中，右击【Use Case View】视图，执行【New】|【Actor】命令，即可在"浏览器窗口"中创建一个新的参与者，并输入参与者名称。

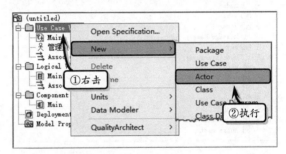

另外，执行【Tools】|【Create】|【Actor】命令，拖动鼠标在"模型图窗口"中绘制图形，即可创建新参与者。

创建新参与者后，除了直接更改参与者名称外，还可以双击参与者图标，在打开的对话框中的

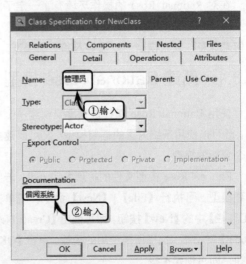

【General】选项卡中，在【Name】文本框中输入参与者名称，将【Stereotype】原型选项设置为"Actor"，并在【Documentation】文本框中输入该参与者的简要说明。

2）创建用例

创建用例的方法与创建参与者的方法大体一致。最常用的方法便是在【工具箱】中选择【Use Case】选项，拖动鼠标在"模型图窗口"中绘制图形，并修改图形名称。

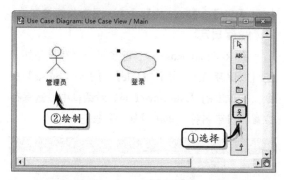

3）关联元素

创建完用例和参与者后，便可以记录参与者和用例间的关系了。此时，在【工具箱】中选择关联关系箭头（Unidirectional Association），将光标定位在参与者上方，单击并将光标移动到用例图上，松开鼠标即可创建关联。

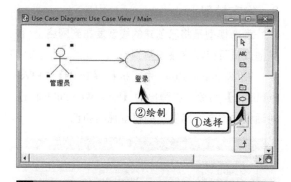

注意

双击关联关系箭头，在打开的对话框中的【Documentation】文本框中可以输入说明文字。

2．创建图

创建图是建模的重要内容，图中可包含多个元

素。当然，在 Rational Rose 中，也可以先创建元素，然后将元素拖动到所创建的图中。下面，以用例图为例，详细介绍创建图的操作方法。

在"浏览器窗口"中右击【Use Case View】视图，执行【New】|【Use Case Diagram】命令，创建用例图。

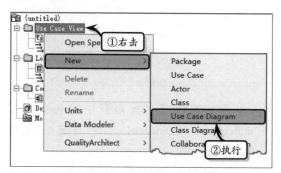

此时，Rational Rose 会激活用例图名称，可在名称框中输入新的名称。继续右击【Use Case View】视图，执行【New】|【Actor】命令，创建参与者并输入参与者名称。

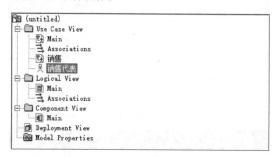

右击【Use Case View】视图，执行【New】|【Use Case】命令，创建用例并输入用例名称。用同样的方法创建其他用例。

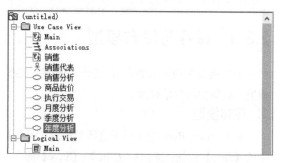

在"浏览器窗口"中，双击"销售"用例图模型。然后，将上述所创建的参与者和用例模型元素

拖放到"模型图窗口"中，并排列各个元素。

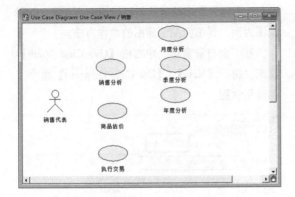

最后，选择【工具箱】中的关联关系（Unidirectional Association）选项，连接各个模型元素。

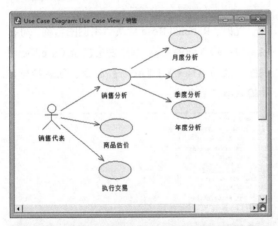

技巧

在创建多个相同的模型元素时，可在【工具箱】中先选择该元素，右击执行【Lock Selection】命令，锁定该元素，同时单击鼠标连续创建多个该元素。

2.3.3 保存与发布模型

新建模型并创建框图之后，还需要保存与发布模型，以保护与共享模型。

1．保存模型

在 Rational Rose 中，可以直接单击【工具栏】中的【Save】按钮，或执行【File】|【Save】命令，在弹出的【Save As】对话框中选择保存位置，输入模型名称，单击【保存】按钮。

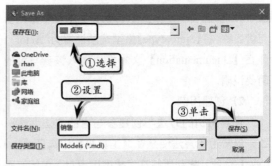

对于已经保存过并再次修改的模型，可以通过执行【File】|【Save As】命令，另存为新模型。

2．保存日志

在 Rational Rose 中，除了可以保存模型外，还可以保存日志。执行【File】|【Save Log As】命令，在弹出的【Autosave Log】对话框中设置保存位置和日志名称，单击【保存】按钮。

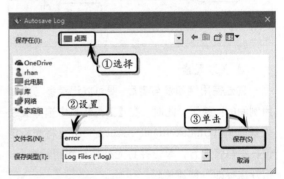

3．发布模型

发布模型是将已创建的模型发布到网络上，使其他成员可以浏览该模型。

在 Rational Rose 中，执行【Tools】|【Web Publisher】命令，在弹出的【Rose Web Publisher】对话框中选择所需发布的模型视图和包。

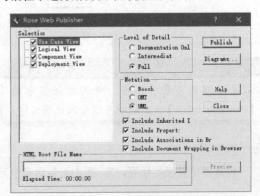

对话框的【Level of Detail】列表框用于设置发布的细节内容，包含下列 3 种选项：

- **Documentation Onl**　该选项表示发布对不同模型元素的注释，不包括如操作、属性和关系等细节或细节链接。
- **Intermediat**　该选项允许用户发布所有在模型元素规范中定义的细节，但不包括在细节表或语言表内的细节。
- **Full**　该选项允许用户发布大部分完整的、有用的细节，包括在模型元素细节表中的信息。

对话框的【Notation】列表框用于设置发布模型的符号，而【HTML Root File Name】文本框则用于输入发布模型的根文件名。

若需要选择图形文件格式，则单击【Diagrams】按钮，在弹出的【Diagram Options】对话框中选择图形文件格式。

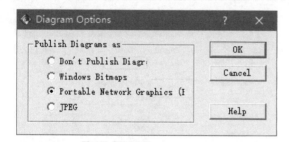

设置完所有选项之后，单击【Preview】按钮，浏览所发布的模型。同时，单击【Publish】按钮，创建发布模型的所有 Web 页面。

2.3.4　导入与导出模型

面向对象机制的一大优势是重用技术，而重用技术不仅适用于代码，也适用于模型。在 Rational Rose 中，用户可以通过导入和导出模型来重用已创建的　模型。

1. 导出模型

导出模型是将整个模型以.ptl 的格式全部导出到计算机中，执行【File】|【Export Model】命令，在弹出的【Export Model】对话框中，设置导出位置和模型名称，单击【保存】按钮。

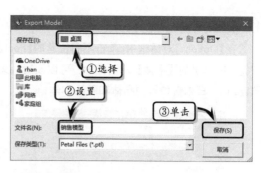

2. 导入模型

在 Rational Rose 中，支持导入的文件类型分别为.ptl、.mdl、.cat 和.sub。执行【File】|【Import】命令，在弹出的【Import Petal From】对话框中，选择所需导入文件，单击【打开】按钮。

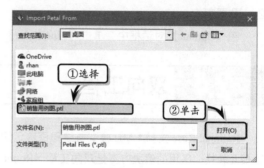

2.3.5　设置全局选项

Rational Rose 提供了设置全局的字体、颜色等功能，执行【Tools】|【Options】命令，在弹出的【Options】对话框中，设置相应的选项。

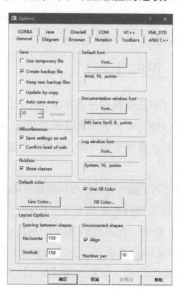

1. 设置字体

在【Options】对话框中,单击不同位置的【Font】按钮,在弹出的【字体】对话框中,可以设置"文档窗口""日志窗口"的字体和默认字体。

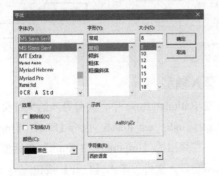

2. 设置颜色

在【Options】对话框中,单击【Line Color】

和【Fill Color】按钮,可在弹出的【颜色】对话框中设置对象的线条颜色和填充颜色。

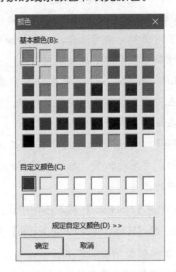

2.4 双向工程

Rational Rose 支持 UML 模型与编程语言之间的相互转换,采用的解决方案是双向工程(Round Trip Engineering,RTE)方案。

双向工程包括正向工程和逆向工程,正向工程是通过 Rational Rose 模型生成代码的过程,逆向工程是分析 Java 代码并将其转换成 Rational Rose 模型的类和组件的过程。Rational Rose 允许从 Java 源文件(.Java 文件)、Java 字节码(.Class 文件)以及一些打包文件中进行逆向工程。

2.4.1 正向工程

正向工程是从模型直接产生一个代码框架,这个框架可以使开发人员的思路更加清晰,从而为开发人员节约大量用于编写类、属性、方法代码的工作时间。

正向工程的操作方法是根据需要在 Rational Rose 中进行设置及选择相应的语言,即执行【Tools】|【Options】命令,在弹出的【Options】对话框中,激活【Notation】选项卡,在【Default】下拉列表中选择相应的语言,例如选择【Java】选项。

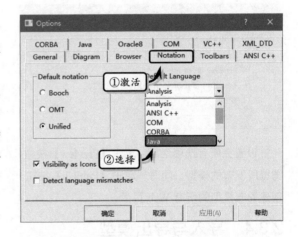

在 Rational Rose 中,可以将模型中的一个或多个类图转换为 Java、C++等源代码,其生成代码的具体方法包括下列 4 个步骤。

1. 检查模型

生成代码的第 1 步是检查模型,以查找模型中存在的一些问题和不一致性,从而确保代码生成的正确性。

执行【Tools】|【Check Model】命令,对整个模型进行检查,查找模型中的一些不确定的问题。

2．类映射到构件

虽然在生成 Java、C++或 Visual Basic 代码时，Rational Rose 会自动创建每个类的构件，但在生成代码之前还需要将类映射到相应的源代码构件中。

选择构件图或″浏览器窗口″中用于实现类的构件图标，右击该图标并执行【Open Specification…】命令，在弹出的对话框中，激活【Realizes】选项卡，启用【Show all classes】复选框。然后，在列表中找到所需要实现的类，右击该类执行【Assign】命令。

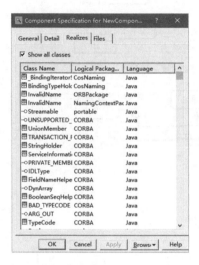

3．设置代码生成属性

设置代码生成属性会直接影响生成语言的代码框架。执行【Tools】|【Options】命令，在弹出的对话框中激活所要生成语言的选项卡，例如激活【Java】选项卡，查看 Java 属性标签。

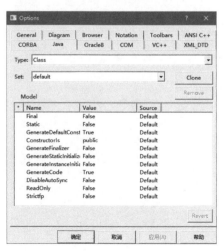

4．生成代码

选择所需生成代码的模型或模型元素，执行【Tools】|【Java/J2EE】|【Project Specification】命令，在弹出的对话框中激活【ClassPath】选项卡，单击【确定】按钮，添加新的路径。

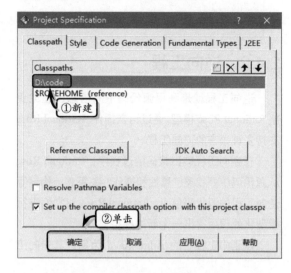

打开设计好的类图，选中要生成 Java 文件的类，执行【Tools】|【Java/J2EE】|【General Code】命令，在弹出的对话框中选择所需生成的内容，单击【OK】按钮，即可生成 Java 代码。

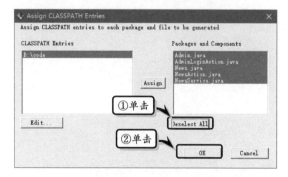

此时，系统会根据选择内容生成多个代码文件，其生成的代码如下图所示。从下图中可以发现所生成的 Java 文件格式非常标准，这有助于开发人员进行查看和编写，在此基础上可以按照功能需求对其方法进行实现。对于可能涉及并生成的接口，其方法是抽象的，因此没有代码。在添加代码过程中，如果需要对其增加注释，则要按照生成注释的规范进行，因为其注释风格是″JavaDoc″风格。

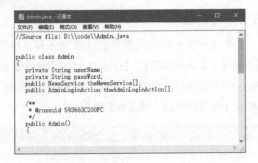

2.4.2 逆向工程

逆向工程就是利用源代码中的信息创建或更新 Rational Rose 模型。通过语言插件，Rational Rose 支持多种语言的逆向工程。

在逆向工程转出代码的过程中，Rational Rose 从源代码中寻找类、属性和操作、关系包、构件等逆向工程的源代码信息，Rational Rose 对它们进行模型化处理后得出一个新的模型。

以正向工程中的 Admin.java 为例，其逆向工

程的实现步骤如下。

首先，执行【Tools】|【Java/J2EE】|【Reverse Engineer】命令，在弹出的对话框中，选择所需转换的文件，单击【Add】按钮，添加到列表中。然后，再单击【Select All】按钮选中所需导出的文件。最后，单击【Reverse】按钮，进行逆向工程。完成后，单击【Done】按钮，关闭对话框。

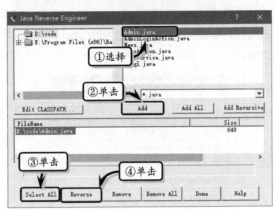

基础篇

第 **3** 章

用例和用例图

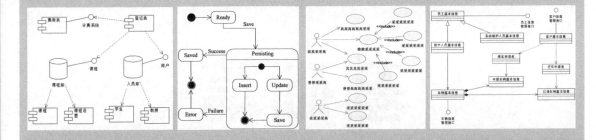

　　用例是文本形式的情节描述，广泛应用于需求的发现和记录工作中。而用例图是指由参与者（Actor）、用例（Use Case）以及它们之间的关系构成的用于描述系统功能的视图，是被称为参与者的外部用户所能观察到的系统功能的模型图。用例图是 UML 中较为重要和常用的一种图，由开发人员与用户经过多次商讨而共同完成，呈现了一些参与者和一些用例，以及它们之间的关系，主要用于对系统、子系统或类的功能行为进行建模。本章主要介绍用例图的概念、参与者和用例等一些基本概念及表示方法，以及用例图建模技术及应用技巧。

3.1 用例图的构成

用例图是一种将用例和软件工具相结合的图形表示方式，它由参与者发起，主要显示了一组用例、参与者以及它们之间的关系。

3.1.1 什么是用例图

用例图是由软件需求分析到最终实现的第一步，它从用户角度来描述系统功能，描述系统的参与者与系统用例之间的关系。

用例图通常在进行需求分析时使用，由开发人员与用户经过多次商讨而共同完成，这些图以每一个参与系统开发的人员都可以理解的方式列举系统的业务需求。

用例图使用系统与一个或多个参与者之间的一系列消息来描述系统中的交互，它将系统功能划分为对参与者（系统的理想用户）有用的需求，其交互部分被称作用例。除此之外，用例图仅仅是从外部观察系统功能，也就是从参与者使用系统的角度描述系统中的信息，并不描述这些功能在系统内部的实现过程。

用例图不仅包含系统、参与者和用例 3 个元素，而且还包含表示这些元素之间存在的泛化关系、关联关系和依赖关系等各种关系。

用例图是描述参与者与系统的关系，因此用例图整体上分为 3 部分：参与者、系统和关系，通过关系将参与者与系统联系起来。下图描述了一个学生成绩管理系统的用例图，它是一个实际系统简化后的示例。

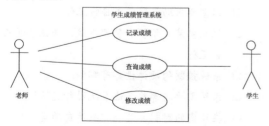

人形表示参与者；矩形为系统；椭圆形是用例；线条为关系，连接用例和参与者。在下面的小节中

将对上述元素作详细介绍。

3.1.2 系统

系统是用例图的一个重要组成部分，用于执行特定功能。它不单指一个软件系统，而是为用户执行某类功能的一个或多个软件构件。如图书馆管理系统、学生选课系统、信息发布系统等都属于系统。

系统的边界用来说明用例图应用的范围。例如，系统拥有一定应用范围，例如一台自动售货机，提供售货、供货、提取销售款等功能，这些功能在自动售货机内的区域起作用，自动售货机外的情况将不考虑。

准确定义系统的边界并不总是很容易的，因为有些情况下，严格地划分哪些任务是由系统完成，而哪些是由人工或其他系统完成是很困难的。另外，系统最初的规模应有多大也应该考虑。一般的做法是，先识别出系统的基本功能，然后以此为基础定义一个稳定的、精确定义的系统架构，以后再不断地扩充系统功能，逐步完善系统。这样做可以避免由于系统太大，需求分析不易明确，从而导致浪费大量的开发时间。

系统在用例图中用一个长方框表示，系统的名称被写在方框上面或方框内。方框内包含了该系统中用符号标识的用例，如下图所示。

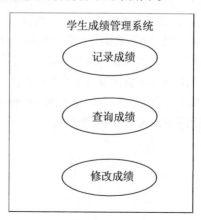

3.1.3 参与者

参与者是系统外的一个实体,它代表了与系统交互的用户、设备或另一个系统。

参与者是系统服务的对象,通过向系统输入信息或系统为参与者提供信息来进行交互,以实现系统功能。在确定系统的用例时,首要问题就是识别参与者。

1. 参与者的概念

参与者用于表示使用系统的对象。参与者可以是一个人、一个计算机系统、另一个子系统或另外一种对象。例如,计算机网络系统的参与者可以包括操作员、系统管理员、数据库管理员和普通用户,也可以有非人类参与者,如网络打印机。参与者的特征是其作为外部用户与系统发生交互。在系统的实际运作中,一个实际用户可能对应系统的多个参与者。同样,不同的多个用户也可以只对应于一个参与者,从而代表同一个参与者的不同实例。

每个参与者定义了一个角色集合,当系统用户与系统相互作用时会采用它们。参与者的一个集合完整描述了外部用户与系统通信的所有途径。当系统被实现时,参与者也被物理对象实现。物理对象如果可以满足多个参与者的角色,那么它就可以实现多个参与者。例如,一个人可以既是商店售货员又是顾客。这些参与者不是本质上相关的,但是它们可以由一个人来实现。当系统的设计被实施时,系统内的多个参与者被设计成类实现。

在用例图中,参与者由固定的图形表示,并在参与者下面列出参与者的角色名。当为用例图中参与者命名时,给作为系统用户的参与者提供一个最能描述其功能的合适名称是非常重要的。当为参与者命名时要避免为代表人的参与者起一个实际的人名,而应该以其使用系统时的角色为参与者命名。例如下图表示的参与者,老师表示所有以老师身份使用系统的人,而并不单指某个人。

老师　　学生

参与者与系统的交互作用量化为用例,用例是设计系统和它的参与者连接的功能块,用来完成对参与者有意义的事情。一个用例可以被一个或多个参与者使用,同样,一个参与者也可以与一个或多个用例交互。最终,参与者由用例和参与者在不同用例中所担任的角色决定。没有参加任何用例的参与者是无意义的。

用例模型刻画了一个实体(如系统、子系统或类)与外部实体相互作用时产生的行为的特征。外部实体是实体的参与者。对于一个系统,参与者既可以由人类用户实现,也可以由其他系统实现。对于一个子系统或类,外部元素可以是整个系统的参与者,或者参与者可以是系统内的其他元素,如其他子系统或类。

在建模初期,参与者和用例交互,但是随着项目的进展,用例被类和组件实现,这时参与者也发生了变化。参与者不再是用户扮演的角色,而变成了用户接口。例如,系统分析阶段的用例图中,图书管理员与借出书目用例交互,以借出某本图书。在设计阶段,该参与者就变成了两个元素,即图书管理员这个角色和图书管理员所使用的接口,用例在这时就变成了许多对象,负责处理与用户接口以及系统的其他部分交互。

2. 识别参与者

一个系统在建模之前虽然能确定一些用户和参与者,但并不能全面地不遗漏地将参与者找出,这将导致建模不完善、开发不完善,开发过程中的修改又将导致开发效率降低,漏洞产生。

全面识别参与者才能使建模很好地进行下去。为了能找出所有参与者,可以借助以下几个问题。

- ❏ 系统的主要客户是谁?
- ❏ 谁需要借助系统完成日常工作?
- ❏ 谁来安装、维护和管理系统,保证系统正常运行?
- ❏ 系统控制的硬件设备有哪些?
- ❏ 系统需要与哪些其他系统进行交互?
- ❏ 在预定的时刻,是否有事件自动发生?
- ❏ 系统是否需要定期产生事件或结果?
- ❏ 系统如何获取信息?

在寻找系统用户时，建模人员不应把目光只停留在使用计算机的人员身上，而应注意直接或间接地与系统交互或从系统中获取信息的任何人和任何事。在完成参与者的识别后，建模人员就可以从参与者的角度考虑参与者需要系统完成什么功能，从而建立参与者所需要的用例。

一个用例通常要与多个参与者发生交互。其中，不同的参与者所充当的角色不同；有些参与者接收用例所提供的数据，有些参与者则为用例提供某种服务，而另一些参与者要完成系统的管理。这就需要将参与者分类，以保证把系统中所有用例都表示出来。

参与者通常可以被分为主要参与者与次要参与者两类。其中，主要参与者是使用系统较频繁、业务量较大的用户，系统建模人员在识别用例时应该首先识别主要参与者；次要参与者用来给用例提供某些服务。次要参与者与用例进行交互的主要目的是给其他参与者提供所需要的服务，也就是说，次要参与者要使用系统的次要功能。次要功能是指完成系统维护的一般功能。区分主要参与者与次要参与者不应该以参与者使用系统时的权限为依据，一般情况下，应该以使用系统时的业务量为依据。例如，在图书管理系统中，将参与者以主要与次要区分，可以将参与者分成图书管理员和系统管理员。其中，主要参与者负责图书的日常借阅任务，而次要管理者则完成对系统的维护。

除了对参与者进行主次区分外，还可以存在许多其他分类方法。例如，当参与者使用系统时，它们可能会承担着不同的"职责"，建模人员可以利用这些职责来定义参与者与系统间的交互，以及参与者在各种交互中所充当的角色。参与者在系统中的角色主要包括：

- 系统的启动者。
- 系统的服务者。
- 系统服务的接收者。

参与者在系统中所扮演的第一种角色是系统的启动者。启动者是系统的外部实体，它们是为了完成某项事务而启动系统的。一个启动者可以请求某种服务或者触发一个事件。例如，一个使用自动提款机提款的用户就是该系统的一个启动者。

参与者所能承担的第二种角色就是系统服务者，服务者也是系统的外部实体，它们响应系统的请求，为系统提供某种服务。例如，在自动提款机的提款事件中，自动提款机系统需要银行的内部系统提供用户的存款信息。这个银行内部系统就是一个为系统提供服务的参与者。

系统服务接收者的主要职责是接收来自系统的信息。例如，使用自动提款机的用户就是自动提款机系统服务的接收者。从这个示例可以看出，一个人可以在系统中扮演不同的参与者。

参与者的分类方式很多，最终目的就是全面不遗漏地找出参与者。在对参与者建模的过程中，开发人员必须牢记以下几点。

- 参与者对于系统而言总是外部的，因此它们可以处于人的控制之外。
- 参与者可以直接或间接地同系统交互，或使用系统提供的服务以完成某件事务。
- 参与者表示人和事物与系统发生交互时所扮演的角色，而不是特定的人或特定的事物。
- 一个人或事物在与系统发生交互时，可以同时或不同时扮演多个角色。
- 每一个参与者需要具有一个与业务一样的名字，在建模中不推荐使用类似于"NewActor"或"新参与者"的名字。
- 每一个参与者必须有简短的描述，从业务角度描述参与者是什么。
- 和类一样，参与者可以具有表示参与者的属性和可以接受的事件，但使用得不频繁。
- 多个参与者之间可以具有与类之间相同的关系。

在完成参与者的识别工作后，建模人员就可以从参与者的角度出发，考虑参与者需要系统完成什么样的功能，从而建立参与者所需要的用例。

3.1.4　用例

用例可以是一组连续的操作，也可以是一个特定功能的模块。系统由一个或多个用例构成，参与者与系统的关系主要表现在参与者与系统用例的关系。用例是一个叙述型的文档，用来描述参与者使用系统完成的事件。

1．用例的概念

用例是用户期望系统具备的功能，它定义了系统的行为特征。用例的目标是要定义系统（包括一个子系统或整个系统）的一个行为，但并不显示系统的内部结构。每个用例说明一个系统提供给它的使用者的一种服务，即一种对外部可见的使用系统的特定方式。它以用户的观点描述用户和系统间交互的完整顺序，以及由系统执行的响应。这里的交互只包括系统与参与者之间的通信，而其内部行为和实现是隐藏的。一个系统的全部用例分割和覆盖它的行为，每个用例代表一部分量化了的、有深刻意义的和对用户可用的功能。

命名用例与命名参与者同样重要。用例名可以是带有数字、字母和除保留符号——冒号以外的任何标点符号的任意字符串。一般情况下，命名一个用例时要尽量使用动词加可以描述系统功能的名词。例如，提取货款、验证身份等用例，其侧重点是目标，而不是处理过程。

在 UML 中，用例用一个椭圆来表示，用例的名称可以写在椭圆的内部，也可以写在椭圆的外部，但通常情况下是将其名称写在椭圆内部，如下图所示。

需要注意，一定不要在一个用例图中使用两种命名方法，即将用例名写在椭圆之外和椭圆之内。因为这很容易会让模型的读者产生混淆。

一个系统完整的用例描述了该系统的所有行为，这可能导致用例图中的用例非常庞大。为了组织建模信息，UML 提供了包的概念，它的功能和目录相似。为了便于使用，可以把一些相关的用例放在一个包中。这样包就变成了包括相关功能的系统的子集。可以通过在用例前面加上包名和两个冒号来确定该用例是属于哪个包的，如下图所示。

2．识别用例

系统分析者必须分析系统的参与者和用例，它们分别描述了"谁来做"和"做什么"这两个问题。

识别用例最好的方法就是从分析系统的参与者开始，对于已经识别的参与者，通过考虑每个参与者是如何使用系统的，以及系统对事件的响应来识别用例。使用这种策略的过程可能会发现新的参与者，这对完善整个系统的模型是有很大帮助的。用例模型的建立是一个迭代过程。

在识别用例的过程中，通过询问下列问题就可以发现用例。

❑ 参与者需要从系统中获取哪种功能，即参与者要系统"做什么"？

❑ 参与者是否需要读取、产生、删除、修改或存储系统中的某种信息？

❑ 系统的状态改变时，是否通知参与者？

❑ 是否存在影响系统的外部事件？

❑ 系统需要什么样的输入/输出信息？

在用例识别中需要注意以下问题。

❑ 用例图中每个用例都必须有一个唯一的名字以区别于其他用例。

❑ 每个用例的执行都独立于其他用例。

❑ 用例表示系统中所有对外部用户可见的行为。

❑ 用例不同于操作，用例可以在执行过程中持续接受或持续输出与参与者交互的信息。

用例的识别也可以通过查找事件的方式来确定，即找出参与者使用系统时的所有操作及获取信息，列为事件表，再根据事件表确定系统用例。

用例图有以下 4 种标准关系。

- **泛化关系**　参与者间或用例间的关系，类似于继承关系，可以重载。
- **关联关系**　参与者与用例间的关系。
- **包含关系**　用例与用例的关系，将复杂的用例分解成小的步骤用例。
- **扩展关系**　用例间的关系。

3.1.5　关系

这里讲的关系是参与者与用例间的关系，即关联关系。用例图就是描述系统和参与者关系的，而用例和参与者都是独立的事物，关系就是它们之间的关联或通信。这种通信是双向的，参与者肯定要与某个或多个用例交互，用例也肯定会有参与者与之交互，否则参与者或用例将会成为多余。

使用一条实线连接参与者与用例，即可表明它们的关系，如下图表示了一个用例图中的关系。

这个简单的示例只显示了参与者与用例之间的一条通信关联。

不同的参与者可以访问相同的用例，一般来说它们和该用例的交互是不一样的。如果一样的话，那么参与者可能要重新定义。如果两种交互的目的也相同，说明它们的参与者是相同的，可以将它们合并。

用例描述系统满足需求的方式。当细化描述用例操作步骤时，就可以发现有些用例以几种不同的模式或特例在运行，而有些用例在整个执行期间会出现多重流程。如果将用例中重要的可选性操作流程从用例中分隔出来，以形成一个新的用例，这对整个系统的好处是显而易见的。

当分离可重复使用的用例后，用例之间就存在着某种特殊关系。包含和扩展是两个用例紧密相关时关联用例的两种方法。包含关系用于表示用例执行其功能时需要从其他用例引入功能。类似地，扩展关系则表示用例的功能可以通过其他用例的功能得到扩充。

除此之外，用例与用例之间也可以有继承关系，这种关系在用例图中称作泛化关系。在泛化关系中，子用例从父用例处继承行为和属性，还可以添加、覆盖或改变继承的行为，这对后期的开发很有用。

3.2　用例关系和描述

用例除了与其参与者发生关联外，还可以具有系统中的多个关系，这些关系包括包含关系、扩展关系和泛化关系，而应用这些关系的目的是从系统中抽取出公共行为和其变体。

3.2.1　泛化关系

泛化是一种表示 UML 中项目的继承关系的技术。泛化可以应用于参与者和用例中来表示其子项从父项继承的功能，而且泛化还表示了父项的每个

子项都有略微不同的功能或目的，以确保自己的唯一性。泛化可以用于用例，也可以用于参与者。

1. 泛化用例

相对于参与者而言，用例泛化更易理解。用例泛化是指一个用例（一般为子用例）和另一个用例（父用例）之间的关系，其中父用例描述了子用例与其他用例共享的特性，而这些用例是有着同一父用例的。

泛化将特化用例和一般用例联系起来。即子用例是父用例的特化，子用例除具有父用例的特性外，还可以有自己的另外特性。父用例可以被特化成一个或多个子用例，然后用这些子用例来代表父用例的更多明确的形式。

泛化的标记非常简单，它使用一条实线和三角箭头连接父用例和子用例，由子用例指向父用例，如下图所示。

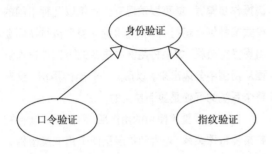

因为父用例"身份验证"是抽象的，它并不提供具体的身份验证方法，所以一个具体的子用例必须提供具体的功能。

子用例"口令验证"提供的身份验证方法为：

❑ 从主数据库获得密码。
❑ 请求使用密码。
❑ 用户提供密码。
❑ 在用户登录时检查密码。

子用例"指纹验证"提供的身份验证方法为：

❑ 得到来自主数据库的指纹特征。
❑ 扫描用户的指纹特征。
❑ 将主数据库指纹特征和扫描特征比较。

深入研究本示例，会发现身份验证不只有两个子用例。下图演示了一个父用例的多个子用例。

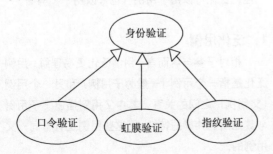

泛化甚至可以分层，父用例的子用例也可以有自己的子用例，如下图所示。

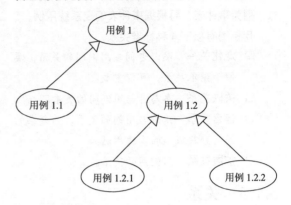

2．泛化参与者

与用例一样，也可以对参与者进行泛化。泛化后的参与者也在系统中扮演较为具体的角色。如下图所示，假设图书管理系统中，管理员分为对系统进行维护的管理员和完成借书、还书等日常操作的图书管理员。参与者"经理"描述了参与者"图书管理员"和"管理员"所扮演的一般角色。如果不考虑与系统交互时的职责，可以使用一般角色的参与者"经理"。如果强调管理员的职责，那么用例须使用精确的参与者，即子类"图书管理员"和"管理员"。

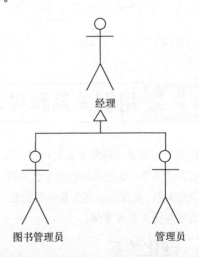

除此之外，还可以将泛化后的用例与泛化后的参与者相联系起来，如下图所示的泛化的用例与泛化的参与者相关联。

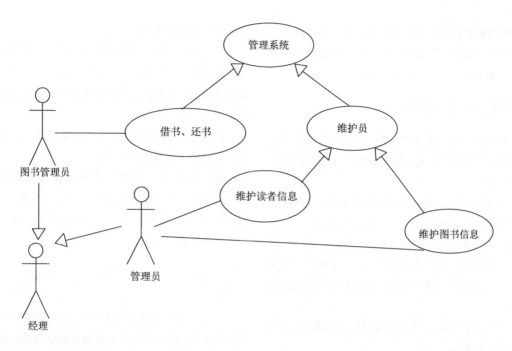

3.2.2 包含关系

在对系统进行分析时，通常会发现有些功能在不同的环境下都可以被使用。在编写代码时，希望编写可重用的构件，这些构件包括诸如可以从其他代码中调用或参考的类库、子过程以及函数。虽然每个用例的实例都是独立的，但是一个用例可以用其他的更简单的用例来描述。用例图中 UML 包含关系就支持这种做法。

包含关系指：一个用例可以简单地包含其他用例具有的行为，并把它所包含的用例行为作为自身行为的一部分。这种情况下，新用例不是初始用例的一个特殊例子，并且不能被初始用例所代替。包含关系把几个用例的公共步骤分离成一个单独的被包含用例。

如果两个以上用例有大量一致的功能，则可以将这个功能分解到另一个用例中。其他用例可以和这个用例建立包含关系。

一个用例的功能太多时，可以用包含关系建模两个小用例。

被包含用例称作提供者用例，包含用例称作客户用例，提供者用例提供功能给客户使用。

在 UML 中，包含关系表示为虚线箭头加<<include>>字样，箭头指向被包含的用例。如下

图所示是图书管理系统中的包含关系。

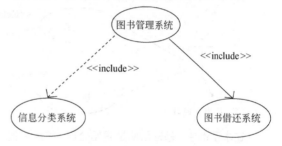

为了更好地理解包含关系是如何起作用的，下面列出了"商品信息系统"和"建材信息系统"使用已经存在的被包含用例，如下图所示。

为了使用包含关系，用例必须遵循以下两个约束条件。

- 客户用例只依赖于提供者用例的返回结果，不必了解提供者用例的内部结构。
- 客户用例总会要求提供者用例执行，对提供者用例的调用是无条件的。

在为系统建模时，使用包含关系是十分明智

的。因为它有助于在将来实现系统时，确定哪里可以重用某些功能，在编写代码时就可实现代码的重用，从而从长远意义上缩短系统的开发周期。

3.2.3 扩展关系

扩展关系是一种依赖关系，它指一个用例可以增强另一个用例的功能，是把新的行为插入到已有用例中的方法。

基础用例的扩展增加了原有的功能，此时是基础用例被作为用例使用，而不是扩展用例。

基础用例提供了一组扩展点，在这些新的扩展点中可以添加新的行为，而扩展用例提供了一组插入片段，这些片段能够被插入到基础用例的扩展点上。

基础用例不必知道扩展用例的任何细节，它仅为其提供扩展点。

基础用例即使没有扩展用例也是完整的，这点

与包含关系有所不同。

一个用例可能有多个扩展点，每个扩展点也可以出现多次。一般情况下，基础用例的执行不会涉及扩展用例，只有特定的条件发生，扩展用例才被执行。

扩展关系为处理异常或构建灵活的系统框架提供了一种十分有效的方法。

在 UML 中，扩展关系表示为虚线箭头加<<extend>>字样，箭头指向被扩展的用例（即基础用例），箭头的尾部则处在扩展用例上，如下图所示是扩展关系标识符。

下面的示例将演示在图书管理系统中如何使用扩展关系：超期处理用例由通知超期用例进行扩展，如下图所示。

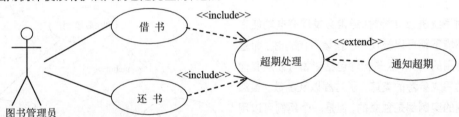

在本示例中，基础用例是超期处理，扩展用例是通知超期。如果借阅者按时归还图书，那么就不会执行通知超期用例。而当归还图书时超过了规定的时间，则超期处理用例就会调用通知超期用例提醒管理员对此进行处理。

正如上图中所表示的，通知超期用例指向超期

处理用例。这样绘制的原因是因为通知超期用例扩展了超期处理用例，即通知超期用例是添加到超期处理用例中的一项功能，而不是超期处理用例每次都调用通知超期用例。如果每次检查是否超期时都要提醒图书管理员，那么就要使用如下图所示的包含关系。

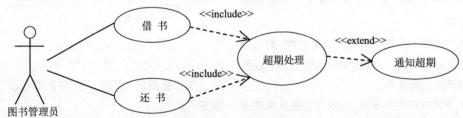

在理解了什么是扩展用例，以及使用它的原因后，那么如何知道图书管理员何时被提醒呢？毕竟这只在所借阅的图书超期时才被提醒，而且不是随时提醒的。本示例设定为当某学生所借阅的图书中

有超期借阅时，图书管理员才会被提醒。为此，UML 提供了扩展点来解决该问题。扩展点的定义为：基础用例中的一个或多个位置，在该位置会衡量某个条件以决定是否启用扩展用例。下图为一个

扩展点的标记符。

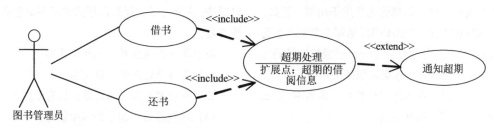

如上图所示，一个水平线分隔了基础用例，而基础用例的用例名移到了椭圆的上半部分。椭圆的下半部分则列出了启用扩展用例的条件。

下图使用包含扩展点标记符的基础用例来表明如果借阅者有超期的借阅信息，那么基础用例则启用扩展用例通知图书管理员。

如上图所示，扩展点中有一个判断条件，以决定扩展用例是否会被使用，在包含关系中没有这样的条件。扩展点定义了启用扩展用例的条件，一旦该条件满足，则扩展用例将被使用。例如，当某学生的借阅信息中有超期的借阅信息时，则基础用例 ProcessOverTime 会使用 NotifyOverTime 用例，以通知图书管理员该学生有图书超期未还。当执行完扩展用例 NotifyOverTime 后，基础用例将继续执行。

扩展点的表示符号可以按照下面的格式添加到椭圆中，即：

```
<extension point>::=<name>
[:<explanation>]
```

其中，name 指扩展点的名称，因为一个基础用例可以有多个扩展用例。扩展点的名称描述了用例中的某个逻辑位置。因为用例描述的是功能和行为，所以该位置通常是对象在执行过程中某时间的状态。explanation 为对扩展点的解释，它为一个可选项。该项可以是任何形式的文本，只要把问题交代清楚即可。需要注意，在绘制扩展点时，并不是所有的 UML 建模工具都支持上述命名方法。

除在基础用例上使用扩展点控制什么时候进行扩展外，扩展用例自身也可以包含条件。扩展用例上的条件是作为约束使用的，在扩展点成立的时候，如果该约束表达式也得到了满足，则扩展用例才执行，否则不会执行。

3.2.4 用例描述

用例图描述了参与者和系统特征之间的关系，但是它缺乏描述系统行为的细节。所以一般情况下，还会以书面文档的形式对用例进行描述，每个用例应具有一个用例描述。在 UML 中对用例的描述并没有硬性规定，但一般情况下用例描述应包括以下几个方面内容。

1．名称

名称无疑应该表明用户的意图或用例的用途，如上面示例中的"借阅图书""归还图书"。

2．标识符[可选]

唯一标识一个用例，如"UC200601"。这样就可在项目的其他元素（如类模型）中用它来引用这个用例。

3．参与者[可选]

与此用例相关的参与者列表。尽管这则信息包含在用例本身当中，但在没有用例图图时，它有助于增加对该用例的理解。

4．状态[可选]

指示用例的状态，通常为以下几种之一：进行中、等待审查、通过审查或未通过审查。

5．频率

参与者使用此用例的频率。

6．前置条件

一个条件列表。前置条件描述了执行用例之前系统必须满足的条件。这些条件必须在使用用例之前得到满足。前置条件在使用之前，已经由用例进行过测试。如果条件不满足，则用例不会被执行。

前置条件非常类似于编程中的调用函数或过程，函数或过程在开始部分对传递的参数进行检测。如果传递的参数无法通过合法检查，那么调用的请求将会被拒绝。同样这也适用于用例。例如，当学生借阅图书时，借出图书用例需要获取学生借书证信息，但如果学生使用了一个已经被注销的借书证，那么用例就不应该更新借阅关系；另外，如果学生归还了从系统中已经删除的一本图书，那么用例就不能让还书操作完成。

借阅图书用例的前置条件可以写成下面的形式。

前置条件：学生出示的借书证必须是合法的借书证。

7. 后置条件

后置条件将在用例成功完成以后得到满足，它提供了系统的部分描述。即在前置条件满足后，用例做了什么？以及用例结束时，系统处于什么状态？因为并不知道用例终止后处于什么状态，因此必须确保在用例结束时，系统处于一个稳定的状态。例如，当借阅图书成功后，用例应该提供该学生的所有借阅信息。

借阅图书用例的后置条件可以写成下面的形式。

后置条件：借书成功，则返回该学生借阅信息；借书失败，则返回失败的原因。

8. 假设[可选]

为了让一个用例正常运行，系统必须满足一定的条件，在没有满足这些条件之前，系统不会调用该用例。假设描述的是系统在使用用例之前必须满足的状态，这些条件并没有经过用例的检验，用例只是假设它们为真。例如，身份验证机制，后继的每个用例都假设用户是在通过身份验证以后访问用例的。应该在一定的时候检验这些假设，或者将它们添加到操作的基本流程或可选流程中。

下面是借阅图书用例的假设条件。

假设：图书管理员已经成功登录到系统。

9. 基本操作流程

参与者在用例中所遵循的主逻辑路径。因为它描述了当各项工作都正常进行时用例的工作方式，所以通常称其为适当路径或主路径。操作流程描述了用户和执行用例之间交互的每一步。描述操作流程是一项将个别用例进行合适细化的任务。通过这种做法，常常可以发现自己原始的用例图遗漏了哪些内容。

借出图书用例的基本操作流程如下。

(1) 管理员输入借书证信息。

(2) 系统要确保借书证信息的有效性。

(3) 检查是否有超期的借阅信息。

(4) 管理员输入要借阅的图书信息。

(5) 系统将学生的借阅信息添加到数据库中。

(6) 系统显示该学生的所有借阅信息。

10. 可选操作流程

可选操作流程包括用例中很少使用的逻辑路径，那些在变更工作方式、出现异常或发生错误的情况下所遵循的路径。例如，借出图书用例的可选操作流程包括：输入的借书证信息不存在，该借书证已经被注销或有超期的借阅信息等异常情况下，系统采取的应急措施。

11. 修改历史记录[可选]

修改历史记录是关于用例的修改时间、修改原因和修改人的详细信息。下表是一个对用例"归还图书"的描述。

用例名称	归 还 图 书
标识符	UC0002
用例描述	图书管理员收到要归还的图书，进行还书操作
参与者	图书管理员
状态	通过审查
前置条件	图书管理员登录进入系统
后置条件	在库图书数目增加
基本操作流程	(1) 系统管理员输入图书信息； (2) 系统检索与该图书相关的借阅者信息； (3) 系统检索该借阅者是否有超期的借阅信息； (4) 删除与该图书相关的借阅信息

续表

用例名称	归还图书
可选操作流程	该借阅者有超期的借阅信息，进行超期处理；输入的图书信息不存在，图书管理员进行确认
假设	图书管理员已经成功地登录到系统
修改历史记录	刘丽，定义基本操作流程，2006 年 10 月 20 日 张鹏，定义可选操作流程，2006 年 10 月 22 日

上表所示的格式和内容只是一个示例，开发人员可以根据自己的情况定义。但要记住，用例描述及它们所包含的信息，不仅是附属于用例图的额外信息。事实上，用例描述让用例变得完整，没有用例描述的用例没什么意义。

随着更多的用例细节被写到用例描述中，往往还会发现用例图中遗漏的某些功能。在模型的各个方面也会出现同样的问题：加入的细节越多，越可能必须回头更正以前所做的事。这是一个反复系统开发工作的内涵。进一步精炼系统模型是件好事，开发工作的每一次反复，都可以使系统模型更好、更准确。

UML 3.3 绘制用例图

通过用例图可以有效地体现与理解客户的需求，在前面已经介绍了用例、用例图以及相关的一些概念。在本小节中将结合这些基础知识，介绍运用 Rose 软件创建用例图的方法。

3.3.1 新建用例图

启动 Rose 软件，在"浏览器窗口"中的【Use Case View】上右击鼠标，执行【New】|【Use Case Diagram】命令。

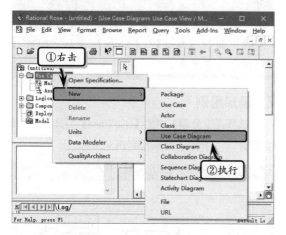

此时，系统会自动在【Use Case View】栏下添加新创建的用例图，其默认名为"NewDiagram"。默认情况下，用例图的名称处于激活状态，可直接输入新名称，重命名用例图名称。

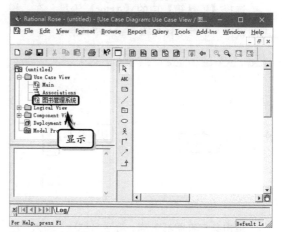

重命名用例图名称之后，双击该用例图模型，打开模型化窗体。【工具箱】包含了常用的 10 种工具，分别为选择工具 �、文本 ABC、注释 ▢、注释锚 ╱、包 ▢、用例 ◯、角色 ⊀、关系 ▛、依赖 ↗ 和泛化 ⊥。

> **提示**
>
> 用户还可以通过执行【Tools】|【Create】命令，来选择相应的工具。

创建用例图模型后，执行【File】|【Save】命令，在弹出的【Save As】对话框中，设置保存位

置和名称，单击【保存】按钮，保存模型。

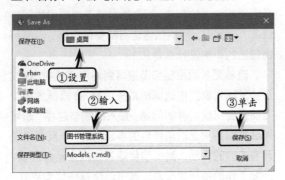

3.3.2 创建内容

创建用例图模型后，便可以添加用例元素了。下面以"图书管理系统"为例，详细介绍添加用例元素的操作方法。

1. 添加参与者

选择【工具箱】中的【Actor】工具，在"模型图窗口"中拖动鼠标绘制参与者图标。

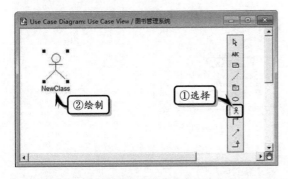

单击参与者图标名称，激活名称段，输入"图书管理员"文本，单击其他位置，完成重命名操作。

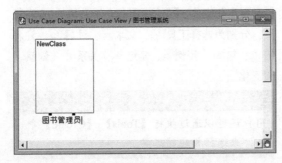

选择【工具箱】中的【Actor】工具，在"模型图窗口"中拖动鼠标绘制第 2 个参与者图标。

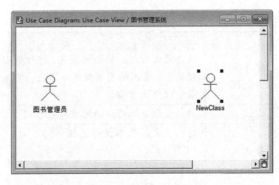

双击新建参与者图标，在弹出的【Class Specification for NewClass】对话框中，将【Name】选项更改为"借阅者"，并单击【OK】按钮。

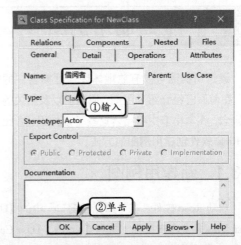

技巧

在"浏览器窗口"中右击【Use Case View】名称，执行【New】|【Actor】命令，即可创建参与者元素。

2. 添加用例

选择【工具箱】中的【Use Case】工具，在"模型图窗口"中拖动鼠标绘制用例图标。

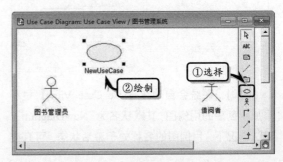

单击用例图标名称，激活名称段，输入"借阅者管理"文本，单击其他位置，完成重命名操作。

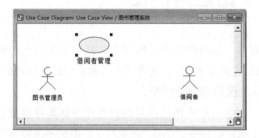

使用同样的方法，创建其他用例，重命名用例并排列用例。

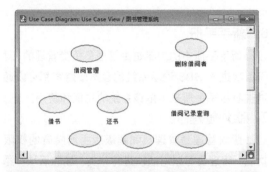

技巧

在"浏览器窗口"中右击【Use Case View】名称，执行【New】|【Use Case】命令，即可创建用例元素。

3．添加关系

创建用例图的基础元素后，需要创建元素之间的关联。

选择【工具箱】中的【Unidirectional Association】工具，将鼠标放在"图书管理员"上方，拖动鼠标至"借阅者管理"上方，松开鼠标即可。同样方法，添加其他关系。

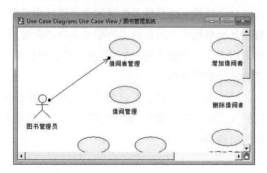

选择【工具箱】中的【Dependency or instantiates】工具，将鼠标放置在"借阅者管理"上方，拖动鼠标至"增加借阅者"上方，松开鼠标即可。

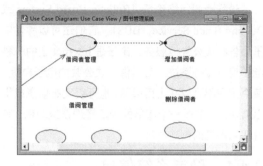

然后，双击 Dependency or instantiates 连接线，在弹出的【Dependency Specification for Untitled】对话框中，将【Stereotype】选项设置为"include"，并单击【OK】按钮。

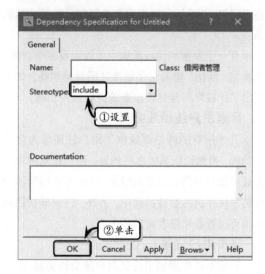

使用同样方法，添加其他"include"和"extend"类型的依赖关系。

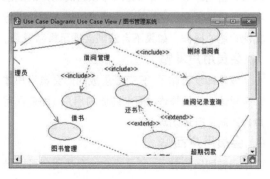

3.4 建模实例：创建 BBS 论坛用例图

论坛也叫网络论坛（Bulletin Board System 或 Bulletin Board Service，BBS），它们还可以称作电子公告板或公告板服务。论坛是 Internet 上的一种电子信息服务系统，它提供一块公共的电子白板，每个用户都可以在上面书写，也可以发布信息或提出看法。本节以一个简单的论坛管理系统为例，来说明用例图的创建过程。

3.4.1 确定系统信息

BBS 论坛中，用户首先通过论坛登录网页（如果是游客则需要注册）进入论坛，登录成功后可以通过发帖发布新的话题，也可以对已经存在的话题进行回复，还可以通过搜索来查看自己所关心的话题等。

在一个完整的论坛系统中可以实现多个功能，如发帖、回帖、查看帖子以及注册登录功能。如下列出了比较常用且比较重要的论坛常用功能。

1．普通用户注册成会员

几乎所有的网站都提供了用户注册成为会员的功能，当然论坛系统也不例外。用户在系统注册页面可以填写自己的基本信息，注册成功后系统会将信息保存到后台数据库中。另外，注册成功后用户也可以查看和修改当前的内容。

2．会员用户登录

论坛系统中提供了会员用户登录的功能，会员用户只要在论坛登录页面中输入注册成功时的登录名和密码即可。单击按钮后可以检测用户的登录名和密码是否合法，如果合法则可以进入页面进行其他功能的操作，如果不合法则会提示重新登录。

3．会员用户发帖

发帖即发表帖子，只有登录成功的会员用户才享有对该功能的操作，而未注册的用户（即普通用户）不能享有该功能。

4．会员用户回帖

回帖即回复帖子，登录成功的会员用户可以针对某一领域的某个问题跟帖，然后发表自己的意见、见解或看法。而普通用户不能实现回帖的功能。

5．搜索或浏览帖子

普通用户和已注册的会员用户都享有浏览帖子和搜索帖子的功能，浏览帖子即浏览不同领域和版块的所有帖子。他们也可以在搜索框中输入感兴趣的内容查看帖子列表，然后单击查看其详细内容。

6．新手手册

新手手册中的内容是由管理员负责管理的，对于首次进入 BBS 论坛系统的会员或游客都可以通过查看新手手册来了解该系统的功能和使用。

7．版块管理

版块管理是管理员和超级版主所特有的权限功能，管理员可以对版块进行分类、删除版块、添加版块以及修改版块等。论坛提供了不同版块讨论区域的相关数量统计，并且会员可以选择不同的版块区域进行讨论。

8．帖子管理

管理员、超级版主和版主都可以对帖子进行管理，如对帖子进行添加、删除、设置精华帖子以及控制点击率等操作。

9．会员用户管理

管理员具有最高权限，他可以对会员用户进行增加、删除、修改、查询以及将会员设置为版主等操作。用户添加完成后系统会把会员的相应资料添加到数据库中，例如会员 ID、会员名称、会员密码、会员邮箱、会员联系电话和会员居住地址等。管理员会根据用户的身份进行相关内容的设置。将某个用户设置为版主后，该会员用户可以对该版块下的帖子进行管理。

从上面的介绍中，相信读者一定对 BBS 论坛的相关功能有所了解了，如下图所示为论坛系统总体的功能模块图。

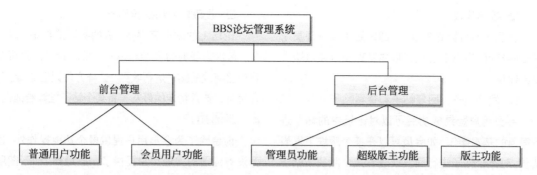

从上图中可以看出，BBS 论坛管理系统包括两部分：前台管理和后台管理。其中前台管理根据用户的身份可以划分为普通用户所享有的功能和注册成功的会员用户所享有的功能；后台管理则根据用户身份分别划分为管理员、超级版主和版主，身份不同所享有的功能也不完全相同。

3.4.2　前台功能概述

前台功能是指用户能够访问前台页面进行相关操作，前台功能包括查看不同版块的帖子、根据条件搜索帖子、查看新帖、发表帖子、用户登录以及普通用户注册成为会员等操作。

1．会员用户

由于用户的身份不同，所以他们所享有的功能权限也不相同，如下图所示演示了会员用户可以进行的功能操作。

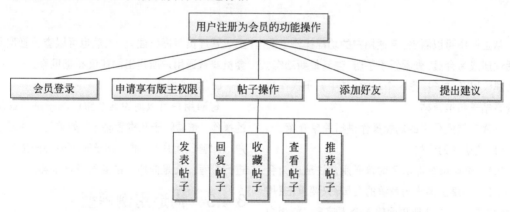

从上图中可以看出，会员用户主要包括 5 个功能操作：会员登录、申请享有版主权限、帖子操作、添加好友以及提出建议。其中帖子操作又包括发表帖子、回复帖子、收藏帖子、查看帖子以及将帖子设置为精华帖 5 个操作。

下面将简单介绍与会员用户相关功能的操作。

❑　会员登录

系统提供了会员登录功能，单击页面中的【登录】按钮，在登录页面输入注册成功的用户名和密码进行登录，只有验证成功后才能使用系统提供的功能。

❑　申请享有版主权限

登录成功的会员用户只享有普通会员的权限，每个会员的等级都可以进行提升，当会员升级到一定级数时就可以申请成为版主。版主可以对该区域内的帖子进行管理操作，如删除帖子和修改帖子等。

❑　添加好友

会员还可以将其他的会员添加为自己的好友，然后与好友分享自己发表、回复的帖子，同时还可以邀请好友欣赏自己收藏的帖子等。另外，会员也可以从好友列表中删除某个好友。

❑ **提出建议**

会员用户可以查看版主、超级版主和管理员所提出的建议，当然自己也可以向管理员或超级版主提出建议。

❑ **发表帖子、回复帖子和查看帖子**

会员用户登录成功后可以对论坛中的帖子进行简单的基本操作，如会员可以在某个版块下发表帖子、对某个帖子进行回复或查看某个版块下帖子的详细内容等。

❑ **收藏帖子和推荐帖子**

论坛上的帖子有很多，有的甚至成百条、成千条，每次查找时也会相当麻烦，所以会员用户可以将自己喜欢的帖子进行收藏，这样方便以后查看。另外也可以选择特定的好友，将某个帖子推荐给他们。

2．普通用户

前台除了为会员用户提供多个功能操作外，也为没有注册的普通用户提供了一些操作。如下图所示为普通用户的功能操作。

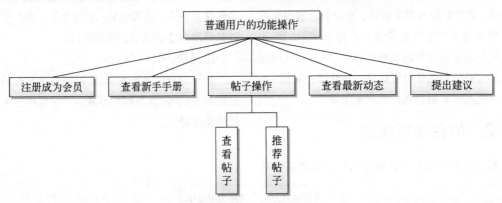

从上图中可以看出，普通用户的功能操作主要包括注册成为会员、查看新手手册、查看最新动态、提出建议以及帖子操作 5 个功能。其中帖子操作包含查看帖子和推荐帖子。

下面对普通用户的功能操作进行简单介绍。

❑ **注册成为会员**

BBS 论坛系统提供了对普通用户注册成为会员的功能，如果想要成为系统的会员，只要单击【用户注册】按钮，在注册页面输入个人信息（如用户名、密码、联系电话和性别等）即可。

❑ **查看新手手册**

普通用户进入 BBS 论坛系统后可以查看新手手册了解论坛的基本功能和操作步骤等，这样可以方便用户以最快的速度了解该论坛系统。

❑ **查看最新动态**

普通用户有权限了解当前论坛系统的最新动态，如发表的新帖子、新话题以及版本更新等内容。

❑ **提出建议**

会员具有向管理人员提出建议的功能，同样普通用户也有该功能权限。普通用户可以向会员、版主或管理员等提出建议，当然也可以查看管理员向会员或普通用户所提出的建议和意见等。

❑ **帖子操作**

普通用户可以对论坛系统的帖子进行最基本的操作：查看帖子和推荐帖子。如果是未注册的用户（即普通用户），推荐帖子时不能够向指定的人进行推荐，而是向所有的会员进行推荐。

3.4.3 构造用例模型

用例图描述了一个外部的观察者对系统的印象，强调这个系统是什么，而不是这个系统怎么工作。在 BBS 论坛系统中，用例图的任务是明确系统是为哪些用户服务，即哪些用户需要利用 BBS 系统来工作。另外，还需要确定系统中的管理者和相关工作人员。

BBS 论坛系统中由于用户身份的不同，所涉及的用户功能也不相同。后台用户主要涉及管理员和版主，而前台用户主要涉及普通用户和会员。下面分别从会员用户和普通用户两方面绘制功能用例图。

1. 会员用户功能用例图

用例图的构成包括系统、参与者、用例和关系（如泛化关系、包含关系和扩展关系）。创建用例图模型的基本步骤如下。

（1）确定系统涉及的总体信息。

（2）确定系统的参与者。

（3）确定系统的用例。

（4）构造用例模型。

上文中的会员用户图中已经显示了与会员用户相关的功能操作。在与会员相关的用例图中涉及会员用户、会员要操作的会员登录、推荐帖子、发表帖子、回复帖子以及浏览帖子等功能操作。根据上面的操作步骤绘制会员用户功能的用例图，如下图所示。

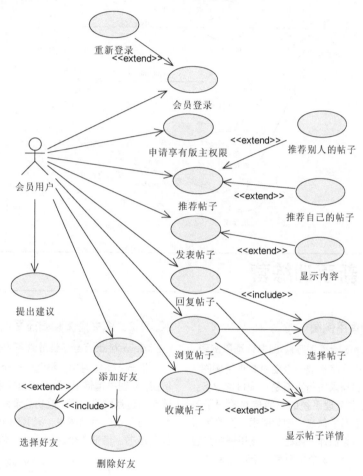

上图中包含会员的多个功能操作，如下是对会员主要功能用例的分析。

- ❑ 会员可以选择帖子查看帖子详情，并且对某个帖子进行回复、浏览和收藏等。
- ❑ 会员可以向管理员发送请求成为版主的要求。
- ❑ 会员可以选择添加好友，并且可以删除好友。

2. 普通用户功能用例图

除了会员操作外，上文中的普通用户图中也列出了普通用户常用的功能操作。例如，普通用户可以注册成为会员，注册成功后可以修改个人信息，也可以注销当前登录；普通用户可以将自己认为好的帖子向所有人进行推荐，也可以向所有的版主和管理员发送建议等。根据绘制用例图的步骤绘制普通用户功能用例图，如下图所示。

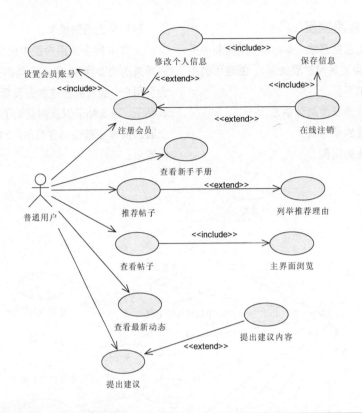

3.6 新手训练营

练习 1：图书管理用例图
downloads\3\新手训练营\图书管理用例图

提示：本练习中，将创建一个图书管理用例图。图书馆中的图书根据需求进行更新是一项日常业务，管理员成功登录图书管理系统的书籍信息管理子系统，对图书进行新增图书信息、删除图书、修改图书信息，以及查询图书等操作。因此，在该用例中只包含一个图书管理员角色，3 个用例和 2 个依赖关系。

练习 2：图书借阅和归还用例图
downloads\3\新手训练营\图书借阅和归还用例图

提示：本练习中，将创建一个图书借阅和归还用例图。从图书馆借书，是图书馆提供的一项基本服务。读者通过系统验证后，成功登录系统进行图书的借阅和归还。在该用例图中，只有图书管理员一个角色，包含还书、借书 2 个用例和 2 个依赖关系。

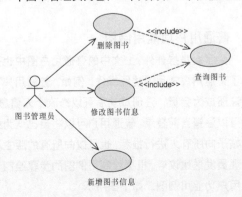

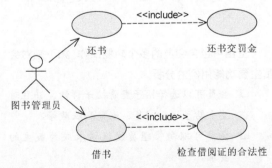

练习 3：销售管理子系统用例图

downloads\3\新手训练营\销售管理子系统用例图

提示：本练习中，将创建一个超市销售管理子系统用例图。销售管理子系统中主要包含了售货员和顾客 2 个角色，其中售货员可以提取商品信息，包括更新商品信息和更新销售信息；而顾客则可以浏览商品信息和打印购物清单等。

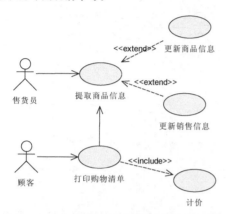

色，包含了查询商品信息、查询销售信息、查询供应商信息、查询缺货信息、查询报损信息、查询特殊商品信息等用例。

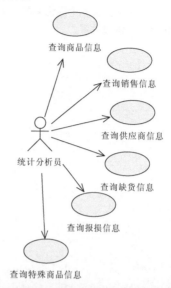

练习 4：库存管理子系统用例图

downloads\3\新手训练营\库存管理子系统用例图

提示：本练习中，将创建一个库存管理子系统用例图。库存管理子系统主要涉及库存管理中的各项工作，包含了库存管理员一个角色，该角色可以执行管理设置、商品入库、处理盘点、处理报损等一系列的功能。

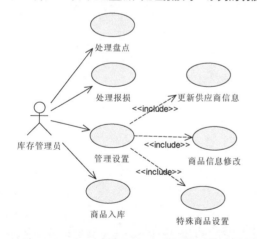

练习 6：读者信息管理系统用例图

downloads\3\新手训练营\读者信息管理系统用例图

提示：本练习中，将创建一个读者信息管理系统用例图。读者信息管理系统主要是读者在图书系统中进行注册、查阅和借阅等一系列的操作。该用例中，包含了读者一个角色，同时包含了注册、查阅书籍信息、借阅等用例。

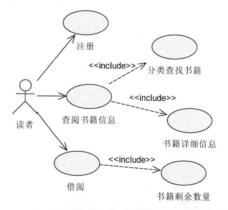

练习 5：统计分析子系统用例图

downloads\3\新手训练营\统计分析子系统用例图

提示：本练习中，将创建一个统计分析子系统用例图。统计分析子系统是统计分析员对商品进行一系列的分析操作，该用例中只包含统计分析员一个角

练习 7：系统后台用例图

downloads\3\新手训练营\系统后台用例图

提示：本练习中，将创建一个系统后台用例图。系统后台用例图主要展示了系统管理员对图书管理员信息、登录、图书分类管理等用例的执行情况。在

该用例中，只包含系统管理员一个角色，包含了图书管理员信息管理、登录和图书分类管理 3 个用例，还包括添加管理员、删除管理员、添加图书分类、删除图书分类和修改图书分类 5 个泛化关系，以及查看管理员操作记录一个依赖关系。

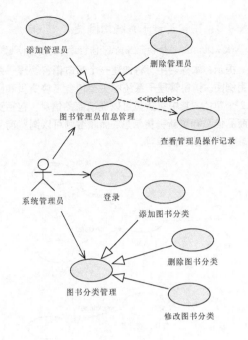

第 **4** 章

类图

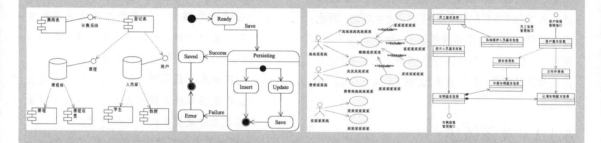

 使用面向对象的思想描述系统能够把复杂的系统简单化、直观化，这有利于用面向对象的程序设计语言实现系统，并且有利于未来对系统的维护。构成面向对象模型的基本元素有类、对象和类与类之间的关系等。类图是显示模型的静态关系，也是最常用的 UML 图，它显示出类、接口及它们之间的静态结构和关系，主要用于描述系统的结构化设计，这样可以更好地体现系统的分层结构，使得系统层次关系一目了然。

4.1 类图的概念

构建面向对象模型的基础是类、对象以及它们之间的关系，可以在不同类型的系统（例如商务软件、嵌入式系统和分布式系统等）中应用面向对象技术。不同系统中所描述的类是各种各样的，例如，在某个商务信息系统中，包含的类可以是顾客、协议书、发票、债务等；在某个工程技术系统中，包含的类可以有传感器、显示器、I/O 卡、发动机等。

在面向对象的处理中，类图处于核心地位，它提供了用于定义和使用对象的主要规则，同时，类图是正向工程（将模型转化为代码）的主要资源，是逆向工程（将代码转化为模型）的生成物。因此，类图是任何面向对象系统的核心，随之也成了最常用的 UML 图。本节将详细介绍与它相关的知识，包括类图的概念、类的表示和如何定义一个类等相关内容。

4.1.1 类图概述

类图是描述类、接口以及它们之间关系的图，是一种静态模型，显示了系统中各个类的静态结构。类图根据系统中的类以及各个类的关系描述系统的静态视图，可以用某种面向对象的语言实现类图中的类。

类图是面向对象系统建模中最常用和最基本的图之一，其他许多图（如状态图、协作图、组件图和配置图等）都是在类图的基础上进一步描述了系统其他方面的特性。类图可以包含类、接口、依赖关系、泛化关系、关联关系和实现关系等模型元素。另外，在类图中也可以包含注释、约束、包或子系统。

UML 类图中常见的关系有以下几种：泛化、实现、关联、聚合、组合以及依赖。其中，聚合和组合关系都是关联关系的一种。这些关系的强弱顺序不同，排序结果为：泛化=实现>组合>聚合>关联>依赖。

类图用于对系统的静态视图（它用于描述系统的功能需求）建模，通常以如下所示的某种方式使用类图。

- **对系统的词汇建模** 在进行系统建模时，通常首先构造系统的基本词汇，以描述系统的边界。在对词汇进行建模时，通常需要判断哪些抽象是系统的一部分，哪些抽象位于系统边界之外。

- **对协作建模** 协作是一些协同工作的类、接口和其他元素的共同体，其中元素协作时的功能强于它们单独工作时的功能之和。系统分析员可以用类图描述图形化系统中的类及它们之间的关系。

- **对数据库模式建模** 很多情况下都需要在关系数据库中存储永久信息，这时可以使用类图对数据库模式进行建模。

下图列举了一个简单的类图示例，它起到一个引导的作用，目的在于使读者对类图有一个直观浅显的了解。

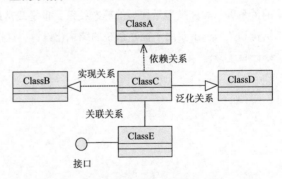

类图通过分析用例和问题域，可以建立系统中的类，然后再把逻辑上相关的类封装成包，这样就可以直观清晰地展现出系统的层次关系。

但是，使用类图时也需要遵循如下原则。

- **简化原则** 在项目的初始阶段不要使用所有的符号，只要能够有效表达就可以。

- **分层理解原则** 根据项目开发的不同阶段

使用不同层次的类图进行表达,以方便理解,不要一开始就陷入实现类图的细节中。

- □ **关注关键点原则** 不要为每个事物都画一个模型,只把精力放到关键的位置即可。

4.1.2 类

类是构成类图的基础,也是面向对象系统组织结构的核心。要使用类图,需要了解类和对象之间的区别。类是对资源的定义,它所包含的信息主要用来描述某种类型实体的特征以及对该类型实体的使用方法。对象是具体的实体,它遵守类制定的规则。从软件的角度看,程序通常包含的是类的集合以及类所定义的行为,而实际创建信息和管理信息的是遵守类的规则的对象。

类定义了一组具有状态和行为的对象,这些对象具有相同的属性、操作、关系和语义。其中,属性和关系用来描述状态。属性通常用没有身份的数据值表示,如数字和字符串;关联则用有身份的对象之间的关系来表示。行为由操作来描述,方法是操作的实现。

为了支持对身份、属性和操作的定义,UML规范采用一个具有 3 个预定义分栏的图标表示类,分栏中包含的信息有:名称(Name)、属性(Attribute)和操作(Operation),它们对应着类的基本元素,如下图所示。

名称
属性
操作

当将类绘制在类图中时,名称分栏是必须出现的,而属性分栏和操作分栏则可以出现或不出现。上图显示了所有的分栏,另外 3 种形式如下图所示。

	名称	名称
名称	属性	操作

当隐藏某个分栏时,并非表明某个分栏不存在。只显示当前需要注意的分栏,可以使图形更加直观、清晰。

类在它的包含者(可以是包或者另一个类)内必须有唯一的名称。类对它的包含者来说是可见的,可见性规定了类能够怎样被位于可见者之外的类所使用。类的多重性说明了类可以具有多少个实例,通常情况下可以有 0 个或多个。

下面将详细介绍类的名称、属性和操作在类图中的具体表示方法和含义。

1. 名称

类名书写在名称分栏的中部,它通常表示为一个名词,既不带前缀,也不带后缀。为类命名时最好能够反映类所代表的问题域中的概念,并且要清楚准确,不能含糊不清。类名可分为简单名称和路径名称。简单名称只有类名,没有前缀;路径名称中可以包含由类所在的包的名称表示的前缀,如下图所示。

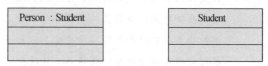

其中,Student 是类的名称,Person 是 Student 类所在包的名称。

2. 属性

类的属性也称为特性,它描述了类在软件系统中代表的事物(即对象)所具备的特性,这些特性是该类的所有对象所共有的。类可以有任意数目的属性,也可以没有属性。在系统建模时只抽取那些对系统有用的特性作为类的属性,通过这些属性可以识别该类的对象。例如,可以将学生姓名、编号、出生年月、所在班级、职务等特性作为 Student 类的属性。

从系统处理的角度来看,事物的特性中只有其值能被改变的那些才可以作为类的属性。UML 中描述类属性的语法格式如下所示:

[可见性] 属性名 [:类型] [=初始值] [{属性字符串}]

上述语法中,属性包含 5 部分:可见性、属性名、类型、初始值和属性字符串。除了属性名外,其他内容都是可有可无的，可以根据需要选用上面列出的某些项。

1）可见性

可见性用于指定它所描述的属性能否被其他类访问，以及能以何种方式访问。在 UML 中并未规定默认的可见性，如果在属性的左边没有标识任何符号，表明该属性的可见性尚未定义，而并非取了默认的可见性。

最常用的可见性类型有 3 种，分别为公有（Public）、私有（Private）和被保护（Protected）类型。

- 被声明为 Public 的属性和操作可以在它所在类的外部被查看、使用和更新。在类里被声明为 Public 的属性和操作共同构成了类的公共接口。类的公共接口由可以被其他类访问及使用的属性和操作组成，这表示公共接口是该类与其他类联系的部分。类的公共接口应尽可能减少变化，以防止任何使用该类的地方进行不必要的改变。

- 被声明为 Protected 的属性和操作可以被类的其他方法访问，也可以被任何继承类所声明的方法访问，但是，非继承的类无法访问 Protected 属性和操作。即使用 Protected 声明的属性和操作只可以被该类和该类的子类使用，而其他类无法使用。

- Private 可见性是限制最为严格的可见性类型，只有包含 Private 元素的类本身，才能使用 Private 属性中的数据，或者调用 Private 操作。

> **注意**
>
> 对于是否应该声明为 Public 属性是有不同观点的。许多面向对象的设计者对 Public 属性存在抱怨，因为这会将类的属性向系统的其余部分公开，违反了面向对象的信息隐蔽的原则。因此，最好避免使用 Public 属性。

除了以上 3 种类型的可见性之外，其他类型的可见性可由程序设计语言定义。需要注意的是，公

有和私有可见性一般在表达类图时是必需的。UML 中 Public 类型用符号"+"表示，Private 类型用符号"−"表示，Protected 类型用符号"#"表示。这几种类型符号在类中的表示如下图所示。

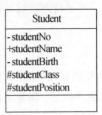

在上图中，属性 studentNo 和 studentBirth 是类 Student 的私有属性，studentName 是类的公有属性，studentClass 和 studentPosition 属性是类被保护的属性，这些属性的可见性是由它们名称左边的符号指定的。

2）属性名

类的属性是类定义的一部分，每个属性都应有唯一的属性名，以标识该属性并以此区别于其他属性。属性名通常由描述所属类的特性的名词或名词短语组成，单字属性名小写，如果属性名包含了多个单词，则这些单词可以合并，且从第二个单词起，每个单词的首字母都应是大写，如上图中属性可见性的右边为属性名。

3）类型

每个属性都应指定其所属的数据类型。常用的数据类型有整型、实型、布尔型、枚举型等。这些类型在不同的编程语言中可能有不同的定义，可以在 UML 中使用目标语言中的类型表达式，这在软件开发的实施阶段是非常有用的。

除了上面提到的类型外，属性的数据类型还可以使用系统中的其他类或者用户自定义的数据类型。类的属性定义之后，类的所有对象的状态由其属性的特定值所决定。

4）初始值

开发人员可以为属性设置初始值，设置初始值可以防止因漏掉某些取值而破坏系统的完整性，并且为用户提供易用性。为 Student 类的相关属性指定数据类型和初始值后，效果如下图所示。

```
                  Student
-studentNo : string
+studentName : string
-studentBirth : string = 2012 - 11- 11
#studentClass : int
#studentPosition : int
```

从上图中可以看出属性与数据类型之间要用冒号分隔，数据类型与初始值之间用等号分隔。使用 Microsoft Visio 画图时，冒号和等号都是该软件自动添加的。

5）属性字符串

描述类属性的语法格式中的最后一项是属性字符串。属性字符串用来指定关于属性的其他信息，任何希望添加属性定义字符串但又没有合适地方可以加入的都可以放在属性字符串里。

除了上面的介绍外，还有一种类型的属性，它能被所属类的所有对象共享，这就是类的作用域属性，或者叫作类变量（例如，Java 类中的静态变量）。这类属性在类图中表示时要在属性名的下面加一条下画线。例如，开发人员可以将 Student 类中的 studentPosition 属性更改为类变量或者重新添加一个新的类变量。

属性可以代表一个以上的对象，实际上，属性能代表其类型的任意数目的对象。在程序设计时，属性用一个数组来实现体现了面向对象中对象之间关联的多重性。多重性指允许用户指定属性实际上代表一组对象集合，而且能够应用于内置属性及关联属性。如下图列出了属性对应的多重性，由于一名学生可以借阅多本图书，所以一个 Student 类可以对应多个 Book 类。

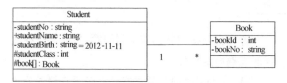

3．操作

属性仅仅描述了要处理的数据，而操作则描述了处理数据的具体方法。类的操作是对其所属对象的行为的抽象，相当于一个服务的实现，且该服务可以由类的任何对象请求，以影响其行为。属性是

描述对象特征的值，操作用于操纵属性或执行其他动作。操作可以看作是类的接口，通过该接口可以实现内、外信息的交互，操作的具体实现被称作方法。

操作由返回值类型、名称和参数表进行描述，它们一起被称为操作签名。某个类的操作只能作用于该类的对象，一个类可以有任意数量的操作或者根本没有操作。UML 中用于描述操作的语法形式如下：

> ［可见性］操作名［（参数表）］　［：返回类型］
> ［｛属性字符串｝］

上述语法形式中有可见性、参数表和返回类型等内容，其具体说明如下。

类操作的可见性类型包括公有（Public）、私有（Private）、受保护（Protected）和包内公有（Package）几种类型，UML 类图中，它们可以分别用 "+" "-" "#" 和 "~" 来表示。如果某一对象能够访问操作所在的包，那么该对象就可以调用可见性为公有的操作；可见性为私有的操作只能被其所在类的对象访问，子类的对象可以调用父类中可见性为公有的操作；可见性为包内公有的操作可以被其所在包的对象访问。

在为系统建模时，操作名通常用描述类的行为的动词或者动词短语，操作名的第一个字母通常使用小写，当操作名包含多个单词时，这些单词要合并起来，并且从第二个单词起所有单词的首字母都是大写。

参数用来指定提供给操作以完成工作的信息，它是可选的，即操作可以有参数，也可以没有参数。如果参数表中包含多个参数时，各参数之间需要使用逗号隔开。当参数具有默认值时，如果操作的调用者没有为该参数提供相应的值，那么该参数将自动具有指定的默认值。例如，类 15 中 deleteStudent 操作表示根据学生的编号删除一个 Student 对象，执行该操作时只需要知道学生编号信息即可，如下图所示。

```
                      类15
- studentNo : string
+studentName : string
-studentBirth : string = 2012 - 11- 11
#studentClass : int
+deleteStudent ( in studentNo : string ) : int
```

操作除了具有名称与参数外,还可以有返回类型。返回类型被指定在操作名称尾端的冒号之后,它指定了该操作返回的对象类型,如下图所示。如果某个操作返回时可以不注明返回值的类型,那么在具体的编程语言中可能需要添加关键字 void 来表示无返回值的情况。

Student
- studentNo : string + studentName : string - studentBirth : string = 2012 - 11 - 11 # studentClass : int
+ getStudentNo () + setStudentNo () + deleteStudent (in studentNo : string) : int

除了上图中提供的每一个参数名及其数据类型外,还可以指定参数子句 in、out 或者 inout。其中,in 是默认的参数子句,通过值传递的参数使用 in 参数子句,或者不使用任何参数子句。通过值传递参数意味着把数据的副本发送到操作,因而操作不会改变值的主备份。如果希望修改传递到操作的参数值的主备份,需要使用 inout 类型的参数子句标记参数,这意味着值通过引用传递,操作中任何对参数值的修改也就是对变量主备份的修改。除此之外,还有一种 out 参数子句,使用该参数子句时,值不是被传递给操作,而是由操作把值返回给参数。

当需要在操作的定义中添加一些预定义元素之外的信息时,可以将它们作为属性字符串。

4．职责

所谓的职责,是指类或者其他元素的契约或义务,可以在类标记中操作分栏的下面另加一个分栏,用于说明类的职责。相关人员在创建类时需要声明该类的所有对象具有相同的状态和相同的行为,这些属性和操作正是要完成类的职责。描述类的职责可以使用一个短语、一个句子或者若干句子。

5．约束和注释

在类的标记中说明类的职责是消除二义性的一种非形式化的方法,而使用约束则是一种形式化的方法。约束指定了类应该满足的一个或者多个规则。约束在 UML 规范中是用由花括号括起来的文本表示的。如下图为 Teacher 类所添加的约束。

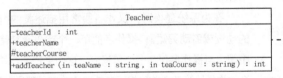

Teacher
- teacherId : int + teacherName # teacherCourse
+ addTeacher (in teaName : string , in teaCourse : string) : int

{老师名称相同时所教的课程不能重复,添加老师时确定该课程的老师不存在}

除约束外,还可以在类图中使用注释,以便为类添加更多的说明信息,注释可以包含文本和图形。如下图所示为 Teacher 类所添加的注释。

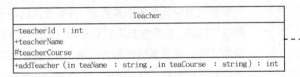

Teacher
- teacherId : int + teacherName # teacherCourse
+ addTeacher (in teaName : string , in teaCourse : string) : int

老师类包含老师 ID、老师名称和老师所教的课程 3 个字段,同时包括添加老师的操作

4.1.3　定义类

由于类是构成类图的基础,所以在构造类图之前首先要定义类,也就是将系统要处理的数据抽象为类的属性,将处理数据的方法抽象为类的操作。要准确地定义类,需要对问题域有透彻准确的理解。在定义类时,通常应当使用问题域中的概念,并且类的名字要用类实际代表的事物进行命名。

通过自我提问并回答下列问题,将有助于在建模时准确地定义类。

- 在要解决的问题中有没有必须存储或处理的数据,如果有,那么这些数据可能就需要抽象为类,这里的数据可以是系统中出现的概念、事件,或者仅在某一时刻出现的事务。
- 有没有外部系统,如果有,可以将外部系统抽象为类，该类可以是本系统所包含的类，也可以是能与本系统进行交互的类。

- ❑ 有没有模板、类库或者组件等，如果有，这些可以作为类。
- ❑ 系统中有什么角色，这些角色可以抽象为类，例如用户、客户等。
- ❑ 系统中有没有被控制的设备，如果有，那么在系统中应该有与这些设备对应的类，以便能够通过这些类控制相应的设备。

通过自我提问并回答以上列出的问题，有助于在建模时发现需要定义的类。但定义类的基本依据仍然是系统的需求规格说明，应当认真分析系统的需求规格说明，进而确定需要为系统定义哪些类。另外，分析完用例和问题域后可以建立系统中的类，然后再把逻辑上相关的类封装成包，这样就可以直观清晰地展现出系统的层次关系。

4.1.4 接口

对 Java 或 C#等高级语言不陌生的读者一定知道：一个类只能有一个父类（即该类只能继承一个类），但是如果用户想要继承两个或两个以上的类时应该怎么办？很简单，可以使用接口（Interface）。

接口是对对象行为的描述，但是它并没有给出对象的实现和状态，且接口是一组没有相应方法实现的操作，非常类似于仅包含抽象方法的抽象类。接口中只包含操作，而不包含属性，且接口没有对外界可见的关联。

一个类可以实现多个接口，使用接口可避免许多与多重继承相关的问题，因此使用接口比使用抽象类要安全得多。如在 Java 和 C#等新型编程语言中允许类实现多个接口，但只能继承一个通用类或抽象类。

接口通常被描述为抽象操作，即只是用操作名、参数表和返回类型说明接口的行为，而操作的实现部分将出现在使用该接口的元素中。可以将接口想成非常简单的协议，它规定了实现该接口时必须实现的操作。接口的具体实现过程、方法对调用该接口的对象而言是透明的。在进行系统建模时，接口起到十分重要的作用，因为模型元素之间的协作是通过接口进行的。相关人员可以为类、组件和包定义接口，利用接口说明类、组件和包能够支持的行为。一个结构良好的系统，通常都定义了比较规范的接口。

UML 中，接口可以使用构造型的类表示，也可以使用一个"球形"来表示，如下图所示演示了接口实现的两种方法。

构造型表示法　　　　球形表示法

接口与抽象类一样，都不能实例化为对象。在 UML 中，接口可以使用一个带有名称的小圆圈来表示，并且可以通过一条 Realize（实现关系）线与实现它的类相连接，如下图所示。

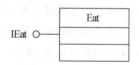

如果使用构造型表示接口，则由于实现接口的类与接口之间是依赖关系，所以用一端带有箭头的虚线表示这个实现关系，如下图所示。

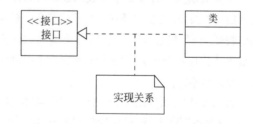

如果某个接口是在一个特定类中实现的，则使用该接口的类仅依赖于特定接口中的操作，而不依赖于接口实现类中的其他部分。如果类实现了接口，但未实现该接口指定的所有操作，那么此类必须声明为抽象类。使用接口可以很好地将类所需要的行为与该行为如何被实现完全分开。

4.2 泛化关系

类与类之间的关系有多种，如依赖、实现和泛化等。泛化描述了一般事物与该事物的特殊种类之间的关系。在解决复杂问题时，通常需要将具有共同特性的元素抽象成类，并通过增加其内容而进一步分类。例如，车可以分为火车、汽车、摩托车等。它们也可以表示为泛化关系，下面将详细介绍与泛化相关的知识。

4.2.1 泛化的含义和用途

应用程序中通常会包含大量紧密相关的类，如果一个类 A 的所有属性和操作能被另一个类 B 所继承，则类 B 不仅可以包含自己独有的属性和操作，而且可以包含类 A 中的属性和操作，这种机制就是泛化（Generalization）。

UML 中，继承是泛化的关键。父类与子类各自代表不同的内容，父类描述具有一般性的类型，而子类则描述该类型中的特殊类型。从另外一种方法来说，泛化是一种继承关系，表示一般与特殊的关系，它指定了子类如何特化父类的所有特征和行为。例如，老虎是动物的一种，既有老虎的特性，也有动物的共性。

泛化关系是一种存在于一般元素和特殊元素之间的分类关系。这里的特殊元素不仅包含一般元素的特征，而且包含其独有的特征。凡是可以使用一般元素的场合都可以用特殊元素的一个实例代替，反之则不行。

泛化关系只使用在类型上，而不用于具体的实例。泛化关系描述了"is a kind of"（是……的一种）的关系。例如，金丝猴、猕猴都是猴子的一种，东北虎是老虎的一种。在采用面向对象思想和方法的地方，一般元素被称为超类或者父类，而特殊元素被称作子类。

UML 规定，泛化关系用一个末端带有空心三角形箭头的直线表示，有箭头的一端指向父类。如下图演示了一个简单的泛化关系，其中 Monkey 类

表示父类或超类，该类包含 Golden Monkey 和 Macaque 两个子类，这两个子类不仅继承了父类中的所有属性和操作，同时也可以拥有自己特定的属性和操作。

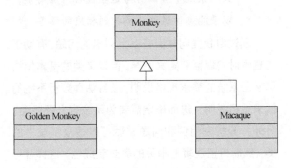

泛化主要有两个用途：第一个用途是，当变量被声明承载某个给定类的值时，可使用类的实例作为值，这被称作可替代性原则。该原则表明无论何时祖先被声明了，其后代的一个实例都可以被使用。例如，如果猴子父类 Monkey 被声明，那么一个金丝猴或者猕猴的对象就是一个合法的值。第二个用途是通过泛化使多态操作成为可能，即操作的实现是由它们所使用的对象的类决定的，而不是由调用者决定的。

4.2.2 泛化的层次与多重继承

泛化可能跨越多个层次。一个子类的超类也可以是另一个超类的子类。如下图所示为具体层次结构的泛化。

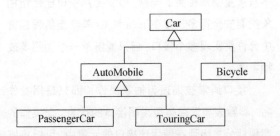

在上图中，AutoMobile 类是 Car 类的子类，不仅如此，AutoMobile 类还是 PassengerCar 类和

TouringCar 类的超类，这就显示出了泛化的层次结构。子类和超类这两个术语是相对的，它们描述的是一个类在特定泛化关系中所扮演的角色，而不是类自身的内在特性。在该图中，Bicycle 类表示 Car 类中的另外一个子类，也可以使用 3 个点表示省略号，如果为 3 个点时，表明 Car 类除了图中所显示的子类 AutoMobile 外，还可以拥有其他子类。

对泛化层次图中的一个类而言，从它开始向上遍历到根时经历的所有类都是其祖先，从它开始向下遍历时遇到的所有类都是其后代。这里的"上"和"下"分别表示"更一般的类"和"更特殊的类"。

面向对象设计的最佳原则之一是避免紧密耦合的类，使一个类改变时不必改变一系列相关的其他类。由于泛化使用子类可以看见父类内部的大部分内容，使得子类紧密耦合于父类，所以泛化是类关系中最强的耦合形式。因此，使用泛化的基本原则是：只有在一个类确定是另外一个类的特殊类型时才使用泛化。

多重继承在 UML 中的正式术语称为多重泛化。多重泛化使同一个子类不仅可以像上图中的 Car 类那样具有多个子类，而且可以拥有多个父类，即一个类可以从多个父类派生而来。例如，坦克是一种武器，但它同时也可作为一种车来使用。多重泛化在 UML 中的表示方法如下图所示。

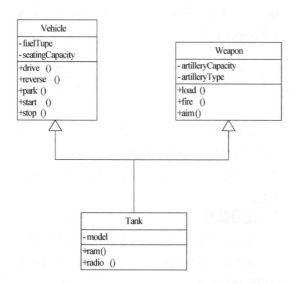

在上图中，一个子类带有两个指向超类的箭

头。通过 Vehicle 类的 drive、reverse、park、start 和 stop 操作确定了属于 Vehicle 类的行驶功能，通过 Weapon 类的 load、aim 和 fire 操作确定了属于 Weapon 类的破坏功能。ram 和 radio 操作则是 Tank 类独有的。

虽然 UML 支持多重泛化，但是通常情况下，实际应用中的泛化使用并不多。其主要原因在于当两个父类具有重叠的属性和操作时，多重继承里的父类会存在错综复杂的问题。因此，多重继承在面向对象的系统开发中已经被禁止，当今流行的一些开发语言（如 Java 和 C#）都不支持多重继承。

4.2.3 泛化约束

泛化约束用于表明泛化有一个与其相关的约束，带有约束条件的泛化也被称为受限泛化。泛化建模约束有两种情况：如果有多个泛化使用相同的约束，可以绘制虚线穿过两个泛化，并且在花括号中标注约束名；如果只有一个泛化，或者多个泛化共享关联的空箭头部分，就只需在朝向空箭头的花括号中注明约束即可，如下图所示。

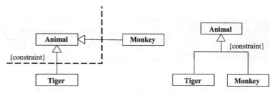

泛化约束包含 4 种：不完全约束（Incomplete Constraint）、完全约束（Complete Constraint）、解体约束（Disjoint Constraint）和重叠约束（Overlapping Constraint）。

1. 不完全约束

表示类图中没有完全显示出泛化的类，这种约束可以让读者知道类图中显示的内容仅仅是实际内容的一部分，其余内容可能位于其他类图中，如下图所示。

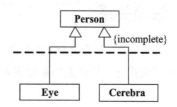

2．完全约束

与不完全约束相对应的是完全约束，当类图中存在完全约束时，表示类图中显示了全部内容，如下图所示。

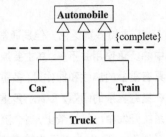

3．解体约束

表示紧靠约束下面的泛化类不能有子转为通用的类，它比前两种约束更加复杂，如下图所示。

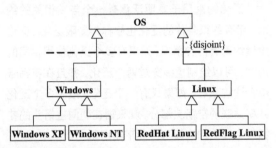

从上图中可以看出，根超类 OS 有两个子类 Windows 和 Linux。解体约束表示 Windows 和 Linux 类都不能共享其他的子类。在该图中，Windows 类和 Linux 类都有各自的子类，但不能从 Windows NT 类到 Linux 类绘制一个泛化关联，由于解体约束的存在，Windows NT 类不能同时继承 Windows 和 Linux 类。

4．重叠约束

与解体约束作用相反的泛化约束，即重叠约束。该类型约束表示两个子类可以共享相同的子类。如下图所示，Database 类有两个子类 Relational 和 OLAP，它们共享相同的类 DataWarehouse。

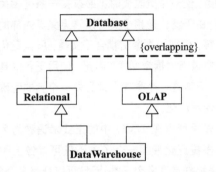

UML 4.3 依赖关系和实现关系

模型元素之间的依赖关系描述的是它们之间语义上的关系。当两个元素处于依赖关系中时，其中一个元素的改变可能会影响或提供消息给另一个元素，即一个元素以某种形式依赖于另一元素。在 UML 模型中，元素之间的依赖关系表示某一元素以某种形式依赖于其他元素。从某种意义上说，关联、泛化和实现都属于依赖关系，但是它们都有其特殊的语义，因而被作为独立的关系在建模时使用。

4.3.1 依赖关系

依赖关系用一个一端带有箭头的虚线表示，实际建模时可以使用一个构造型的关键字来区分依

赖关系的种类。例如，下图中表示 Person 类依赖于 Computer 类。

UML 规范中定义了 4 种基本的依赖类型，它们分别是使用（Usage）依赖、抽象（Abstraction）依赖、授权（Permission）依赖和绑定（Binding）依赖。

1．使用依赖

使用依赖用于表示一种元素使用其他元素提供的服务以实现它的行为，如下表列出了 5 种经常使用的依赖关系。

依赖关系	说　　明	关键字
使用	用于声明使用某个模型元素需要用到已存在的另一个模型元素,这样才能实现使用者的功能,包括调用、参数、实例化和发送	use
调用	用于声明一个类调用其他类的操作方法	call
参数	用于声明一个操作与其参数之间的关系	parameter
实例化	用于声明使用一个类的方法创建了另一个类的实例	instantiate
发送	用于声明信号发送者和信号接收者之间的关系	send

在实际建模过程中,上表中的使用依赖最常使用,调用依赖和参数依赖一般很少使用,实例化依赖用于说明依赖元素会创建被依赖元素的实例,发送依赖用于说明依赖元素会把信号发送给被依赖元素。以下 3 种情况建模需要使用依赖关系。

❑ 客户类的操作需要提供者类的参数。

❑ 客户类的操作在实现中需要使用提供者类的对象。

❑ 客户类的操作返回提供者类型的值。

2．抽象依赖

抽象依赖包括 3 种:跟踪、精化和派生。它们的具体说明如下。

❑ **跟踪(Trace)依赖**　用于描述不同模型中元素之间的连接关系,但是没有映射精确。这些模型一般分属于开发过程中的不同阶段。跟踪依赖缺少详细的语义,它主要用来追溯跨模型的系统要求以及跟踪模型中会影响其他模型的模型所发生的变化。

❑ **精化(Refine)依赖**　用于表示一个概念两种形式之间的关系,这种概念位于不同的开发阶段或者处于不同的抽象层次。这两种形式的概念并不会在最终的模型中共存,其中一个一般是另一个不完善的形式。

❑ **派生(Derive)依赖**　用于声明一个实例可以从另一个实例导出。

3．授权依赖

授权依赖用于表示一个事物访问另一个事物的能力,被依赖元素通过规定依赖元素的权限,可以控制和限制对其进行访问的方法。常用的授权依赖关系有 3 种,其具体说明如下表所示。

依赖关系	说　　明	关键字
访问	用于说明允许一个包访问另一个包	access
导入	用于说明允许一个包访问另一个包,并为被访问包的组成部分增加别名	import
友元	用于说明允许一个元素访问另一个元素,无论被访问的元素是否具有可见性	friend

4．绑定依赖

绑定依赖用于为模板参数提供值,以创建一个新的模型元素,表示绑定依赖的关键字为 bind。绑定依赖是具有精确语义的高度结构化的关系,可通过取代模板备份中的参数实现。

UML 2.0 中还添加了一个被称作 substitution (替代)依赖性的新概念,它是 realization 依赖性的一种类型,即它是实现类元的另外一种方法。在 substitution 依赖关系中,作为客户一方的类元取代了作为提供者的类元。在需要对系统进行定制的时候,这种依赖概念尤其好用。如下图所示演示了 substitution 的使用方法。

上图主要用来预定演出座位,在系统中任何需要订座的地方都可以使用 Reservation 类来代替 ShowSeat 类,因此 ShowSeat 类必须遵从 Reservation 类确定的接口。

4.3.2　实现关系

实现关系(Realization)用于规定规格说明与其实现之间的关系、它通常用在接口以及实现该接口的类之间，以及用例和实现该用例的协作之间。换种说法来说，实现关系指定两个实体间的一个合同，一个实体定义一个合同，而另一个实体保证履行该合同。使用 Java 应用程序进行建模时实现关系可直接用 implements 关键字来表示。

UML 中将实现关系表示为末端带有空心三角形的虚线，带有空心三角形的那一端指向被实现元素。除此之外，还可将接口表示为一个小圆圈，并和实现该接口的类用一条线段连接起来。如下图所示演示了一个简单的实现关系。

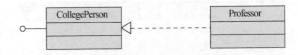

泛化关系与实现关系是有异同点的，它们都可以将一般描述和具体描述联系起来。但是泛化关系是将同一语义层上的元素连接起来，并且通常在同一模型内，而实现关系则将不同语义层的元素连接起来，并且通常建立在不同的模型内。在不同的发展阶段可能有不同数目的类等级存在，这些类等级的元素通过实现关系联系在一起。

4.4 关联关系

对象之间也需要定义通信手段，UML 规范中对象之间的通信手段就称为关系。类图中的关联定义了对象之间的关系准则，在应用程序创建和使用关系时，关联提供了维护关系完整性的规则。类关系的强弱基于该关系所涉及的各类间彼此的依赖程度。彼此相互依赖性较强的两个类称为紧密耦合。在这种情况下，一个类的改变极可能影响到另一个类。紧密耦合通常是一个坏事。

4.4.1 二元关联

关联意味着类实际上以属性的形式包含对其他类的一个或多个对象的引用。确定了参与关联的类之后，就可以对关联进行建模了。只有两个类参与的关联可以称为二元关联；多于两个类参与的关联，即为 n 元关联。在类图中二元关联定义了两个类的对象之间的关系准则，关联定义了什么是允许的，什么是不允许的。如果两个类在类图中具有关联关系，那么在对象图中这两个类的相应对象所具有的关系被称为链。关联描述的是规则，而链描述的是事实。如下图所示演示了 Person 类和 Car 类之间的关联关系。Person 类定义了人对象及其功能，Car 类则定义了小汽车对象及其功能。两者间的关联是一种单一类型的关系，存在于两者的对象

之间，解释了这些对象需要通信的原因。

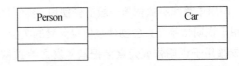

一个完整的关联包括类之间关联关系的直线和两个关联端点。如下图所示演示了关联的组成。其中直线以及关联名称定义了该关系的标志和目的，关联端点定义了参与关联的对象所应遵循的规则。在 UML 规范中关联端点是一个元类，它拥有自己的属性，例如多重性、约束、角色等。

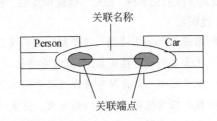

1. 关联的名称

关联的名称表达了关联的内容，含义确切的名称使人更容易理解。如果名称含糊不清，就容易引起误解和争论，导致建模开销的增加和建模效率的降低。一般情况下，使用一个动词或者动词短语命名关联关系。下图显示的是同一关联的两个不同的名称，即"holds"和"is holded by"。

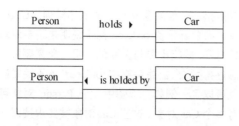

象间的关系,同时可以用于指导对象之间的通信方式定义,也决定每个对象在通信中所扮演的角色。

2. 关联的端点

为了定义对象在关联中所扮演的角色,UML将关联中的每个端点都作为具有相应规则的独立实体。因而,在"holds"关联中 Person 对象的参与跟 Car 对象的参与是不同的。

每个关联端点都包含了如下内容:端点上的对象在关联中扮演什么角色,有多少对象可以参与关联,对象之间是否按一定的顺序进行排列,是否可以用对象的一些特征对该对象进行访问,以及一个端点的对象是否可以访问另一个端点的对象等。

关联端点可以包含诸如角色、多重性、定序、约束、限定符、导航性、可变性等特征中的部分或者全部。

在命名关联关系时存在如下假定:如果要从相反的方向理解该关联,只需将关联名称的意义反过来理解。例如,上图中的关联可以理解为"Person对象拥有 Car 对象",如果从相反的方向理解也是可以的,即"Car 对象被 Person 对象拥有"。因而,对于上图中的关联,只建立其中一个模型即可。

通常情况下,人们喜欢从左到右地阅读,所以当希望读者从右向左阅读时,应使用某种方法告诉读者,这时就可以使用方向指示符。可以将方向指示符放在关联名称的某一侧,以向读者说明应如何理解关联名称。上图中两个关联名称都使用方向指示符,该指示符是两个黑三角。事实上,第一个不必使用,因为该名称的阅读顺序符合人们的阅读习惯;只有在阅读顺序不符合人们的阅读习惯时,才有必要使用方向指示符。

对关联进行命名是为了清晰而简洁地说明对

3. 关联中的角色

角色是关联关系中一个类对另一个类所表现出来的职责,任何关联关系中都涉及与此关联有关的角色,也就是与此关联相连的类的对象所扮演的角色。在下图中,人在"enjoy"这一关联关系中扮演的是观众这一角色;演出是演员表演的结果,因而 Performance 对象所扮演的角色就是演员。

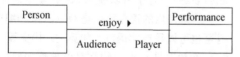

与关联名称相比,角色名称从另外一个角度描述了不同类型的对象是如何参与关联的。关联中的角色通常用字符串命名,角色可以是名词或名词短语,以解释对象是如何参与关联的。类图中角色名通常放在与此角色有关的关联关系(代表关联关系的直线)的末端,并且紧挨着使用该角色的类。角色名不是类的组成部分,一个类可以在不同的关联中扮演不同的角色。

由于角色名称和关联名称都被用来描述关系的目的,所以角色名称可以代替关联名称,或者两者同时使用。例如,上图中前面的模型同时使用了关联名称和角色名称,后面的模型只使用了角色名称,这两种表示关联的方法都是可行的。

与关联的名称不同,位于关联端点的角色名可以生成代码。每个对象都需要保存一个参考值,该参考值指向一个或者多个关联的对象。在对象中,参考值是一个属性值,如果只有一个关联,就只有一个属性来保存参考值。在生成的代码中,属性使用参考对象的角色名命名。

4. 可见性

相关人员可以使用可见性符号修饰角色名称,以说明该角色名称可以被谁访问,如下图所示。

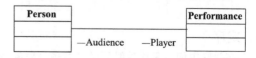

上图中,Performance 类的参考值指向角色名

称 "–Audience"，该角色名称前面的 "–" 表示可见性类型为 Private，这说明类 Performance 包含一个私有属性，它保存了一个参考值指向 Person 对象。

> **提示**
>
> 由于上图中属性的可见性为 Private，所以要想访问该属性则需要使用一个可见性不是 Private 的操作。另外，UML 2.0 版本中关联端点已不再使用可见性的概念。

5．多重性

关联的多重性指的是有多少对象可以参与关联，它可用来表达一个取值范围、特定值、无限定的范围或者一组离散值。在 UML 中，多重性是用由数字标识的范围来表示的，其格式为 "mininum..maximum"，其中 mininum 和 maximum 都表示 int 类型。例如 0..9，它所表示的范围的下限为 0，上限为 9，下限和上限用两个圆点进行分隔，该范围表示所描述实体可能发生的次数是 0 到 9 中的某一个值。

多重性也可以使用符号 "*" 来表示一个没有上限或者说上限为无穷大的范围。例如，范围 0..* 表示所有的非负整数。下限和上限都相同的范围可以简写为一个数字。例如，范围 2..2 可以用数字 2 来代替。

除上面介绍的表示外，多重性还可以用另外一种形式来表示，即用一个由范围和单个数字组成的列表来表示，列表中的元素通常以升序形式排列。例如，有一个实体是可选的，但如果发生的话，就必须至少发生两次以上，那么在建模时就可以用多重性 0,3..* 来表示。

赋给一个关联端点的多重性表示在该端点可以有多个对象与另一个端点的一个对象关联。例如，下图中所示的关联具有多重性，它表示一个人可以拥有 0 辆或者多辆小汽车。

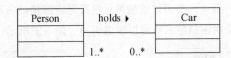

6．定序

在关联中使用多重性时可能会有多个对象参与关联。当有多个对象时还可以使用定序约束，定序就是指将一组对象按一定的顺序排列。UML 规范中的布尔标记值 ordered 用于说明是否要对对象进行排序。要指出参与关联的一组对象需要按一定的顺序排列，只需将关键字 {ordered} 置于关联端点处就可以了。例如，下图中一个 Person 对象可以拥有多个 Car 对象，这些 Car 对象被要求按照一定的顺序进行排列。如果对象不需要按照一定的顺序进行排列，那就可以省略关键字 {ordered}。

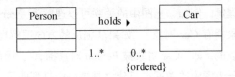

前面已经介绍过在系统实现时关联被定义为保存了参考值的属性，该参考值指向一组参与关联的对象。在为对象规定了定序约束后，对象必须按照一定的顺序排列，因此实现关联时必须考虑关联的标准，以及如何在保持正确顺序的前提下向队列中添加对象或者从队列中删除对象。

7．约束

UML 定义了 3 种扩展机制：标记值、原型和约束。约束定义了附加于模型元素之上的限制条件，保证了模型元素在系统生命周期中的完整性。约束的格式实际上是一个文本字符串（使用特定的语言表达），几乎可以被附加到模型中的任何元素上。约束使用的语言可以是 OCL、某种编程语言，甚至也可以是自然语言，如英文、中文等。

在关联端点上，约束可以被附加到 {ordered} 特性字符串里。例如，下图中，ordered 后面添加了一个约束，该约束限定与 Person 对象关联的一个 Car 对象的价格不能超过 $100 000。

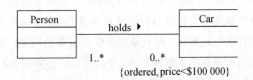

约束规定了实现关联端点时必须遵守的一些规则。如前所述，关联是使用包含参考对象的属性来表现的，在系统实现时需要编写一些方法，以创建或者改变参考值，关联端点的约束就是在这些方法中实现的。

关联端点上的约束还可以用于限定哪些对象可以参与关联。例如，某国为了保护本国的汽车制造业，规定本国公民只能购买国产的小汽车，而不能购买市场上的非国产小汽车，这时可以在模型中使用约束，用布尔值 homemade 来表示，如下图所示。

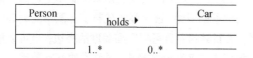

{ordered,price<$100 000 homemade }

8．限定符

限定符定义了被参考对象的一个属性，并且可以将该属性作为直接访问被参考对象的关键字。当需要使用某些信息作为关键字来识别对象集合中的一个对象时，可以使用限定符。使用限定符的关联被称为受限关联。

限定符提供了一种切实可行的实现直接访问对象的方法。要建立限定符的模型，首先必须确定希望直接访问的对象的类型，以及提供被访问对象的类型，限定符被放在希望实现直接访问的对象附近。

在现实系统中，限定符和用作对象标识的属性之间通常是密切联系的。例如，下图中，Class 具有每个学生的信息，每个学生都有唯一的标识。但是，该类图中并没有清楚地指出每个学生的编号是否是唯一的。

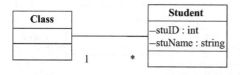

为了能够在类图中描述这一约束，建模者通常将用作标识的属性 stuID 作为类 Class 的一个限定符，如下图所示。对于识别对象身份这类问题来说，没有必要在数据模型中引入一个充当标识的属性，

而应该用限定符来描述对象的标识。

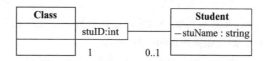

9．导航性

导航性用来描述一个对象通过链进行导航访问另一个对象。也就是说，对一个关联端点设置导航属性意味着本端的对象可以被另一端的对象访问。导航性使用置于关联端点的箭头表示。如果存在箭头，就表示该关联端点是可导航的，反之则不成立。例如，下图中，"holds"关联靠近 Car 类端点的导航性被设置为真。UML 使用一个指向 Car 的箭头表示，这意味着另一端的 Person 对象可以访问 Car 对象。

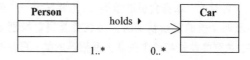

所以，如果两个关联端点都是可导航的，就应该在关联的两个端点处都放置箭头。但在这种情况下，大多数建模工具采用了默认的 0 表示方法，即两个箭头都不显示。原因是：大多数关联都是双向的。因而，除非特别声明，一般都把代表导航性的箭头省略了。但是，如果采用默认表示方法，在生成代码时指向关联对象的参考值将被作为对象属性实现，并且会有一些操作负责处理该属性。操作和属性最终被写成代码，其中自然也包括了作为关联端点一部分的导航性，这样势必会增加代码量，并且增加编码和维护方面的开销。

10．可变性

可变性允许建模者对属于某个关联的链进行操作，默认情况是允许任何形式的编辑。例如，添加、删除等。在 UML 中，可变性的默认值可以不在模型中表现出来。但是，如果需要对可变性做些限定，则需要将可变性的取值放在特性字符串中，和定序以及约束放在一起。在预定义的可变性选项中，{frozen}表示链一旦被建立，就不能移动或者改变。如果应用程序只允许创建新链而不允许删除链，则可以使用{addOnly}选项。

如下图所示为 Contract 类和 Company 类之间的关联模型。它表示某大学和某建筑公司签订合同，由建筑公司负责建造该大学的图书馆，合同是两者之间的法定关系，为了避免意想不到的错误删除，在该关联的 Contract 端点上设置了{frozen}特性。

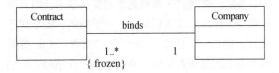

4.4.2 关联类

有时关联本身会引进新类，当想要显示一个类涉及两个类的复杂情况时，关联类就显得特别重要。关联类就是与一个关联关系相连的类，它并不位于表示关联关系的直线两端，而是对应一个实际的关联，用关联类表示该关联的附加信息。关联中的每个连接与关联类中的一个对象相对应。

虽然类的属性描述了实例所具有的特性，但有时却需要将对象的有关信息和对象之间的链接放在一起，而不是放在不同的类中。如下图所示演示了 Student 和 Course 之间的 Elect 关联。

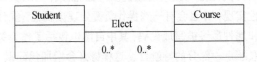

关联类是一种将数据值和链接关联在一起的手段，使用关联类可以增加模型的灵活性，并能够增强系统的易维护性，因此应该在模型中尽量使用关联类。UML 中，关联类是一种模型元素，它同时具有关联和类的特性。

关联类和其他类非常相似，两者之间的区别就在于对它们的使用需求不同。一般的类描述的都是某个实体，即看得见摸得着的东西。而关联类描述的则是关系，它可以像关联那样将两个类连接在一起，也可以像类一样具有属性，其属性用来存储相应关联的信息。

如果用户需要记录学生所选课程的成绩，再使用上图就不能符合其要求了。重新以学生、课程和成绩为例，课程的得分并不是学生本来就有的，只有在学生选修了某门课程后，才会有所选课程的得分。也就是说，课程的得分可以将学生和课程关联起来。如下图所示的关联类用来存储学生选修的某一门课程的成绩，该关联类代替了上图中的关联关系。关联类的名称可以写在关联的旁边，也可以放在类标志的名称分栏当中，关联类的标志要用一条虚线与它所代表的关联连接起来。

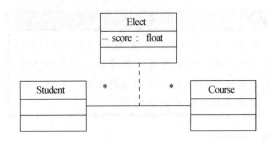

假设要求每个学生必须明确登记所选的课程，那么每个登记项中就应包含所选课程的得分及其授课学期。可以认为班级是由若干名选修同一课程的学生组成的，将班级定义为登记项的集合，即班级是由特定学期选修相同课程的学生组成的。如下图所示，通过一个用来识别对应于特定类的登记项的关联可以描述这种情况。

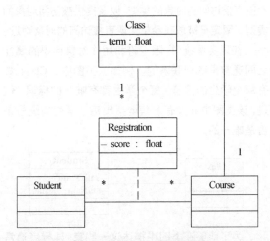

4.4.3 或关联与反身关联

前面已经介绍过一个类可以参与多个关联关系，如下图所示是保险业务的类图。个人可以同保险公司签订保险合同,其他公司也可以同保险公司签订保险合同。但是,个人持有的合同不同于一般公司持有的合同。也就是说,个人与保险合同的关联关系不能跟公司与保险合同的关联关系同时发生。当这两个关联不能同时并存时,应该怎样表示呢?

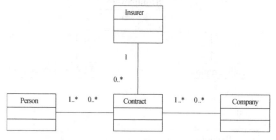

答案很简单,UML 提供了一种或关联来建模这样的关联关系。或关联是指对多个关联附加约束条件,使类中的对象一次只能参与一个关联关系。或关联的表示方法如下图所示,当两个关联不能同时发生时,用一条虚线连接这两个关联,并且虚线的中间带有{OR}关键字。

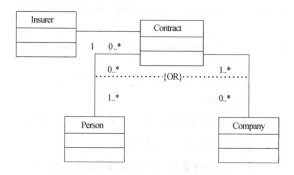

或关联以及前面介绍的其他关联都涉及了多个类。但是,有时候参与关联的对象属于同一个类,这种关联被称为反身关联。例如,不同的飞机场通过航线关联起来,用 Airport 类表示机场,那么 Airport 对象之间的关联关系就只涉及了一个类。

当关联关系存在于两个不同的类之间时,关联直线从其中的一个类连接到另一个类。而如果参与关联的对象属于同一个类,那么关联直线的起点和终点都是该类,如下图所示。

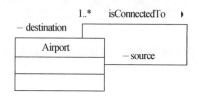

上图中,该关联只涉及一个 Airport 类。反身关联通常要使用角色名称。在二元关联中描述一个关联时需要使用类名称,但在反身关联中只使用类表达关联的意义可能比较模糊,而使用角色名则会更清晰一些。

4.4.4 聚合关系

聚合(Aggregation)关系是在关联之上进一步的紧密耦合,用来表明一个类实际上不拥有但可能共享另一个类的对象。聚合关系是一种特殊的关联关系,它表示整体与部分的关系,且部分可以离开整体而单独存在。在聚合关系中,一个类是整体,它由一个或者多个部分类组成。当整体类不存在时部分类仍能存在,但是当它们聚集在一起时就用于组成相应的整体类。例如,车和轮胎就可以看作是聚合关系,车为整体,轮胎为部分,轮胎离开车后仍然可以存在。

在表示聚合关系时,需要在关联实线的连接整体类那一端添加一个菱形,如下图所示演示了一个简单的聚合关系。

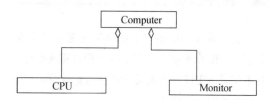

在上图中,CPU 类和 Monitor 类与 Computer 类之间的关系远比关联关系更强。CPU 类和 Monitor 类都可以单独存在,但当它们组成 Computer 类时,就会变为整个计算机的组成部分。

> **提示**
>
> 由于聚合关联的部分类可以独立存在,这意味着当整体类销毁时,部分类仍可以存在。如果部分类被销毁,整体类也将能够继续存在。

4.4.5 组合关系

在类的众多关系中,再加强一步的耦合是组合关系,组合关系也是一种特殊的关联关系,在某种情况下,也可以说它是一种特殊的聚合关系。组合关系是比聚合关系还要强的关系,它要求普通的聚合关系中代表整体的对象负责代表部分的对象的生命周期。

组合关系和聚合关系很相似，都是整体与部分的关联关系，但是它们之间的不同之处在于部分不能离开整体而单独存在，当整体类被销毁时，部分类将同时被销毁。例如，公司和部门是整体和部分的关系，没有公司，就不存在部门。

组合关系所表达的内涵是为组成类的内在部分建模。表示组成关系的符号与聚合关系类似，但是端末的菱形是实心的。如下图所示为一个简单的组合关系示例图。

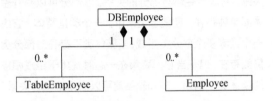

上图中代表数据库的整体类 DBEmployee 由

表 TableEmployee 和表 Employee 组成，这些关联使用组合关系表示。如果数据库不存在了，数据库中的表也就不存在了。

组合关系还可以进行嵌套，如下图所示。

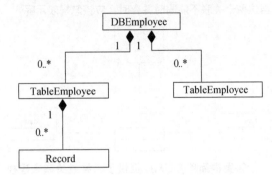

上图中添加了 Record 类，可以将该类作为 TableEmployee 的部分类。该图也说明表 TableEmployee 中有 0 个或者 0 个以上的记录，也表达了记录不能离开表单独存在这一客观情况。

4.5 绘制类图

类图在 UML 的静态机制中是重要的组成部分，在 UML 众多图中占据了一个相当重要的位置。它不仅可以实现设计人员所关注的重点，而且还可以根据类图产生代码。

4.5.1 创建类图

在 Rose 中可以创建一个或多个类图，而类的属性和操作都可以体现在类图中。

1．创建单个类

启动 Rose，在"浏览器窗口"中右击【Logical View】选项，执行【New】|【Class Diagram】命令，即可创建一个类图。

创建类图后，双击类图名，可以为类图重命名。

2．创建类包

对于需要创建多个类的类图项目来讲，可以运用"包"功能对类进行划分。

在"浏览器窗口"中右击【Logical View】选项，执行【New】|【Package】命令，创建一个命名为"Business"的包。

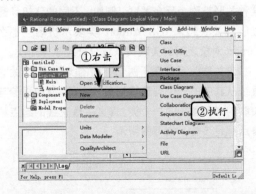

使用同样的方法，创建另外一个命名为"GUI"的包。

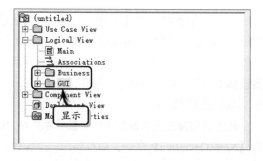

然后，按照上述方法在包中创建一个类，或者直接右击包名称，执行【New】|【Class Diagram】命令，也可以在该包内创建一个新类。

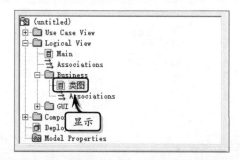

提示

创建类图之后，可以在"浏览器窗口"中右击类图，执行【Delete】命令，删除类图。

4.5.2 操作类图

创建类图之后，便可以为其添加类、属性和操作等一系列的元素了。但在操作类图之前，还需要先来了解一下类图中的一些常用工具。

1. 类工具

在"浏览器窗口"中，双击类图的类标，打开"模型图窗口"，此时在该窗口左侧的【工具箱】中将显示有关类图的一些常用工具。

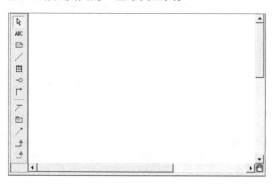

对于类图【工具栏】中的常用工具，具体说明如下表所述。

图标	名 称	说 明
↖	Selection Tool	选择工具
ABC	Text Box	文本框
⊟	Note	注释
╱	Anchor Note to Item	注释和元素的连线，虚线
▤	Class	类
⊸	Interface	接口
⌐	Unidirectional Association	有方向的关联关系
⟋	Association Class	关联类
⊟	Package	包
↗	Dependency or instantiates	依赖或实例关系
⌐	Generalization	泛化关系
⌐	Realize	实现关系

2. 添加类

选择【工具箱】中的【Class】选项▤，在"模型图窗口"中单击即可绘制出一个类。

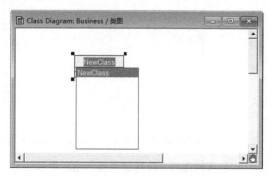

绘制类时，类名是自动处于激活状态的，此时可以直接输入类名称。另外，当类名处于未激活状态时，则可以单击类名称进行重命名。

提示

创建类后，可以在"浏览器窗口"中右击类，执行【Delete】命令，删除类。

除此之外，可以右击类，执行【Open Specification...】命令，在弹出的【Class Specification】

对话框中，重命名类名称。

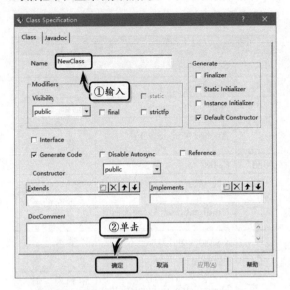

3．添加类属性

属性是类的一个特征，用于描述类对象所具有的一系列的特征值。右击类，执行【New Attribute】命令，即可添加一个属性。此时，属性名处于激活状态，可直接输入属性名称。

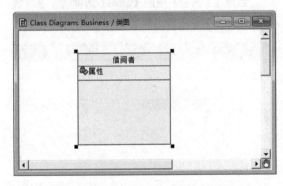

添加属性之后，还可以为属性指定附加信息，附加信息包括属性值和属性值类型。

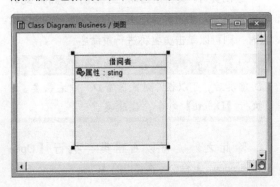

属性值的类型包括字符串（sting）、浮点数（floating-point）、整数（integer）和布尔（bool）等类型。若要为属性指明属性值，则需要在属性后面直接加上类型，中间使用冒号隔开。

4．添加类操作

操作的创建方法和属性大体一致，右击类，执行【New Operation】命令，即可添加一个操作。另外，操作也可以像属性那样添加指定值和值类型，其添加方法完全一致。

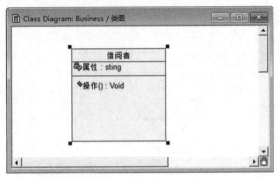

添加属性和类之后，可通过右击类，执行【Options】|【Show All Attributes】和【Show All Operations】命令，隐藏或显示属性和操作。

4.5.3　类图的规范

创建类图之后，右击类图，执行【Open Standard Specification…】命令，在弹出的对话框中设置类图的规范，包括 General、Detail、Operations、Attributes、Relations 等。

1. General

在对话框中，激活【General】选项卡，该选项卡主要用于设置类的名称、类型、构造型和输出控制等，其各选项的具体说明如下所述。

- **Name（名称）** 用于输入或修改类的名称。
- **Type（类型）** 用于设置类的分类。
- **Stereotype（构造型）** 用于设置角色，包括 Actor（参与者）、Boundary（边界）、Business actor（业务参与者）、Business entity（业务实体）、Business worker（业务工人）、Control（控制）、Domain（域）、Entity（实体）、Interface（接口）、Table（表格）、View（视图）。
- **Export Control（输出控制）** 用于选择输出访问操作的控制。

而对于 Export Control（输出控制）选项，又包含下列 4 种类型。

- **Public** 在某一系统的内部全体类，均可访问该类。
- **Protected** 该类具有保护型的特质，允许其他类在"嵌套或友元以及相同的类内部"开展访问操作。
- **Private** 该类仅可在"友元及相同类内部"进行访问操作。
- **Implementation** 仅允许在相同包下的其他类进行访问操作。

2. Detail

激活【Detail】选项卡，该选项卡主要用于设置多重性、存储需求和并发性等选项。

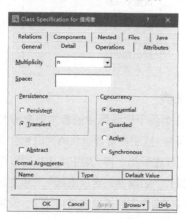

该选项卡中，各选项的具体说明如下所述。

- **Multiplicity（多重性）** 主要应用于关联、聚合、组合等类图关系中，表示关联对象的具体量度或数量大小的区间，表现形式可以使用数字结合英文与"*"。其中，0..0 表示为 0 种数量，0..1 表示为 0 或 1 种数量，0..n 表示 0 或多种数量，1..1 表示 1 种数量，1..n 表示 1 种或多种数量，n 表示多种数量。
- **Space（存储需求）** 表示存储属性，用于输入存储路径之类的内容，该类选项在建模中使用情况较少。
- **Persistence（持续性）** 该属性包括 Persistent（持久化）和 Transient（临时）。
- **Concurrency（并发性）** 该属性适用于正在活动中的有关对象，方便明确其他活动中的对象调配使用此操作时所得到的有效行动。

而对于 Concurrency（并发性）选项，又包含下列 4 种类型。

- **Sequential** 创建类图时默认生成。在仅仅包含某个控制线程时，类可在正常状态下使用。而当具备 2 个以上的控制线程时，则类未必能保证正常运行。
- **Guarded** 呈现 2 个以上的控制线程，使类可以保持正常运行，并且差异化的类需要互相合作，以确保彼此间互不干扰。
- **Active** 表示类生成了具备自身所需要的必须控制线程。
- **Synchronous** 呈现 2 个以上的控制线程，保证类可以正常运行而无须同其他类产生协作关系，使类自己可解决互相排斥时的问题。

3. Attributes

激活【Attributes】选项卡，该选项卡主要用于设置构造型、名称、来源、类型和初始化等选项。

该选项卡中，各选项的具体说明如下所述。

- **Stereotype** 该选项需要手工输入，类似于模板，有助于在元素的规范中添加全新的内容，该选项在类图中不经常使用。

- **Name** 用于显示属性的名称。
- **Parent** 用于显示类名。
- **Type** 表示属性名称的类型。
- **Initial** 表示默认的初始化数据。

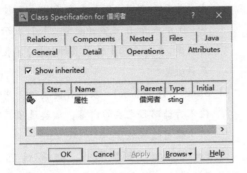

4. Operations

激活【Operations】选项卡，该选项卡主要用于设置构造型、方法、返回类型和所在的类等选项。

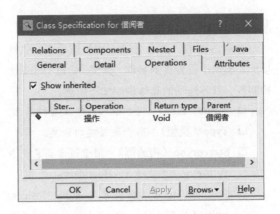

该选项卡中，各选项的具体说明如下所述。

- **Stereotype** 该选项需要手工输入，相当于为元素增加新的模板，以扩大元素的内容库，该选项在类图中不经常使用。
- **Operation** 用于显示操作方法的名称。
- **Return type** 表示"方法返回的类型"。
- **Parent** 用于显示类名称。

4.6 建模实例：创建 BBS 论坛类图

构建类图模型就是要表达类图及类图间的关系，以便于理解系统的静态逻辑。类图模型的构造是一个迭代的过程，需要反复进行，通过分析用例模型和系统的需求规格说明可以初步构造系统的类图模型，随着系统分析和设计的逐步深入，类图将会越来越完善。

4.6.1 创建实体类

论坛系统可以划分为 10 个类，它们分别是：管理员、版主、会员用户、普通用户、版块、提出建议、帖子、请求信息、回复信息、新手手册。

1. 管理员类

管理员类用于记录管理员的基本信息和登录时间，它是与整个系统相关的核心类。管理员类中可以包含多个属性和操作，如属性包括管理员姓名、账号、操作时间和联系方式等，而操作可以包括添加版块、删除版块、关闭版块、添加会员、删除会员以及提出建议等。如下图所示为管理员类的

类图。

管理员类
-管理员姓名 : string
-管理员账号 : string
-操作时间 : string
-联系方式 : string
+划分版块()
+添加版块()
+删除版块()
+修改版块()
+关闭版块()
+设置版主()
+添加会员()
+删除会员()
+修改会员()
+提出建议()
+查看建议()

2. 版主类

版主类用于记录版主的基本信息和与该版主有关的版块，版主在管理版块的同时也会保留会员身份。像管理员类一样，版主类中也可以包含多个属性和操作，如属性包含版主账号、版主姓名和版主级别等，操作则包括设置热门帖子、设置精华帖

子等。如下图所示为版主类的类图。

```
版主类
-版主账号 : string
-版主姓名 : string
-版主级别 : int
-版主管理的版块号 : string
-成为版主的时间 : string
-请求辞职标记 : int
+获取版主详细信息()
+置顶帖子()
+设置热门帖子()
+设置精华帖子()
+提出意见管理()
```

3. 会员用户类

会员用户类记录与会员相关的基本信息和操作，该类中可以包含会员名称、账号、等级、发帖数量、回帖数量以及最近登录时间等属性内容，也可以包含发表帖子、回复帖子和浏览帖子等操作。如下图所示为会员用户类的类图。

```
会员用户类
-会员账号 : string
-会员名称 : string
-会员等级 : int
-会员发帖数量 : int
-会员回帖数量 : int
-会员收藏帖子数量 : int
-会员最近登录时间 : string
-会员好友账号 : string
+获取会员详细信息()
+查看会员列表()
+浏览帖子()
+回复帖子()
+发表帖子()
+收藏帖子()
```

4. 普通用户类

普通用户类即没有注册的用户类，在该类中没有固定的信息，所以也没有明确记录用户信息的属性。但是，如果用户注册成为会员时，则会记录用户申请的会员号，注册成功后能够顺利转为会员。下图所示为普通用户类的类图。

```
普通用户类
-单击帖子次数 : int
-注册时间 : string
-最近一次登录时间 : string
-会员信息 : string
+查看帖子()
+用户注册为会员()
+提出意见()
```

5. 版块类

版块类记录了与版块相关的基本信息和操作，

还记录了当前版块是否能够关闭，如果关闭了，则不能发表帖子。另外，在版块相关操作中还会显示版块详细信息。例如，单击某个版块的链接时，会自动调用操作内容显示版块详情。下图所示为版块类的类图。

```
版块类
-版块ID
-版块类型
-版块主题
-版块成立时间
-版主帐号
+版块列表()
+查看版块详细信息()
+设置需要关闭版块标记()
```

6. 提出建议类

提出建议类记录了会员用户和普通用户提出建议的基本信息，如用户提出时间、提出建议的用户账号、提出建议属性和建议 ID 等内容。下图所示为提出建议类的类图。

```
提出建议类
-建议ID : int
-提出建议属性 : object
-提出建议的用户账号 : string
-建议内容 : string
-提出建议时间 : string
+管理员所提出建议的列表()
+会员所提出建议的列表()
+查看单个帖子的详细内容()
```

在上图中，单击某个版块链接显示详细内容时调用相应的操作，单击某个版块后管理员可以根据自己的需要调用设置需要关闭版块的标记操作，当设置或取消某个版块标记后，会自动调用该操作更新关闭版块列表。

7. 帖子类

帖子类包含多个属性与操作，如帖子属性中包含帖子 ID、帖子单击次数和帖子作者账号等；帖子操作中可以包含查看帖子详细信息和查看帖子列表等。下图所示为帖子类的类图。

```
帖子类
-帖子ID : int
-帖子作者账号 : string
-帖子单击次数 : int
-帖子发表时间 : string
-帖子所在版块ID : int
-帖子所在版块名称 : string
-帖子属性 : int
+查看帖子列表()
+查看帖子详细信息()
+删除帖子(in tid : int)
```

8．请求信息类

请求信息类包含属性和操作两部分，属性部分记录了请求信息类型，用户可以根据请求类型的选择来调用相应的操作，调用操作完成后则自动调用设置请求标记。请求信息类的类图如下图所示。

```
请求信息类
────────────────
-请求ID : int
-请求类型 : string
-参与者属性 : object
────────────────
+版主发出辞职请求()
+申请成为版主()
+设置请求标记()
+添加好友请求()
```

9．回复信息类

回复信息类是与请求信息类相反的一个过程。该类会根据回复类型来选择调用哪个操作，调用完毕后会自动设置回复标记记录结果。下图所示为回复信息类的类图。

```
回复信息类
────────────────
-回复请求ID : int
-回复类型 : string
-回复结果 : string
────────────────
+回复版主辞职请求()
+回复申请成为版主请求()
+设置回复标记()
+同意添加好友请求()
```

10．新手手册类

论坛系统中新手手册只有一份，因此该类中只需要记录形成时间和更新时间即可，不需要再记录其他的详细信息。与该类相关的类图不再具体显示。

4.6.2　创建类与类之间的关系图

类与类之间可以存在多种关系，如泛化、依赖、组合和聚合等。前面已经介绍过与论坛系统相关的10个类，下图所示为这些类之间的关系图。由于之前已经列出了大多数类的属性和操作，所以该关系图中不再显示相关属性和操作，而直接使用相关的类。

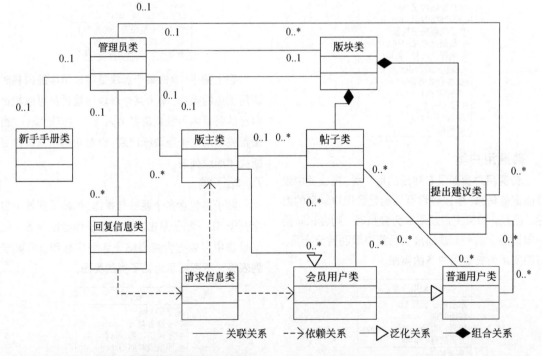

从上图中可以看到，管理员类与建议类存在一对多的关联关系、管理员类与版块类存在一对多的关联关系、版块类与帖子类是组合关系以及建议类与版块类是组合关系等。下面只挑选几种常见的类关系进行介绍。

❑ **管理员类对版主类**　一对多的关联关系，管理员可以管理多个版主，而系统管理员只能有一个。

□ **管理员类对回复信息类** 一对多的关联关系，管理员可以接收多个用户的请求信息，并对这些信息进行回复。

□ **帖子类对版块类** 组合关系，帖子是构成版块的重要部分，它对版块来说是必不可少的。

□ **建议类对版块类** 组合关系，管理员可以向会员和版主提出建议，而版块内需要有接收建议的地方，可以说建议是版块的一部分。

□ **回复信息类对请求信息类** 依赖关系，回复信息类依赖于请求信息类，请求信息类发生变化则回复信息类也发生变化。

□ **请求信息类对版主类** 依赖关系，请求信息类的操作依赖于版主类的对象，如果对象发生变化，则请求信息类也发生变化，因此请求信息类依赖于版主类。

□ **请求信息类对会员类** 依赖关系，请求信息类的操作也依赖于会员类的对象，如果会员类对象发生变化，则请求信息类也发生变化，因此请求信息类依赖于会员类。

□ **版主类对会员类** 泛化关系。

□ **会员类对普通用户类** 泛化关系。

UML 4.7 新手训练营

练习1：构建图书管理系统类图
downloads\4\新手训练营\图书管理系统类图

提示：本练习中，主要构建一个图书管理系统类图。在图书管理系统中，主要包括借阅者、借还书、图书基本信息、借阅者类型、图书存放信息和图书类别6个主要类。其中，借阅者类主要用于描述借阅者的基本信息，包括6个属性和4个操作；借还书类主要用于描述图书借阅者的借书还书信息，包括5个属性；图书基本信息类主要用于描述图书的基本信息，包括9个属性和7个操作；借阅者类型类主要用于描述借阅者的类别信息，包括5个属性和3个操作；图书存放信息类主要用于描述图书在图书馆内的存放位置信息，包括4个属性和2个操作；而图书类别类则主要用于描述图书的类别信息，包括2个属性和2个操作。

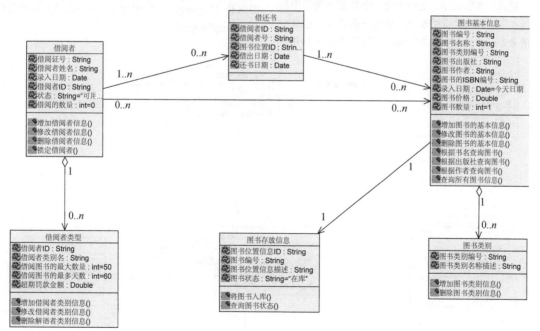

练习 2：音频子系统类图

⊙downloads\4\新手训练营\音频子系统类图

提示：本练习中，主要构建一个数码录音机系统中的音频子系统类图。在数码录音机系统中，每条信息是由一组音频块组成的，而每个音频块又包含了一组音频样本。音频子系统总是记录或是回放一个完整

的音频块。音频的输入类（AudioInput）和输出类（AudioOutput）是实时工作的，Timer 类是硬件定时器的封装类，它为 AudioInput 和 AudioOutput 类提供精确定时。其中，Microphone 是麦克风的封装类。一个 Microphone 类记录一个声音样本。而 Speaker 类能够通过扬声器回放声音的样本。

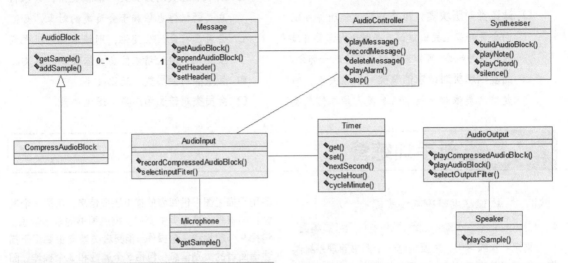

练习 3：声音系统的内部表示类图

⊙downloads\4\新手训练营\声音系统的内部表示类图

提示：本练习中，主要构建一个声音系统的内部表示类图。数码录音机系统中回放一条信息和记录一条信息是一个比较复杂的过程，需要精确地定时并需

要和硬件进行交互，因此在系统中使用 3 个不同的类来播放信息。而且，这样的设计能够很容易地将系统扩展成可以处理包含 2 声道音频块或使用管道压缩技术的立体声信息。声音信息内部主要由 3 部分组成，即信息（Message）、音频块（AudioBlock）和声音样本(SoundSample)。

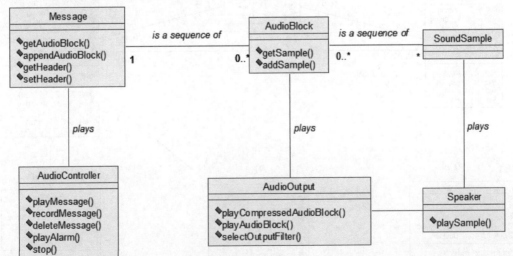

第 5 章

对象图和包图

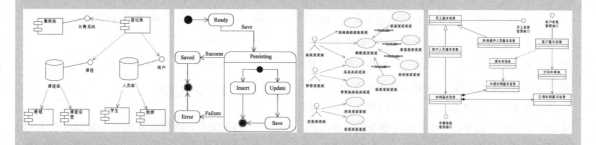

　　类图和对象图合称为结构模型视图或者静态视图，用于描述系统的结构或静态特征。而对象图用来描述特定时刻实际存在的若干对象以及它们之间的关系。一个系统的模型中可以包含多个对象图，每个对象图描述了系统在某个特定时刻的状态。除此之外，为了控制现实系统的复杂性，通常会将系统分成较小的单元，以便一次只处理有限的信息。UML 提供了包这一机制，使用它可以把系统划分成较小的便于处理的单元。

5.1 对象图

对象是类的实例,对象图也可看作是类图的实例。对象是面向对象系统运行时的核心,因为设计的系统在实现使用时,组成系统的各个类将分别创建对象。使用对象图可以根据需要建立特定的示例或者测试用例,然后通过示例研究如何完善类图;或者使用测试用例对类图中的规则进行测试,以求发现类图中的错误或者漏掉的需求,进而修正类图。

5.1.1 对象和类

对象图和类图一样反映系统的静态过程,但它是从实际的或原型化的情景来表达的。对象图显示某时刻对象和对象之间的关系。一个对象图可以看成一个类图的特殊用例,实例和类可在其中显示。

对象表示一个单独的、可确认的物体、单元或实体。它可以是具体的,也可以是抽象的,在问题领域里有确切的角色。换句话说,对象是边界非常清楚的任何事物。它通常包括状态、行为和标识等。

1. 状态

状态也叫属性,对象的状态包括对象的所有属性(通常是静态的)和这些属性的当前值(通常是动态的)。

2. 行为

对象的方法和事件可以统称为对象的行为,没有一个对象是孤立存在的。对象可以被操作,也可以操作别的对象。而行为就是一个对象根据它的状态改变和消息传送所采取的行动和所做出的反应。

3. 标识

为了将一个对象与其他所有的对象区分开来,通常会给它起个名称,该名称也可以叫作标识。

类是面向对象程序设计语言中的一个概念,它实际上是对某种类型的对象定义变量和方法的原型。它表示对现实生活中一类具有共同特征的事物的抽象,是面向对象编程的基础。一个类定义了一组对象。类具有行为,它描述一个能够做出什么以

及如何做的方法,它们是可以对这个对象进行操作的程序和过程。

简单了解对象和类的概念后,如下列出了对象和类的主要区别。

- ❑ 对象是一个存在于时间和空间中的具体实体,而类仅代表一个抽象,抽象出对象的"本质"。
- ❑ 类是共享一个公用结构和一个公共行为的对象集合。
- ❑ 类是静态的,而对象是动态的。
- ❑ 类是一般化,而对象是个性化。
- ❑ 类是定义,而对象是实例。
- ❑ 类是抽象的,而对象是具体的。

5.1.2 对象和链

对象图描述了参与交互的各个对象在交互过程中某一时刻的状态。可以认为对象图是类图在某一时刻的实例。为了绘制对象图,首先需要添加的第一个内容就是实际对象本身。

对象是真实的事物,如特定的用户、大堂或演出。对象表示符号需要两个元素,即对象的名称和描述对象的类的名称。其语法格式如下:

```
object-name : class-name;
```

上述语法中使用类名的目的是避免产生误解,因为不同类型的对象可能具有相同的名称。另外从语法中也可以看出:表示对象的方式与类几乎是一样的,其主要区别是:对象名下面要有下画线。对象名有 3 种表示格式,如下图所示。

| 对象名:类名 | :类名 | 对象名 |

上图中显示了对象名的 3 种表示方式,使用其中任何一种都可以。其中,第二种表示方式只有类名、冒号和下画线,该表示方式说明建立的模型适用于该类的所有实例,这种表示方式被称为匿名对

象，是建模中常用的一种技术。第三种表示方式仅给出了对象名，而隐藏了属性。

另外还有一种合法的表示方式，即省略冒号和类名（换句话说，只使用对象的名称而不告知其类型），但保留了属性，该方法通过上下文可以很容易地判别出对象的类型。如下图所示演示了学生类与学生对象 stu。

在上图中表示学生类的 stu 对象时不仅给出了对象名，还给出了该对象的属性和相应的值。

对于每个属性，类的实例都有自己特定的值，它们表示了实例的状态，在 UML 图中显示这些值有助于对类图和测试用例进行验证。在 UML 的对象表示法中，对象的属性位于对象名称下面的分栏中，这与类的表示法是类似的。属性的合法取值范围由属性的定义确定，如果类的定义允许，属性的取值为空也是合法的。

> **提示**
> 后面的章节还会介绍其他的图，所有的交互图中使用的都是相同的对象表示符号。

对象不仅拥有数据，还可拥有各种关系，这些关系被称为链。对象可以拥有或参与的链是由类图中的关联定义的，也就是说，与类定义某种类型的对象一样，关联也定义了某种类型的链。换句话说，对象是类的实例，而链是关联的实例。

如果两个对象具有某个关联定义的关系，则称它们被链接起来。一条连接两个对象的直线就表示这两个对象所具有的链。链有 3 种命名方法，分别如下。

❑ 使用相应的关联命名。

❑ 使用关联端点的角色名命名。

❑ 使用与对应类名一致的角色名命名。

在命名对象间的链时，可以根据具体情况使用以上 3 种方法中的任何一种。例如，下图中表示

Venue 对象 "holds" 和 Event 对象，除此之外，该图中还包含两个 Performance 对象，这两个对象和 Event 之间的链使用与类名一致的角色名称描述，另外 holds 表示关联的名称。

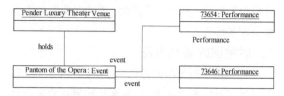

5.1.3　对象图概述

对象图（Object Diagram）就是类图的实例，它描述的是参与交互的各个对象在交互过程中某一时刻的状态，它可以看作是类图在某一时刻的实例。对象图提供了系统的一个"快照"，显示在给定时间实际存在的对象以及它们之间的链接，可以为一个系统绘制多个不同的对象图，每个对象图都代表系统在一个给定时刻的状态。对象图展示系统在给定时间特有的数据，这些数据可以表示各个对象、在这些对象中存储的属性值或者这些对象之间的链接。

由于对象是类的实例，所以对象图中使用的符号和关系与类图中使用的相同，绘制对象图有助于理解复杂的类图。对象图不需要提供单独的形式。类图中就包含了对象，所以只有对象而无类的类图就是一个对象图。

从某种情况来说，对象图也是一种结构图。它可以用来呈现系统在特定时刻的对象（Object），以及对象之间的链接。在 UML 中，由于对象为类的实例，所以对象图可以使用与类图相同的符号和关系。如下图所示为一个对象图的简单示例。

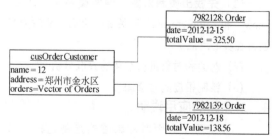

在上图中，Customer 类的对象 cusOrder 拥有两个订单对象，本示例中对这 3 个对象都进行了赋

值。从上图中可以看到，对象图包含属性分栏，这是因为对于每个属性，不同的对象会拥有不同的值；由于类的操作是唯一的，所以拥有该属性的某个类的对象也会拥有该类的相同操作，如果对象图中再包含操作，则会显得多余，因此对象图中不能包含相关操作。

1．对象图的表示方法

对象图一般包括两部分：对象名称和属性。它们是绘制对象图的关键。对象名称和属性的表示方法如下。

❑ **对象名称** 如果包含了类名，则必须加上":"。另外，为了和类名区分，还必须加上下画线。

❑ **属性** 由于对象是一个具体的事件，因此所有的属性值都已经确定，因此通常会在属性的后面列出其值。

2．阅读对象图

上图中已经在 UML 中绘制了一个对象图，那么如何对对象图进行阅读呢？很简单，其主要步骤如下。

（1）首先找出对象图中所有的类，即在":"之后的名称。

（2）整理完成后通过对象的名称来了解其具体含义。

（3）按照类来归纳属性，然后再通过具体的关联确定其含义。

3．绘制对象图

前面已经绘制了简单的对象图，下面来看绘制对象图的主要步骤。

（1）先找出类和对象，通常类名在"class""new"和"implements"等关键字之后，而对象名通常在类名之后。

（2）对类和对象进行细化的关联分析。

（3）绘制相应的对象图。

4．对象图的应用说明

下面从两个方面对对象图的绘制过程进行说明。

1）论证类模型的设计

当设计类模型时，相关人员可以通过对象图来模拟出一个运行时的状态，这样就可以研究在运行时设计的合理性，同时也可以作为开发人员讨论的一个基础。

2）分析和说明源代码

由于类图只展示了程序的静态类结构，因此通过类图看懂代码的意图是很困难的。因此，在分析源代码时，可以通过对象图来细化分析，而开发人员处理逻辑比较复杂的类交互时可以绘制一些对象图进行补充说明。

5．对象图用途

对象图的用途有很多，其主要用途如下所示。

❑ 捕获实例和连接。
❑ 捕获交互的静态部分。
❑ 在分析和设计阶段进行创建。
❑ 举例说明数据/对象结构。
❑ 详细描述瞬态图。
❑ 由分析人员、设计人员和代码实现人员开发。

> **提示**
>
> 对象图不显示系统的演化过程，如果要显示系统的演化过程，可以使用带消息的合作图，或用顺序图表示一次交互。

5.1.4　对象图和类图的区别

类图是描述类、接口、协作以及它们之间关系的图，用来显示系统中各个类的静态结构。对象图描述的是参与交互的各个对象在交互过程中某一时刻的状态。对象图是类图的实例，它几乎使用与类图相同的标识。类图和对象图之间有多个不同点，其具体说明如下表所示。

不同点	类 图	对 象 图
图示形式	类的图示形式有3种：名称、属性和操作	对象的图示形式只有名称和属性两个分栏，而没有操作分栏
名称分栏	类的名称分栏中只有类名，有时也可加上对应的包名	对象的名称分栏中可用的形式有"对象名：类名"":类名"和"对象名"

续表

不同点	类　图	对象图
图形表示	类的图形表示中包含了所有属性的特征	对象的图形表示中包含了属性的当前值等第一部分特征
是否包含操作	类图中可以包含操作内容	对象图中不能包含操作，因为同一个类的对象的操作都是相同的，包含操作显得多余和麻烦
连接方式	类可使用关联进行连接，关联使用名称、多重性、角色和约束等特征进行定义	对象使用链连接，链可以拥有名称和角色，但是没有多重性，所有的链都是一对一的关系

5.1.5　使用对象图测试类图

对于比较复杂的类图来说，它很有可能是不正确的，因此需要使用另外的 UML 图对其进行测试，如对象图。使用对象图对其测试的过程中有可能会发现一些错误，然后可以针对这些错误对类图的修改提出建议。

本节以一个简单的电影售票系统为例，首先绘制最基本的类图，然后通过构造对象图作为对类图的测试。从测试过程中可以看到构成对象图的模型元素以及对象图是如何被作为测试用例来使用的。下图演示了该系统中关于售票协议与座位的一个简单类图。

SalesAgreement	assigns ▶	Seat
-startDate:<未指定 >= contract.getNextSADate() -endDate:<未指定 >=startDate	1　　1..*	-id : int=Seat.getNextID() -nextID: int=0 +getNextID() : int

在上图中可以看出每个售票协议可以分配不少于一个座位，而每个座位只能和一个销售协议进行关联。根据上图的类图来绘制对象图，首先创建一个新的 SalesAgreement 对象以及两个 Seat 对象，每个 Seat 对象都由 SalesAgreement 对象来支配，如下图所示。

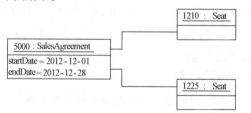

过调查后发现有些座位没有被工作人员销售出去过，而是直接给观众的。重新绘制对象图，在该图中添加一个新的 Seat 对象，该对象不会被任何的 SalesAgreement 对象所支配，如下图所示。

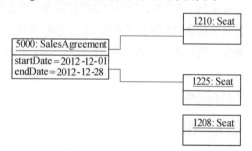

1．未分配的 Seat 对象

从上面的 2 个图中可以看出，每个 Seat 对象都会被一个 SalesAgreement 对象所支配，但是通

如果上图中所绘制的对象图是正确的，则需要更改基本类图，更改后的类图如下图所示。

SalesAgreement	assigns ▶	Seat
-startDate:<未指定 >= contract.getNextSADate() -endDate:<未指定 >=startDate	0..1　　1..*	-id: int =Seat.getNextID() -nextID: int=0 +getNextID() : int

在上图中允许一个 Seat 对象被 0 个或 1 个 SalesAgreement 对象支配。

2．多份销售协议对应一个座位

一个座位是否可以被多个销售协议所分配呢？如果查看系统的相关销售数据，大家可以发现

这是可能的。例如 2012 年 10 月 1 号这一天，座位 3502 被分配过，那么 2012 年 10 月 2 号或其他时间该座位也可以被分配。重新绘制对象图，在该对象图中允许 Seat 对象被多个 SalesAgreement 对象所支配，如下图所示。

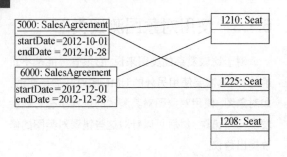

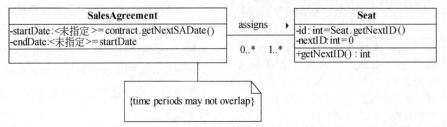

从上图中可以看出，SalesAgreement 对象的属性值是日期，这两个 SalesAgreement 对象的日期是互不重叠的，即在同一个时间分配相同的座位是不合法的。另外，从上图中也可以得到其他信息，如一个座位可以被多个而非仅仅一个销售协议支配。

重新更改该系统的类图，更改后的效果如下图所示。

从上图中可以看出 0 个或多个 SalesAgreement 对象可以分配相同的 Seat 对象，同时也对 SalesAgreement 对象添加了约束，该约束规定 SalesAgreement 对象支配 Seat 对象的时间必须是不重叠的。

5.2 包图

在 UML 中，对类进行分组时使用包。大多数面向对象的语言都提供了类似 UML 包的机制，用于组织及避免类间的名称冲突。例如，Java 中的包机制、C#中的命名空间。用户可以使用 UML 包为这些结构建模。

5.2.1 包

包（Package）是 UML 中的主要结构，它是一种对模型元素进行成组组织的通用机制。它把语义上相近的可能一起变更的模型元素组织在同一个包中，方便理解复杂的系统，控制系统结构各部分间的接缝。

包是一个概念性的模型管理的图形工具，只在软件的开发过程中存在。包所提供的功能与 Windows 中的文件夹完全相同，它不仅仅有助于建模人员组织模型中的元素，而且也使建模人员能控制对包中内容的访问。另外，包还具有高内聚、低耦合的特点。

包在 UML 中用类似文件夹符号表示的模型元素表示，系统中的每个元素都只能为一个包所有，一个包可以嵌套在另外一个包中。下面将从 6 个方面详细介绍包。

1. 包的名称

包的图标是由一个大矩形和其左上角带一个小矩形组成的，每个包都必须有一个与其他包不同的名称。包的名称可以放在左上角的矩形内，也可以放在下面的大矩形中。

通常可以使用一个简单的字符串或路径名作为包的名称。换句话说，包的名称以其外包的包名作为前缀，其中使用两个冒号分隔包的名称。包的名称可以由任意数目的字母、数字和标点符号组成。另外，在包名下可以使用括在花括号中的文字（约束）说明包的性质，如 "{abstract}" 和 "{version}"。如下图所示演示了包的名称。

MyPackage
+ 窗口 + 表格 # 事件处理

Sensors::Version { version=3.04 }

从上图可以看出：如果包的内容没有被显示在大矩形中，那么可以把该包的名称放在大矩形中；如果包的内容被显示在大矩形中，那么可把该包的名称放在左上角的小矩形中。

> **注意**
>
> 在一个包中，不同种类的元素可以有相同的名称，这样在同一个包中对一个类命名为 Name，对一个构件也可以命名为 Name。但是，为了不造成混乱，最好一个包中的所有元素命名都是唯一的。

2．包所拥有的元素

包只是一种一般性的分组机制，在这个分组机制中可以放置 UML 类元，如类定义、用例定义、装填定义和类元之间的关系等。在一个包中可以放置 3 种类型的元素，它们分别如下。

- 包自身所拥有的元素，如类、接口、组件、节点和用例等。
- 从另一个包中合并或导入的元素。
- 另外一个包所访问的元素。

3．包元素的可见性

包的可见性用来控制包外界的元素对包内的元素的访问权限。一个包中的元素在包外的可见性，通过在元素名称前加上一个可见性符号来指示。其可见性包括公有的、私有的和可保护的，它们分别使用"＋""－"和"＃"来表示。具体说明如下。

- ＋　对所有的包都是可见的。
- －　只能对该包的子包是可见的。
- ＃　对外包是不可见的。

在 UML 中，包内元素之间的可见性规则如下。

- 一个包内定义的元素在同一个包内可见。
- 如果某一个元素在一个包内可见，则它在所有嵌套在该包内的包中可见。

- 如果一个包和另一个包之间存在<<access>>或<<import>>依赖关系，则后一个包内具有公共可见性的元素在前一个包内可见。
- 如果一个包是另一个包的子包，则父包内具有公共可见性和保护可见性的元素在子包内可见。

4．包的嵌套

包可以拥有其他包作为包内的元素，子包又可以拥有自己的子包，这样可以构成一个系统的嵌套结构。包的嵌套层数一般以 2~3 层为宜。嵌套的包与包之间也存在着可见性问题。具体说明如下。

- 里层包中的元素既能访问其外层包中定义的可见性为公共的元素，也能访问其外层包通过访问或引入依赖而得来的元素。
- 一个包要访问它的内部包的元素，就与内部包有引入、访问关系或使用限定名。
- 里层包中的元素的名称会掩盖外层包中的同名元素的名称，在这种情况下需要用限定名引用外层包中的同名元素。

5．划分和组织包

了解过包的知识后，下面主要介绍如何划分和组织包。主要分为 4 个方面：识别低层包、合并或组织包、标识包中的模型和建立包间的关系。它们的具体说明如下。

- **识别低层包**　每个具有泛化关系或聚合关系的元素位于一个包中；关联密集的类划分到一个包；独立的类暂时作为一个包。
- **合并或组织包**　如果低层包数量过多则把它们合并，或者使用高层包组织它们。组织包的层次时应该遵循两个原则：层次不宜过多和包的划分不是唯一的。
- **标识包中的模型**　对每一个包确定哪些元素在包外是可访问的，把它们标记为公共的。把所有其他的元素标记为受保护的或私有的。

❑ **建立包间的关系**　根据需要在包之间建立引入依赖、访问依赖或泛化关系。

6. 包的用处

包的用处包括以下 3 部分。

❑ 组织相关元素，以便于管理和复用。包是一个命名空间，外部使用要加限定名。

❑ 包引入放松了限制，被引入的元素与引入包中的元素可以进行关联，或建立泛化关系。

❑ 便于组合可复用的元建模特征，以创建扩展的建模语言，即把被合并包的特征结合到合并包，以定义新的语言。

5.2.2　导入包

当一个包导入另外一个包时，该包里的元素能够使用被导入里的元素，而不必在使用时通过包名指定其中的元素。例如，当使用某个包中的类时如果未将包导入，则需要使用包名加类名的形式引用指定的类。在导入关系中，被导入的包称作目标包。要在 UML 中显示导入关系，需要画一条从包连接到目标包的依赖性箭头，再加上字符 import，如下图所示。

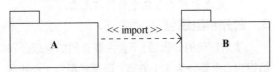

导入包时，只有目标包中的 Public 元素是可用的。如下图所示，将 security 包导入 User 包后，在 User 包中只能使用 Identity 类，而不能使用 Creden 类。

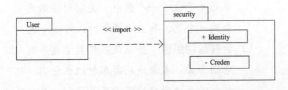

不仅包中的元素具有可见性，导入关系本身也有可见性。导入可以是公共导入，也可以是私有导入。公共导入意味着被导入的元素在它们导入后的包里具有 Public 可见性，私有导入则表示被导入的

元素在它们导入后的包里具有 Private 可见性。公共导入仍然使用 import 表示，私有导入则使用 access 表示。

在一个包导入另一个包时，其导入的可见性 import 和 access 产生的效果是不同的。具有 Public 可见性的元素在其导入后的包中具有 Public 可见性，它们的可见性会进一步传递上去，而被私有导入的元素则不会。例如，在下图所示的包模型中，包 B 公共导入包 C 并且私有导入包 D，因此包 B 可以使用包 C 和 D 中的 Public 元素，包 A 公共导入包 B，但是包 A 只能看见包 B 中的 Public 元素，以及包 C 中的 Public 元素，而不能看见包 D 中的 Public 元素。因为包 A、B、C 之间是公共导入，而包 B 与 C 之间是私有导入。

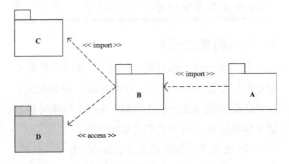

5.2.3　包图概述

包以及类所建立的图形就是包图，使用包图可以将相关元素归入一个系统，一个包中可以包含子包、图表或单个元素。包图经常用于查看包之间的依赖性。因为一个包所依赖的其他包若发生变化，则该包可能会被破坏，所以理解包之间的依赖性对软件的稳定性至关重要。

包图是维护和控制系统总体结构的重要建模工具。对复杂系统进行建模时，经常需要处理大量的类、接口、组件、节点等元素，这时有必要对它们进行分组。把语义相近并倾向于同一变化的元素组织起来加入同一个包中，以便于理解和处理整个模型。

包组织 UML 元素，如类。包的内容可以画在包内，也可以画在包外，并以线条连接。包图可以应用在任何一种 UML 图上，如下图所示演示了包图的两种表示方法。

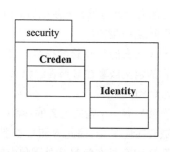

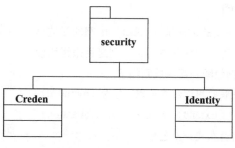

再如，下图所示演示了包图的一个简单示例。

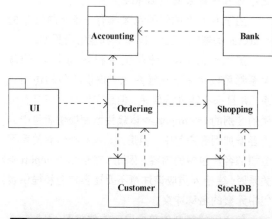

注意

包图几乎可以组织所有 UML 元素，而不仅仅是类。例如，包可以对用例进行分组。另外，在包中也可以包含其他包，在企业级应用程序中经常见到深层的嵌套包。例如，编程语言 Java 和 C# 都提供了嵌套包。

1. 包图中包的标准构造型

UML 的所有扩展机制都适用于包，建模人员可用标记值为包增加新的特性，也可用衍型给出新类型的包。UML 定义了 5 种应用于包的标准衍型，它们也叫作包的构造型。其具体说明如下。

- ❑ **Facade** 说明包仅仅是其他一些包的视图，只包含对另外一个包所拥有的模型元素的引用，只用作另外一个包的部分内容的公共视图。
- ❑ **Framework** 说明一个包代表模型架构。
- ❑ **Stub** 说明一个包是另一个包的公共内容的服务代理。
- ❑ **Subsystem** 说明一个包代表系统模型的一个独立部分，即子系统。

- ❑ **System** 说明一个包代表系统模型。

2. 包图的作用

包图的作用如下所示。

- ❑ 描述需求的高阶概述（用例图）。
- ❑ 描述设计的高阶概述（类图）。
- ❑ 在逻辑上把一个复杂的图模块化。
- ❑ 组织源代码（命名空间）。

3. 类包图

包图可以由任何一种 UML 构成，通常是 UML 用例图或类图，把 UML 类图组织到包图中可称作类包图。创建类包图可以在逻辑组织上设计系统，但是需要采用以下规则。

- ❑ 把一个框架的所有类放置到相同的包中，形成一个系统包。
- ❑ 把具有继承关系的类放在相同的包中，比如通信包。
- ❑ 将彼此间有聚合或组合关系的类放在同一个包中。
- ❑ 将彼此合作频繁的类放在一个包中。

如下图所示演示了类包图的一个实例。

（图：保险单填写界面、系统内部、保险单、客户、数据库界面（abstract）、Oracle界面、SQL界面）

4．用例包图

用例最主要的需求是 artifact，用例的目的是描述系统需求，而用例包图的目的则是用来组织使用需求。用例包图的组织规则如下。

❑ 把关联的用例放在一起：包含（Included）、扩展（Extend）或泛化（Generalization）用例放在同一个包中。

❑ 组织用例应该以主要角色的需求为基础。

在用例包图中可以包含角色，这有助于把包放在上下文中理解，这样包图就会更加容易为读者所理解。另外用户也可以水平地排列用例包图。

5．构建包图的注意事项

包图的使用非常简单，但是要注意以下几个方面。

(1) 包的命名要简单，要具有描述性。

(2) 使用的目的是为了简化 UML 图形表示。

(3) 包应该连贯。

(4) 避免包间的循环依赖。

(5) 包依赖应该反映内部关系。

5.2.4 包之间的关系

包与包之间最常用的关系是依赖关系与泛化关系，下面将详细介绍它们的相关知识。

1．依赖关系

有时一个包中的类需要用到另一个包中的类，这就造成包之间的依赖性，建模人员必须使用<<access>>或<<import>>的依赖。<<import>>的依赖也可以叫作输入依赖或引入依赖。<<access>>叫作访问依赖，它的表示方法是在虚箭线上标有构造型<<access>>，箭头从输入方的包指向输出方的包。如下图所示演示了一个关于包与包之间的依赖关系。

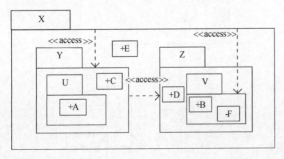

根据包内元素可见性的规则，从上图中可以得出以下几个常见的结论。

由于 A 所在的包 U 嵌套在 C 所在的包 Y 中，而 Y 所在的包又嵌套在 E 所在的包 X 中，因此 A 能够看见 C 和 E。

由于包 Y 有一个指向包 Z 的<<access>>依赖，而 A 又嵌套在包 Y 中，因此 A 和 C 都能够看见 D。

由于 D 和 E 是在包 V 的外围包中定义的，因此包 B 和 F 能够看见 D 和 E。

由于 B 和 F 的外围包 X 具有一条指向包 Y 的<<access>>依赖，因此 B 和 F 都能够看见 C。

虽然<<access>>依赖关系和<<import>>依赖关系都可以用来描述客户包对提供者包的访问关系，并且都不能进行传递，但是它们之间还是有细微的区别的：<<import>>依赖关系使提供者包中的内容增加到客户包中，但是<<access>>依赖关系不会增加客户包中的内容。因此，在使用<<import>>关系时，建模人员应该注意不要让客户包和提供者包中元素的名称冲突。

包之间的复杂依赖会导致软件脆弱，因为一个包里的改变会造成依赖它的其他包被破坏。如果包之间的依赖性具有循环关系，应以各种方式切断循环。

2．泛化关系

泛化关系是表达事物的一般和特殊的关系，如果两个包之间有泛化关系，意指其中的特殊性包必须遵循一般性包的接口。包与包之间的泛化关系和类间的泛化关系很相似，因此涉及泛化关系的包也像类那样遵循可替换性原则。如下图所示演示了包间的基本泛化关系。

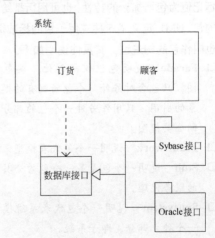

5.2.5　包图和类图的区别

包图是在 UML 中用类似于文件夹的符号表示的模型元素的组合,系统中的每个元素都只能为一个包所有。到目前为止,用户已了解了包图和类图的相关知识,而下表列出了包图和类图的主要区别。

区　别	包　图	类　图
概念	包是把这些事物组织成模型的一种机制	类是对问题领域或解决方案的事物的抽象
是否有标识	包可以没有标识,也不能被实例化,在运行系统中包是不可见的	类必须有标识,并且类可以实例化,实例是系统运行的组成元素

5.3 对象图和包图建模

虽然用户已经了解了对象图和包图的基础知识,但在建模时还需要遵循一定的策略,才可以设计出完美的建模模型。

5.3.1　使用对象图建模

对系统的静态结构建模可以绘制类图,以描述抽象的语义以及它们之间的具体关系。但是,一个类可能包含多个实例,对于若干个相互联系的类来说,它们各自的对象之间进行交互的具体情况可能多种多样。类图并不能完整地描述系统的对象结构,为了考查在某一时刻正在发生作用的对象以及这组对象之间的关系,需要使用对象图描述系统的对象结构。

在构造对象或使用对象图建模时,可以遵循如下策略。

- ❏ 识别准备使用的建模机制。建模机制描述了为其建模的系统的部分功能和行为,它们是由类、接口和其他元素之间的交互产生的。
- ❏ 针对所使用的建模机制,识别参与协作的类、接口和其他元素以及它们之间的关系。
- ❏ 考虑贯穿所用机制的脚本。冻结某一时刻的脚本,并且汇报参与所用机制的对象。
- ❏ 根据需要显示每个对象的状态和属性值。
- ❏ 显示对象之间的链。

5.3.2　使用包图建模

到目前为止,用户已经了解了包和包图相关的知识,而当系统非常复杂时,采用包图建模技术非常有效。包图建模的一般步骤如下。

(1) 分析系统模型元素,把概念或语义上相近的模型元素归纳到一个包中。

(2) 对于每一个包,标识模型元素的可见性。

(3) 确定包与包之间的泛化关系,确定包元素的多态性与重载。

(4) 绘制包图。

(5) 进一步完善包图。

本节以图书管理系统为例,使用包图创建一个简单的模型。

图书管理系统的类图构建完成后,可以根据该系统类图中类与类之间的逻辑关系将图书管理系统中的类划分为 3 个包:UserInterface 包、Library 包和 DataBase 包。其中,UserInterface 包用于描述用户界面的相关类;Library 包描述业务逻辑处理相关的 Book 类、Title 类、Loan 类和 Borrower 类等;DataBase 包包含了与数据库有关的类,如 Persistent 类。该系统的包图如下图所示。

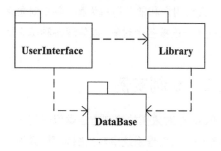

从上图中可以看出,UserInterface 包依赖于 Library 包和 DataBase 包,而 Library 包则依赖于 DataBase 包。

5.4 绘制对象图

由于对象图本质上属于各种类图的某一实例，因此它与类图的基本元素构成一致。通常情况下，采用个体的对象图将无法获取全部所需要的示例。

5.4.1 绘制方法

在绘制对象图时，需要先分析绘制方案，一般情况下可以从下列 3 个维度进行分析：

- 获取各种软硬件系统数据的重要排序与对象间的关联关系。
- 基于包含的功能展开各种实例分析。
- 不限制各类实例的量化提升。

同时，在绘制对象图之前，还需要树立"由于各种具体的对象图是由对象构成的，因此其链接是对象之间的链接"理念；并且在绘制图形时，需要将对象的目标与要点明确并细分。例如，下图所示的平台用户管理模块对象图。

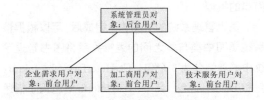

在该对象图中，分为前台和后台 2 个模块，后台包括"系统管理员"对象，而前台包括"企业需求用户""加工商用户"和"技术服务用户"对象。其中，后台用户和前台用户为类，各个对象之间的连接线用于连接各个对象，以体现各种类之间的实例关系。

5.4.2 绘制实例

Rose 中对象图的绘制方法类似于用例图，下面以车辆行政管理系统中对象图为例，详细介绍绘制对象图的方法。

启动 Rose，在"浏览器窗口"中选择【Use Case View】选项，右击该选项，执行【New】|【Collaboration

Diagram】命令，创建对象图。

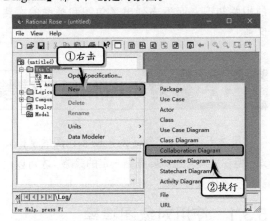

双击新建的对象图图标，打开"模型图窗口"。选择【工具箱】中的【Object】工具，拖动鼠标绘制一个对象图。

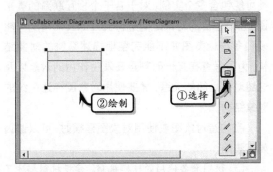

右击对象图，执行【Open Specification...】命令，在弹出的对话框中的【Name】文本框中输入对象图名称，单击【OK】按钮。

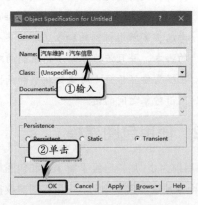

使用同样方法，分别创建名为"轮胎：配件""车灯：配件"和"发动机：配件"的对象图。

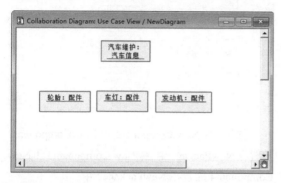

然后，选择【工具箱】中的【Object Link】工具，拖动鼠标绘制各个对象之间的连接线。

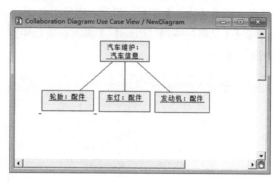

5.5　绘制包图

在 UML 中，所有元素均可以归纳到某一个包中，而包和包之间可以存在嵌套关系。也就是说，在 Rose 中不仅可以绘制一个或多个单独的包，而且还可以将某个包嵌套到指定包中，形成父子包关系。

5.5.1　绘制包图

在 Rose 中，可以通过用例图、类图和组件图来绘制包图。

1．用例图绘制

在"浏览器窗口"中，展开【Use Case View】选项，双击【Main】图标，打开"模型图窗口"。选择【工具箱】中的【Actor】工具，在窗口中绘制 2 个参与者。

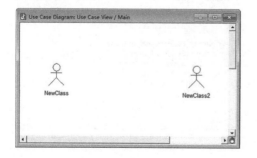

然后，选择【工具箱】中的【Package】工具，在窗口中绘制 3 个包图。

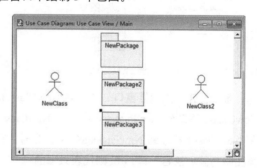

最后，选择【工具箱】中的【Dependency or instantiates】工具，链接参与者与包元素。

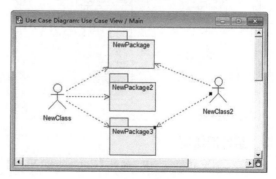

2．类图绘制

在"浏览器窗口"中，展开【Logical View】选项，双击【Main】图标，打开"模型图窗口"。选择【工具箱】中的【Class】工具，在窗口中绘制 4 个类图。

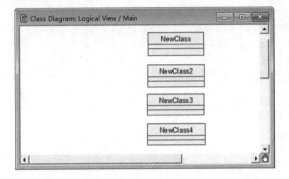

然后，选择【工具箱】中的【Package】工具，在窗口中绘制 2 个包图。

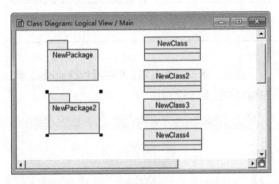

最后，在"浏览器窗口"中，将 NewClass 和 NewClass2 移动到 NewPackage 中，将 NewClass3 和 NewClass4 移动到 NewPackage2 中。此时，在类图中将显示包名，其 form 则代表隶属的包。

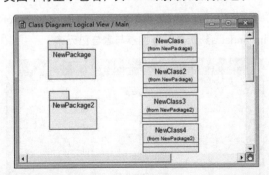

3．组件图绘制

在"浏览器窗口"中，展开【Component View】

选项，双击【Main】图标，打开"模型图窗口"。选择【工具箱】中的【Component】和【Package】工具，在窗口中绘制 4 个组件图和 2 个包图。

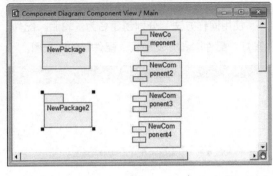

然后，将 New Component 和 New Component2 放置在 NewPackage 中，将 New Component3 和 New Component4 放置在 NewPackage2 中。

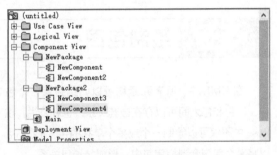

5.5.2 规范使用的共性

在用例图和类图中创建包图后，其包图的规范均相同。选择包图右击，执行【Open Specification…】命令，在打开的对话框中激活【General】选项卡，单击【Stereotype】下拉按钮，在其下拉列表中显示了所有的规范类型。

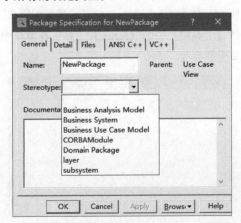

Stereotype 中每个选项的具体图形样式见下表。

类　型	包图图形
为空	NewPackage
Business Analysis Model	NewPackage
Business System	NewPackage
Business Use Case Model	NewPackage
CORBAModule	<<CORBAModule>> NewPackage
Domain Package	NewPackage
Layer	<<layer>> NewPackage
subsystem	<<subsystem>> NewPackage

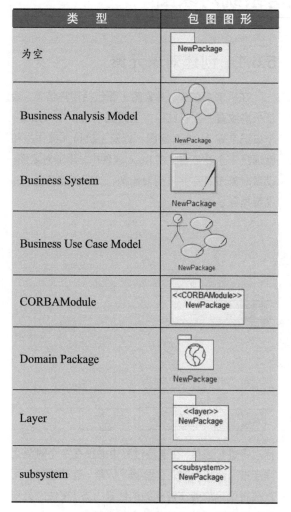

另外，选择包图规范表中的任意一个图形右击，执行【Sub Diagrams】命令，其级联菜单中包括下列 2 个选项：

❑ **New Statechart Diagram**　表示创建状态图。
❑ **New Activity Diagram**　表示创建活动图。

5.5.3　绘制嵌套包图

在 Rose 中，绘制嵌套包图和绘制包图大体一样，也是通过用例图、类图和组件图来绘制。由于各个图形模块中绘制嵌套包图的方法大同小异，这里以用例图为基础，详细介绍绘制嵌套包图的操作方法。

在"浏览器窗口"中，展开【Use Case View】选项，双击【Main】图标，打开"模型图窗口"。选择【工具箱】中的【Package】工具，在窗口中绘制 1 个包图，并将该包命名为"UI"。

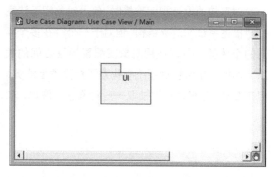

在此，将 UI 包作为顶级包。在"浏览器窗口"中，右击【UI】选项，执行【New】|【Package】命令，创建子包。

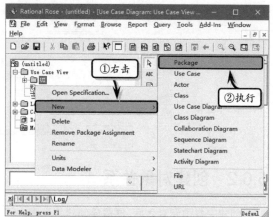

此时，新创建的 NewPackage 包是 UI 包的子包，可以在"浏览器窗口"中展开 UI 包，查看包含关系。

技巧

用户也可以在"浏览器窗口"中采用将某个包拖到指定包内的方法，创建嵌套包图。

5.6 建模实例：创建机房系统对象图

对系统的设计视图建模时，使用对象图无法完整地描述系统的对象结构，但对于一个存在多个实例的个体类，可以使用对象图配置相互之间的关系。例如，虽然机房系统中构建了众多类型的类，但在 UML 建模时可以抽取一些对象进行展现。

5.6.1 创建对象元素

在机房系统中，对象图主要包括用户信息、登录机房收费、上机结账、管理员信息、今日账单、今日记录等 11 个对象图，以及上机员、操作员和管理员 3 个参与者。在 Rose 软件中，添加对象图、设置对象图名称并排列对象图，然后创建角色，并设置角色名称。

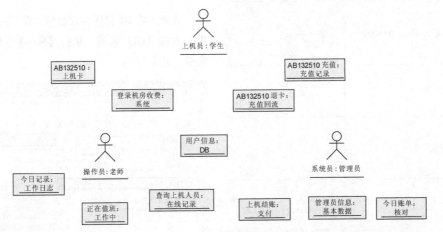

5.6.2 创建对象关系

创建完各类元素之后，便需要创建各元素之间的链接类型了。在本实例中，使用统一的对象链接标志符进行连接，在连接过程中必须在 2 个对象之间连接，否则无效。在绘制"折角"连接线时，可直接将鼠标放置在连接线的线条上方，按住左键拖动鼠标即可调整连接线的位置和折角。

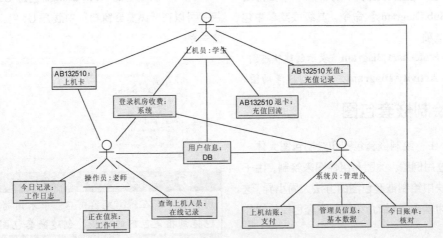

5.7 新手训练营

练习 1：创建银行柜员操作包图

downloads\5\新手训练营\银行柜员操作包图

　　提示： 本练习中，主要创建一个银行柜员开通账户、处理存取款操作的包图。银行柜员操作与储户有一定的关联，可采用角色与包相结合的用例图表示。

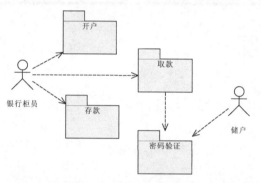

练习 2：创建智能学习平台包图

downloads\5\新手训练营\智能学习平台包图

　　提示： 本练习中，主要创建一个智能学习平台的包图。该系统主要角色包括学生、教师及系统维护人员，其各个角色与模块之间存在一些交互关系，可采用角色与包相结合的用例图表示。

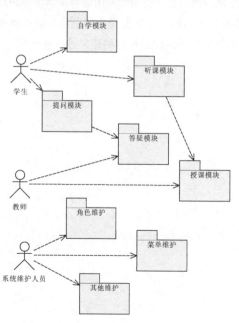

练习 3：创建上机系统对象图

downloads\5\新手训练营\上机系统对象图

　　提示： 本练习中，主要创建一个上机系统对象图。在该系统中，主要展现了一般用户上机过程中的一系列的操作信息，包括修改密码、查询余额、查询充值记录等。

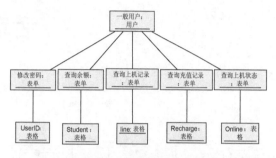

练习 4：创建订单系统对象图

downloads\5\新手训练营\订单系统对象图

　　提示： 本练习中，主要创建一个订单系统对象图。在该系统中，主要展现了商品订单过程中的对象，包括客户、订单和特殊订单等。

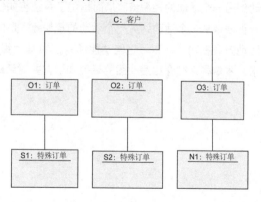

第 6 章

活动图

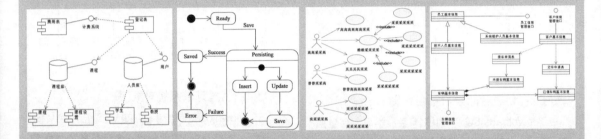

　　活动图是 UML 用于对系统的动态行为建模的另一种常用工具，它描述活动的顺序，展现从一个活动到另一个活动的控制流，从而指明了系统将如何实现它的目标。活动图本质上是一种流程图。活动图着重表现从一个活动到另一个活动的控制流，是内部处理驱动的流程。使用活动图能够演示出系统中哪些地方存在功能，以及这些功能和系统中其他组件的功能如何共同满足前面使用用例图建模的商务需求。本章将详细介绍活动图的相关知识，并对活动图的各种符号表示以及相应的语义进行逐一讨论。

6.1 活动图概述

UML 中的活动图本质上就是流程图，它显示链接在一起的高级动作，代表系统中发生的操作流程。活动图的主要作用就是用来描述工作流，其中每个活动都代表工作流中一组动作的执行。

6.1.1 定义活动图

活动图（Activity Diagram）可以用于描述系统的工作流程和并发行为，它用于展现参与行为的类进行的各种活动的顺序关系。活动图可看作状态图的特殊形式，即把活动图中的活动看作活动状态。活动图中从一个活动到另一个活动，相当于状态图中从一个状态到另一个状态。活动图中活动的改变不需要事件触发，源活动执行完毕后自动触发转移，转到下一个活动。

活动图是一种特殊形式的状态机，用于对计算流程和工作流程建模。活动图中的状态表示计算过程中的各种状态，而不是普通对象的状态。活动图包含活动状态。活动状态表示过程中命令的执行或者工作流程中活动的进行。活动图也可以包含动作状态，它与活动状态类似，但它是原子活动并且当它处于活动状态时，不允许发生转换。活动图还可以包含并发线程的分叉控制。并发线程表示能被系统中的不同对象和人并发执行的活动。

活动图在用例图之后提供了系统分析中对系统的进一步充分描述。活动图允许读者了解系统的执行，以及如何根据不同的条件和输入改变执行方向。因此，活动图可用来为用例建模工作流，也可以理解为用例图具体的细化。

在使用活动图为一个工作流建模时，一般需要经过如下步骤。

（1）识别该工作流的目标。也就是说，该工作流结束时触发什么？应该实现什么目标？

（2）利用一个开始状态和一个终止状态分别描述该工作流的前置状态和后置状态。

（3）定义和识别出实现该工作流的目录所需的所有活动和状态，并按逻辑顺序将它们放置在活动图中。

（4）定义并画出活动图创建或修改的所有对象，并用对象流将这些对象和活动连接起来。

（5）通过泳道定义谁负责执行活动图中相应的活动和状态，命名泳道并将合适的活动和状态置于每个泳道中。

（6）用转移将活动图上的所有元素连接起来。

（7）在需要将某个工作流划分为可选流的地方放置判定框。

（8）查看活动图是否有并行的工作流。如果有，就用同步表示分叉和连接。

上述步骤中使用了活动图的各种组成元素，像活动、状态、泳道、分叉和连接等，它们将会在后面的章节中详细讲解，这里读者只需要了解即可。

活动图的优点在于，它是最适合支持并行行为的，而且也是支持多线程编程的有力工具。当出现下列情况时，可以使用活动图。

- **分析用例** 能直观清晰地分析用例，了解应当采用哪些动作，以及这些动作之间的依赖关系。一张完整的活动图是所有用例的集成图。
- **理解牵涉多个用例的工作流** 在不容易区分不同用例，而对整个系统的工作过程又十分清晰时，可以先构造活动图，然后用拆分技术派生用例图。
- **使用多线程应用** 采用"分层抽象，逐步细化"的原则描述多线程。

活动图的缺点也很明显，即很难清晰地描述动作与对象之间的关系。虽然可以在活动图中标识对象名或者使用泳道定义这种关系，但仍然没有使用交互图简单、直接。当出现下列情况时，不适合使用活动图。

- **显示对象间的合作** 用交互图显示对象间的合作更简单、直观。

□ **显示对象在生命周期内的执行情况** 活动图可以表示活动的激活条件，但不能表示一个对象的状态变化条件。因此，当要描述一个对象整个生命周期的执行情况时，应当使用状态图。

6.1.2 活动图的主要元素

构造一个活动图时，大部分的工作在于确定动作之间的控制流和对象流。除此之外，活动图还包含了很多其他元素，本节将简要介绍其中主要元素的概念。

□ **对象流** 一个节点产生的数据，由其他节点使用。

□ **控制流** 表示节点间执行的序列。

□ **控制节点** 用于构建控制流和对象流，包括表示流的开始和终止节点、判断和合并，以及分叉和汇合等。

□ **对象节点** 是流入和流出被调用的行为。

□ **结构化的控制流** 像循环和分支等。

□ **分区和泳道** 依照各种协作方式组织较低层次的活动，如同现实世界中各个机构或角色各司其职。

□ **可中断区间和异常** 表示控制流偏离正常执行的轨道。

活动图的核心元素是活动，两个活动的图标之间用带箭头的直线连接。在 UML 中，活动表示成圆角矩形；如果一个活动引发另一个活动，两个活动的图标之间用带箭头的直线连接；活动图也有起点和终点，表示法和状态图中的表示法相同；活动图中还包括分支与合并、分叉与汇合等模型元素。分支与合并的图标和状态图中判定的图标相同，而分叉与汇合则用一条加粗的线段表示。下图是一个人找饮料喝的活动图。

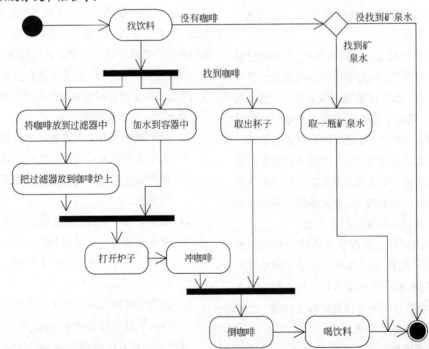

6.1.3 了解活动和动作

构造活动图时，活动和动作是两个最重要的概念，其具体描述如下所述。

1．活动

在活动图中，每次执行活动时都包含一系列内部动作的执行，其中每个动作可能执行 0 次或者多次。这些动作往往需要访问数据、转换或者测试数据。这些动作须按一定次序执行。

一个活动规范允许多个控制线程的并发执行和同步，以确保活动能按指定的次序执行。这种并发执行的语义容易映射到一个分布式的实现。在两个或者多个动作之间的执行次序有严格限制,所有这些限制都明确地约束了流的关系。如果两个动作之间不能直接或者间接地按确定次序执行,它们就可以并发执行。但具体实现时并不强制并行执行,一个特定的执行引擎可能选择顺序执行或并行执行,只要能满足所有的次序约束即可。

一个活动通过控制流和对象流来协调其内部行为的执行。当出现如下原因时,一个行为开始执行。

- □ 前一个行为已执行完毕。
- □ 等待的对象或数据在此时变为可用。
- □ 流外部发生了特定事件。

一个活动图中,一组活动节点用一系列活动边连接起来。活动节点包含如下几种。

- □ **动作节点** 可执行算术计算、调用操作、管理对象内部数据等。
- □ **控制节点** 包含开始和终止节点、判断与合并等。
- □ **对象节点** 表示活动中所处理的一个或者一组对象,也包括活动形参节点和引脚。

活动边是一种有方向的流,可说明条件、权重等内容。活动边可根据所连接的节点种类分为如下两类。

- □ **控制流** 连接可执行节点和控制节点的边,简称控制边。
- □ **对象流** 连接对象节点的边,简称对象边。

流意味着一个节点的执行可能影响其他节点的执行,而其他节点的执行也可能影响当前节点的

执行,这样的依赖关系可以表示在活动图中。

> **注意**
>
> 在一个活动中可以调用其他活动,就像在一个操作中可调用另一个操作,形成一个调用层次。在面向对象模型中,活动通常是被间接调用的,而不是直接调用的,而且方法被绑定到操作上。

2. 动作

一个活动中可以包含各种不同种类的动作,常见的动作分类如下。

- □ **基本功能** 如算术运算等。
- □ **行为调用** 如调用另一个活动或者操作。
- □ **通信动作** 如发送一个信号,或者等待接收某个信号。
- □ **对象处理** 如对属性值或者关联值的读写。

活动中的一个动作表示一个单步执行,即一个动作不能再被分解,但一个动作的执行可能导致许多其他动作的执行。例如,一个动作调用一个活动,而此活动又包含了多个动作。这样,在调用动作完成前,被调用的多个动作都要按次序执行。

一个动作可以有一组进入边和一组退出边,这些边可以是控制流,也可以是对象流。只有所有输入条件都满足时,动作才开始执行。动作执行完成后,按控制流的方向启动下一个节点和动作,同时按对象流的方向输出对象表示结果,下一个节点和动作可将这些对象作为自己的输入,再启动自己的执行。

6.2 活动图的组成元素

活动图是状态图的一种特殊形式,其所有或多数状态都处于活动状态,它既可手动执行任务,也可自动执行任务。一个活动图主要包括最常用的基本组成元素和一些其他组成元素。

6.2.1 基本组成元素

除了标记符略微不同外,活动图保留了许多传统的流程图特征,而活动图的基本元素包括活动状态、动作状态、转移、判定、开始和结束状态等。

1. 活动状态

活动也称为动作状态(Action State),是活动图的核心符号,它表示工作流过程中命令的执行或活动的进行。与等待事件发生的一般等待状态不同,活动状态用于等待计算处理工作的完成。当活

动完成后，执行流程转入到活动图的下一个活动。活动状态具有以下特点。

❑ 原子性　活动是原子的，它是构造活动图的最小单位，已经无法分解为更小的部分。

❑ 不可中断性　活动是不可中断的，它一旦开始运行，就不能中断，一直到结束。

❑ 瞬时行为性　活动是瞬时的行为，它占用的处理时间极短，有时甚至可以忽略。

❑ 存在入转换　活动可以有入转换，入转换可以是动作流，也可以是对象流。动作状态至少有一条出转换，这条转换以内部动作的完成为起点，与外部事件无关。

❑ 多出现性　在一张活动图中，活动允许在多处出现。

在 UML 中，活动状态使用一个带有圆角的矩形表示，这与状态标记符相似，下图为活动状态的一个示例。活动指示动作，因此在确定活动的名称时，应该恰当地命名，选择能准确描述发生动作的词，如保存文件、打开文件或者关闭系统等。

启动系统

UML 中的一个活动又可以由多个子活动构成，来完成某个复杂的功能，此时各子活动之间的关系相同。进行分解子活动时，有如下两种描述方法。

1）子活动图位于父活动图的内部

该方法将子活动图放置在父活动图的内部，其优点在于，建模人员可以很方便地在一个图中看到工作流的所有细节，但嵌套层次太多时，阅读该图时会有一定困难。下图演示了该描述方法。

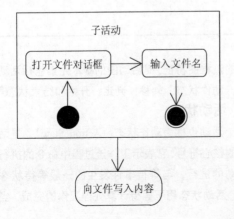

2）单独绘制的子活动图

使用一个活动表示子活动图的内容，在活动外重新绘制子活动图的详细内容。其好处在于，可简化工作流图的表示，如下图演示了该描述方法。

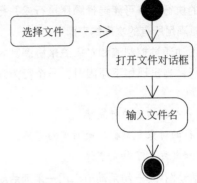

2．动作状态

活动表示某个流程中任务的执行，活动图中的活动也叫活动状态。活动图中有活动状态和动作状态，动作状态是活动状态的特例。

对象的动作状态是活动图最小单位的构造块，执行原子的、不可中断的动作，并在此动作完成后通过转换转向另一个状态。在 UML 中，动作状态使用平滑的圆角矩形表示，动作状态表示的动作写在矩形内部。下图为一个动作状态的示例。

动作状态1

3．转移

一个活动图有很多动作或者活动状态。活动图通常开始于初始状态，然后自动转换到活动图的第一个动作状态。一旦该状态的动作完成后，控制就会不加延迟地转换到下一个动作状态或者活动状态。所有活动之间的转换称为转移。转移不断重复进行，直到碰到一个分支或者终止状态为止。

本章前面的活动图中已经多次用到转移。转移是状态图的重要组成部分，是活动图不可缺少的内容。它指定了活动之间、状态之间或活动与状态之间的关系。转移用来显示从某种活动到另一种活动或状态的控制流，它们的连接对象为活动或者状态。转移的标记符是执行控制流方向的开放箭头。下图显示了转移的可使用对象。

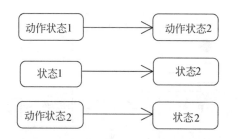

有时候，仅当某件确定的事情已经发生时，才能使用转移，这种情况下可以将转移条件赋予转移来限制其使用。转移条件位于方括号中，放在转移箭头的附近，只有转移条件为"真"时，才能到达下一个活动。下图为带有条件的转移示意图。

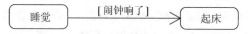

上图中，如果要实现从活动"睡觉"转移到活动"起床"，就必须满足转移条件"闹钟响了"。只有转移条件为真时，转移才发生。在实际应用中，带有条件的转移使用非常广泛，后面的章节将详细介绍转移条件的相关知识。

4．判定

一个活动最终总是要到达某一点，如果一个活动可能引发两个以上不同的路径，并且这些路径是互斥的，此时就需要使用判定来实现。

在 UML 中，判定有两种表示方式：一种方式是从一个活动直接引出可能的多条路径；另一种方式是将活动转移到一个菱形图标，然后从这个菱形图标中再引出可能的路径。

无论用哪种方式，都必须在相关的路径附近指明标识执行该路径的条件，并且条件表达式要用中括号括起来。下图是判定的两种表示示例图。

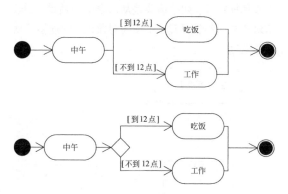

5．开始和结束状态

状态通常使用一个表示系统当前状态的词或短语来标识。状态在活动图中为用户说明转折点的转移，或者用来标记工作流中以后的条件。

前面学习了活动状态和动作状态，除了它们，UML 还提供了两种特殊的状态，即开始状态和结束状态。开始状态以实心黑点表示，结束状态以带有圆圈的黑点表示，如下图所示。

在一个活动图中只能有一个开始状态，但可以有多个结束状态。下图演示了开始状态和结束状态一对多的关系。

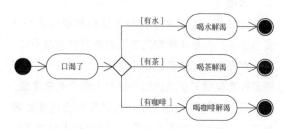

从上图可以看出，该活动仅包含一个开始状态，但是对应了 3 个结束状态。从开始状态进入到"口渴了"状态之后，无论转移到哪个活动，都将结束控制流。

6.2.2 其他组成元素

除了前面讲到的活动图元素标识符外，活动图还有其他组成元素，如事件和触发器、泳道、对象流、发送信号动作、接收事件动作以及可中断区间等，它们也是活动图中不可缺少的标记符。这些元素与基本元素一起构建了活动图的丰富内容，综合使用它们能增强绘图技术，丰富活动图表达能力。

1．事件和触发器

事件（Event）和触发器（Trigger）的用法和控制点相似，区别是它们不是通过表达式控制工作流，而是被触发来把控制流移到对应的方向。事件非常类似于对方法的调用，它是动作发生的指示符，可以包含一个或多个参数，参数放在事件名后的括号中。下图演示了事件的使用方法。

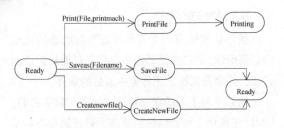

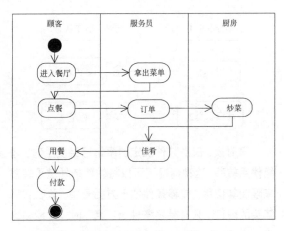

在上图中，控制流根据事件进入 3 个方向，事件触发控制流离开"准备"进入相应的活动。第一个事件"Print()"具有两个参数 (File 和 printmach)，进行打印文件的活动；第二个事件"Saveas()"只有一个参数（Filename），进行保存文件的活动；第三个事件"Createnewfile()"没有任何参数，进行创建新文件的活动。

2. 泳道

活动图指定了某个操作时活动和动作状态的发生顺序，但是不能指定该活动或者状态属于谁，因而在概念层无法描述每个活动由谁来负责，在说明层和实现层无法描述每个活动由哪个类来完成。虽然可以在每个活动上标记出其所负责的类或者部门，但难免带来诸多麻烦。泳道的引入解决了这些问题。

泳道将活动图划分为若干组，每组指定给负责这组活动的业务组织，即对象。在活动图中，泳道区分了负责活动的对象，它明确表示了哪些活动是由哪些对象进行的。在包含泳道的活动图中，每个活动只能明确地属于一个泳道。每个泳道具有一个与其他泳道不同的名字。泳道间的排列次序在语义上没有重要的意义，但可能会表现现实系统里的某种关系。下图显示了泳道的标记符。

上图简单地描述了顾客用餐的活动图，其中涉及顾客、服务员和厨房 3 个对象，它们各自负责自己的活动。由于在图中使用了泳道，因此读者能轻松地看出 3 个对象之间的交互。泳道很清晰地划分出每个对象负责的不同活动以及泳道间活动的关系。

> **注意**
>
> 泳道和类不是一一对应关系，泳道关心的是职责，一个泳道可以由一个或者多个类实现。

3. 对象流

用活动图描述某个对象时，可以将涉及的对象放到活动图中，并用一个依赖将其连接到进行创建、修改和撤销的活动或状态上，对象的这种使用方法构成了对象流。对象流是活动图中活动或状态与对象之间的依赖关系，表示活动使用对象或者活动或状态对对象的影响。

在活动图中，对象流标记符用带箭头的虚线表示。如果箭头从活动出发指向对象，则表示该活动对对象施加了一定的影响，施加的影响包括创建、修改和撤销等；如果箭头是从对象指向活动，则表示对象在执行该活动。下图为对象流，它连接了对象与活动。

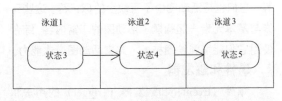

由上图可以看出，泳道使用矩形框表示，矩形框顶部是对象名或域名，该对象或域负责泳道内的全部活动。从这里可以看出，泳道将活动图的逻辑描述和交互图的职责描述结合在一起。下图演示了使用泳道的活动图。

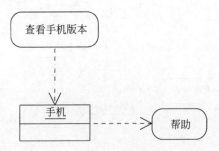

对象流中的对象具有以下特点。

- 一个对象可以由多个活动操纵。
- 一个活动输出的对象可以作为另一个活动输入的对象。
- 在活动图中，同一个对象可以多次出现，它的每次出现表明该对象正处于对象生存期的不同时间点。

下图是一个含有对象流的活动图，该图中的对象表示图书的借阅状态，借阅者还书前图书的状态为已借；当借阅者还了图书后，图书的状态发生了变化，由已借状态变成未借状态。

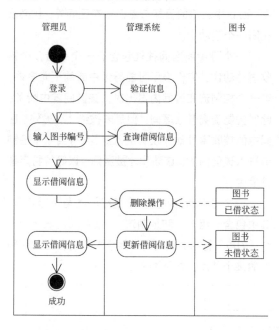

4. 发送信号动作

发送信号动作是一种特殊的动作，它表示从输入信息创建一个信号实例，然后发送到目标对象。发送信号动作可能触发状态机的转换或者活动的执行。发送信号动作时，可以包含一组带有值的参数。由于信号是一种异步消息，所以发送方发送信号后立即继续执行，所有的响应都将被忽略，并未返回给发送方。

发送信号动作表示为一个凸边矩形。下图为订单处理工作流中的一个片断，发送了两个信号。在创建订单之后向仓库发送一个信号，该动作是"接收订单请求"；然后创建发票，最后再向客户发送

一个信号，该动作是"提示收货"。

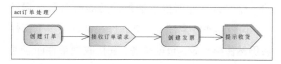

上图仅描述了发送信号动作，而没有描述信号对象，也没有描述信号的接收方。如果需要，发送的一个信号对象可作为发送信号动作的一个输出对象。

5. 接收事件动作

接收事件动作也是一个特殊的动作，表示等待满足特定条件的某个事件发生。

一个接收事件动作至少关联一个触发器，每个触发器都确定了一种接收的事件类型。事件的类型可以是异步调用事件、改变事件、信号事件和时间事件。一个接收事件的动作可以接收多种类型的事件。

对于调用事件，接收事件动作只能处理异步调用，而不能处理同步调用。而对于信号事件，一个触发器可确定一种信号的类型及其子类型。

接收事件动作对发生的事件进行接收和处理，所发生的事件是由拥有该动作的对象所检测的。当一个接收事件动作执行时，该对象将检测到一个事件发生，并与其中一个触发器的事件类型匹配。如果发生的事件没有被其他动作接收，那么这个接收事件动作就执行完成了，而且输出一个值来表示这个发生的事件。如果发生的事件没有匹配触发器指定的任何事件类型，那么该动作就继续等待，直到匹配后才能接收。

接收信号事件动作使用一个凹边矩形表示。例如，下图中的"取消订单"就是一个接收信号事件动作，它表示等待一个信号（取消订单）发生。接收到这个信号后，将调用一个取消订单的动作。图中，接收事件动作没有描述输入，实际上它肯定是接收到一个信号，可能来自当前活动之外，也可能来自客户。

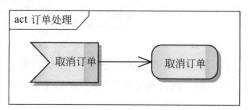

一些事件接收动作可以没有输入，这也是动作的一个特点，此时当它的外层活动或者节点启动时，这个动作就启动了。该动作在接收到一个事件后仍然保持有效。也就是说，在接收到事件而且输入一个值之后，它仍然继续等待另一个事件发生而不会终止。当外层活动或者节点终止时，此动作才终止。

例如，下图为一个发送信号和接收信号的示例。该图表示当一个订单处理完成后向客户发送一个请求支付的信号，然后等待接收来自客户的一个确认支付信号。只有请求支付信号发送之后，才可能收到来自客户的确认支付的信号。当确认信号到达后，立即按订单发货。

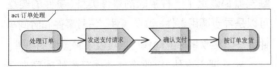

上图中，从发送信号动作到接收信号动作有一个控制流，它表示两个动作的前后顺序，但是并不能表示发送和接收的是同一个信号。

6. 可中断区间

对活动图建模时，往往会出现这样的情形，即当一个活动执行在特定区间时，如果发生某种来自活动外部的事件，那么当前区间中的活动立即终止，然后转去处理所发生的事件，而且不能再回头继续执行。UML 2 中提供了可中断区间来支持这种建模。

可中断活动区间是一种特殊的活动分组，当发生某种事件时，在一个活动中把某一范围中的所有控制流都撤销。具体来说，一个可中断区间包含了多个活动节点，而且有一条或者多条流作为该区间的中断退出区间。当一个控制流沿着其中一条流退出时，该区间中的所有其他流和活动都将终止。

中断流是一种特殊的活动流，对于可中断活动区间来说，每个中断流必须在区间内有一个源节点，而且中断流的目标节点必须在区间外，且必须在同一个活动中。

一个可中断区间往往包含有一个或者多个接收事件动作，它们表示可能导致中断的不同事件。当一个控制流在区间内退出时，该区间就中断了，此时控制流离开该区间，但是未被终止。另外，区间中的接收事件动作没有进入流，只有当一个控制流进入该区间时，该动作才被激活，以等待特定事件发生。

一个可中断区间用一个虚线的圆角矩形表示，其中包含一组节点和控制流。一条中断流表示为一个"闪电"符号，从区间中接收事件动作指向区间外的某个节点，如下图所示。

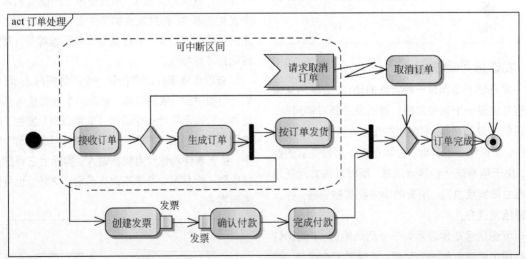

在上图中，可中断区间包含了"接收订单""生成订单"和"按订单发货"。在"按订单发货"完成前，如果接收到一个"请求取消订单"事件，将离开该区间而执行"取消订单"动作，然后终止活

动。这个事件来自当前活动的外部，如来自客户的请求。实际上，当控制流进入执行可中断区间时，接收事件动作就已经激活，准备好接收特定事件了。当中断事件发生时，可能对同一个订单，一些可中断活动区间外的活动正在并发进行，但此时"按订单发货"动作不能完成，导致不能同步进入"订单完成"。

7．异常

在行为建模中往往需要处理许多例外的情况。面向对象编程语言中提供了异常处理机制，UML 2 也提供了异常处理器来对异常进行建模。

一个异常表示发生某种不正常的情况而停止了不正常的执行过程。在下面几种情况下可能发生异常。

- 可能是由于底层执行的行为错误而引起。例如，访问数组的下标超界，除数为零等情况。

- 可能由一个引发异常的动作而显式引起。UML 2 中有一种特殊的动作称为"引发异常"，它的执行将引发指定类型的异常，这类似于编程语言中使用throw语句抛出的异常。

为了使程序能正确响应各种异常，就必须知道发生了哪种异常，以及该异常的属性。将异常建模为对象就能很好地解决此问题。将特定时间发生的一个异常看作一个对象，而一种异常具有相同的对象种类，反映了异常的本质特性。这就出现了专门表示异常的类型层次。例如，C++中的 Exception 类。UML 2 虽然没有提供专门的异常类型，但提供了异常处理器。

异常处理器是一种特殊的建模元素，它有一个保护节点，而且确定一个异常处理执行体和一个异常类型。当保护节点发生特定类型的异常时，该执行体就执行，主要包括如下几方面内容。

- 一个异常处理器关联一个被保护节点，该节点可以是任何一种可执行节点。如果一个异常被传播到该节点外，此处理器将检查是否匹配异常类型。

- 一个异常处理器有一个可执行节点作为执行体，如果该处理器与异常类型相匹配，就执行。

- 一个异常处理器必须说明一种以上异常类型，表示该处理器所能捕捉的异常种类。如果所引发的异常类型是其中之一或者子类型，那么该处理器将捕捉该异常，而且开始执行执行体中的动作。

- 一个异常处理器还需要一个对象节点作为异常输入，往往表示为该处理器的一个对象节点。当处理器捕获一个异常时，该异常的控制流就放在此节点上，从而导致异常体的执行。

例如，下图为一个异常处理器的示例。其中一条异常使用"闪电"流从一个被保护节点指向一个异常处理器的节点，该节点表示能捕获的一种异常类型。

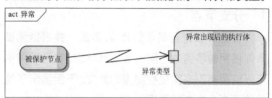

上图表示了被保护节点执行中如果出现异常，异常对象将沿着控制流传递给处理器。如果异常对象的类型与捕获的类型相同，则处理器的执行体就执行，而被保护节点的行为被终止。这种表示方式与编程语言中的 try catch 语言相似。

一个保护节点也可能引发多种类型的异常。例如，在下图中如果发生"异常类型 1"异常时，将被一个处理器捕获，并提供一个"结果 1"作为输出；当发生"异常类型 2"异常时，将被另一个处理器捕获，并提供一个"结果 2"作为输出。如果没有异常发生，被保护节点就正常结束，进入下面的"输出结果"节点。当发生以上两种异常之一时，"输出结果"节点将使用异常的输出作为结果执行。

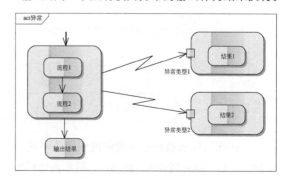

6.3 控制节点

控制节点是一种特殊的活动节点，用于在动作节点或对象之间协调流，包括分支与合并、分叉与汇合等。

6.3.1 分支与合并

当想根据不同条件执行不同分支的动作序列时，可以使用判定。UML 使用菱形作为判定的标记符，它除了标记判断外，还能表示多条控制流的合并。本节将详细讲解分支节点和合并节点。

1．分支节点

分支可以进行简单的真/假测试，并根据测试条件使用转移到达不同的活动或状态。在活动图中可以使用判断来实现控制流的分支。下图演示了简单的两个分支测试真/假条件。

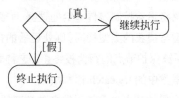

分支根据条件对控制流的方向做出决策，使用分支使得工作更加简洁，尤其是对于带有大量不同条件的大型活动图。所有条件控制点都从此分支，控制流转移到相应的活动或状态，这样用户就可以做出决策，明确动作的完成。分支同样可以像判定一样完成判断条件不止一项的情况。下图是该情况下的图形表示。

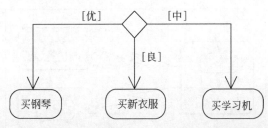

上图表示家长根据孩子考试成绩给予不同的奖励，条件选项分别有优、良和中，根据条件可能

进入的状态有"买钢琴"、"买新衣服""买学习机"。这种结构类似于大多数编程语言中的 switch 语句和 if…else 组合语句。

在布置易于阅读的活动图时，使用判定标记符比较便利，因为它提供了彼此间的条件转移，起到节省空间的作用。下图演示了判定标记符在活动图中表示分支的使用。

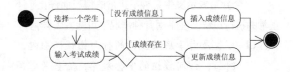

上图是教师保存学生成绩的一个活动图，其中判定标记符的作用是根据条件分支控制流。输入成绩时，根据成绩是否已经被记录转移到不同的活动。如果成绩已经被记录，则转移到"更新成绩信息"的活动；如果没有成绩，那么将转移到"插入成绩信息"的活动。

除了使用判定表示分支外，还可以使用活动判断条件。根据活动结果可使用转移条件来建模，如下图所示。

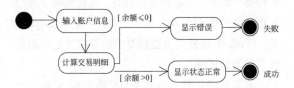

在上图中，计算账户余额的活动揭示该账户是否透支。做出判断所需的所有信息都是活动本身提供的，没有外部判断，也没有其他可用信息。为了显示由该活动导致的选择，这里仅建模离开该活动的转移，每个转移具有不同的转移条件。

2．合并节点

合并将两条路径连接到一起，合并成一条路径。前面使用判定用作分支判断，并根据条件转向不同的活动或状态。这里判定被用作合并点，用于合并不同的路径，它将多条路径的重合部分建模为同一步骤序列。

实际应用中,判定标记符不管是用作判断,还是作为合并控制流,在活动图中都使用得十分广泛,几乎每个活动图中都会用到。下图显示了活动图中使用判定标记符合并节点的情况。

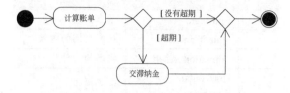

上图所示的是计算信用卡账单的活动,如果交易超过规定的免息期未全额还款,将产生滞纳金。如果没有超期的交易金额,则直接进行下面的活动,直到结束状态。这里的第一个判定标记符用来表示判断,第二个判定标记符用来合并控制流。

6.3.2　分叉与汇合

前面多次使用了判定标记符,它能根据不同条件将控制流分为多个方向,也可以将多个控制流合并成一个路径。但对象在运行时可能会存在两个或多个并发运行的控制流,此时判定标记符不能完成这些功能。为了对并发的控制流建模,UML 中引入了分叉和汇合的概念。

分叉和汇合与转移密不可分。因为分叉用于将一个控制流分为两个或多个并发运行的分支,它可以用来描述并发线程,每个分叉可以有一个输入转移和两个或多个输出转移,每个转移都可以是独立的控制流。下图是 UML 中分叉的标记符。

汇合与分叉相反,代表两个或多个并发控制流同步发生,它将两个或者多个控制流合并到一起形成一个单向控制流。每个连接可以有两个或多个输入转移和一个输出转移,如果一个控制流在其他控制流前到达了连接,它将会等待,直到所有控制流都到达后才会向连接传递控制权。下图显示了汇合标记符。这里需要说明的是,分叉和汇合的标记符

都是黑粗横线,为了区分分叉和汇合,在 2 个图中分别为它们加入了转移。

在活动图中,使用分叉和汇合描述并行的行为,即每当在活动图上出现一个分叉时,就有一个对应的汇合将从该分叉分出去的分支合并在一起。下图是一个使用了分叉和汇合的活动图。

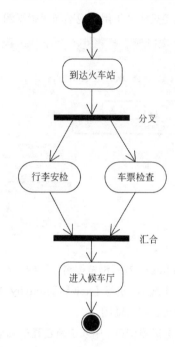

上图中用了一个分叉和一个汇合描述进入火车站候车厅前的活动图。首先到达火车站,此时要求分别检查随身携带的行李和乘车车票,这两项检查是同时进行的,当两个活动都完成并到达下一个状态后,才能进行"进入候车厅"动作。

注意

动作同步发生并不意味着它们一定同时完成。事实上,一项任务很可能在另一项任务之前完成。不过,结合点会防止有任何流在所有进来的工作流完成以前继续通过结合点,使得只有所有的工作流完成以后,系统才会继续执行后续动作。

6.4 绘制活动图

UML 活动图针对的是对象间的活动，其总体目标偏向于工作流程图，主要用于体现业务层面的流程与软件计算的具体步骤。本小节将详细介绍使用 Rose 绘制活动图的操作方法。

6.4.1 创建活动图

活动图只能基于用例视图和逻辑视图来创建。

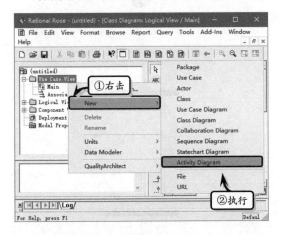

启动 Rose，在"浏览器窗口"中，右击【Use Case View】选项，执行【New】|【Activity Diagram】命令，即可创建活动图。

在"浏览器窗口"中双击新创建的活动图，打开"模型图窗口"，在该窗口中的【工具箱】中，显示活动图中常用的工具。

其中，【工具箱】中的各工具的名称、图标和作用如下表所述。

图标	名 称	作 用
▶	Selection Tool	选择一项
ABC	Text Box	添加文本框
▣	Note	添加注释
╱	Anchor Note Item	将图中的元素与注释相连
▭	State	状态
▱	Activity	活动
•	Start State	开始状态

续表

图标	名 称	作 用
◉	End State	结束状态
↗	State Transition	状态之间的转换
↺	Transition to self	状态的自转体
—	Horizontal Synchronization	水平同步
│	Vertical Synchronization	垂直同步
◇	Decision	决定
▯	Swimlane	泳道

6.4.2 操作活动图

创建活动图之后，便可以操作活动图了。操作活动图也就是往活动图中添加各种元素，包括添加活动、活动流、分支与合并、分支与汇合、泳道等。

1．活动

选择【工具箱】中的【Activity】工具 ▱，单击鼠标绘制活动元素。

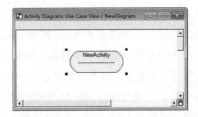

在"模型图窗口"中双击活动图标，在弹出的对话框中设置活动元素的名称、构造型、动作等属性。

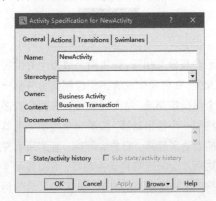

在【General】选项卡中，主要包括下列选项：

❑ **Name**　用于设置活动的名称。

❑ **Stereotype**　用于设置构造型的展现。

❑ **Documentation**　用于输入补充说明。

激活【Actions】选项卡，在空白区域右击，执行【Insert】命令，插入 Entry 选项。

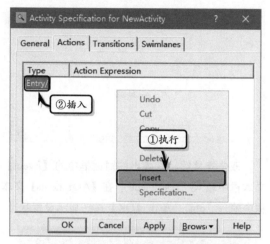

双击 Entry 选项，在弹出的对话框中输入进入动作的名称，此时在活动元素中将显示动作名称。

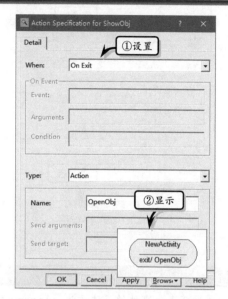

继续单击【When】下拉按钮，在其下拉列表中选择【Do】选项，并在【Name】文本框中输入"DoObj"名称。此时在活动元素中将显示动作名称。

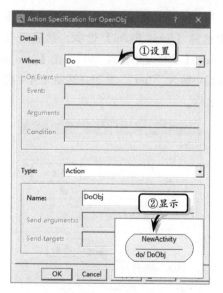

然后，单击【When】下拉按钮，在其下拉列表中选择【On Exit】选项，并在【Name】文本框中输入"OpenObj"名称。此时，在活动元素中将显示动作名称。

继续单击【When】下拉按钮，在其下拉列表中选择【On Event】选项，在【Name】文本框中输入"EventObj"，在【Event】文本框中输入

"OKObj"，在【Arguments】文本框中输入"x"，在【Condition】文本框中输入"a=1"。此时在活动元素中将显示动作名称。

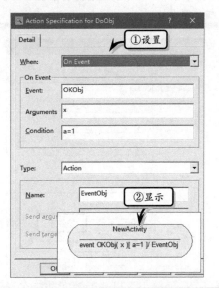

另外，单击【Type】下拉按钮，在其下拉列表中选择【Send Event】选项。然后在【Send arguments】文本框中输入"y1"，在【Send target】文本框中输入"Test"。此时在活动元素中将显示动作名称。

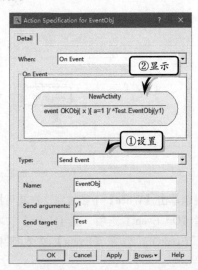

2．活动流

首先，在窗口中创建 2 个活动。然后，选择【工具箱】中的【State Transition】工具，连接 2 个活动图标。

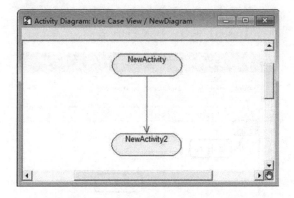

双击连接线，在弹出的对话框中的【Event】文本框中输入"TestSelect"，在【Arguments】文本框中输入"obj"，单击【OK】按钮显示设置状态。

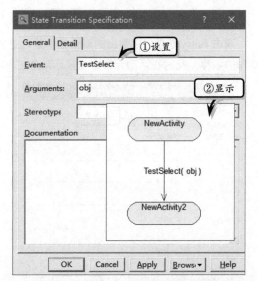

激活【Detail】选项卡，输入各选项的属性，单击【OK】按钮显示设置状态。

该选项卡中各选项的具体含义，如下所述：

❏ **Guard Condition** 该选项表示条件。

❏ **Action** 该选项表示动作。

- ❏ **Send event**　该选项表示发送事件。
- ❏ **Send arguments**　该选项表示发送参数。
- ❏ **Send target**　该选项表示发送目标。
- ❏ **From**　该选项表示出发的活动。
- ❏ **To**　该选项表示到达的活动。

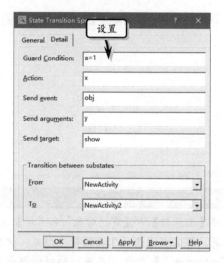

3．分支与合并

分支与合并主要用于描述对象的行为。若要增加分支与合并，需要选择【工具箱】中的【Decision】工具 ◇，在需要添加分支与合并的绘图区域绘制该元素。由于一个分支有 1 个入转换和 2 个带条件的出转换，而一个合并有 2 个带条件的入转换和 1 个出转换，因此分支与合并需要和动作流结合使用。

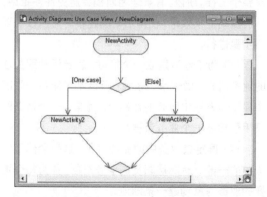

4．分叉与汇合

分叉与汇合又称为合并，用于描述对象的并发行为。分叉分为水平分叉和垂直分叉，2 种类别在表达的意义上没有任何差别，只是为了画图方便。

若要增加分叉和汇合，则需要选择【工具栏】中的【Horizontal Synchronization】工具 ━，在绘制图区域相应的位置绘制分叉与汇合元素。由于每个分叉有 1 个输入转换和 2 个或多个输出转换，每个汇合有 2 个或多个输入转换和 1 个输出转换，所以分叉和汇合需要与动作流相结合。

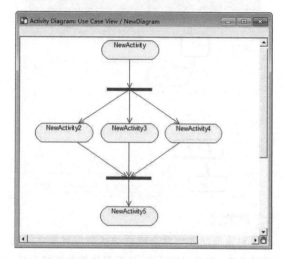

5．泳道

泳道用于将活动图中的活动分组，它可以将活动图细分成若干个区域，每个泳道对应某个区域范围，并且由一至多个活动构成。使用泳道的目的在于将活动图形清晰化，从而可使用户快速读懂图形。

选择【工具箱】中的【Swimlane】工具 ⊓，在绘图区域单击鼠标左键即可绘制泳道。

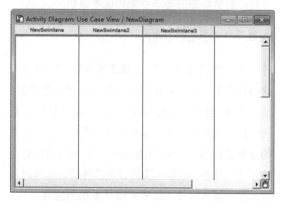

泳道对顺序没有特别要求，可通过拖动泳道边框来调整泳道的宽度，而泳道内的活动则按顺序或并发方式运行。

在泳道中,可以通过更改泳道名称来反映泳道的分组情况。更改泳道名称,可右击相应的泳道,执行【Open Specification...】命令,在弹出对话框中的【Name】文本框中输入新的名称,单击【OK】按钮即可。

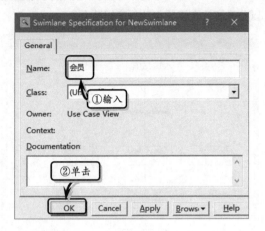

6. 对象流

对象流是动作状态或活动状态与对象之间的依赖关系,两者相互影响,并采用依赖的图标展现。

若要增加对象流,首先需要增加多个对象,选择【工具箱】中的【Object】工具 ▤,拖动鼠标在绘制区域绘制对象。然后选择【工具箱】中的【Object Flow】工具 ↗,将改变对象的活动拖放到相应对象上,或将对象拖放到使用对象的活动上即可。

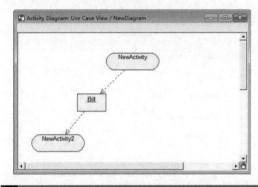

技巧

如果【工具箱】中没有"对象"和"对象流"工具,则需要右击【工具箱】空白处,执行【Customize...】命令,在弹出的对话框中自定义工具。

UML 6.5 建模实例:创建 BBS 论坛活动图

本章前面详细介绍了活动图中各个元素的表示方式,并给出了简单示例。本节将以 BBS 论坛系统为例进行分析,并逐步实现其活动图,让读者了解绘制活动图的基本步骤和技术要领。

6.5.1 建模步骤

在系统建模过程中,活动图能够被附加到任何建模元素上,以描述其行为,这些元素包含用例、类、接口、组件、节点和操作等。现实中的软件系统一般都包含很多类,以及复杂的业务过程,这里的业务过程指工作流。系统分析可以用活动图对这些工作流建模,以重点描述这些工作流;也可以用活动图对操作建模,以重点描述系统的流程。

无论在建模过程中活动图的重点是什么,它都是用工作流来描述系统参与者和系统之间的关系。

使用活动图建模也是一个反复的过程。活动图具有复杂的动作和工作流,检查修改活动图时也许会修改整个工程。所以,有条理地建模会避免许多错误,从而提高建模效率。使用活动图建模时可以按照以下步骤进行。

(1)为工作流建立一个焦点,确定活动图关注的业务流程。由于系统较大,所以不可能在一张图中显示出系统中所有的控制流。通常,一个活动图只用于描述一个业务流程。

(2)确定该业务中的业务对象。选择全部工作流中的一部分有高层职责的业务对象,并为每个重要的业务对象创建一条泳道。

(3)确定该工作流的开始状态和结束状态。识别工作流初始节点的前置条件和活动结束的后置条件,确定该工作流的边界,可有效地对工作流的边界进行建模。

(4)从该工作流的开始状态开始,说明随时间发生的动作和活动,并在活动图中把它们表示成活动状态或者动作状态。

(5)将复杂的活动或多次出现的活动集合归到一个活动状态节点,并对每个这样的活动状态提供一个可展开的单独的活动来表示它们。

(6)找出连接这些活动和动作状态节点的转换,从工作流的顺序开始,考虑分支,再考虑分叉和汇合。

(7)如果工作流中涉及重要的对象,则可以将它们加入到活动图中。如果需要描述对象流的状态变化,则需要显示其变化的值和状态。

6.5.2 创建活动图

活动图能够显示出系统中哪些地方存在功能,以及这些功能和系统中的其他功能如何共同满足前面使用用例图建模的商务需求。前台功能根据用户的身份使用活动图分别建模。

下图为会员用户的活动图,从图中可以看出,会员用户输入登录信息成功登录系统后可以进入操作功能界面;若登录失败,则重新登录。进入会员管理操作界面后会显示会员可以进行的操作,如发表帖子,回复、浏览、收藏和推荐帖子,添加好友等,这些操作是并列的,所以会员选择一项操作完成后即可退出系统。

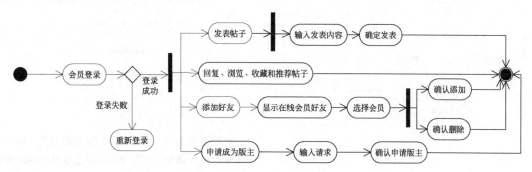

下图为普通用户的活动图,从图中可以看出,普通用户注册成为会员时如果申请失败,则会直接退出系统;注册成功后可以进入界面并进行简单的操作,如修改个人信息、登录系统和在线注销等。

如果普通用户不注册而直接进入系统时,也可以进行推荐帖子、浏览帖子、查看新手手册和提出建议等操作,由于这些操作是并列的,所以普通用户完成某一项操作后即可直接退出系统。

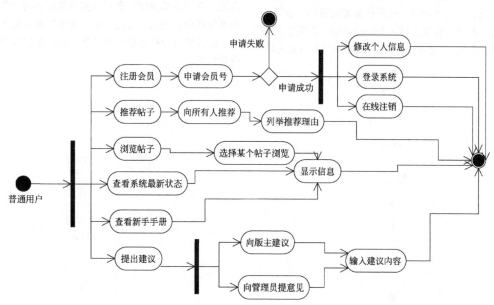

UML

6.6 新手训练营

练习 1：创建商品管理活动图

downloads\6\新手训练营\商品管理活动图

提示：本练习中，将创建一个商品管理活动图。在该练习中，将通过描述商品在网站中在线进行管理的活动过程，展示活动图的图形结构。

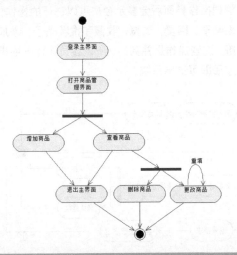

练习 2：创建机动车考试活动图

downloads\6\新手训练营\机动车考试活动图

提示：本练习中，将创建一个机动车考试活动图。该活动图以考生参加机动车考试为主，考生通过报名获取考试证件进入考场，在证件检查无误的情况下进入考场。此时，现场工作人员巡查考场，判断是否存在代考的情况，若发现代考人员，则需要将其驱离考场。

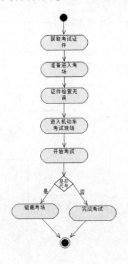

练习 3：创建在线下单活动图

downloads\6\新手训练营\在线下单活动图

提示：本练习中，将创建一个快递公司官网在线下单活动图。

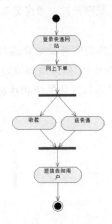

在该活动图中，用户在网站注册账号后，输入寄件人和收件人信息，快递公司在线上收款的同时进行快递送达。

练习 4：创建售后活动图

downloads\6\新手训练营\售后活动图

提示：本练习中，将创建一个购买商品的售后活动图。在该活动图中，客户购买商品后出现问题，并向商家客服部投诉。在此，客户首先需要提交投诉信息，然后客服部接收投诉并应答，最终解决客户的投诉并归档。

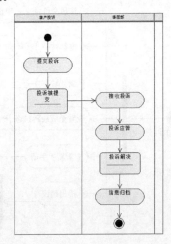

练习 5：创建用户信息修改活动图

downloads\6\新手训练营\用户信息修改活动图

提示：本练习中，将创建一个图书管理系统中用户信息修改活动图。在该活动图中，当用"输入读者姓名"和"从读者名册中查找读者信息"对读者用户信息进行查询时，符合查询条件的读者信息得到显示。可以根据权限开始"编辑读者信息"和"保存读者信息"，完成对读者信息的修改功能。如果不符合查找条件，则"显示读者记录不存在"，返回查询的输入页面，重新进行查询工作。

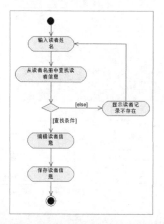

练习 6：创建借阅者活动图

downloads\6\新手训练营\借阅者活动图

提示：本练习中，将创建图书管理系统中的借阅者活动图。在该活动图中，主要展示了借阅者在借阅图书过程中的一系列活动。

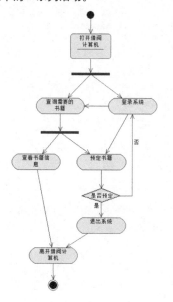

练习 7：创建计算机使用活动图

downloads\6\新手训练营\计算机使用活动图

提示：本练习中，将创建一个有关计算机使用的活动图。在该活动图中，主要展示了计算机开机、使用和关机的过程，并通过注释来描述计算机使用过程中的具体状态。

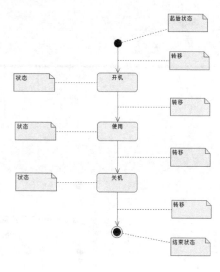

第 **7** 章

顺序图

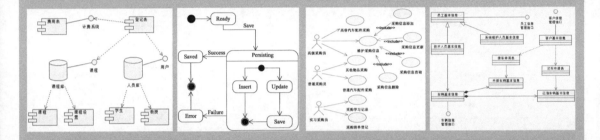

　　在 UML 中，仅凭用例和类无法描述系统实际的运作形式。为了满足这方面的要求，就需要使用交互图类型中的顺序图。而顺序图是一种动态建模方法，主要描述系统各组成部分之间的交互次序。使用顺序图描述系统特定用例时，会涉及该用例所需要的对象，以及对象之间的交互和交互发生的次序。本章主要讲述顺序图的作用、构成、使用和创建方法。

顺序图概述

顺序图描述了对象之间传递消息的时间顺序，用来表示用例中的行为顺序。当执行一个用例行为时，顺序图中的每条消息都对应了一个类操作或状态机中引起转换的触发事件。它着重显示了参与相互作用的对象和交换消息的顺序。

顺序图和通信图均显示了交互，但它们强调了交互的不同方面。顺序图显示了时间顺序，但角色间的关系是隐式的。通信图表现了角色间的关系，并将消息关联至关系，但时间顺序由顺序号表达，并不十分明显。每种图都应根据主要的关注焦点而使用。

7.1.1　什么是顺序图

顺序图代表了一个相互作用、以时间为次序的对象之间的通信集合。

顺序图的主要用途之一是为用例进行逻辑建模，即前面设计和建模的任何用例都可以使用顺序图进一步阐明和实现。实际上，顺序图的主要用途之一是用来为某个用例的泛化功能提供其所缺乏的解释，即把用例表达的需求转化为进一步、更加正式的精细表达。用例常常被细化为一个或者更多的顺序图。顺序图除了具有在设计新系统方面的用途外，还能用来记录一个已存在系统的对象如何交互。例如，“查询借阅信息”是图书管理系统模型中的一个用例，它是对其功能非常泛化的描述。尽管以这种形式建模的业务的所有需求，从最高层次理解系统的作用看是必要的，但对于进入设计阶段毫无帮助。需要在这个用例上进行更多的分析，才能为设计阶段提供足够的信息。

顺序图可以用来演示某个用例最终产生的所有路径。以“查询借阅信息”用例为例，建模顺序图来演示查询借阅信息时所有可能的结果。考虑一下该用例的所有可能的工作流，除了比较重要的操作流——查询成功外，它至少包含如下的工作流。

❑ 输入学生信息，显示该学生的所有借阅

信息。

❑ 输入的学生信息在系统中不存在。

上述的每一种情况都需要完成一个独立的顺序图，以便能够处理在查询借阅信息时遇到的每一种情况，使系统具有一定的健壮性。

同时，在最后转向实现时，必须用具体的结构和行为去实现这些用例。更确切地说，尽管建模人员通过用例模型描述了系统功能，但在系统实现时必须得到一个类模型，才能用面向对象的程序设计语言实现软件系统。顺序图在对用例进行细化描述时可以指定类的操作。在这些操作和属性的基础上，就可以导出完整的类模型结构。

7.1.2　顺序图的元素

顺序图主要包括对象、生命线、消息和激活期 4 个标记符。在 UML 中，顺序图以二维图表的形式描述对象间的交互。其中，纵向是时间轴，时间沿竖线向下延伸。横向轴代表了协作中各独立对

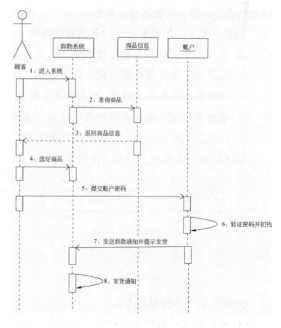

象的类元角色。类元角色用生命线表示。当对象存

在时，角色用一条虚线表示，当对象处于激活状态时，生命线是一个双道线。

生命线有两种状态：休眠状态和激活状态。其中，激活状态下对象就处在激活期，休眠和激活都用来表示对象所处的状态。消息用从一个对象到另一个对象生命线的箭头表示，箭头以时间顺序在图中从上到下排列，如上图所示。从该图容易看出，顺序图清楚地描述了随时间顺序推移的控制流轨迹。

7.2 顺序图的构成元素

顺序图包括对象、生命线、消息和激活 4 个构成元素，其中对象是系统的参与者或者任何有效的系统对象，生命线是一个时间线，而消息是用来说明顺序图中对象之间的通信。在本小节中，将详细介绍顺序图的构成元素。

7.2.1 对象

类定义了对象可以执行的各种行为。但是，在面向对象的系统中，行为的执行者是对象，而不是类，因此顺序图通常描述的是对象层次，而不是类层次。

1. 对象的定义

对象可以是系统的参与者或者任何有效的系统对象。顺序图中的每个对象显示在单独的列中，对象标识符为带有对象名称的矩形框。

对象在列中的位置表示了对象的存在方式。

- ❑ 若对象放置在消息箭头的末端，其垂直位置显示了这个对象第一次生成的时间，表示对象是在交互过程中，由其他对象创建。
- ❑ 若对象标记符放置在顺序图的顶部，表示对象在顺序图的第一个操作之前就存在。

顺序图中对象的标记符如下图所示。

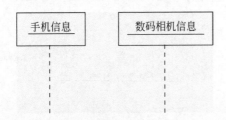

对象有以下 3 种命名方式。

- ❑ 第一种方式包括类名和对象名，表示为对象名+冒号+类名。

- ❑ 第二种方式只显示对象名。
- ❑ 第三种方式只显示类名，表示该类的任何对象，表示为冒号+类名。

一个对象实际上可以代表一组对象，是某个应用、子系统或同类型对象的集合。例如，本节第 1 个图中的购物系统，代表了搜索、选货、发货等，是主系统；而商品信息系统只提供信息资源的显示，相当于数据库。

2. 对象的创建和撤销

对象的创建有几种情况，在前面讲述对象生命线时曾经说过，对象可以放置在顺序图的顶部，如果对象在这个位置上，那么说明在发送消息时，该对象就已经存在；如果对象是在执行的过程中被创建的，那么它应该处在图的中间部分。

创建这种对象标记符，如下图中的示例所示。创建一个对象的主要步骤是发送一个 create 消息到该对象。对象被创建后就会有生命线，这与顺序图中的任何其他对象一样。创建一个对象后，就可以像顺序图中的其他对象那样来发送和接收消息。

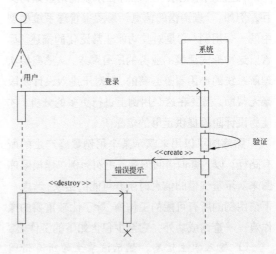

对象可以被创建和删除，删除对象需要发送destroy 消息到被删除对象。要想说明某个对象被销毁，需要在被销毁对象的生命线最下端放置一个"×"字符。

有许多种原因需要在顺序图的控制流中创建和撤销对象。例如，经常用来提醒或提示用户的消息框。在用户操作有误或操作已完成时，需要创建一个对象向用户显示提示消息框，之后由用户确认并销毁该消息框。如上图所示，当用户登录失败后，将创建一个错误提示对象，以提示用户登录错误。

对象的创建和撤销同样用于提示用户操作完成或注册成功等，通常由用户确认关闭，在关闭的同时删除了提示对象。

7.2.2　生命线

对象在垂直方向向下拖出的长虚线称为生命线，生命线是一个时间线，从顺序图的顶部一直延续到底部，所用的时间取决于交互的持续长度。生命线表现了对象存在的时段。

生命线的休眠状态和激活状态如下：

❑ 休眠状态下生命线由一条虚线表示，代表对象在该时间段是没有信息交互的。

❑ 激活状态就是激活期，用条形小矩形表示，代表对象在该时间段内有信息交互，交互由消息表示。

7.2.3　消息

在任何一个软件系统中，对象都不是孤立存在的，它们之间通过消息进行通信。为了显示一个对象传递一些信息或命令给另外一个对象，使用一条线从对象指向接收信息或命令的对象。这条线可以有自己的名称，用来描述两个对象之间具体的交互内容。既联系了两个对象，又描述了它们间的交互，这就是消息的作用。

1．什么是消息

消息是用来说明顺序图中对象之间的通信，可以激发操作、创建或撤销对象。为了提高可读性，顺序图的第一个消息总是从顶端开始，并且一般位于图的左边，然后将继发的消息加入图中，稍微比前面的消息低些。

在顺序图中，消息是由从一个对象的生命线指向另一个对象的生命线的直线箭头来表示，UML 中有 4 种类型的消息：同步消息、异步消息、简单消息和返回消息，分别用 4 种箭头符号表示，如下图所示。箭头上面可以标明要发送的消息名。

简单消息是不区分同步和异步的消息，它可以代表同步消息或异步消息。有时消息并不用分得很清楚，是同步还是异步，或者有时不确定是同步还是异步，此时使用简单消息代替同步消息和异步消息既能表达意思，又能很好地被接受。

在对系统建模时，可以用简单消息表示所有的消息，然后再根据情况确定消息的类型。

当有消息产生，对象就处于激活状态，因此消息的箭头总是由生命线上的小矩形出发，在另一个对象（或自身）生命线的小矩形结束。

在各对象间，消息发送的次序由它们在垂直轴上的相对位置决定。如下图所示，发送消息 2："返回查询信息"的时间是在发送消息 1："查询"之后。

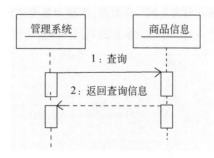

在顺序图中也可以使用参与者。实际上，在建模顺序图时将参与者作为对象可以说明参与者

是如何与系统进行交互的，以及系统如何响应用户的请求。参与者可以调用对象，对象也可以通知参与者。

如下图所示为网购的一部分，顾客与系统交互才有了商品的最终确定。

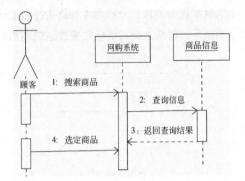

阅读一个顺序图需要沿着时间线传递消息流，通常从最顶层的消息开始。本示例中是从消息1 开始的。

- ❑ 参与者将查询条件发送到网购管理系统。
- ❑ 网购管理系统在接收到查询条件后，将查询条件发送到商品信息对象。
- ❑ 商品信息对象接收到查询条件后，将返回一个查询结果到网购管理系统。系统对接收的返回结果进行处理，展示给顾客。
- ❑ 顾客选定商品。

上面的示例图说明了参与者同对象一样可以将消息发送给顺序图中的任何参与者或者对象。

当建模顺序图时，对象可以将消息发送给它自身，这就是反身消息。例如，在下图登录系统中，验证消息就是反身消息。在反身消息里，消息的发送方和接收方是同一个对象。系统对象发送验证消息给它自身，使该对象完成对用户身份的验证。

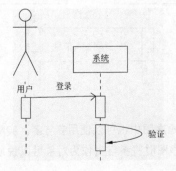

如果一条消息只能作为反身消息，那么说明该操作只能由对象自身的行为触发。这表明该操作可以被设置为 Private 属性，只有属于同一个类的对象才能调用它。在这种情况下，应该对顺序图进行彻底的检查，以确定该操作不需要被其他对象直接调用。

消息从发送者和接收者的角度可以分为以下4 种类型。

- ❑ **Complete** 消息的发送者和接收者都有完整描述，这是一般的情形。
- ❑ **Lost** 有完整发送者发送消息，但未描述接收事件，如消息没有达到目的。此时在消息的箭头处使用实心圆注释，如下图所示。

- ❑ **Found** 有完整的接收事件，但未描述发送事件，如消息的来源在描述的范围之外。此时在消息的开始端用实心圆注释，如下图所示。

- ❑ **Unknown** 发送者和接收者都不确定，这是错误情形。

2．同步消息

同步消息假设有一个返回消息，在发送消息的对象进行另一个活动之前需要等待返回的响应消息。消息被平行地置于对象的生命线之间，水平的放置方式说明消息的传递是瞬时的，即消息在发出之后会马上被收到。

如下图所示，用户网购商品时先要按类型搜索商品，再根据搜索结果选择满意的商品。

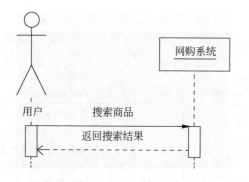

在发出搜索条件之后，等待搜索结果，才能从结果中选择商品。在搜索结果返回之前，用户处于等待状态。若结果中有满意的就购买，没有就退出。

除了仅显示顺序图上的同步消息外，上图中还包括返回消息。这些返回消息是可选择的；一个返回消息画作一个带开放箭头的虚线，在这条虚线上面，可以放置操作的返回值。

在开始创建模型的时候，不要总是想着将返回值限制为一个唯一的数值，要将注意力集中在所需要的信息上面，尽可能在返回值里附带所需要的信息，一旦确认所需的信息都已经包含进来，就可以将它们封装在一个对象里作为返回值传递。

此外，返回消息是顺序图的一个可选择部分。是否使用返回消息依赖于建模的具体/抽象程度。如果需要较好的具体化，返回消息是有用的；否则，主动消息就足够了。因此，有些建模人员会省略同步消息的返回值，即假设已经有了返回值。虽然这是一种可行的方法，但最好还是将返回消息表示出来，因为这有助于确认返回值是否和测试用例或操作的要求一致。

3．异步消息

异步消息表示发送消息的对象不用等待响应的返回消息，即可开始另一个活动。异步消息在某种程度上规定了发送方和接收方的责任，即发送方只负责将消息发送到接收方，至于接收方如何响应，发送方不需要知道。对接收方来说，在接收到消息后，它既可以对消息进行处理，也可以什么都不做。从这个方面看，异步消息类似于收发电子邮件，发送电子邮件的人员只需要将邮件发送到接收人的信箱，至于接收电子邮件方面如何处理，发送人则不需要知道。

下面的示例演示了如何在登录中使用异步消息。

公园售票员在售票时，打印一张门票，向系统发出消息之后并不用等待系统做出反应，除非系统有错误提示。接着可以打印下一张门票，如下图所示。

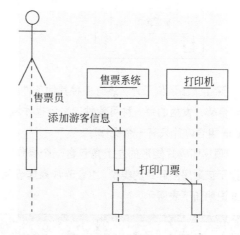

当两个对象之间全部是异步消息时，也表示这两个对象没有任何关系。这样可以使系统的设计更为简单。

最常见的实现异步消息的方式是使用线程。当发送该异步消息时，系统需要启动一个线程在后台运行。

4．消息的条件控制

在 UML 中，消息可以包含条件以限制它们只在满足条件时才能被发送。这里的条件分为多种，如 if 类型的条件，if...else 类型的条件，switch...case 类型的条件。

在 UML 早期版本中使用条件和消息名来实现对满足条件消息的发送，在 UML2 中使用多种组合碎片来控制消息的发送，包含"变体""选择项"和"循环"组合碎片等。这 3 个组合碎片是大多数人将会使用最多的。

如下图所示的选择项组合碎片 option，这是最简单的条件控制消息，用户登录输入密码，验证过后，在密码有误的情况下重新登录。只存在消息产生的条件，不存在条件不发生时的消息，即只有一个 if 语句，没有 else 语句。

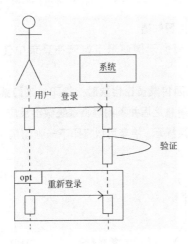

续表

操作符	缩写	操作域	说　明
Strict Sequencing	strict	多个	严格按序执行多个操作域的操作
Negative	neg	1个	不可能发生的消息系列，无效操作
Critical Region	critical	多个	临界区，区内操作不能与其他操作交织进行
Ignore	ignore	多个	消息可以在任何地方出现，但会被忽略，往往与其他碎片组合在一起
Consider	consider	多个	与 ignore 相反，不可忽略的消息，往往与其他碎片组合使用
Assertion	assertion	多个	断言，说明有效的序列
Loop	loop	1个	循环，重复执行多次

除了上图的例子外，还有多种其他条件限制。将组合碎片发生的每一种可能性定义为操作域，则 option 组合碎片只有一个操作域。

顺序图碎片矩形的左上角包含一个操作符，以指示该顺序图碎片的类型。组合碎片操作符及其详细说明如下表所示。

操作符	缩写	操作域	说　明
Alternatives	alt	多个	行为选择。多个域表示多个条件。一次只能有一个操作域执行，类似 switch…case 语句。可以有一个 else。若多个域条件都为真，则随机执行其中一个域
Option	opt	1个	简化的 alt，仅有 if 无 else
Break	break	1个	当条件为真时，跳出包含 break 碎片的剩余部分
Parallel	par	多个	多个操作域的行为并行，操作域以任意顺序交替执行
Weak Sequencing	seq	多个	有限制的并行。同一条生命线的不同操作域按顺序执行，不同生命线的操作域以任意顺序交替执行

如下图所示的图书借阅系统，当读者手中已经借阅的图书超过 5 本时，将无法继续借阅；当读者有逾期图书尚未归还时，需要归还图书才能继续借阅；读者借阅书籍不超过 5 本并且没有逾期书籍时，将成功添加借阅信息。

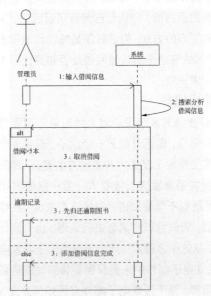

对于某碎片而言，它并不需要额外的参数作为其规范的一部分。顺序图碎片矩形与顺序图中某部分交互重叠。

顺序图碎片中可以包含任意数目的交互，甚至包含嵌套碎片。组合碎片除了可以用来限制消息的调用，还可以分解复杂顺序图，如 ref 操作符。

ref 类型的顺序图碎片从字面上理解为引用（reference），ref 碎片实际表示该碎片是一张更大的顺序图的一部分。这意味着可以将一个庞大而复杂的顺序图分解为多个 ref 碎片，从而减轻了为复杂系统创建大型顺序图所带来的维护困难。

如下图所示，将考务系统的考生排序、分组、分考场以及考场安排封装为一个 ref 类型碎片。

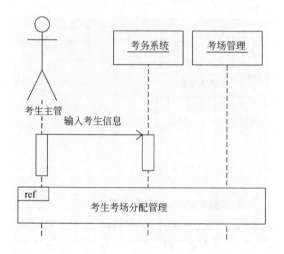

顺序碎片使得创建与维护顺序图更加容易。然而，任何碎片都不是孤立的，顺序图中可以混合与匹配任意数目的碎片，精确地为顺序图上的交互建模。

5．消息中的参数和序号

顺序图中的消息除了具有消息名称外，还可以包含许多附加的信息。例如，在消息中包含参数、返回值和序列表达式。

消息可以与类中的操作等效。消息可以将参数列表传递给被调用对象，并且可以包含返回给调用对象的返回值。

如下图所示，传递的消息包含了密码参数。

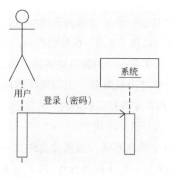

当顺序图中的消息比较多时，还可以通过对消息前置序号表达式来指定消息的顺序。顺序表达式可以是一个数值或者任何对于顺序有意义的基于文本的描述。在下图所演示的示例中，对顺序图中的消息添加了序列表达式。

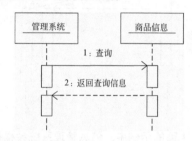

从该图中可以看出第一个被发送的消息是查询消息，接下来是商品信息对象返回的消息。这样在消息比较繁多时，消息被发送的次序便一目了然。

6．分支和从属

有两种方式来修改顺序图的控制流：使用分支和使用从属流。控制流的改变是由于不同的条件导致控制流走向不同的道路。

分支允许控制流走向不同的对象，如下图所示。

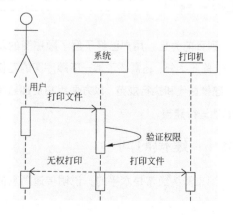

需要注意：分支消息的开始位置是相同的，分支消息的结束"高度"也是相同的。这说明在下一步的执行中有一个对象将被调用。如上图所示，当用户拥有打印权限后，控制流将转向打印机对象，而当用户没有打印权限时，将发送一个无打印权限的提示对话框给用户。

与分支消息不同，从属流允许某一个对象根据不同的条件执行不同的操作，即创建对象的另一条生命线分支，如下图所示。

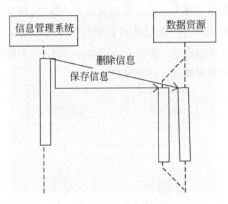

在上面的示例中，信息管理系统会根据用户选择删除信息还是保存信息发送消息。很显然，数据资源将执行两种完全不同的活动，并且每一个工作流都需要独立的生命线，如上图所示。

7.2.4　激活

当一条消息被传递给对象时，会触发该对象的某个行为，这时该对象就被激活了。在生命线

上，激活用一个细长的矩形框表示。矩形本身被称为对象的控制期，控制期说明对象正在执行某个动作。

通常情况下，表示控制期矩形的顶点是消息和生命线相交的地方，而矩形的底部表示的行为已经结束，或控制权交回消息发送的对象。

顺序图中一个对象的控制期矩形不必总是扩展到对象生命线的末端，也不必连续不断。

激活期本身从一条信息的发出或接收开始，到最后一条信息的发出或接收结束；激活期的垂直长度粗略地表示信息交互持续的时间。如下图所示，用户进入并激活了购物系统，在系统内进行查询又激活了商品信息系统。

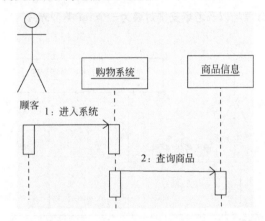

顺序图中的对象在顺序图中并不一定是开始就有的。事实上，顺序图中的对象并不一定需要在顺序图的整个交互期间存活，对象可以根据传递进来的消息创建或销毁。

UML　7.3　建模和执行

到目前为止，用户已经了解了顺序图的基础知识。除此之外，还需要了解一下顺序图的建模时间、建模迭代和执行规范，以方便用户更加熟练与准确地进行建模。

7.3.1　建模时间

消息箭头通常是水平的，说明传递消息的时

间很短，在此期间没有与其他对象的交互。对多数计算而言，这是正确的假设。但有时从一个对象到另一个对象的消息可能存在一定的时间延迟，即消息传递不是瞬间完成的。如果消息的传送需要一定时间，在此期间可能出现其他事件（来自对方的消息到达），则消息箭头可以画为向下倾斜的。这种情况发生在两个应用程序通过网络通信时，如下图

所示。

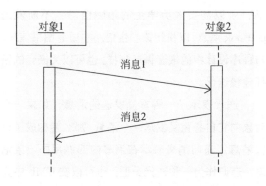

一个消息需要一段时间才能完成的最好示例是使用电子邮件服务器进行通信。由于电子邮件服务器是外部对象，具有潜在的通信消耗时间的可能性，所以可以把发送电子邮件到服务器和从中接收到的消息建模为耗时的消息。

对于延时消息，可以向这些消息添加约束来指定需要消息执行的时间框架。对消息的时间约束标记是一个注释框，其中的时间约束放在花括号中，注释放在应用约束的消息旁边，如下图所示。

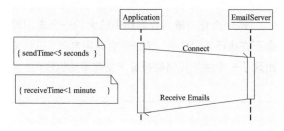

通常情况下，对延时消息进行约束时可以使用 UML 定义的时间函数，如 sendTime 和 receiveTime。除此之外，用户还可以为自己设计的系统编写任何合适的函数。例如，上面的示例中，使用时间函数 sendTime 和 receiveTime 设定进行连接的最长延时为 5s，接收邮件的最长延时为 1min。

用户还可以使用一种标记符来指定一组消耗时间的消息执行操作的总体耗时。例如，使用这种标记符定义连接和接收电子邮件的总体时间不能超过 5s 和 1min。这个标记符与前一个标记不同之处在于它没有区分是使用 1min 进行连接、5s 进行接收电子邮件，还是使用 5s 进行连接、1min 进行

接收电子邮件，如下图所示。

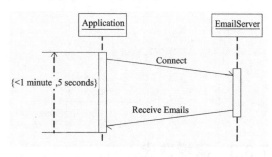

7.3.2　执行规范

每一种技术都有它自己的执行规范，顺序图也一样。顺序图的执行规范主要表现在消息和激活期。激活期描述了对象处于激活状态，正在执行某个事件，激活期的长度粗略地描述了事件执行的持续时间。

通常一个执行包括两个相关临界状态，及事件执行的开始与结束。消息和激活期描述了事件的状态，激活期的顶端通常与接收消息对齐，底部与结束消息对齐。

如下图所示：消息 1 调用系统，使系统激活，箭头与激活期顶端对齐，验证结束后，系统向打印机发出打印消息，系统的激活期结束，打印机的激活期开始。

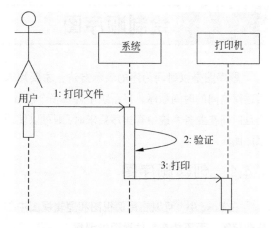

上图示例中，消息 2 系统调用自己的过程，属于操作回调，与消息 1 的激活属于不同的事件，但同属激活期，因此将激活期分开来显示，如下图所示。

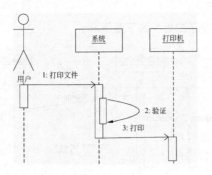

7.3.3 建模迭代

通过建模迭代可以实现消息的重复执行。在顺序图中,建模人员常用的建模迭代消息是通过一个矩形把重复执行的消息包括在矩形框中,并且提供一个重复执行的控制条件。如下图所示是重复执行的消息。

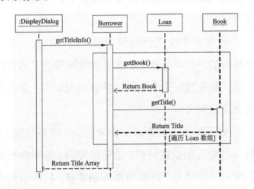

在本示例中,由于一名学生可以借阅多本图书,所以需要遍历学生的借阅信息,不断发送 getBook 消息,以找到该学生借阅的所有图书信息。与程序设计中的嵌套循环一样,也可以为嵌套的循环建模迭代。

迭代表示了一种重复发送的消息,如果一个对象向它自身重复发送一个消息,那么就构成了递归消息。递归消息表示在消息内部调用同一条消息。递归作为一种迭代类型,也可以在 UML 中为其建模。如下图所示,消息 Message 表示的是一个递归调用,它是一个反自身消息,激活的控制条被以重叠的方式表现出来。

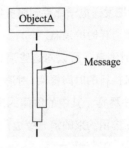

两个重叠的激活控制期中较大的一个表明对象正在执行某项任务,该任务会调用自己,因此又出现了一个激活控制期被置于先前激活的右侧。

UML 7.4 绘制顺序图

顺序图是以时间为序的表示方法,主要用来描述对象间的时间顺序。当系统中存在多个流程,而且时间在业务系统中有排序要求时,则可以使用顺序图。

7.4.1 创建顺序图

在 Rose 中,可以在用例视图和逻辑视图中创建顺序图,而不能在组件视图中创建。

在“浏览器窗口”中,右击【Use Case View】视图,执行【Sequence Diagram】命令,即可创建顺序图。

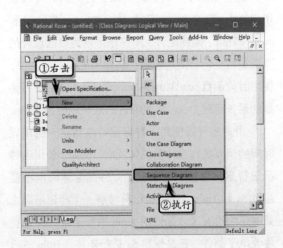

创建顺序图之后，在"浏览器窗口"中双击新创建的顺序图图标，打开"模型图窗口"。在该窗口中，将显示顺序图的一些常用工具。下表中有顺序图中的工具名称与说明。

图 标	名 称	说 明
↖	Selection Tool	选择工具
ABC	Text Box	文本框
🗅	Note	注释
╱	Anchor Note to Item	注释和元素的连线，虚线
묘	Object	对象
→	Object Message	对象消息
↩	Message to Self	自关联消息
⇢	Return Message	返回消息
×	Destruction Marker	撤销标志

创建顺序图后，在"浏览器窗口"中可以为顺序图进行重命名或新增文件 URL 地址等一系列操作。

7.4.2 操作元素

创建顺序图后，便可以向顺序图中添加对象、消息等元素了。

1．操作对象

顺序图与对象密不可分，要绘制顺序图，首先需要添加对象。选择【工具箱】中的【Object】工具묘，然后在绘图区域单击鼠标左键，即可添加对象元素。

添加对象元素后，在矩形框中输入对象名称，此时系统将自动添加下画线来表现对象。

在"模型图窗口"中，右击对象元素，执行【Open Specification...】命令。在弹出的对话框中，可以设置对象的名称、说明及持久性等。

在上述对话框中，可通过设置【Persistence】选项来设置对象的持久性。Rose 为用户提供了下列 3 种持久性选项。

❑ Persistent（持续） 选中该选项，表示对象保存到数据库或其他形式的永久存储体中，即使程序终止，对象也依然存在。

❑ Static（静态） 选中该选项，表示对象保存在内存中，直到程序终止。

❑ Transient（临时） 选中该选项，表示对象只短时间内保存在内存中，该选项为默认选项。

2．操作消息

消息是对象间的通信，顺序图中的消息是使用两个对象生命线之间的箭头表示。选择【工具箱】中的【Object Message】工具→，然后将鼠标从发送消息的对象或角色的生命线拖动到接收消息的对象或角色的生命线上即可。

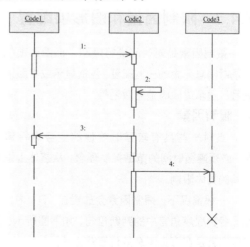

消息绘制出来后，还需要输入消息文本。双击表示消息的箭头形状，在弹出的对话框中的【Name】文本框中输入所需填入的文本即可。

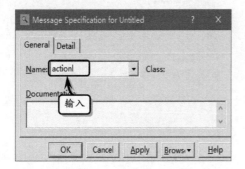

若想更改消息的类型，则需要激活【Detail】选项卡，在该选项卡中选择相应的消息类型。

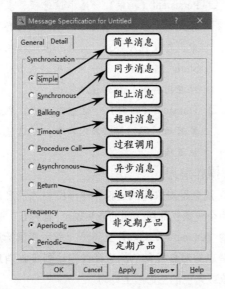

7.4.3 限制因素和图形项配置

限制因素是对时间进行限制，而图形项配置则是对消息元素的一些配置，包括显示或隐藏消息编号、显示或隐藏消息激活等。

1．限制因素

当对一些具有较强时效性的业务进行建模时，必须遵循时间的范围控制理念，从整体上设置时间的具体限制。

一般情况下，限制因素会放置在"[]"内，类似于各种程序语言中的判断语句。如下图所示，其限制因素是在可见消息的位置建立的。

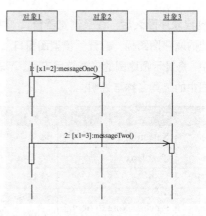

在上图中，只有当 x1=2 时，才可调用"对象 2"中的 messageOne()方法。而当 x1=3 时，才可调用"对象 3"中的 messageTwo()方法。

2．图形项配置

添加消息时，可以根据实际情况来设置消息元素的图形项配置。

消息元素中的消息编号在顺序图中是可选的，可以通过执行【Tools】|【Options】命令，在弹出的对话框中激活【Diagram】选项卡。在该选项卡中启用【Sequence numbering】复选框，即可显示消息编号；禁用该复选框，则隐藏消息编号。

同时，在【Diagram】选项卡中启用【Focus of control】复选框，即可显示消息激活；禁用该复选框，则隐藏消息激活。

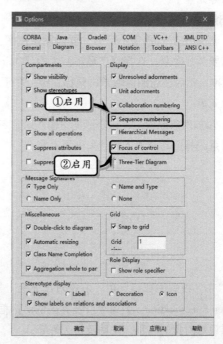

7.5 建模实例：创建 BBS 论坛顺序图

顺序图代表了一个相互作用、在以时间为次序的对象之间的通信集合。其主要用途之一是为用例进行逻辑建模，即前面设计和建模的任何用例都可以使用顺序图进一步阐明和实现。论坛系统的前台功能根据身份的不同分为普通用户和会员，下面将从两个方面分别使用顺序图建模。

7.5.1 会员用户功能顺序图

会员用户享有的功能有多个，登录论坛系统完成后最重要的功能操作有发表帖子、回复帖子和浏览帖子。

1. 发表帖子

发表帖子是指会员登录系统成功后进入会员操作界面，可以以帖子的形式发表自己的见解和建议。由于顺序图可以描述前面设置和建模的任何用户，所以绘制顺序图之前一般需要列出一个用例的事件流，用例事件流一般包含用例编号、用例名称、用例说明、前置条件和后置条件等内容。下表所示为会员用户发表帖子时的事件流。

内　容	说　明
用例编号	Member_001
用例名称	发表帖子
用例说明	会员可以以帖子的形式发表自己的见解和建议
参与者	会员
前置条件	会员能够被识别或者被授予权限
后置条件	后台数据库保存发表的帖子信息（如发表时间、发表的作者账号）
基本路径	（1）会员选择某一个版块后单击进入，单击"发表帖子"显示发帖界面；（2）会员输入发帖的内容，输入完成后提交；（3）显示发表成功，将内容保存到数据库
扩展路径	发表帖子成功后可以单击查看内容；直接显示帖子内容

会员用户可以根据事件流绘制发表帖子时的顺序图，如下图所示。

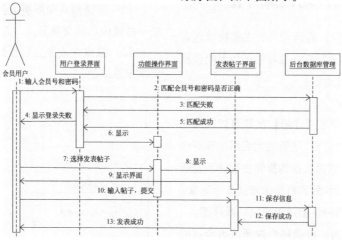

从上图可以看出，会员发表帖子时主要涉及会员用户、用户登录界面、功能操作界面、发表帖子界面和后台数据库管理 5 个操作对象。发表帖子的一般步骤是：登录成功后首先选择某一个版块进

入，单击发表帖子界面；接着输入建议后提交；提交完成后显示发表成功，说明已经成功保存信息。

2. 回复、收藏和浏览帖子

回复帖子和浏览帖子的功能操作也与发表帖

子的操作大体相同，其主要步骤如下。

（1）会员用户进入会员登录界面后选择某一个版块，单击回复帖子操作界面。

（2）单击发表的帖子列表，单击某一个帖子的链接。

（3）显示帖子的详细内容信息，会员用户输入回帖的内容后单击提交。

（4）回复成功后会显示提示信息。

如下图所示显示了会员回复/浏览/收藏帖子时的顺序图。

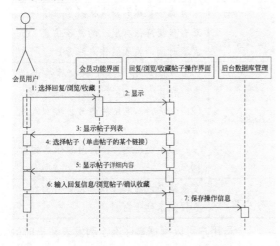

7.5.2 普通用户功能顺序图

与会员用户不同，普通用户的主要操作包含用户注册成为会员、向所有人推荐帖子以及向会员和管理员提出意见或建议。

1．注册成为会员

普通用户通过单击【注册】按钮可以按提示注册成为论坛系统的会员，注册成功后可以享有会员的所有功能。注册成为会员的操作主要涉及普通用户、注册会员界面和后台数据库管理 3 个对象。如下图所示为普通用户注册成为会员的顺序图。

从下图可以看出，普通用户注册成为会员的一般流程如下所示。

（1）普通用户单击【注册】按钮申请会员号。

（2）后台数据库管理检测成功后输入会员号。

（3）提交用户输入的会员号，提交完成后相

关界面会显示用户申请成功。

另外，从该图中还可以看出普通用户注册成功后可以修改个人信息和在线注销。

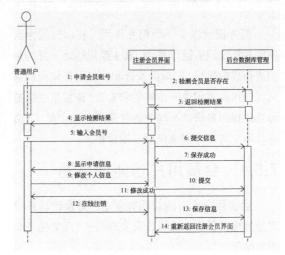

2．向所有人推荐帖子

如下图所示为普通用户向所有人推荐帖子时的顺序图。

普通用户可以向所有人推荐某个比较好的帖子，其基本步骤如下图所示。

（1）普通用户选择帖子进入推荐帖子界面，经过后台数据库检测后会返回并且显示检测结果。

（2）普通用户向所有人推荐帖子，输入推荐帖子的理由后提交信息。

（3）操作完成并且后台数据库保存成功后会显示推荐成功。

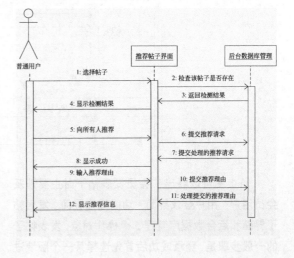

3.普通用户向版主或管理员提出意见或建议

普通用户可以向版主或管理员提出意见或建议，进入相关操作界面，在后台数据库处理完成后返回操作结果。该操作主要包含普通用户、相关操作界面和后台数据库管理 3 个对象，如下图所示为普通用户提出意见或建议时的顺序图。

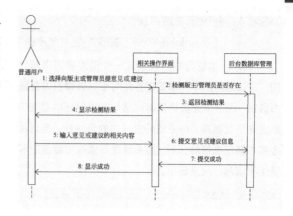

新手训练营

练习 1：创建网站验证顺序图
📥 downloads\7\新手训练营\网站验证顺序图

提示：本练习中，将创建一个网页用户登录的验证顺序图。在该顺序图中，网站用户输入用户名登录网页，验证失败后返回登录界面重新输入。如果验证成功，则登录网页查阅网页信息。

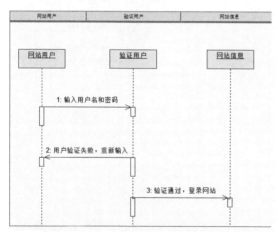

练习 2：创建添加书目顺序图
📥 downloads\7\新手训练营\添加书目顺序图

提示：本练习中，将创建一个系统管理员添加图书书目的顺序图。在该顺序图中，系统管理员需要在页面上进行选择添加操作，页面会将管理员的要求发送到书目中进行搜索，搜索该书是否为新书，如果为新书，则将其加入到书籍列表中。

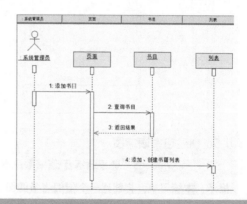

练习 3：创建删除书目顺序图
📥 downloads\7\新手训练营\删除书目顺序图

提示：本练习中，将创建一个系统管理员删除图书书目的顺序图。在该顺序图中，系统管理员登录网页，查找到对应的书目，在书籍列表中对其进行删除。

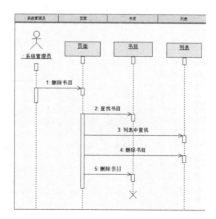

练习 4：创建还书顺序图
downloads\7\新手训练营\还书顺序图

提示：本练习中，将创建一个借阅者还书顺序图。在该顺序图中，借阅者首先向图书管理员发起还书请求，图书管理员将读者信息与所要归还的书籍信息发送到数据库，由系统检查用户的合法性。当借阅者和书籍信息被确认后，图书管理员修改书籍信息和借阅者信息，完成还书。

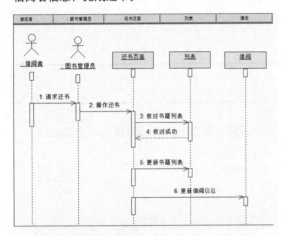

练习 5：创建借书顺序图
downloads\7\新手训练营\借书顺序图

提示：本练习中，将创建一个借阅者借阅图书的顺序图。在该顺序图中，图书管理员收到借阅者的借书申请时，首先验明借阅者的身份，如果没有问题，则查找借阅书目。如果借阅者没有超出最大借阅数量，则开始借阅并更新书籍信息列表，借阅成功。

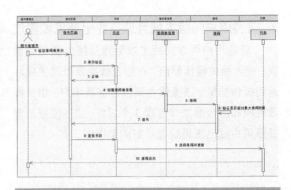

练习 6：创建监督供应商信息顺序图
downloads\7\新手训练营\监督供货商信息顺序图

提示：本练习中，将创建一个网上商城管理员监督供应商的商品查询顺序图。在该顺序图中，网上商城管理员查询供应商的商品信息，如果在系统中可以查询到商品信息，则返回商品的详细信息，并正常显示所有信息，否则返回不成功消息。

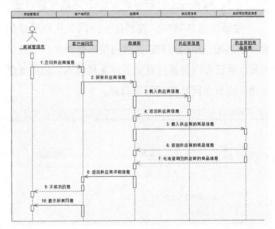

第 8 章

通信图和时序图

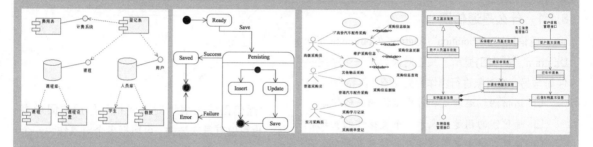

    通信图与顺序图都属于交互图，但顺序图主要描述系统各对象之间交互的次序，通信图则从另一个角度描述系统对象之间的链接，强调的是发送和接收消息的对象之间的组织结构。通信图显示对象之间的关系，它更有利于理解对给定对象的所有影响，也更适合过程设计。而时序图最常应用到实时或嵌入式系统的开发中，但它并不局限于此。本章将详细介绍通信图和时序图的作用、构成及其使用说明。

8.1 通信图概述

通信图是顺序图之外另一个表示交互的方法，与顺序图一样，通信图也展示对象间的交互关系。和顺序图描述随时间交互的各种消息不同，通信图侧重于描述哪些对象间有消息传递，而不像顺序图那样侧重于在某种特定的情形下对象间传递消息的时序性。也就是说，顺序图强调的是交互的时间顺序，而通信图强调的是交互的情况和参与交互对象的整体组织。还可以从另一个角度来理解这两种图，顺序图按照时间顺序布图，而通信图按照空间组织布图。

8.1.1 什么是通信图

通信图(Collaboration Diagram /Communication Diagram，协作图)显示了某组对象为了一个系统事件而与另一组对象进行协作的交互图。其特点如下。

- 通信图描述的是和对象结构相关的信息。
- 通信图的用途是表示一个类操作的实现。
- 通信图对交互中有意义的对象和对象之间的链建模。
- 在 UML 中，通信图用几何排列来表示交互中的对象和链。

一个通信图显示了对象间的联系以及对象间发送和接收的消息。对象通常是命名或匿名的类的实例，也可以代表其他事物的实例，例如协作、组件和节点。使用通信图来说明系统的动态情况，使描述复杂的程序逻辑和多个平行事务变得容易。

通信图有五个概念：类角色、关联角色、对象（Object）、通信链接（Link）、消息（Message）。

其中，类角色和关联角色描述了对象的配置和交互的实例执行的链接。当交互被实例化时，对象受限于类角色，链接受限于关联角色。

关联角色可以被各种不同的临时链接所担当。虽然整个系统中可能有其他的对象，但只有涉及交互的对象才会被表示出来。换言之，通信图只对相互之间具有交互作用的对象和对象间的关联建模，而忽略了其他对象和关联。

通信图包含的是类角色和关联角色，而不仅仅是类和关联。

通信图使用长方形框表示对象。当两个对象间有消息传递时用带箭头的直线连接这两个对象。直线的箭头方向表示传递消息的方向，直线上方使用带有标记的箭头表示消息。为表示发送消息的时间顺序，在每个消息前附加数字编号。

如下图所示为网购系统的部分通信图。

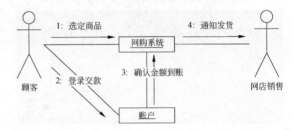

通信图作为表示对象间相互作用的图形表示，也可以有层次结构。可以把多个对象作为一个抽象对象，通过分解，用下层通信图表示出这多个对象间的协作关系，这样可缓解问题的复杂度。

8.1.2 对象与类角色

由于在通信图中要建模系统的交互，而类在运行时不做任何工作，系统的交互是由类的实例化形式（对象）完成所有的工作，因此，首要关心的问题是对象之间的交互。顺序图中使用 3 种类型的对象实例，通信图中对象的概念与顺序图是一样的，但通信图在具体描述时将对象分为 3 类：对象、对象实例角色、类角色。

除了对象，还有对象实例角色和类角色参与交互。有 4 种方法来标识对象实例角色，其分类和表示方式如下图所示。

- 第一种表示方法显示了未命名对象扮演的角色。
- 第二种表示方法显示了指定类的未命名对象角色。

❑ 第三种表示方法显示了具体某个对象实例的角色。

❑ 第四种表示方法显示了指定类实例化对象的角色。

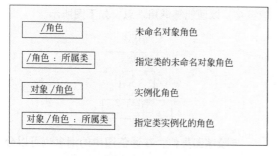

一个角色不是独立的对象，而是表示一个或一组对象在完成目标的过程中所起的部分作用。对象是角色所属类的直接或间接实例，在通信图中，一个类的对象可能充当多个角色。

类角色用于定义类的通用对象在通信图中所扮演的角色，类角色是用类的符号（矩形）表示，符号中带有用冒号分隔开的角色名和类名，即角色名：基类。

角色名和类名都可以省略，但是分号必须保留，从而与普通的类相区别。在一个通信图中，由于所有的参与者都是角色，因而不易混淆。类角色可能会表示类特征的一个子集，即在给定情况中的属性和操作。其余未被用到的特征将被隐藏。下图展示了类角色的各种表示法。

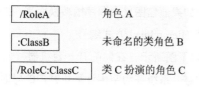

❑ 第一种方法只用角色名，没有指定角色代表的类。

❑ 第二种方法则相反，它指定了类名而未指定角色名。

❑ 第三种方法完全限定了类名和角色名，方法是同时指定角色名和类名。

❑ 比较对象、对象实例角色与类角色，对象与对象实例角色总是带有下画线，而类角色则不带有下画线。

8.1.3　关联角色与链接

关联角色代表类角色在交互中扮演的角色。类角色通过关联角色与其他类角色相连接。关联角色适用于在通信图中说明特定情况下的两个类角色之间的关联。通信图中的关联角色对应类图中的关联。

关联角色与关联的表示法相同，也就是在两个类角色符号间的一条实线。

可以把多重性添加到关联角色中，以指示一个类的多少个对象与另一个类的一个对象相关联。下面的示例说明一个学生可以借阅多本图书，如下图所示。

链接是通信图特有的元素，是对象间发送消息的路径，用来在通信图中关联对象。链接以连接两个参与者的单一线条表示。

链接的目的是让消息在不同系统对象之间传递。没有链接，两个系统对象之间无法彼此交互。要在通信图中增加消息，必须先建立对象之间的链接。

链接一般建立在两个对象或者两个对象之间，也可以建立反身链接，如下图所示。

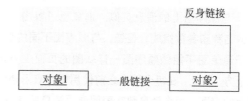

链接可以使用 parameter 或者 local 固化类型。parameter 固化类型指示一个对象是另一个对象的参数，而 local 固化类型指定一个对象像变量一样在其他对象中具有局部作用域。这样做可以指示关系和变量对象是临时的，会随着所有者对象一同销毁，如下图所示。

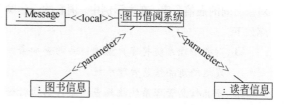

上图中，Message 对象是局部的，临时产生临时销毁。而图书信息和读者信息是借书过程中的参数，也是临时的。当对象销毁时，链接也会随着销毁。

注意，如果一条线将两个表示对象的标号连在一起，那么它是一个链接；如果连接的是两个类角色，则连线为关联角色。

8.1.4 消息

消息是通信图中对象与对象或类角色与类角色之间交互的方式。通信图上的消息使用直线和实心箭头从消息发送者指向消息接收者。如下图所示。

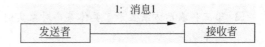

与顺序图一样，通信图上的参与者也能给自己发送消息。这首先需要一个从对象到其本身的通信链接，以便能够调用消息，如下图所示。

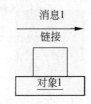

与顺序图类似，在通信图中的消息也可以分为 3 种类型：同步消息、异步消息和简单消息。它们与顺序图中的同类型消息相同。

8.2 操作消息元素

消息元素是通信图中的重要元素，一些建模操作大部分是通过消息元素来完成的。操作消息元素包括消息序列号与控制点、创建对象以及消息迭代等内容。

8.2.1 消息序列号与控制点

与顺序图上的消息类似，消息也可以由一系列的名称和参数组成。但是，与顺序图不同的是，由于通信图不能像顺序图一样从图的页面上方流向下方，因此，在每个消息之前使用数字表示通信图上的次序。每个消息数字表明调用消息的次序，格式与顺序图中的消息一样，如下图所示。

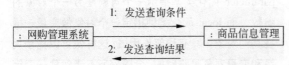

在上面的示例中，对消息添加序号后明确了对象之间的通信顺序。在本示例中，消息的通信顺序如下。

- ❏ 网购管理系统将客户查询商品的查询条件发送给商品信息管理系统。
- ❏ 商品信息管理系统收到查询条件后执行查

询并发送查询结果。

在单个关联角色或链接之间还可以有多个消息，并且这些消息可以同时调用。为在通信图中表示这种并发的多个消息，在 Rose 中，消息可以按两种方式编号：Top-Level（顶级编号）方式，如 1、2、3；或者 Hierarchical（等级编号）方式，如 1.1.1、1.1.2、1.1.3。

在通信图中，消息只能采用 Top-Level 方式编号，但如果通信图是由顺序图转换而来，图中也可以使用 Hierarchical 方式编号。

如下图所示，在网吧开一台机器，使用网吧开户系统，系统在为空闲计算机开户的同时，也要根据需求限定使用时间。

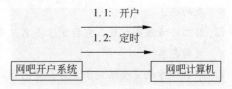

在其他建模工具中也可采用数字加字母的表示法，如 1.a、1.b 等，将上图中消息序号转换成数字加字母的表示法，如下图所示。

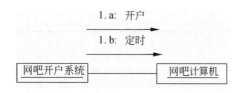

有时消息只有在特定条件为真时，才应该被调用。例如，当打印文件时，只有打印机处于空闲状态才会进行打印工作。为此，需要在通信图中添加一组控制点，描述调用消息之前需要评估的条件。

控制点由一组逻辑判断语句组成，只有当逻辑判断语句为真时，才调用相关的消息。如下图所示的示例，当在消息中添加控制点后，只有当打印机 Printer 空闲时才打印。

8.2.2　创建对象

与顺序图中的消息相同，消息也可以用来在通信图中创建对象。为此，一个消息将会发送到新创建的对象实例。对象实例使用 new 固化类型，消息使用 create 固化类型，以明确表示该对象是在运行过程中创建的。如下图所示，BorrowDialog 对象通过调用 DisplayMessage（Message）操作来创建 MessageBox 对象。

在本示例中，固化类型 create 用于 BorrowDialog 对象和新创建的 MessageBox 对象之间的链接中。如果消息的发送足以直观地表示出接收的对象将会被创建，就没有必要使用固化类型。

8.2.3　消息迭代

迭代对任何系统和组件都是一种非常基本和重要的控制流类型。迭代可以在通信图中方便地建

模，用来表示重复的处理过程。通信图中的迭代有两种标记符。

第一种标记符用于单个对象发送消息到一组对象，这组对象代表了类的多个实例，使用叠加的矩形表示。这种迭代表示一组对象的每个成员都将参与交互。如下图所示，其中接收消息的对象组实际上表示对象的集合。

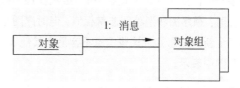

第二种类似的迭代标记符是表示消息从一个对象到另一个对象被发送多次。其表示法如下图所示。

上图表示对象 ObjectA 要向对象 ObjectB 发送 n 条 Message 消息。

迭代通过在顺序编号前加上一个迭代符"*"和一个可选的迭代表达式来表示。UML 没有强制规定迭代表达式的语法，因此可以使用任何可读的、有意义的表达式来表示。常用的迭代表达式如下表所示。

迭代表达式	语　义
[i:=1..n]	迭代 n 次
[i=1..10]	迭代 10 次
[while(表达式)]	表达式为 true 时才进行迭代
[until(表达式)]	迭代到表达式为 true 时，才停止迭代
[for each(对象集合)]	在对象集合上迭代

如下图所示，某店铺搞促销，为每个月前 200 名顾客发送小礼品，使用 while 表达式描述迭代条件。

8.3 时序图概述

在时序图中，每个消息都有与其相关联的时间信息，准确描述了何时发送消息、消息的接收对象会花多长时间收到该消息，以及消息的接收对象有多长时间处于某种特定状态等。虽然在描述系统交互时，顺序图和通信图非常相似，但时序图则增加了全新的信息，且这些信息不容易在其他 UML 交互图中表示。

8.3.1 什么是时序图

UML 通过时序图来表述生命线的状态与时间量度。时序图是顺序图的另一种表现形式。

时序图显示系统内各对象处于某种特定状态的时间，以及触发这些状态发生变化的消息。构造一个时序图最好的方法是从顺序图中提取信息，按照时序图的构成原则，相应添加时序图的各构成

部件。

时序图与顺序图的区别如下。

❑ 时序图自左向右表示时间的持续，并常在下方给出时间刻度。

❑ 生命线垂直排列，分布在不同的区间中，各个区间用实线分割。

❑ 生命线上下跳动，在每个位置上都代表对象处于某种状态。状态需要说明其名称或条件。

❑ 生命线需要注明不同的状态或不同的值。

❑ 时序图拥有多种时间约束，可针对时间段，也可针对时间点。

时序图由对象、状态、时间刻度、状态线以及事件与消息构成，如下图所示为时序图的一般表示法和替代表示法。

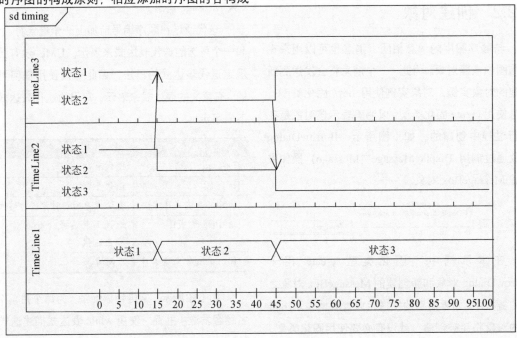

上图中，TimeLine3 中的对象有 2 种状态：状态 1 和状态 2。TimeLine2 中的对象有 3 种状态：状态 1、状态 2 和状态 3。

在最下方时间轴的 15 时刻处，TimeLine3 中对象与 TimeLine2 中对象发生了交互，两个对象都改变了状态。在 45 时刻处又发生一次交互，两个

对象的状态再次改变。

　　TimeLine1 中的对象有 3 种状态：状态 1、状态 2 和状态 3，分别在 15 时刻和 45 时刻转换了状态。

8.3.2　时序图中的对象

　　时序图与顺序图和通信图一样，都用于描述系统特定情况下各对象间的交互。因此，在创建时序图时，首要任务是创建该用例所涉及的系统对象。系统对象在时序图中用一矩形及其内部左侧的文字标识。

　　从顺序图可以很容易找出系统对象。构造时序图时，可以将这些对象以时序图中的表示方法添加到时序图中。

　　如下图所示为两个对象在时序图中的符号表示。对象 1、对象 2 是两个对象的名称，在创建时默认一种状态。

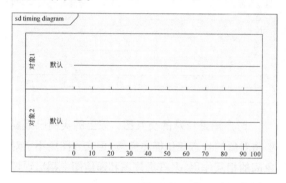

　　在系统建模活动期间，需要决定哪些对象应该明确布置于时序图中，而哪些对象不需要布置于时序图中。这取决于以下两点。

- ❑ 该对象的细节对理解正在建模的内容是否重要。
- ❑ 若将此细节包含进来是否会让模型变得清晰明了。

　　如果一个对象的细节对于这两个问题的答案是肯定的，那么应该将此对象包含在图中。时序图是特殊的交互图，它所描述的重点不是交互的顺序和内容，而是交互的具体时间段和时间点。

　　交互在顺序图中重点突出了交互序列，并在通信图中重点突出了交互对象及交互内容。因此，

时序图中的对象只须如顺序图一样找出交互活动的参与者，并排除不需要细化的对象即可。

8.3.3　状态

　　在交互期间，参与者可以以任意数目的状态存在，如激活状态、等待状态、休眠状态等。当系统对象接收到一个事件时，它处于一种特定的状态；接着，系统对象会一直处于该状态，直到另一个事件发生。

　　时序图上的状态放置在对象范围的内部，挨着对象名称在对象名称的右侧；各状态上下排列，如下图所示。

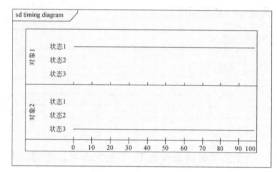

　　上图中，在状态名称的右侧有一条直线，这是时序图默认的描述状态的状态线。在时序图的下方有一条带刻度的直线，刻度自左向右依次增加，这是时序图中描述时间刻度的线。

8.3.4　时间

　　时序图侧重于描述时间对系统交互的影响，因此，时序图的一个重要特征是加入了时间元素。时序图用一条带刻度的直线描述对象在不同时间的状态变化。它有如下两个特点。

- ❑ 时间刻度自左向右依次增加，刻度间隔可大可小。
- ❑ 时间刻度的单位放在时序图底层，对象名称下方，可自定义刻度单位。

　　如下图所示，第一个图刻度以 5 间隔，单位为"s"，第二个图刻度以 10 为间隔，单位为"min分"，单位放在底层左侧。

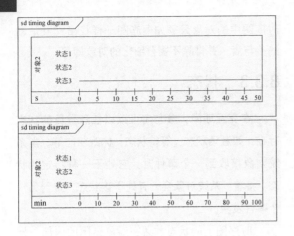

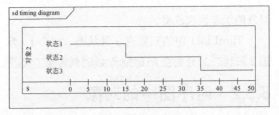

上图中，状态线一开始在状态 1 右侧，说明对象 2 处于状态 1 的状态。随后在 15s 时刻，对象 2 状态发生变化，状态线在状态 2 右侧，对象 2 处在状态 2 的状态。最后在 35s 的时刻，对象 2 呈现状态 3 的状态。

这是简单的时序图，但状态线的作用不止如此。状态线还包括每个状态的开始时刻和持续时间。

如下图所示，在状态线每个水平线段的左端下方，都标有该状态开始的时刻，而水平线段上方标注了该状态持续的时间。

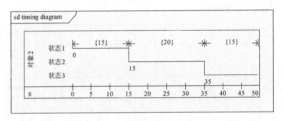

时序图是特殊的交互图，以上的实例已经能够将对象的状态变化描述完整，但交互图免不了对象间的相互作用，及在顺序图和通信图中都出现过的描述对象交互内容的消息。

8.3.6　事件与消息

在时序图上，对象的状态变化是为了响应事件，这些事件可能是消息的调用等。时序图中的事件与消息描述了对象状态改变的原因及对象间的交互。

事件与消息使用直线和箭头，由一个对象的状态线指向另一个对象的状态线。如下图所示，在 15 s 时刻消息 1 从对象 2 指向对象 1。

为时序图添加事件实际上相当简单，因为顺序图已经显示出系统对象之间传递的消息，因此，可以简单地把消息添加到时序图上。

对时间的度量，可以使用许多不同的方式表达。可以使用精确的时间度量，也可以使用相对时间指标，如下图所示。

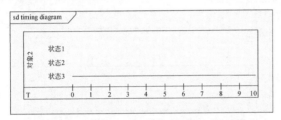

上图的时间单位为 T，T 的大小可以忽略，该时序图的目的只是描述相对时间段对象状态的变化。

8.3.5　状态线

状态线是描述对象的状态随时间变化的，在了解了状态和时间刻度的表示方法后，理解状态线相对较容易。

状态线是一条分段直线，始终保持水平或垂直状态。状态线从左往右描述对象的状态变化。每个对象只有一条状态线描述对象状态变化。

- 当状态线位于某个指定状态右侧，与该状态处于同一水平位置，则说明对象在状态线对应的时间段内处于该状态。
- 状态线垂直表示对象的状态在该时间点发生变化。

如下图所示的对象 2，该对象在系统运行的过程中有 3 种状态：状态 1、状态 2 和状态 3。

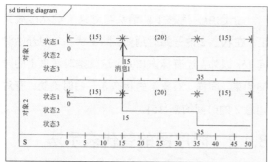

对于一个完整的时序图而言，系统对象的每一个状态转变都是由事件或消息触发的。在拥有了对象、状态、时间、状态线、事件与消息之后，时序图就成型了，简单的时序图就是如此。

下图描述了商品信息查询过程的时序图，包含两个对象，下面的管理系统和上面的商品信息系统。

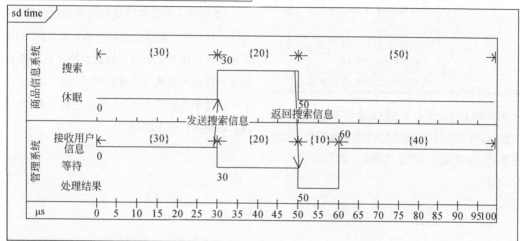

上图中，商品信息系统有 2 种状态：休眠和搜索。管理系统有 3 种状态：接收用户信息、等待和处理结果。整个交互过程如下所述。

- ❑ 开始时商品信息系统处在休眠状态，此时管理系统没有接收到用户发送的搜索信息。

- ❑ 在 30μs 时刻管理系统接收到搜索信息，管理系统将信息发送给商品信息系统，将商品信息系统激活。

- ❑ 在 30~50μs 时刻之间，商品信息系统根据

接收到的搜索条件搜索商品信息，而管理系统等待着商品信息结果。

- ❑ 在 50μs 时刻，商品信息系统将搜索结果发送给管理系统，并再次回到休眠状态。

- ❑ 在 50μs 时刻管理系统接到搜索结果后，便进入到商品信息结果的处理阶段。

- ❑ 在 60μs 时刻管理系统将结果处理好并展示给用户，接着再次回到接收用户信息的状态，等待用户发出命令或请求。

UML 8.4 时间约束和替代

时序图主要描述对象是如何交互的，并且将重点放在消息序列上。在时序图中，还有一种时间约束，用于描述交互中特定部分的持续时间。虽然时序图有众多优点，但对于系统对象状态比较多的模型来讲，使用时序图则显得非常烦琐，此时可以

使用时序图的替代方法，来创建模型。

8.4.1 时间约束

时序图包含了系统对象、状态、状态线、时间和事件与消息等元素，而时序图的核心是时间约

束。时间约束有两种，一种是持续时间的约束，另一种是与信息相关的约束。

时间约束详细描述了交互中特定部分应该持续多长时间。时间约束根据正在建模的信息可以以不同方式指定，常见的时间约束格式如下表所示。

时间约束格式	说　明
{t...t+3s} 或 {<3s}	消息或状态持续时间小于 3s
{>3s,<5s}	消息或状态持续时间大于 3s，但小于 5s
{t}	持续时间为相对时间 t，此处 t 可以为任何时间值
{3t}	持续时间为相对时间 t 的 3 倍

时间约束通常应用于系统对象处于特定状态的时间量，或者应该花多长时间调用及接收事件。即时间约束可以限制消息或对象的状态，如下图所示。

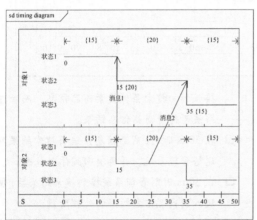

上图中，消息 1 的箭头与对象 1 的状态线交汇，在状态 2 的开始时刻处，除了状态 2 的开始时间 15s 以外，还有标识 {20}，这就是对消息 1 的时间约束。同样，对象 1 的状态 3 开始时刻处，有对消息 2 的时间约束 {15}。

8.4.2　时序图的替代表示法

使用时序图为系统交互建模的代价是比较昂贵的。对于任何包含少数状态的小交互而言，这种代价还可以接受；而当系统对象的状态比较多时，创建时序图无疑是非常麻烦的。为此，UML 引用了一种简单的替代表示法，可以在交互包含大量的状态时使用，如下图所示。

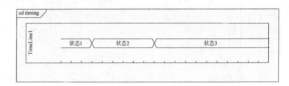

如上图所示，替代表示法将对象的状态按时间顺序排列，使用两条平行于时间轴，有交汇的线描述状态持续时间。状态位于两条线内侧，线的交汇点即状态交互点。对象的状态在线的交汇点发生改变，按顺序排列的状态清晰描绘了对象状态随时间的变化。

下图为时序图的一般表示法。

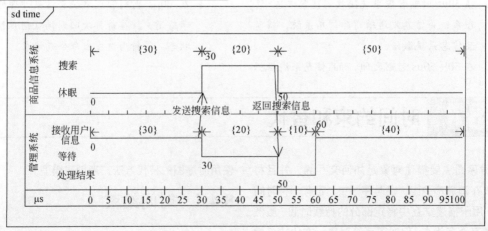

再如，下图为时序图的替代表示法。

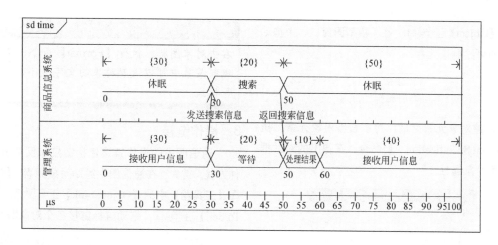

8.5　绘制通信图

通信图又称为协作图，它对复杂的迭代和分支的可视化以及对多并发控制流的可视化要比时序图好。通常情况下，一个项目中会存在很多通信图，其中一些是主要的，另外一些用来描述可选择的路径或例外条件。在使用通信图进行建模前，还需要了解一下通信图的绘制方法。

8.5.1　创建通信图

在"浏览器窗口"中右击【Use Case View】图标，执行【New】|【Collaboration Diagram】命令，即可创建通信图。

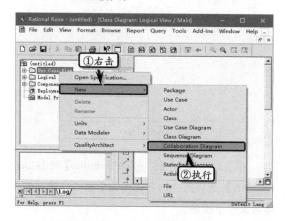

创建通信图后，在"浏览器窗口"中双击新创建的通信图图标，打开"模型图窗口"。在该窗口中，将显示通信图的一些常用工具。下表显示了

通信图中的工具名称与说明。

图标	名　　称	说　　明
↖	Selection Tool	选择工具
ABC	Text Box	文本框
▣	Note	注释
／	Anchor Note to Item	注释和元素的连线，虚线
▭	Object	对象
▤	Class Instance	类实例
／	Object Link	链接
∩	Link To Self	自链接
／	Link Message	链接消息
／	Reverse Link Message	反方向消息
／	Data Token	对象流
／	Reverse Data Token	反方向对象流

另外，在"浏览器窗口"中可以进行为通信图重命名或新增文件 URL 地址等一系列的操作。

8.5.2　操作通信图

创建通信图后，便可以使用【工具箱】中的工具在"模型图窗口"中，通过绘制各种元素来操作通信图了。

1．操作对象

若要绘制对象元素，则需要选择【工具箱】

中的【Object】工具 ▣ ，在"模型图窗口"中拖动鼠标即可绘制该元素。

对象

创建对象元素之后，可以右击对象元素，执行【Open Specification…】命令，在弹出的对话框中设置对象属性。

技巧

右击对象图标，执行【Edit】|【Delete From Model】命令，即可删除该对象元素。

2．操作类

若要绘制类元素，则选择【工具箱】中的【Class Instance】工具 ▣ ，在"模型图窗口"中拖动鼠标即可绘制该元素。

类元素

创建类元素后，可以右击类元素，执行【Open Specification…】命令，在弹出的对话框中设置类属性。

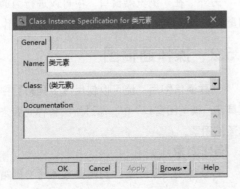

技巧

右击对象图标，执行【Format】命令，在其级联菜单中可以设置对象的文字大小、颜色等样式。

3．操作链接

通信图中的操作链接包括链接和反身链接两种方式。首先，在通信图中绘制对象元素，然后选择【工具箱】中的【Object Link】工具 ╱ 和【Link To Self】工具 ∩ ，拖动鼠标链接各个对象即可。

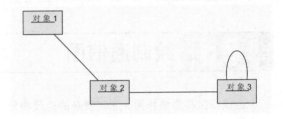

创建链接之后，双击"对象 1"和"对象 2"之间的连接线，在弹出的对话框中可以设置连接线的名称和各属性。

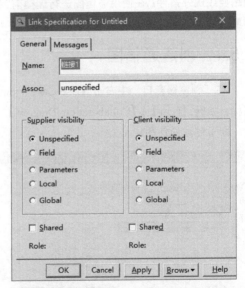

在该对话框中，【Supplier visibility】和【Client visibility】选项组内的各选项完全相同，选项的具体含义如下所述。

❑ **Unspecified**　表示不指定对象的可见性。

❑ **Field**　表示供应方对象的可见性。

❑ **Parameters**　表示供应方对象属于客户对

象执行的某个参数。

□ **Local**　表示供应方对象属于客户对象执行的某个局部变量。

□ **Global**　表示供应方对象全局范围内可见。

在对话框中，激活【Messages】选项卡，右击该选项卡列表框中的空白区域，在弹出的菜单中可选择所需插入的消息。

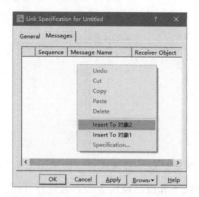

在弹出的菜单中，【Insert To 对象 2】选项表示所创建的消息箭头指向对象 2，而【Insert To 对象 1】选项表示所创建的消息箭头指向对象 1。

4．操作消息

若要在两个对象之间添加消息，需要先在对象之间建立链接，然后选择【工具箱】中的【Link Message】工具／和【Reverse Link Message】工具／，单击两个对象之间的连接线，即可添加消息。

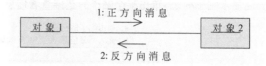

添加消息之后，可以通过双击消息的方法，来设置消息的名称和属性。

5．操作对象流

对象流描述一个对象向另一个对象发送消息时所返回的消息。一般情况下，没必要为通信图中的每个消息都添加对象流，只在一些重要的消息上添加对象流即可。

若要添加对象流，则选择【工具箱】中的【Data Token】工具／或【Reverse Data Token】工具／，单击需要返回数据的消息即可。

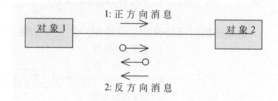

8.6　建模实例：创建 BBS 论坛通信图

通信图可以看成是类图和顺序图的交集，它从另一个角度描述系统对象之间的链接，强调收发消息的对象的结构组织的交互，通信图也用于说明系统的动态视图。下面将从会员用户和普通用户两方面使用通信图进行建模。

8.6.1　会员用户功能通信图

在本节中，将分别从会员发表帖子和回复、浏览或收藏帖子两方面绘制通信图。

1．发表帖子

在会员用户发表帖子操作的通信图中主要涉及会员用户、会员登录界面、会员发表帖子界面、会员功能操作界面以及后台数据库管理 5 个操作对象，如下图所示为会员发表帖子时的通信图。

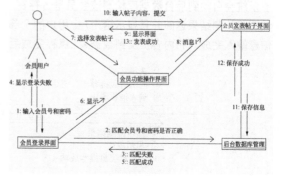

2．回复、浏览或收藏帖子

回复、浏览或收藏帖子的通信图中涉及 4 个对象，它们分别是会员用户、回复/浏览/收藏界面、会员功能界面和后台数据库管理。会员登录成功后在会员功能界面选择相应的操作，然后会在相应的界面显示帖子列表，单击某个帖子的链接查看信息后可以对该帖进行基本操作，操作完成后会将相关的信息提交到后台数据库，由数据库进行管理。如下图所示为会员回复、浏览或收藏帖子时的通信图。

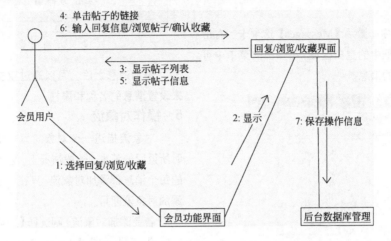

8.6.2 普通用户功能通信图

讲顺序图时已经介绍过普通用户的主要功能操作，下面分别从普通用户注册成为会员、向所有人推荐帖子和提出建议 3 个方面进行介绍。

1．普通用户注册成为会员

普通用户注册成为会员时的通信图如下图所示。

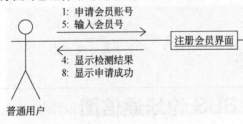

从上图中可以看出，普通用户注册成为会员的通信图涉及普通用户、注册会员界面和后台数据库管理 3 个对象。普通用户首先申请会员账号，接着系统会自动到后台数据库检测该会员是否存在，然后将检测结果返回并且显示给用户。用户的全部信息输入完成后将内容提交到数据库，保存完成后会提示用户申请成功。

2．向所有人推荐帖子

向所有人推荐帖子的通信图如下图所示，该通信图主要涉及普通用户、推荐帖子界面和后台数据库管理 3 个对象。

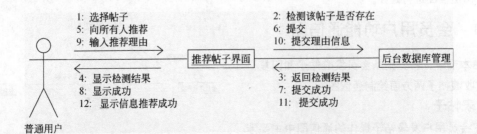

在上图中，普通用户首先选择要推荐的帖子，接着后台数据库会检测普通用户推荐的帖子是否

存在,检测完成后会将结果返回并且显示给用户。然后用户可以向所有人进行推荐,输入推荐理由后单击按钮提交信息,后台数据库操作完成后会将处理的结果返回给用户。

3．提出建议

普通用户向版主或管理员提出建议的通信图如下图所示,该通信图主要涉及普通用户、操作界面和后台数据库管理 3 个对象。

在上图中,操作界面主要向普通用户显示提示信息和向数据库发送普通用户输入的信息,后台数据库完成操作界面发送的信息,并且对数据进行匹配和保存操作,最后将结果返回给用户。

8.7 新手训练营

练习 1：创建餐厅收银员收款通信图

downloads\8\新手训练营\餐厅收银员收款通信图

提示：本练习中,将创建一个餐厅收银员收款通信图,该通信图中涉及收银员、登录结账系统、菜单报价界面和计算缴费 4 个操作对象。

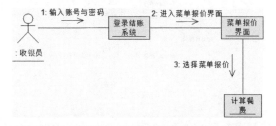

练习 2：创建信用卡刷卡通信图

downloads\8\新手训练营\信用卡刷卡通信图

提示：本练习中,将创建一个信用卡刷卡通信图,该通信图中涉及信用卡主、商场刷卡、数据收集模块、营运单位结算、信用卡通信接口 5 个操作对象。

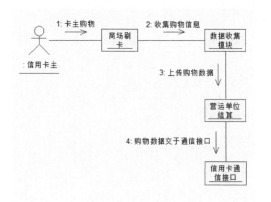

练习 3：创建成绩查询通信图

downloads\8\新手训练营\成绩查询通信图

提示：本练习中,将创建一个学生的成绩查询通信图,该通信图中主要涉及老师、网页界面、数据库、学生和成绩 5 个操作对象。

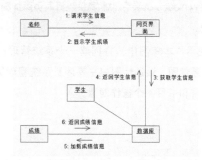

练习 4：创建图书管理员借书通信图

downloads\8\新手训练营\图书管理员借书通信图

提示：本练习中,将创建一个图书管理员处理借书通信图,该通信图中主要涉及借阅、借阅者信息、图书管理员、借书页面、书目和列表 6 个操作对象。

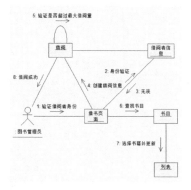

练习 5：创建图书管理员还书通信图

⊙downloads\8\新手训练营\图书管理员还书通信图

提示：本练习中，将创建一个图书管理员处理还书通信图，该通信图中主要涉及借阅者、图书管理员、还书页面、借阅和列表 5 个操作对象。

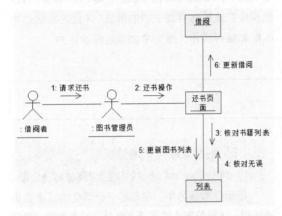

练习 6：创建系统管理员添加图书通信图

⊙downloads\8\新手训练营\系统管理员添加图书通信图

提示：本练习中，将创建一个系统管理员添加图书的通信图，该通信图中主要涉及系统管理员、页面、列表和书目 4 个操作对象。

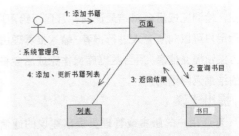

练习 7：创建系统管理员删除图书通信图

⊙downloads\8\新手训练营\系统管理员删除图书通信图

提示：本练习中，将创建一个系统管理员删除图书的通信图，该通信图中主要涉及系统管理员、页面、列表和书目 4 个操作对象。

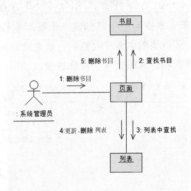

第 9 章

状态机图

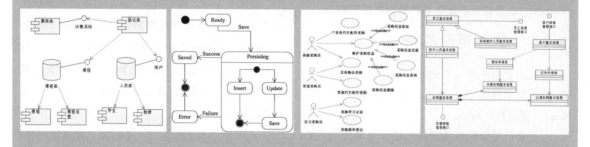

　　状态机图是系统分析的一种常用工具，它描述了一个对象在其生命期内所经历的各种状态，以及状态之间的转移、发生转移的原因、条件和转移中所执行的活动。状态机图用于指明对象的行为以及不同状态之间的差别。同时，它还能说明事件是如何改变一个类对象的状态的。通过状态机图可以了解一个对象所能到达的所有状态以及对象收到的事件（收到的消息、超时、错误和条件满足等）对对象状态的影响等。

9.1 状态机概述

在 UML 中，状态机可以用状态机图和活动图两种方式可视化地表达，状态机图（State Machine Diagram）着重于对一个模型元素可能的状态及其转移建立模型，而活动图着重于对一个活动到另一个活动的控制流建立模型。

状态机图在一般的面向对象技术中又称为状态迁移图，它是有限状态机的图形表示，用于描述类的一个对象在其生存期间的行为。UML 的状态机图主要用于建立类或对象的动态行为模型，表现一个对象所经历的状态序列，引起状态或活动转移的事件，以及因状态或活动转移而伴随的动作。

9.1.1 状态机及其构成

状态机用于对一个模型元素建立行为模型，该模型元素通常是一个类，也可以是一个 Use Case，甚至整个系统。

状态机可以精确地描述对象在生命周期内的情况：从对象的初始状态起，响应事件、执行某些动作、新状态的转移、状态下响应事件、执行动作，转移至另一个新状态，如此循环，直到终止状态。

状态机由状态、转移、事件、活动、动作等元素组成。

- **状态（State）** 表示一个模型元素在生存期的一种状况，如没有任何行为的休眠状态、被激发的运行状态等。一个状态在一个有限的时间段内存在。

- **转移（Transition）** 表示一个模型元素的不同状态之间的联系。在事件的触发下，模型元素由一个状态可以转移到另一个状态。

- **事件（Event）** 表示一个有意义的出现的说明。该出现在某个时间和空间点发生，并且立即触发一个状态的转移。

- **活动（Activity）** 表示在状态机中进行的一个非原子的执行，它由一系列的动作组成。

- **动作（Action）** 表示一个可执行的原子计算，它导致状态的变更或返回一个值。

对象始终处于某种状态，或休眠或激发，并保持这种状态，直到有事件发生，影响了模型元素，使它改变状态发生转移。状态机是为对象建立的行为模型，记录了对象状态转移。

9.1.2 状态机图标记符

状态机图中某些标记符与活动图的标记符相似，但意义不同，容易混淆。状态机图由表示状态的节点和表示状态间转移的弧组成。在状态机图中，若干个状态节点由一条或多条转移弧连接，状态的转移由事件触发。模型元素的行为模型化为状态机图中的一个周游，在此周游中状态机执行一系列的动作。

一个状态机图表现了一个对象（或模型元素）的生存史，显示触发状态转移的事件和因状态改变而导致的动作。状态机图中的标识符有：状态、初始状态、终止状态、转移、判断决策点和同步。

1．状态

状态是指对象某个时刻存在的方式，如休眠、打印、验证等。状态和事件之间的关系是状态机图的基础。状态与之前在活动图中讲到的相同，同样使用了圆角矩形。中间是状态的名称，名称也可以作为一个标记置于状态机图标上面。

除了简单的状态，UML 还定义了如下两种特别的状态。

- **初始状态** 初始状态使用一个实心圆表示。

- **终止状态** 终止状态类似于在初始状态外加一个圆圈。

下图中的状态 1 又称为简单状态，标记符显示为圆角矩形，状态名位于矩形中。状态名可以包含任意数量的字母、数字和某些特殊的标记符号。

| 简单状态 | 初始状态 | 终止状态 | 状态
进入/创建()
退出/发送() |

上图中的第二种是初始状态，代表一个状态机图的起始点。第三种是终止状态，表示对象在生命周期结束时的状态，为状态图的终点。在一个状态机图中可以包含 0 个或多个开始状态，也可以包含多个终止状态。

上图中的第四种状态是添加了动作的状态。图中共添加了两个动作：上层是进入状态时执行的动作；下层是离开状态时执行的动作。

添加动作的状态，状态名与动作中间以一条斜线隔开。此时状态命名方法与一般状态相同。

2．转移

转移用来显示从一个状态到另一个状态的控制流，它描述了对象在两种状态间的转变方式。

转移用实线和箭头表示，由源状态指向目标状态。箭头上方标注转移的方式，及引起状态转移的事件或动作。

当处于源状态的对象接收到一个事件，将执行相应的动作，并从源状态转移到目标状态。如果在转移箭线上不标示触发转移的事件时，则从源状态转移到目标状态是自动进行的，如下图所示。

上图中，对象在接收结果事件发生之后，由等待结果的状态转移到处理结果的状态。接收结果是引发状态改变的事件。

而对象由处理结果状态转移到显示结果状态，这个过程并没有外部作用，是对象处理结果状态自发改变的。当结果处理完成，对象处理结果的状态改变，转移到显示结果的状态。

3．判断决策点

在第 5 章活动图中讲到过决策点，在状态机图中也需要用到决策点。它在建模状态机图时提供了方便，通过在中心位置分组转移到各自的方向，从而提高了状态机图的可视性。

决策点标记符是一个空心菱形，如下图所示。

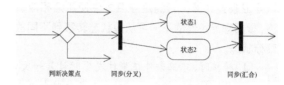

| 判断决策点 | 同步（分叉） | | 同步（汇合） |

4．同步

状态机图中并发的控制流为同步控制流，使用同步条显示并发的转移，即同时发生的转移。同步条为实心矩形。同步分为两种形式：控制流的分叉和汇合，如上图所示。

这里的同步与活动图中的分叉和汇合类似，都表示并发的控制流，但此时的同步确保了控制流在同步条同时进行下面的事件。

状态机图使用同步条来说明当同步条左侧的事件都完成了，同步条右侧的事件将同时发生。

除了状态间事件的同步性，不同区域的事件也存在同步状态，使用星号*来连接同步的事件。

9.2　转移

转移用来显示从一个状态到另一个状态的控制流，它描述了对象在两种状态间的转变。状态转移的原因包括对象被事件或动作影响，改变了状态；以及对象的状态不稳定，使其自身发生状态转移等几种。对于状态的转移，排除状态自身的影响，要先了解影响状态的事件和动作。

事件指示状态之间转移的条件。事件相当于通信图中的消息，事件被发送到对象，要求对象做某件事情，这个事情被称为动作。动作导致对象的状态发生变化。

9.2.1　转移的定义

转移使用开放的箭头作为标记符，与活动图中的转移标记符相同。箭头连接源状态和终止状态，指向转移的目标状态。

一个转移有名称、参数和动作列表。与之前讲到的活动图中的转移条件相似，状态机图中的转移也具有相同的形式，具体语法格式如下。

转移名：事件名 参数列表 守卫条件/动作列表

转移连接了源状态和目标状态，但需要各种条件才能激活转移。这些条件包括了事件、守卫条件和动作。

守卫条件是用方括号括起来的布尔表达式，它放在事件的后面。源状态的对象在事件触发后进行守卫条件计算，若满足守卫条件便激活相应转移。根据守卫条件的不同可从源状态转移到不同的目标状态。

❑ 转移时，守卫条件在事件发生时计算一次。若转移被重新触发，则守卫条件将会再次被计算。

❑ 如果守卫条件和事件放在一起使用，则当且仅当事件发生且守卫条件布尔表达式成立时，状态转移才发生。

❑ 如果只有守卫条件，则只要守卫条件为真，状态就发生转移。

动作可以操作另一个对象的创建和撤销或向一个对象发送信号，它不能被事件中断。

下图是事件、守卫条件和动作等的完整转移演示图。

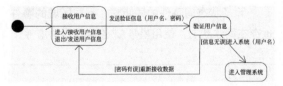

上图描述了系统登录的过程，在系统被打开时，系统呈现登录界面，处于接收用户信息的状态。在信息接收之后，将用户名和密码发送给验证状态

进行信息验证。验证的结果有两种：信息无误则进入管理系统；信息有误则返回登录界面。

在接收到信息后发送信息到验证状态，用户输入的用户名和密码为发送事件的参数。由验证状态转移，出现了转移的条件，不同条件时，事件将对象转移至不同状态。

9.2.2 事件

事件的发生能触发状态的转移，事件和转移总是相伴出现。事件可以有属性和参数，可分为内部事件和外部事件。其中，内部事件是指在系统内部对象之间传送的事件，例如异常就是一个内部事件。而外部事件是指在系统和它的参与者之间传送的事件，例如，给系统一个命令就是外部事件，系统自身状态的改变是内部事件。如下图显示了带有事件的状态机图。

上图中，发送命令事件含有命令参数，这个参数是用户传达给系统的，用户给予系统的命令即外部事件；而显示结果状态是执行命令状态自然产生的结果，因此事件 3 属于内部事件。

事件可以用在状态与状态间来描述对象状态的转移，也可用在对象与对象间或直接用在对象状态的内部。

在 UML 中定义了如下 7 种事件：入口事件、出口事件、调用事件、信号事件、改变事件、时间事件和延迟事件。

事件可以添加对象状态，用来说明对象进入或离开状态时的事件，即入口事件和出口事件，如下图所示。

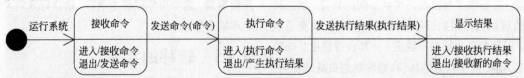

1．入口事件

入口事件表示一个入口动作序列，用关键字

entry 说明，它在进入状态时执行。入口事件的动作是原子的，不能避开，而且先于任何内部活动或

转移。入口事件可以不带参数,因为它是隐式调用的。在一个类的高层状态机中的入口事件可能有参数表,它对应于该类的一个对象在创建时所接收的变量。

2．出口事件

出口事件表示一个出口动作序列,用关键字 exit 说明,它在退出状态时执行。出口事件的动作是原子的,必须执行。出口动作在内部活动之后和状态转移之前执行。出口事件可以不带参数,是隐式调用的。

3．调用事件

调用事件表示调用者对操作的请求,调用事件至少涉及两个以上的对象,一个对象请求调用另一个对象的操作。调用事件一般为同步调用,也可以是异步调用。

当一个对象调用另一个对象的某个操作时,控制就从发送者传送到接收者。该事件触发转移,完成操作后,接收者转到一个新的状态,并将控制返还给发送者。

在一个完整的 UML 建模中,调用事件往往对应类图中定义的方法、事件。主要描述对象间的事件。

- ❏ 调用事件的格式定义为:事件名(参数列表)。
- ❏ 参数的格式为参数名:类型表达式。

4．信号事件

信号是一个对象发送并由另一个对象接收的事件,信号可作为状态机中一个状态转移的动作而被发送,也可作为交互中的一条消息而被发送。一个操作的执行也可以发送信号。

事实上,当建模人员为一个类或一个接口建模时,通常需要说明它的操作所发送的信号,如下图所示。

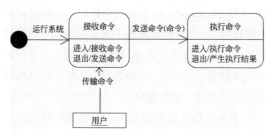

上图所示为用户发送信号事件,信号事件可用在对象之间、状态之间或状态内部。

一般来说,调用事件只能调用类图中相应对象的方法或事件,而信号事件可以定义任何需要的事件,不用去考虑是否存在对应的方法或事件。

5．改变事件

改变事件是指定义的变化或条件成立时发生的事件。即当某个条件为"真"时,触发一个转移。

改变事件用关键字 when 说明,后面带有括在圆括号中的布尔表达式,并且跟有动作,意指当该布尔表达式为真时,执行规定的动作,引起状态的转移。

改变事件与消息产生的条件不同:条件在事件触发时求值,而改变事件是在条件为真时被触发,如下图所示。

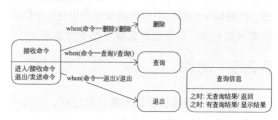

上图描述了转移中的改变事件和状态内部的改变事件,分别表述状态根据指定条件发生转移和状态自身的改变事件。

6．时间事件

时间事件是经过一定的时间或者到达某个绝对时间后发生的事件。在 UML 中时间事件使用关键字 after 来标识,后面跟着计算一段时间的表达式,如:after(10min)。

如果没有特别说明,那么上面的表达式的开始时间是进入当前状态的时间。

如下图所示为系统在等待状态发生 30s 内没有接收到命令,随后自动退出。时间事件同样用于状态内部。

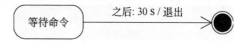

7．延迟事件

在 UML 中,建模人员有时需识别某些事件,延迟对它们的响应直到以后某个合适的时刻才执行，在描述这种行为时可以使用延迟事件。

延迟事件是在当前状态不处理、推迟或排队等到对象转移到另一个状态再处理的事件。

延迟事件使用关键字 defer 来标识，其语法形式为：延迟事件/defer。实现时，所有的延迟事件被保存在一个列表中，这些事件在状态中的发生被延迟，直到对象进入一个不再需要延迟这些事件并需使用它们的状态时，列表中的事件才会发生，并触发相应的转移。一旦对象进入了一个不延迟且没有使用这些事件的状态，它们就会从这个列表中删除。

事件是一个触发器，有时事件又被称为事件触发器。它触发了状态之间的转移和状态内部转移，接收事件的对象必须了解如何对触发器进行响应。在建模状态机图中根据需要使用事件，不仅能丰富状态机图，还能把对象描述得更加清晰。

9.2.3 动作

动作是一组可执行语句或计算过程。动作是原子的、不可被中断的。动作可以由对象的操作和属性组成，也可以由事件说明中的参数组成，在一个状态中允许有多个动作。动作说明事件发生的行为，状态可以有以下 5 种基本动作类型。

❏ **entry** 标记入口动作。

❏ **exit** 标记出口动作。

❏ **do** 标记内部活动。

❏ **include** 引用子状态机状态。

❏ **event** 用来指当特定事件触发时，指定相应动作的发生。

entry 标记用来指定进入状态时发生的动作，当对象进入状态时执行。而 exit 标记用来指定状态被另一个状态取代时发生的动作，类似于出口动作，当对象退出一个状态时执行，如下图所示。

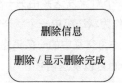

do 用来指定处于某种状态时发生的活动。当对象处于某个状态时，它可以进行与该状态关联的某些工作，这些工作称为活动。活动不会改变对象的状态。内部活动在入口动作执行完毕后开始执行。

当内部活动执行完毕，状态没有完成转移就触发它，否则状态将等待一个显式触发的转移。

如果内部活动正在执行时有一个转移被触发，此时内部活动将被终止，然后执行状态的出口动作。

内部活动语法形式为：do/活动表达式，如下图所示。

include 表示引用子状态机状态，它的语法形式为：include 子状态机名。这样可以调用另一个状态机。

event 指当特定事件触发时，指定相应动作的发生。event 事件与前面 entry、exit、do 和 include 有所不同，它并不是用关键字来标记事件。这种类型事件的语法形式为：event-name(parameters) [guard-condition]/action。当事件 event-name 发生时（守卫条件满足）会自动触发 action。使用 event 类型的动作时，与信号事件有相似之处，如下图所示。

对象进入状态时执行相应的入口动作（以关键字 entry 标记），退出状态时执行相应的出口动作（以关键字 exit 标记）。但对一个跨越几个状态边界的转移而言，可以按嵌套顺序依次执行多个相关状态的入口动作和出口动作。具体执行顺序为执行最外层源状态出口动作、执行转移、执行内层目标状态的入口动作，如此循环。

事件与动作的联系密切，不管是内部转移，

还是外部转移，如果触发事件发生转移时，常常伴有动作的发生。不管是入口动作、出口动作，还是内部动作，或是 event 类型动作，它们的使用方法都和事件有相似之处，这里同样可以认为它们是触发事件，并且具有相同的语法结构 event-name/action。

不论是状态间的转移，还是状态的内部转移，事件都可以伴有多个动作的发生。动作之间使用逗号分隔，用于表达同一事件下执行多个动作。

9.2.4　转移的类型

状态机图中的转移有多种分类，包括自转移、内部转移、自动转移和复合转移等。

1．自转移

自转移用来描述对象接收到一个事件，该事件不改变对象的状态，但会导致状态的中断，这种事件被称为自转移。自转移打断当前状态下的所有活动，使对象退出当前状态，然后又返回该状态。

自转移标记符使用一种弯曲的开放箭头，指向状态本身，如下图所示。

自转移描述了源状态和目标状态是同一个状态的转移。

自转移中有入口事件和出口事件，在作用时首先将当前状态下正在执行的动作全部中止，然后执行该状态的出口动作，接着执行引起转移事件的相关动作。

2．内部转移

对象的状态并不是静态的，因此不可避免地发生一些在状态不变情况下的事件，UML 使用内部转移来描述这种转移。

内部转移描述执行响应事件的内部动作或活动，但是对象的状态并不发生改变的转移。

内部转移只有源状态，而没有目标状态，转移激发的结果并不改变状态本身。如果一个内部转移带有动作，动作也要被执行，但由于没有状态改

变发生，因此不需要执行入口动作和出口动作。

在状态的内部转移中需给出内部动作列表，使用动作表达式规定动作。表达式与表达式之间使用逗号隔开。动作表达式可以用拥有该动作的实体的任何属性和连接来构成。

如网购的客户浏览网上商品，这个过程需要用户不断与网购系统交互，但系统一直处在这个状态，没有改变，如下图所示。

上图描述了用户不断查询、查看信息以及系统不断查询并呈现信息的状态。

内部转移和自转移不同，虽然两者都不改变状态本身，但有着本质区别。自转移会触发入口动作和出口动作，而内部转移却不会。

3．自动转移

自动转移又称为完成转移。状态可能有一个不由事件触发的转移，它是根据该状态内的动作完成而自动触发的，如命令执行完毕后的状态转移，就是自动转移。

自动转移是特定状态的必然结果，不需要指定转移的事件或动作，如下图所示。

这是下载软件常见的状态变化，在下载状态完成后处于没有任务的等待状态，类似于手机待机。

4．复合转移

复合转移由简单转移组成，这些简单转移通过判定、分叉或汇合组合在一起。

多条件的分支判定可以是链式的和非链式的，当多个转移同时被触发时将发生转移的冲突。此时需要用转移的优先级来解决。

子状态的转移优先级比包含它的超状态的转移优先级高。

UML 9.3 组合状态

状态可以是简单状态或组合状态，包含嵌套子状态的状态称为组合状态（Composite State）。在复杂的应用中，当状态机图处于某种特定的状态时，状态机图描述的该对象行为仍可以用另一个状态机图描述，用于描述该对象行为的状态机图又称为子状态。

子状态可以是状态机图中单独的普通状态，也可以是由一个完整的状态机图来描述一个状态。组成状态中的子状态可以是包含顺序的子状态，也可以是包含并发的子状态。如果包含顺序子状态的状态是活动的，则只有该子状态是活动的；如果包含并发子状态的状态是活动的，则与它正交的所有子状态都是活动的。

9.3.1 顺序状态

如果一个组成状态的子状态对应的对象在其生命周期内的任何时刻都只能处于一个子状态，也就是说状态机图中多个子状态是互斥的，不能同时存在，这种子状态被称为顺序状态或互斥状态。在顺序状态中最多只能有一个初态和一个终态。

顺序状态又称为不相交状态，对象生命周期内的状态一个一个顺序转移。如果包含顺序子状态的状态是活动的，则只有该子状态是活动的。

当状态机图通过转移从某种状态转入组合状态时，该转移的目的可能是组合状态本身，也可能是这个组合状态的子状态。

- □ 如果是组合状态本身，状态机所描述的对象首先执行组合状态的入口动作，然后子状态进入初始状态并以此为起点开始运行。
- □ 如果转移的目的是组合状态的某一子状态，那么先执行组合状态的入口动作，然后以目标子状态为起点开始运行。

如下图所示描述了通过拨号自助查询手机特定业务的状态机图。

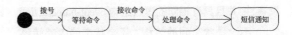

通过拨号打通了自助查询系统，根据系统提示发出命令，系统处理命令并通过短信将查询结果传给用户。整个过程没有分支和汇合，每一种状态都是互斥的。手机自助查询不止这一种方式，将拨号查询作为一个组合整体，为手机自助查询的子状态，则这个子状态为顺序子状态。

9.3.2 并发子状态

有时组合状态有两个或多个并发的子状态，此时称组合状态的子状态为并发子状态。并发子状态能说明很多事发生在同一时刻，为了分离不同的活动，组成状态被分解成区域，每个区域都包含一个不同的状态机图，各个状态机图在同一时刻分别运行。

如果并发子状态中有一个子状态比其他并发子状态先到达它的终态，那么先到的子状态的控制流将在它的终态等待，直到所有的子状态都到达终态。此时，所有子状态的控制流汇合成一个控制流，转移到下一个状态。

如果包含并发子状态的状态是活动的，则与它正交的所有子状态都是活动的。下图演示了一个并发子状态的实例。

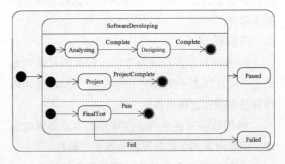

从图中可以看到，子状态中有 3 个并发子状态。转移进入组合状态时控制流分解成与并发子状态数目相同的并发流。在同一时刻，3 个并发子状态分别根据事件及守卫条件触发转移。

如果 3 个并发子状态从其初始状态都到达它们的终态，3 个并发控制流汇合成一个控制流进入 Passed 状态；如果在第三个并发子状态 FinalTest 状态激活了失败事件，那么其他两个并发子状态中正在执行的活动将全部被终止。然后，执行这些并发子状态的出口动作，接着执行失败事件所触发的转移附带的动作，进入到 Failed 状态。

9.3.3　同步状态

同步状态是连接两个并发区域的特殊状态。在某些情况下，组合状态通常由多个并发区域组成，每个区域有自己的顺序子状态区域。当进入一个组合状态时，每个并发区域里有一个控制线程。其中，区域之间是独立的，如果要求对并发区域之间的控制进行同步，则需要使用同步状态。

同步状态就如同一个缓冲区，间接地把一个区域中的分叉连接到另一个区域的汇合上。

同步状态使用同步条将一个区域内的分叉输出连接到同步输出，再将同步输出连接到另一个区域中的汇合输入上。

UML 中，同步状态使用一个小圆圈表示，圆圈里面用一个整数或一个*表示上界，它一般发生在边界区域中。下图演示了同步状态。

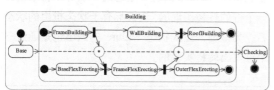

上图演示了使用同步状态的状态机图，由于分叉和汇合在自己的区域里必须有一个输入和输出状态，因此，同步状态不会改变每个并发区域的基本顺序行为，也不会改变形成组合状态的嵌套规则。

9.3.4　历史状态

历史状态用于在复杂的组合状态中标记转移过后需要返回的状态。状态的返回对于简单状态是常用易用的，但组合状态有着组合在一起的子状

态，找出需要返回的状态虽然可以实现，但重复的组合状态机使状态机图变得复杂臃肿。使用历史状态标记简单易用，状态机图清晰了然。

UML 状态机图中历史状态分为浅历史状态（简略历史状态）和深历史状态（详细历史状态）两种。

浅历史状态保存并重新激活与它在同一个嵌套层次上记住的状态。如果一个转移从嵌套子状态直接退出组合状态，那么组合状态中的顶级封闭状态将被激活。

深历史状态可以记住组合状态中嵌套层次更深的状态，要记忆深历史状态，转移必须从深历史状态中转出。

浅历史状态标记符使用一个含有字母 H 的小圆圈表示，而深历史状态标记符使用内部含有 H* 的小圆圈表示，如下图所示。

  Ⓗ　简略历史　　　Ⓗ*　详细历史

如果转移从深历史状态转移到浅历史状态，并由此转出组合状态，那么深历史状态将记忆该浅历史状态。无论在哪种情况下，如果一个嵌套状态机到达一个终态，那么历史状态将会丢失其存储的所有状态。下图演示了一个使用历史状态的状态机图。

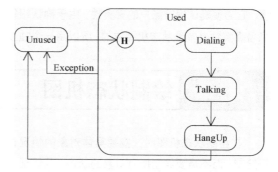

该图只简单地描述了电话的使用状态，并没有判断和转移条件。Used 状态内的子状态是一个循环过程，使用一个历史状态记录这些状态。当对象第一次进入 Used 状态时，由于历史状态还没有记住历史，因此它首先激活状态 Dialing。如果对象处于 HangUp 状态的子状态 Talking 时发生了事

件 Exception，那么控制将依次离开 Talking 和 HangUp 并执行它们的出口动作，返回到 Unused 状态。

9.3.5 子状态机引用状态

子状态机引用状态是激活其他子状态机的状态。子状态机引用状态和宏调用非常相似，因为它实际上是一种用来将一个复杂的规约嵌入到另一个规约的简单记号。

声明子状态机引用状态时，使用关键字 include 来标记，具体标记信息如下所示。

include 子状态机名

在进入子状态机时，可以通过子状态机的任何子状态或其默认的初态进入到子状态机中。同样，也可从子状态机的任何子状态或其默认的终态退出子状态机。

如果子状态机不是通过其初态和终态进入和退出子状态机，可以使用桩状态来实现。桩状态分为入口桩和出口桩，分别表示子状态机非默认的入口和出口，桩状态的名字和子状态机中相应子状态相同。

下图演示了引用子状态的部分状态机图。该状态机描述有银行账户的顾客网络购物结账的步骤，它必须确认银行账户的真实性。由于确认银行账号真实性是其他状态机要求的，所以用一个独立的状态机来描述。

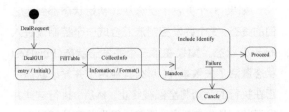

在图中可以看到使用"Include Identify"就引用了子状态机"Identify"，其中入口桩和出口桩分别为 Handon 和 Failure。该图描述了网络购物简单的状态机图，其中确认输入信息由子状态机来描述，子状态机"Identify"的具体图形如下图所示。

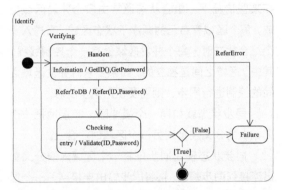

该子状态机的作用是确认用户输入银行账号的真实性。如果检测结果是正确的，那么子状态机就在它的结束状态终结；否则，转移到状态 Failure。显式状态 Handon 的进入是通过子状态用符号里的一个桩的转移实现的，该桩标有子状态机里的状态名。类似地，显式状态 Failure 的退出也是通过一个桩发出转移实现的。

UML 9.4 绘制状态机图

在绘制状态机图时，应视具体对象的情况进行绘制，而不需要绘制所有对象的状态，只体现包含多个复杂状态的对象即可。

9.4.1 创建状态机图

在 Rose 中，可以为每个类创建一个或者多个状态机图，类的状态和转移都可以在状态机图中体现。

若要创建状态机图，则需要在"浏览器窗口"中右击【Use Case View】或【Logical View】图标，执行【New】|【Statechart Diagram】命令，即可创建状态机图。

创建状态机图后，在"浏览器窗口"中可以执行为状态机图重命名或新增文件 URL 地址等一系列操作。

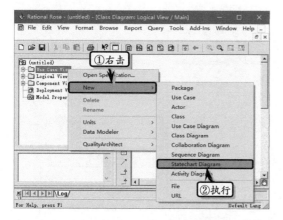

在"浏览器窗口"中双击新创建的状态机图图标,打开"模型图窗口"。在该窗口中,将显示状态机图的一些常用工具。下表是状态机图中的工具名称与说明。

图标	名 称	说 明
	Selection Tool	选择工具
ABC	Text Box	文本框
	Note	注释
	Anchor Note to Item	注释和元素的连线,虚线
	State	状态
	Start State	起点状态
	End State	结束状态
	State Transition	转换
	Transition to self	自转换

另外,状态机图的【工具箱】中的工具也可以定制,可以添加上图中没有的一些必用工具。

9.4.2 绘制各类元素

创建状态机图之后,便可以使用【工具栏】中的各项工具来绘制状态机图中的元素了。

1. 绘制状态

选择【工具箱】中的【State】工具,在"模型图窗口"中拖动鼠标,即可绘制状态。

新绘制的状态名默认为"New State",单击状态图标中的名字,将其更改为"状态1"。

双击"状态1"图标,在弹出的对话框中激活【Genera】选项卡,设置状态的名称、构造及补充说明等属性。

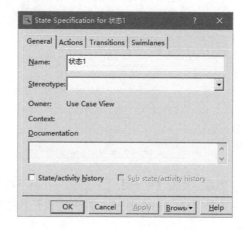

在该选项卡中,主要包括下列选项:
- ❑ Name 用于设置状态的名称。
- ❑ Stereotype 用于设置构造的展现类型。
- ❑ Documentation 用于输入补充说明。

在该对话框中,激活【Actions】选项卡,设置状态的动作,包括进入动作、离开动作、执行和事件动作。此时,该选项卡中为空白,没有任何选项。右击空白区域,执行【Insert】命令,添加【Entry】选项。

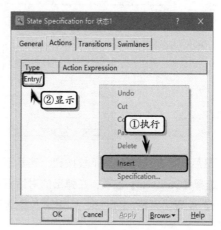

双击【Entry】选项，在弹出对话框中的【Name】
文本框中输入进入状态的名称。

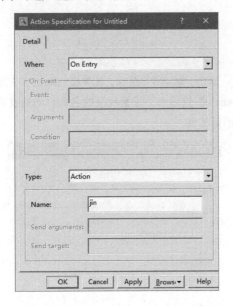

然后，单击【When】下拉按钮，在其下拉列
表中选择【On Exit】选项，并设置离开状态的
名称。

最后，单击【When】下拉按钮，在其下拉列
表中选择【On Event】选项，在弹出的对话框中将
【Type】设置为"Send Event"，并输入各选项值
即可。

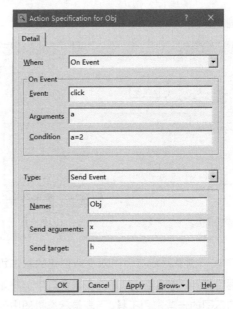

在该对话框中，各选项的作用如下所述：

❑ Event　表示事件的具体方法。

❑ Arguments　表示事件的具体参数。

❑ Condition　表示事件的具体条件。

在对话框中，单击【OK】按钮后，其状态对
象中将会显示所设置的事件和动作。

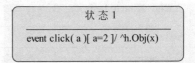

技巧

在"浏览器窗口"中，右击状态图标，执行
【Delete】命令，即可删除该对象。

2．添加事件

事件导致对象从一种状态转变成另一种状
态，在添加事件之前需要先添加转换。

转换是从一种状态到另一种状态的过渡，选
择【工具箱】中的【State Transition】工具 ，拖
动鼠标在 2 个元素之间绘制即可。

添加完转换后，双击转换图标，在弹出的对
话框中的【Event】选项中添加触发转换的事件，

在【Argument】选项中添加事件的参数。

此时，单击【OK】按钮，在转换对象中将显示所添加的事件。

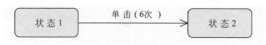

然后，激活【Detail】选项卡，在【Action】选项中添加所要发生的动作。其中，动作是转换过程中不可中断的行为，大多数动作是在转换时发生的。

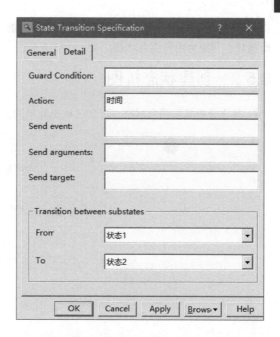

在对话框中单击【OK】按钮后，在转换对象中将显示所添加的动作。

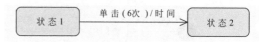

9.5 建模实例：创建自动取款机状态机图

本节针对常见的自动取款机系统来介绍状态机图模型的具体建模步骤。通常情况下，建模状态机图可以按照以下 5 个步骤进行。

（1）标识出需要进一步建模的实体。

（2）标识出每个实体的开始和结束状态。

（3）确定与每一个实体相关的事件。

（4）从开始状态建模完整状态机图。

（5）如果必要，则指定组合状态。

上述步骤涉及多个实体，但要注意一个状态机图只代表一个实体。执行上面步骤时，需要对每一个涉及的实体遍历执行。

本节选用的自动取款机系统虽是一个小系统，但涉及的内容多，这里只选用银行用户操作的取款和查询模块进行建模。

9.5.1　分析状态机图

建模前先要分析整个系统的对象，选取需要建模的对象为建模实体，进行状态分析。

状态机图应用于复杂的实体，而不应用于具有复杂行为的实体。对于有复杂行为或操作的实体，使用活动图会更加适合。具有清晰、有序状态的实体最适合使用状态机图进一步建模。

取款机管理系统对象只有银行管理员、用户和取款机系统，选用取款机系统作为本节建模的实体。

接着需要标记出实体的开始状态和结束状态，需要知道实体是如何实例化，以及实体是如何开始的。

对于取款和查询模块，在系统开始工作时要有插卡和验证。当取款和查询结束后，用户取出卡，结束系统的工作。查询和取款是两种交互不多的功能模块，可编为两种组合状态。

9.5.2 创建状态机图

首先分析取款组合状态，这个过程是简单的，

取款事项依次是：插卡、验证卡信息、输入密码、验证密码、输入取款金额、验证余额、查取对应金额钞票并打开取款箱、提示取走钞票、提示退卡。

这些事项有用户的操作和系统的操作，有分支有返回，具体状态机图如下图所示。

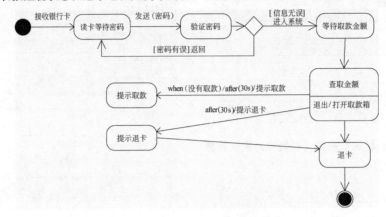

接着分析查询，查询的过程为：插卡、验证卡信息、输入密码、验证密码、单击查询命令、选择查询内容、返回查询结果、提示退卡。状态机图如下图所示。

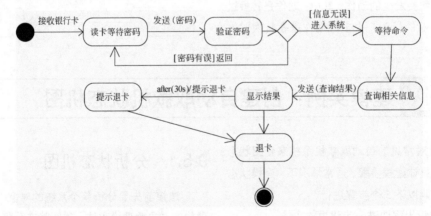

从图中可以看出，一些操作和状态是可以共用的，对于完整的状态机图，这两个模块可以组成组合状态，如下图所示。

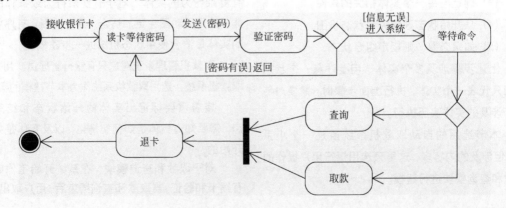

将本节第 1 个图和第 2 个图进入系统后到退卡前的部分,分别定义为组合状态取款和组合状态查询,就有了第 3 个图中综合的取款机状态机图,而取款组合状态如下图所示。

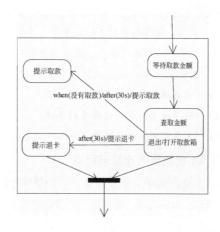

练习 1：创建机器查询地铁站点状态机图
downloads\9\新手训练营\机器查询地铁站点状态机图

提示:本练习中,将创建一个在机器上查询地铁站点信息的状态机图。在该状态机图中,一个地铁站点信息对象从出发点的状态开始,进入相应的查询状态,最终进入结束状态。

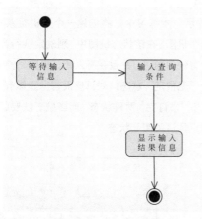

练习 2：创建员工招聘状态机图
downloads\9\新手训练营\员工招聘状态机图

提示:本练习中,将创建一个员工招聘的状态机图。在该状态机图中,员工招聘的数量为 100 名,小于 100 名时可以进行员工招聘,等于 100 名时则停止员工招聘。

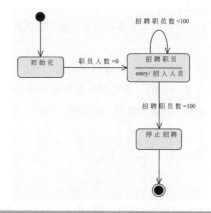

练习 3：创建网上招聘行业状态机图
downloads\9\新手训练营\网上招聘行业状态机图

提示:本练习中,将创建一个网上招聘行业的状态机图。

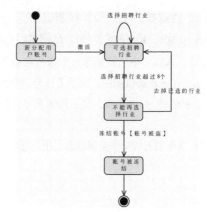

在该状态机图中，需要注意下列几点内容：

❑ 激活、选择招聘行业超过 8 个、去掉已选的行业、冻结账号事件，全是引起外部转移的因素。

❑ "选择招聘行业"属于内部转移。

❑ "账号被盗"是冻结账号的条件。

❑ "新分配用户账号"是第一个子状态。

练习 4：创建培训班状态机图

downloads\9\新手训练营\培训班状态机图

提示：本练习中，将创建一个培训班状态机图。在该状态机图中，根据学员报名情况分为下列 3 种情况。

（1）培训班招生"开始"后有学员"注册"，学期开始后"开始上课"，当课程结束经过"终考"后，培训班结束。

（2）"注册"的学员取消了注册，培训班进入结束状态。

（3）学员"注册"，学期开始后"开始上课"，学员有中途退学的，需要判断是否还有学员继续学习，如果有，则继续培训；如果无，则终止培训。

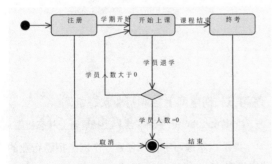

练习 5：创建拨打电话工作状态机图

downloads\9\新手训练营\拨打电话工作状态机图

提示：本练习中，将创建一个拨打电话工作的状态机图。在该状态机图中，电话工作分为空闲、拨号、通话和响铃 4 种状态，其工作情况可分为下列 3 种：

（1）当电话开机处于空闲状态，用户呼叫，话机

处于拨号状态。如果呼叫成功，则电话处于拨叫状态；如果呼叫不成功，则拨号失败，此时话机重回空闲状态。

（2）话机在空闲时被呼叫，进入响铃状态，如果用户摘机接听电话，则处于通话状态，完成通话挂机后处于空闲状态；如果用户没有摘机，则电话处于继续响铃状态。

（3）如果用户拒绝来电，电话回到空闲状态。

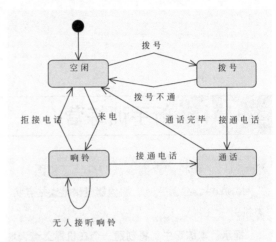

练习 6：创建航班机票预订系统状态机图

downloads\9\新手训练营\航班机票预订系统状态机图

提示：本练习中，将创建一个航班机票预订系统的状态机图。在该状态机图中，刚确定飞行计划时，显示没有任何预订，并且在有人预订机票之前都将处于这种"无预定"状态。对订座而言，显然有"部分预订"和"预订完"两种状态。而当航班快要起飞时，会显示"预订关闭"状态。

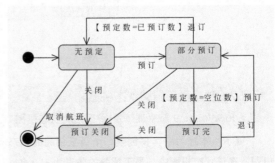

第 10 章

组件图和部署图

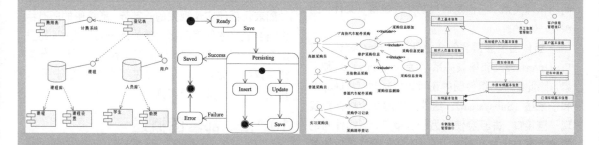

　　组件图和部署图属于实现方式图,构造实现方式图可以让与系统有关的人员(包括项目经理、开发者以及质量保证人员等)了解系统中各个组件的位置以及它们之间的关系。概括地说,实现方式图有助于设计系统的整体架构。组件图和部署图可以描述应该如何根据系统硬、软件的各个组件间的关系来布置物理组件,其中,构造组件图可以描述软件的各个组件以及它们之间的关系,而构造部署图则可以描述硬件的各个组件以及它们之间的关系。本章将详细介绍组件图和部署图概念、应用和建模等相关知识。

10.1 构造实现方式图概述

实现方式图在 UML 建模的早期就可以进行构造，但直到系统使用类图完全建模之后，实现方式图才能完全构造出来。一般在完成系统的逻辑设计之后，接下来需要考虑的就是系统的物理实现。在这之前，还需要先来了解一下构造实现方式图的基本概念。

10.1.1 组件图概述

组件图描述了软件的各种组件（包括源代码文件、二进制文件、脚本和可执行文件）和它们之间的依赖关系，它们是通过功能或位置（文件）组织在一起的。

组件图中通常会包含组件（Component）、接口（Interface）和依赖关系（Dependency）3 种元素。除此之外，组件图中还可以包括包（Package）和子系统（Subsystem）。组件图中的每个组件都实现一些接口，并且会使用另一些接口。当组件间的依赖关系与接口有关时，可以用具有同样接口的其他组件代替。如下图所示是租赁图书管理系统中的组件图。

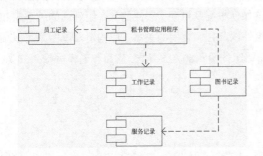

在上图中，镶嵌有两个小矩形的矩形方框是 UML 规范中的组件标识，带有箭头的虚线表示组件间的依赖关系。

组件图有很多用途，具体说明如下。

❑ 使系统人员和开发人员能够从整体上了解系统的所有物理组件。

❑ 组件图显示了被开发系统所包含的组件之间的依赖关系。

❑ 从宏观的角度上，组件图把软件看作多个

独立组件组装而成的集合，每个组件可以被实现相同接口的其他组件替换。

❑ 从软件架构的角度来描述一个系统的主要功能，如系统分成几个子系统。

❑ 可以清楚地看出系统的结构和功能，方便项目组的成员制定工作目标以及了解工作情况。

❑ 有助于对系统感兴趣的人了解某个功能单元位于软件包的什么位置。

组件图是系统实现视图的图形表示，一个组件图表示系统实现视图的一部分，系统中的所有组件结合起来才能表示出完整的系统实现视图。组件图中也可以包含注释、约束以及包或子系统。如果需要以图形化方式表示一个基于组件的实例，可以在组件图中添加一个实例。

10.1.2 部署图概述

部署图（Deployment Diagram）是描述任何基于计算机应用系统（特别是基于 Internet 和 Web 的分布式计算系统）的物理配置的有力工具。

部署图用于静态建模，它是表示运行时过程节点结构、组件实例及其对象结构的图。UML 部署图显示了基于计算机系统的物理体系结构，它可以描述计算机，展示它们之间的连接和驻留在每台机器中的软件，也可以帮助系统有关人员了解软件中各个组件驻留在什么硬件上，以及这些硬件之间的交互关系。下图为一个简单的部署图。

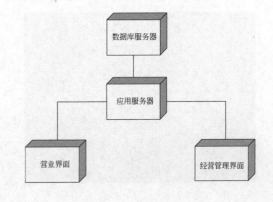

从上图中可以看出，部署图中只有两个主要的标记符：节点和与其相关的关联关系标记符。

1．部署图的组成元素

部署图的组成元素包括节点和节点间的连接，连接把多个节点关联在一起，从而构成了一个部署图。另外，部署图中还可以包含包、子系统和组件等。

2．部署图的作用

一个 UML 部署图描述了一个运行时的硬件节点，以及在这些节点上运行时的软件的静态视图。部署图显示了系统的硬件、安装在硬件上的软件和用于连接异构机器的中间件。创建一个部署模型图的目的如下。

- ❑ 描述系统投产的相关问题。
- ❑ 描述系统与生产环境中的其他系统间的依赖关系，这些系统可能已经存在，或者是将要引入的。
- ❑ 描述一个商业应用主要的部署结构。
- ❑ 设计一个嵌入式系统的硬件和软件结构。
- ❑ 描述一个组织的硬件/网络基础结构。

3．如何读取部署图

前面已经演示了关于部署图的简单示例，但是如果是比较复杂的部署图应该如何读取呢？如下为读取部署图的步骤（顺序）。

（1）首先看节点有哪些。

（2）查看节点的所有约束，从而理解节点的用途。

（3）查看节点之间的连接，理解节点之间的协作。

（4）看节点的内容，深入感兴趣的节点，了解需要部署什么。

10.1.3 组合组件图和部署图

通过组合组件图和部署图可以可视化地描述应在什么硬件上部署软件以及怎样部署，它可以得到一个完整的实现方式图。

建模软件组件在相应硬件上的部署有两种方式。其中一种形式是将硬件和安装在其上的软件组件用依赖关系连接起来，如下图所示。

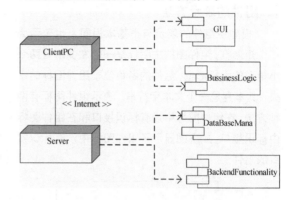

第二种形式是将软件组件直接绘制在代表其所安装的硬件的节点上，如下图所示。

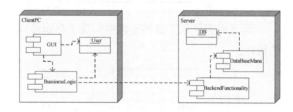

在上图添加了两个对象来演示它们驻留在什么地方，组件 GUI 和 BusinessLogic 都依赖于 User 对象，它们都驻留在客户端计算机上，客户端计算机通过 Internet 连接到服务器上。

UML 10.2 组件图

组件图（Component Diagram）也叫作构件图，表示一组构件及其相互间的关系，它可以看作是类图或复合结构图的扩展，也可以看作是类图或复合组合图的扩展。

10.2.1 组件

组件也叫构件，它表示系统中的一种模块。一个组件封装其内容，其承载文件在其环境中可以被替换。

组件是一种特殊设计的类，一个类所实现的一个接口称为该类的一个供口（Provided Interface），它表示该类向外部所提供的某种服务。如果一个类向某个接口请求某种服务，这个接口就称为该类的一个需口（Required Interface），它表示该类需要外部为其提供的服务。通过需口和供口的连接，可简化系统的依赖关系。

1．组件的表示方法

模型中组件的表示与类基本相同，也表示为一个矩形框。组件图的主图标是一个左侧附有两个小矩形的大矩形框，组件的名称位于组件图标的中央，其本身是一个文本字符串。表示组件图标有两种方法：在组件图标中没有标识接口和在组件图标中标识接口。如下图显示了组件图标中没有标识接口的组件。

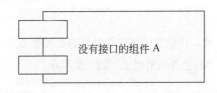

而下图则显示了组件图标中实现了标识接口的组件。

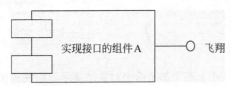

2．组件原型

组件原型向组件在体系结构中扮演的角色提供可视化表达，例如组件原型指定用来实现组件特征的制品类型。下面列举了一些具体的组件原型。

- ❑ **<<executable>>** 在过程机上运行的组件。
- ❑ **<<library>>** 运行时段可执行文件引用的一组源。
- ❑ **<<table>>** 可执行文件访问的数据库组件。
- ❑ **<<file>>** 一般表示数据和源代码。

- ❑ **<<document>>** 像 Web 页一样的文档。

3．组件的类型

组件可以分为 3 种类型：配置组件（Deployment Component）、工作产品组件（Work Product Component）和执行组件（Execution Component）。它们的具体说明如下所示。

1）配置组件

配置组件也叫实施组件，它是构成一个可执行系统必要的组件，也是生成可执行文件的数据基础，如操作系统、数据库管理系统和 Java 虚拟机等都属于配置组件。

2）工作产品组件

工作产品组件包括模型、源代码和用于创建配置组件的数据文件，这些组件并不直接参加可执行系统，而开发过程中的工作产品用于产生可执行系统。例如，UML 图、Java 类、JAR 文件以及数据库表等都是工作产品组件。

3）执行组件

执行组件是作为一个正在执行的系统的结果而被创建的，它是可运行的系统产生的结果。例如，COM++对象、.NET 组件、Enterprise Java Beans、Servlets、HTML 文档、XML 文档以及 CORBA 组件等都属于执行组件。

4．组件的特性

组件作为一种特殊的结构化类，具体类的特性有封装性、继承性和多态性。但是，组件更强调其重用性，而重用性取决于组件是如何定义、如何实现以及如何使用的。下面列举了组件的主要特性。

1）组件是基于接口定义的

定义一个组件的行为是要确定其供口和需口，供口确定了可以向外部提供什么服务，需口确定了它需要其他组件或环境所提供的服务。

2）组件的内部实现是自包含的

自包含的意思是"具备理解自身所需的全部信息，而不需要额外信息"。

3）组件的使用是可替换的

一个组件是系统中的一个可替换单位，替换应基于接口兼容性而提供同等功能。替换可能发生在设计时刻，也可能发生在运行时刻。具体来说，一个组件的供口应与连接的需口具有相同类型或子类型，而且该组件的所有需口都以相同规则连接到其他组件，该组件方可替换。

5．组件和类的区别

组件和类有许多共同点，但是它们在许多地方也不相同。下表列出了组件和类的异同点。

异同点		组　件	类
不同点	定义不同	物理抽象，可以位于节点上	逻辑抽象
	抽象级别不同	组件是对其他逻辑元素的物理实现	仅仅表示逻辑上的概念
	是否有属性和操作	通常只有操作，这些操作只能通过组件的接口才能使用	既可以包含属性，又可以包含操作
相同点		它们都可以包含名称	
		它们都可以实现一组接口	
		它们都可以参与依赖、关联和泛化关系	
		它们都可以被嵌套	
		它们都可以有实例	
		它们都可以参与交互	

10.2.2　接口

接口是一组用于描述类或组件的服务的操作，它是一个被命名的操作的集合。接口与类不同，它不描述任何结构（因此不包含任何属性），也不描述任何实现（因此不包含任何实现操作的方法）。

每一个接口都有一个唯一的名称，在组件图中也可以使用接口。通过使用接口，组件可以使用其他组件中定义的操作；而且使用命名的接口可以防止系统中的不同组件直接发生依赖关系，这有利于组件的更新。下图是一个包含接口的组件图的简单示例。

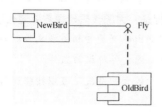

从上图中可以看出，组件图中接口的标识与类图中接口的标识是一样的，也是一个小圆圈。其中，用虚线箭头连接表示它们之间是依赖关系（Dependency）。另外，组件与其实现的接口之间还可以是实现关系。

1．接口的表示方法

接口有两种表示方法：一种是使用小圆圈代替接口，也叫棒糖型接口。用实线将接口和组件连接起来，在这种语境中实线代表实现关系。另外一种是类状的接口，该接口使用一个矩形来表示，矩形中包含了与接口有关的信息。如下图所示为接口的两种不同的表示方法。

2．接口的分类

组件中的接口可以分为两类：导入接口（Import Interface）和导出接口（Export Interface）。它们的具体说明如下。

- ❑ **导入接口**　在组件中所用到的其他组件所提供的接口，一个组件可以使用多个导入接口。
- ❑ **导出接口**　为其他组件提供服务的接口，一个组件可以有多个导出接口。

对于上上个图来说，图中的接口对组件 NewBird 来说是导出接口，对于组件 OldBird 来说是导入接口。导出接口是由提供操作的组件所提供的，而导入接口则用于供访问操作的组件使用。

3．接口的目的

接口的目的是希望将实现行为的具体类元的依赖从系统中分离出来。实例可以调用实现了需求接口的类元的实例，而不需要和实现类元有直接的关联。

实现接口的类元不需要具有和接口完全相同的结构，只向外部请求者提供相同的服务即可。另外，接口可以和其他接口之间存在关联，而且接口还可以和类元之间存在关联。

10.2.3　组件间的关系与组件嵌套

与类间的关系一样，组件间也存在着关系。关系是事物之间的联系，在面向对象的建模中，最重要的关系是依赖、泛化、关联和实现，但是组件图中使用最多的是依赖和实现关系。另外，组件间也允许进行多个嵌套。

1．组件间的关系

组件间的依赖关系不仅存在于组件和接口之间，而且存在于组件和组件之间。在组件图中，依赖关系代表了不同组件间存在的关系类型。组件间的依赖关系也用一个一端带有箭头的虚线表示，箭头从依赖的对象指向被依赖的对象。

组件间的实现关系是指组件向外提供的服务，接口的表示方法有两种，所以在组件图中实现关系的表达也有两种，直接使用实线的棒糖型接口，或者使用与类相似的接口，但是需要使用一条带空心三角形箭头的虚线表示。下图是一个简单的组件间的关系图，图中使用的符号是第一种类型——实线的棒糖型接口。

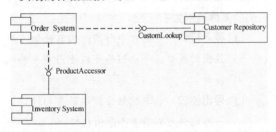

从上图中可以看出，Order 系统组件依赖于客户资源库和库存系统组件。

2．组件嵌套

一个组件也可以包含在其他的组件中，这可以通过在其他组件中建模组件来表示，从而实现组件嵌套的功能。虽然 UML 规范并没有限制嵌套组件的层次，但是为了模型的清晰易读，通常不应有过多的嵌套组件。如下图所示为一个包含嵌套组件的模型图。

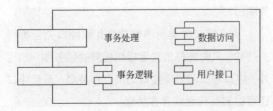

从上图中可以看出，组件嵌套模型图中的事务处理组件由 3 个独立的组件组成，即系统的 3 个层次，它们分别是数据访问、事务逻辑和用户接口。

10.2.4　组件图的建模应用

组件图用来反映代码的物理结构，从组件图中可以了解各软件组件的编译器和运行时的依赖关系，使用组件图可以将系统划分为内聚组件并显示代码自身的结构。

使用不同计算机语言开发的程序具有不同的源代码文件。例如，使用 C++语言时，程序的源代码位于.h 文件和.cpp 文件中；使用 Java 语言时，程序的源代码位于.java 文件中。通常情况下由开发环境跟踪文件间的关系，但是，有时候也有必要使用组件图为系统的文件间的关系建模。使用组件图建模的主要步骤如下。

（1）对系统中的组件建模。

（2）定义相关组件提供的接口。

（3）对它们间的关系建模。

（4）将逻辑设计映射成物理实现。

（5）对建模结果进行精化和细化。

组件图描述了软件的组成和具体结构，表示了系统的静态部分，能够帮助开发人员从总体上认识系统。通常情况下，组件图也被看作是基于系统组件的特殊的类图。使用组件图为系统的实现视图进行建模有 4 种方式：为源代码建模、为可执行程序建模、为数据库建模和为可适应的系统建模等。

1．为源代码建模

当前比较流行的面向对象编程语言（如 Java、C++和 C#等）使用集成化开发环境分割代码，并将源代码存储到文件中。使用组件图可以为这些文件的配置建模，并且可以设置配置管理系统。通过组件图可以清晰地表示出软件的所有源文件之间的关系，开发者能更好地理解各个源文件之间的依赖关系。但是，为源代码建模需要遵循以下原则。

❑ 识别出感兴趣的相关源文件的集合，并把每个源文件标识为组件。

❑ 对于较大的系统，可以按照逻辑功能将源文件划分为不同的包（文件夹）。

- 在建模时可以使用不同的标记值描述（约束）源文件的一些附加信息，如作者、创建日期和版本号等。
- 可以通过建模组件间的依赖关系来表示源文件之间的编译依赖关系。利用工具来生成并管理这些关系。

如下图所示是一个对系统建模的简单示例。

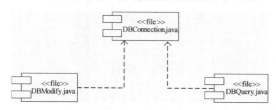

从上图中可以看出，组件图中包含了 3 个 Java 源文件，文件 DBModify.java 和 DBQuery.java 在访问数据库时需要使用 DBConnection.java 文件，因此在文件 DBModify.java、DBQuery.java 和 DBConnection.java 之间存在着依赖关系。如果 DBConnection.java 文件被更改，那么其他两个源文件都需要重新进行编译。

2．为可执行程序建模

通过组件图可以清晰地表示出各个可执行文件、链接库、数据库、帮助文件和资源文件等其他可运行的物理组件之间的关系，在对可执行程序的结构进行建模时，通常需要遵循一些原则。这些原则如下所述。

- 首先找出建模时的所有组件。
- 理解和区分每个组件的类型、接口和作用。
- 分析确定组件之间的关系。

如下图是一个为可执行程序建模的最基本示例。

3．为数据库建模

可以把数据库看作是模式在比特世界中的具体实现，实际上模式提供了对永久信息的应用程序编程接口，数据库模型表示这些信息在关系型数据库的表中或者在面向对象数据库中的存储。为数据库建模时主要有 3 个步骤，如下所述。

（1）识别出代表逻辑数据库模型的类。

（2）确定如何将这些类映射到表。

（3）将数据库中的表建模为带有 table 构造型的组件，为映射进行可视化建模。

如下图所示是一个为数据库建模的简单示例。

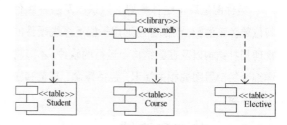

在上图所示的组件图中，组件 Course.mdb 代表 Access 数据库，而组件 Student、Course 和 Elective 则代表组成数据库 Course.mdb 的 3 张表。

4．为可适应的系统建模

某些系统是静态的，其组件进入现场参与执行后再离开。另外一些系统则是较为动态的，其中包括一些为了负载均衡和故障恢复而进行迁移的可移动的代理或组件。可以将组件图与一些对行为建模的 UML 图结合起来表示这类系统。

10.2.5　组件图的适用情况

组件图可以看作是类图和复合组合图的扩展，它专门描述组件的内部组成，以及组件之间的关系。如果一个组件图仅仅描述业务处理逻辑，那它就与类图、复合组合图没有多大区别了。组件图的适用情况如下所述。

- 组件作为主要建模元素，尽管可能有类，但是一般只是引用已定义的类。
- 关注组件的内部结构，即组件内的实现类元（类和接口）以及内部组件构成。
- 关注组件间的连接，而不关注组件作为类的特征（属性和操作）描述。
- 描述特定平台的组件结构，如 JavaBean、Applet、Servlets、COM+、.NET 组件与 EJB 等。

在组件设计中，大多数设计人员倾向于设计大并且全的组件，表现为供口多或大，导致一个组件的功能过于庞大。从全局来看大的组件往往不适合重用，具有良好重用性往往是功能单一、内聚性高的组件。

UML 10.3 部署图

组件图是表示组件类型的组织以及各种组件间依赖关系的图，而部署图则用于描述系统硬件的物理拓扑结构以及在此结构上运行的软件。本节将详细介绍部署图的相关知识，包括概念、规范和应用等内容。

10.3.1 节点和连接

节点代表一个运行时计算机系统中的硬件资源（物理元素），它一般都拥有内存，而且具有处理能力。例如，一台计算机、一个工作站或者其他设备都属于节点。通过检查对系统有用的硬件资源有助于确定节点。例如，可以考虑计算机所处的物理位置，以及在计算机无法处理时不得不使用的其他辅助设备等方面来考虑。

在 UML 规范中，节点的标记是一个立方体，UML 2.0 中正式把一个设备定义为一个执行工件的节点，有时还可以通过关键字 device 来指明节点类型，但是一般情况下不需要这样做。部署图包含 4 个节点，分别使用 4 个立方体来表示，立方体内部的文字表示节点的名称。

1．节点名称

使用节点时必须为每一个节点进行命名，每个节点都必须有一个能唯一标识自己并且区别于其他节点的名称。节点名称有两种表示方法：简单名称和路径名称。简单名称就是一个文本字符串；在简单名称前面加上节点所在包的名称并且使用双冒号进行分隔就构成了路径名。一般情况下，部署图中只显示节点的名称，但是也可以在节点标识中添加标记值或者表示节点细节的附加栏，如下图所示。

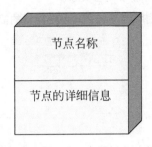

2．节点分类

UML 部署图中按照节点是否有处理能力把节点分为两种类型：处理器和设备。其具体说明如下。

- **处理器** 处理器是具有处理能力的节点，即能够执行组件，如服务器和工作站等都属于处理器。

- **设备** 设备是指不具有计算能力的节点，它们一般都是通过其接口为外部提供服务的，如打印机和扫描仪等都属于设备类型的节点。如果系统不考虑它们内部的芯片，就可以把它们看作设备。

3．节点的属性和操作

与类一样，相关人员也可以为节点指定属性和操作，例如，可以为一个节点提供处理器速度、内存容量和网卡数量等属性；也可以为其提供启动、关机等操作。但是，在大多数情况下，它们的用途并不大，使用约束来描述它们的硬件需求会更加实用。

4．节点实例

节点可以建模为某种硬件的通用形式，如 Web 服务器、路由器、扫描仪等，也可以通过修改节点的名称建模为某种硬件的特定实例。节点实例的名称下面带有下画线，它的后面是所属通用节点的名称，两者之间用冒号进行分隔，如下图所示。

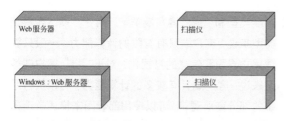

上图中，上面两个节点是通用的，而下面两个节点则是通用节点的实例。在节点实例图中，Windows 是 Web 服务器的实例名称，图中只有一个 Windows 名称，但是存在许多 Web 服务器；扫描仪节点没有具体的名称，因为它们对模型来说并不重要，通过在名称和冒号下面增加一条下画线就可以知道它们是没有指定名称的实例化节点。

5．节点和组件

节点中可以包含组件，这里的组件是指 10.2 节中介绍的组件图中的基本元素，它是系统中可替换的物理部件。节点与组件有许多相同之处，例如二者都有名称，都可以参与依赖、泛化和关联关系，都可以被嵌套，都可以有实例以及都可以参与交互等。

除了相同点外，它们也有不同之处，如下所述。

❏ 组件是参与系统执行的事务，而节点是执行组件的事务。换句话说，组件是被节点执行的事务。

❏ 组件表示逻辑元素的物理模块，而节点表示组件的物理部署。这表明了一个组件是逻辑单元（如类）的物理实现，而一个节点则是组件被部署的位置。

10.3.2　部署间的关系

部署图之间可以存在多个关系，如依赖、泛化、实现和关联等，在构造部署图时，可以描述实际的计算机和设备（Node）以及它们之间的连接关系，也可以描述部署和部署之间的依赖；其中最常见的关系是关联关系。部署图中的实线就表示节点之间的关联关系。在部署图中被称为"连接"，表示两个节点之间是物理连接。

部署图的关联关系用来表示两种节点（或硬件）通过某种方式彼此进行通信，通信方式使用与关联关系一起显示的固化类型来表示，如下图所示。

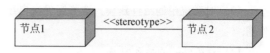

固化类型通常用来描述两种硬件之间的通信方法或者协议，如下图所示 Web 服务器通过 HTTP 与客户端计算机进行通信，客户端计算机通过 USB 协议与打印机进行通信。

10.3.3　部署图的适用情况及绘制

绘制部署图主要是为了描述系统中的各个物理组成部分的分布、提交和安装过程。在实际开发过程中，并不是每一个软件开发项目都必须绘制部署图。那么，部署图到底适用于哪些情况呢？首先来看哪些情况下不允许使用部署图。

❏ 如果软件制品的种类少、数量少、结构简单，只有一个文件或者少许几个文件，就不需要部署图来描述软件制品之间的关系。

❏ 如果运行环境比较简单，只需要在特定操作系统上执行，而且不需要网络支持，就不需要部署图来描述节点间的关系。

❏ 如果软件部署运行很简单，只需要把可执行软件复制到一台计算机的一个目录下就可启动运行，就不需要部署图来描述部署的相关内容。

> **注意**
>
> 制品也可以叫作工件，用于对各种文件建模。如制品可以包括模型文件、源文件、脚本文件、二进制可执行文件、HTML 文件、JSP 文件、ASP 文件、XML 文件、数据库表、可发布软件、Word 文档和电子邮件等。

如果需要绘制部署图或者需要使用部署图建

模，则可以按照下面的步骤进行绘制。

(1) 对系统中的节点建模。

(2) 对节点间的关系进行建模。

(3) 对系统中的组件建模，这些组件来自组件图。

(4) 对组件间的关系建模。

(5) 对建模的结果进行精化和细化。

10.3.4 部署图的建模应用

对系统静态部署图进行建模时，通常使用 3 种方式：为嵌入式系统建模、为客户/服务器系统建模和为完全的分布式系统建模。

1．为嵌入式系统建模

嵌入式系统控制设备的软件和由外部的输入所控制的软件。使用部署图为嵌入式系统建模时需要遵循以下规则。

❑ 找出对于系统来说必不可少的节点。

❑ 使用 UML 的扩充机制为系统定义必要的原型。

❑ 建模处理器和设备之间的关系。

❑ 精化和细化智能化设备的部署图。

下图是为嵌入式系统建模的一个示例。

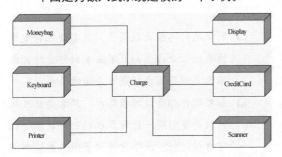

上图为一个收银台的部署图，在该模型图中，收银台由处理器 Charge 和设备 Moneybag、Display、Keyboard、CreditCard、Printer 和 Scanner 组成。

2．为客户/服务器系统建模

使用部署图为客户/服务器系统建模时需要考虑客户端和服务器端的网络连接以及系统的软件组件在节点上的分布情况。能够分布于多个处理器上的客户/服务器系统有几种类型，包括"瘦"客

户端类型和"胖"客户端类型。对于"瘦"客户端类型来说，客户端只有有限的计算能力，一般只管理用户界面和信息的可视化；对于"胖"客户端类型来说，客户端具有较多的计算能力，可以执行系统的部分商业逻辑。可以使用部署图来描述是选择"瘦"客户端类型，还是选择"胖"客户端类型，以及软件组件在客户端和服务器端的分布情况。

使用部署图为客户/服务器系统建模时需要遵循以下规则。

❑ 为系统的客户端处理器和服务器端处理器建模。

❑ 为系统中的关键设备建模。

❑ 使用 UML 扩充机制为处理器和设备提供可视化表示。

❑ 确定部署图中各元素之间的关系。

下图是为客户/服务器系统建模的示例。

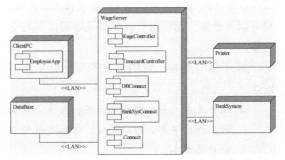

在上图中，数据库 DataBase 所在的节点与服务器 WageServer 连接，客户端计算机和打印机也通过局域网连接到服务器，服务器与系统外的银行系统通过 Internet 相连接。

3．为完全的分布式系统建模

完全的分布式系统分布于若干个分散的节点上，由于网络通信量的变化和网络故障等原因，系统是在动态变化着的，节点的数量和软件组件的分布可以不断变化。广泛意义上的分布式系统通常是由多级服务器构成的。可以使用部署图来描述分布式系统当前的拓扑结构和软件组件的分布情况。当为完全的分布式系统建模时，通常也将 Internet、LAN 等网络表示为一个节点。

下图为完全的分布式系统建模的示例。

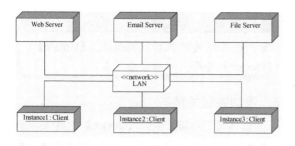

左图中包含 3 个客户端节点示例，即 Web 服务器、邮件服务器和文件服务器。客户端与服务器之间通过局域网连接起来。另外，局域网被表示为带有<<network>>原型的节点。

UML 10.4 绘制部署图

部署图用于描述运行软件的系统中硬件和软件的物理结构，一般用于展现物理部件之间的通信关系，建模的时候要找出系统中的节点以及节点之间的关联关系。

10.4.1 初识部署图

Rose 内置了部署图，无须创建，只需在"浏览器窗口"中双击【Deployment View】图标，即可打开部署图的"模型图窗口"。

在该窗口中，将显示部署图的一些常用工具。下表显示了部署图中的工具名称与说明。

图标	名　　称	说　　明
↖	Selection Tool	选择工具
ABC	Text Box	文本框
▭	Note	注释
╱	Anchor Note to Item	注释和元素的连线，虚线
▱	Processor	处理器
╱	Connection	连接（关联关系）
▱	Device	设备

10.4.2 添加元素

熟悉部署图中的各种工具之后，便可以使用这些工具来绘制部署图中的处理器和设备等组成元素了。

1．添加处理器

选择【工具箱】中的【Processor】工具▱，

拖动鼠标在绘制区域绘制即可。

右击处理器图标，执行【Open Specification...】命令，在弹出的对话框中可以设置处理器的名称、构造类型和补充说明。

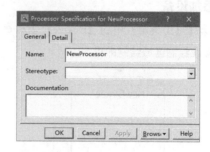

激活【Detail】选项卡，在该选项卡中可以设置处理器的特性和计划。

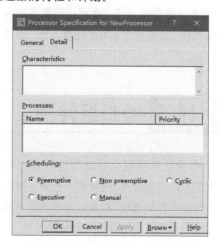

该选项卡中的【Characteristics】选项可以设置处理器的特性。处理器的特性是对处理器的物理描述，它包括处理器的速度和内存容量等信息。

而选项卡中的【Scheduling】选项组则用于设置处理器的计划，其每种选项的具体含义如下所述：

- **Preemptive** 表示高优先级的进程可以抢占低优先级的进程。
- **Non Preemptive** 表示进程没有优先级，只有当前进程执行完毕后，才可以执行下一个进程。
- **Cyclic** 表示进程是时间段轮转执行的，每个进程分配一定的时间段，当一个进程时间段执行完毕后，才将控制权传递给下一个进程。
- **Executive** 表示使用某种算法控制计划。
- **Manual** 表示进程由用户计划。

2. 添加设备

选择【工具箱】中的【Device】工具 ⬚，拖动鼠标在绘制区域绘制即可。

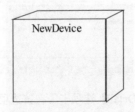

设备与处理器一样，也可以设置类型和特性等各种属性，其设置方法与处理器一样，在此不再详细介绍。

> **提示**
>
> 用户也可以通过执行【Tools】|【Create】|【Device】命令，添加设备对象。

3. 添加关联关系

选择【工具箱】中的【Device】工具 ╱，单击需要连接的节点，从源节点向目标节点拖动一条直线即可。

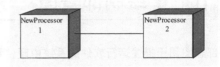

用户可以指定关联关系的类型，双击关联关系图标，在弹出的对话框中，在【Name】文本框中输入类型名称。

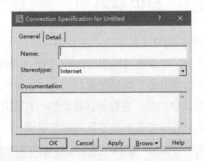

然后，激活【Detail】选项卡，在【Characteristics】列表框中输入关联关系的物理连接细节。

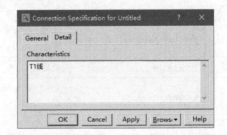

UML **10.5** 绘制组件图

组件图能够可视化物理组件及它们间的关系，并描述其构造细节。组件图一般用于面向对象系统的物理方面的建模，建模时需要找出系统中存在的组件、接口以及组件之间的依赖关系。

10.5.1 创建组件图

组件图与用例图一样，系统会默认一个已创建的组件图，用户只须展开"浏览器窗口"中的

【Component View】图标，选择其下的【Main】选项即可。

若要创建新的组件图，则可以在"浏览器窗口"中右击【Component View】图标，执行【New】|【Collaboration Diagram】命令，即可新建一个组件图。

创建组件图之后，在"浏览器窗口"中可以进行为组件图重命名或新增文件 URL 地址等一系列操作。

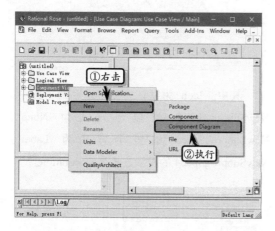

此时，在"浏览器窗口"中双击新创建的组件图图标，即可打开"模型图窗口"。在该窗口中，将显示组件图的一些常用工具。下表显示了组件图中的工具名称与说明。

图标	名　称	说　明
	Selection Tool	选择工具
ABC	Text Box	文本框
	Note	注释
	Anchor Note to Item	注释和元素的连线，虚线
	Component	组件
	Package	包
	Dependency	依赖关系
	Subprogram Specification	子程序规范
	Subprogram Body	子程序体
	Main Program	主程序
	Package Specification	包规范
	Package Body	包体
	Task Specification	任务规范
	Task Body	任务体

10.5.2　添加组件元素

创建组件图之后，便可以向组件图中添加组件、依赖关系、子程序规范等元素了。

1．添加组件

选择【工具箱】中的【Component】工具 ，在"模型图窗口"中的绘制区域内，单击鼠标即可。

绘制组件之后，还需要指定组件的类型、语言和声明等属性。其中，组件的类型表示组件所使用的表现图标，包括标准组件类型、子程序规范、子程序体、主程序、包体等类型。

右击组件图标，执行【Open Standard Specification...】命令，激活【General】选项卡，单击【Stereotype】下拉按钮，选择或输入所需要的组件类型。

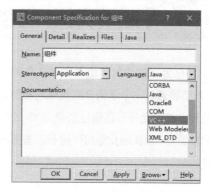

Rose 对各种组件分别指定了语言，包括 C++、COM、Java、ANSI C++等。在【General】选项卡中单击【Language】下拉按钮，在其下拉列表中选择相应的语言即可。

2．添加依赖关系

依赖关系是组件间唯一存在的关系，添加多个组件之后，便可以添加组件间的依赖关系了。

选择【工具箱】中的【Dependency】工具 ↗，从源组件向目标组件拖动鼠标即可。其中，源组件是指依赖于其他组件的组件，而目标组件则是某一组件所依赖的组件。

3．添加子程序规范

子程序规范是用于阐述关于"某组子程序集合"的标准化规范，选择【工具箱】中的【Subprogram Specification】工具 □，在"模型图窗口"中的绘制区域内单击鼠标即可。

右击子程序规范图标，执行【Stereotype Display】命令，在弹出的子菜单中选择显示方式。

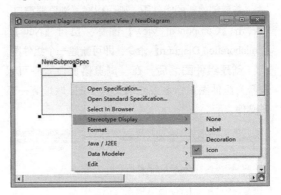

其中，Icon 为默认方式显示，而下图中的 NewSubprogSpec2 的 显 示 方 式 为 None，NewSubprogSpec3 的 显 示 方 式 为 Label，NewSubprogSpec4 的显示方式为 Decoration。

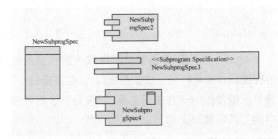

UML 10.6 建模实例：创建 BBS 论坛组件图和部署图

前面已经详细讲解了组件图和部署图的相关应用，本节将通过一个示例介绍组件图和部署图的创建流程。除此之外，还通过创建 BBS 论坛的组件图和部署图，来详细介绍组件图和部署图的使用和创建方法。

10.6.1 实现 BBS 论坛组件图

UML 中的组件图用来建模软件的组织及其相互之间的关系，这些图由组件标记符和组件之间的关系构成。在组件图中，组件是软件的单个组成部分，它可以是一个文件和产品，也可以是一个可执行的文件，还可以是脚本。

组件图描述了系统的配置信息，如下图所示为论坛系统的组件图。

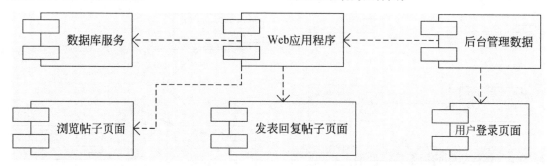

在上图中，论坛系统中的页面主要包括浏览帖子页面、发表回复帖子页面和用户登录页面。

如计算机和设备，以及它们之间是如何连接的。该图的使用者是系统开发人员、系统集成人员和测试人员。下图为论坛系统的部署图。

10.6.2　实现 BBS 论坛部署图

UML 中的部署图用来建模系统的物理部署，

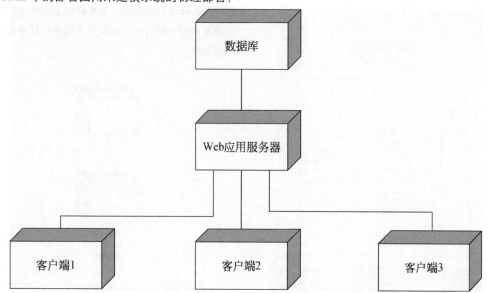

在上图中，数据库主要负责数据管理，论坛系统的应用服务器主要负责整个 Web 应用服务器。

另外，还有很多终端以系统的客户端来对网站进行访问。

10.7　新手训练营

练习 1：创建房产销售系统组件图
　downloads\10\新手训练营\房产销售系统组件图

提示：本练习中，将创建一个房产销售系统组件图。该组件图中包括房产信息、房产销售管理程序、房产经纪信息和售出信息等组件。

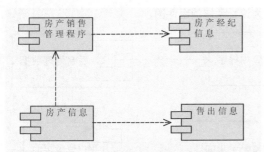

外还需要一个负责将用户的需求与酒店的供给进行匹配的"调度程序"子组件。

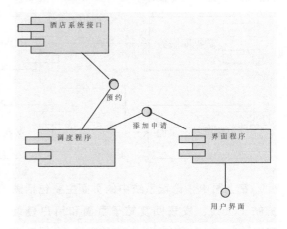

练习 2：创建排版转换工具组件图
downloads\10\新手训练营\排版转换工具组件图

提示：本练习中，将创建一个排版转换工具的组件图。在该组件图中，开发人员将采用 C++语言进行数字加工转换平台的开发，因此开发文件分为".h"和".cpp" 2 种类型的代码。其中，图中的非阴影构件为包规范，代表".h"代码；而图中的阴影构件为包体，代表".cpp"代码。

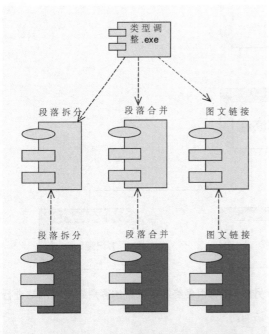

练习 4：创建图书管理系统部署图
downloads\10\新手训练营\图书管理系统部署图

提示：本练习中，将创建一个图书管理系统的部署图。在该部署图中，主要描述了软件是如何映射到将要执行的硬件中，用来显示系统中软件和硬件的物理架构。

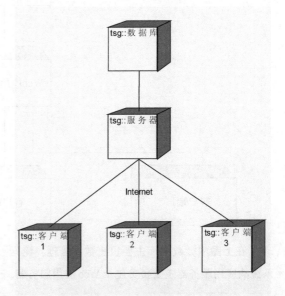

练习 3：创建酒店预订系统组件图
downloads\10\新手训练营\酒店预订系统组件图

提示：本练习中，将创建一个酒店预订系统的组件图。在该组件图中，一个组件用来实现用户界面，而另一个组件用来完成与酒店系统的连接和预订，另

练习 5：创建细缆以太网部署图
downloads\10\新手训练营\细缆以太网部署图

提示：本练习中，将创建一个细缆以太网的部署图。在该部署图中，计算机与网络电缆之间通过 T

型连接器（T-connector）连接。一个网段可以通过一个中继器（Repeater）加入到另一个网段中，而中继器是一种能够将接收的信号放大、整形后再转发出去的网络连接设备。

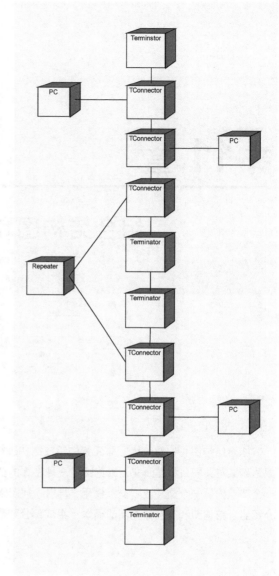

第 **11** 章

组合结构图和交互概览图

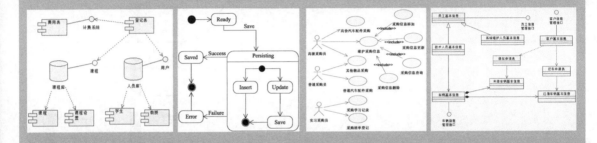

　　组合结构图可以对一组互联元素的组成结构进行建模，表示运行时的实例通过通信链接相互协作，以达到某些共同目标。而交互概览图是一种特殊的交互图，它使用活动图的元素来描述控制流，其中的一个节点则是一个交互或者交互使用，再用序列图来描述节点内部子活动或者动作的细节。本章将详细介绍组合结构图和交互概览图的概念、组成部分和表示方法等基础内容。

UML 11.1　组合结构图

组合结构图（Composite Structure Diagram）是 UML 2.0 中新增的最有价值的新视图，也称为组成结构图，它主要用于描述内部结构、端口和协作等。本节首先讨论为什么使用内部结构。

11.1.1　内部结构

在类图中可以使用关联和组件表示类之间的关系，而组合结构图提供了显示这些关系的替代方式。例如，下图描述了类图中的组合关系，通过组合关系显示数据表类型包含字段类型和记录。

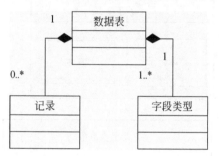

假设更新类图以反映记录到字段类型的一个引用，因为对于其他对象而言，向记录对象请求它所对应的字段类型对象会更方便。为了实现这种情况，首先需要在字段类型和记录类之间添加关联，添加关联后的类图效果如下图所示。

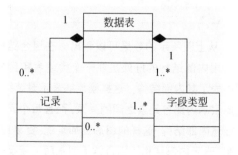

在第 1 个图中的组合关系中，显示的类图中存在一个问题，当指定一个记录类型的对象将有一个指向字段类型对象的引用时，它可能是任何一个字段类型对象，而不是同一个数据表实例所拥有的字段类型对象。这是因为在记录与字段类型对象之间的关联是为这些类型的所有实例而定义的。换言之，记录对字段类型和数据表之间的组合不敏感。所以，根据该图可以产生如下图所示的错误对象图。

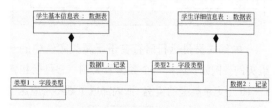

如上图所示的对象结构图中，一个数据表中的记录引用另一个数据表中的字段类型是完全错误的，而在该节中的第 1 个图所示的类图中则是合法的。用户真正的意图是一个数据表中的记录引用同一个表中的数据类型，如下图所示的对象结构图才是用户真正想要的。

造成这个问题的原因是类图不擅长表示包含在类中的对象间的关联，这也就是为什么使用组合结构图。如下图所示为使用组合结构图显示数据表类的内部结构，它直接将包含的类添加到对象内部，而不是通过实心菱形箭头表示。关联的多重性被添加到内部成员的右上角。

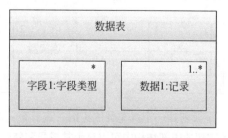

在组合结构图中，可以在类的成员之间添加

连接符，以显示成员之间的关系，如下图所示。在连接符上也可以添加多重性，其表示法与关联上的多重性相同。

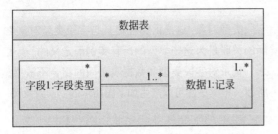

内部成员是运行时存在于所属类实例中的一组实例。例如，运行一个数据表实例，它可能包含 1～10 个记录类型的实例，而内部成员则不考虑这些

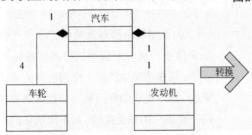

特性和成员之间的差异除了以虚线框与实线框表示外，其他各个方面都是相同的。特性和成员都可以使用连接符连接到其他特性或成员。

组合结构图对于显示类内部结构成员和特性之间的复杂关系非常重要。例如，一个汽车有 4 个轮子和连接车轮的 2 个车轴，其中左前车轮和右前车轮使用一个车轴（连接器），左后车轮和右后车轮使用一个车轴。如下图所示表示汽车、车轮和车轴的这种内部结构图。

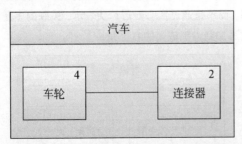

下面创建一个汽车类的实例：吉普车，此时在类实例的内部结构中可以显示其成员和特性，如下图所示。

细节，它们通过所扮演的角色来描述被包含对象的一般性方法，因此，这些记录类型的实例都是数据表实例中的一个成员。

连接符使成员之间的链接通信成为可能，即表示成员在运行时各成员实例能够通信。连接符可以是运行时实例之间的关联，或者是运行时所建立的动态链接，如参数的传递。

组合结构图除显示成员外，也可以显示特性。特性通过关联被引用，可以为系统里的其他类所共享。特性使用虚线框表示，而成员以实线外框表示。例如，下图所示的类图，其中一个汽车类关联到 4 个车轮类以及一个发动机类，右侧显示了组合结构图的表示方法，并将车轮作为汽车类的特性。

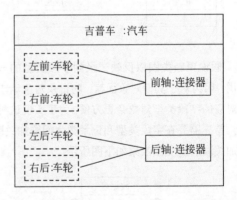

从上图所示的效果可以看出，在组合结构图中使用内部结构的好处是在一个类或者实例的方框中表示其内部结构，这样既能够表示封装结构，也能表示内部各元素之间的关系；而且每个元素又可描述内部结构，这样的图形更加直观、更易理解。其实，表示内部结构的组合结构图本质上就是一种特殊的类图或对象图，只是改变了表示方式而已。

11.1.2 端口

一般来说，类具有封装性，同时它需要与外

界进行交互，才能正常工作，而端口就表示了类的这种性质。端口（Port）是类的一种性质，用于确定该类与外部环境之间的一个交互点，也可以确定该类与其内部各组件之间的交互点。类的端口通过连接器连接到该类上，通过端口来调用该类的特征。一个端口可以确定该类向环境提供的服务，也可以确定一个类需要环境为其提供的某种服务。

端口与接口有些类似，一个端口可与多个接口关联，这些接口规范了通过该端口进行交互的本质。前面介绍过接口可以分为定义和实现，一个端口可同时具有定义和实现。端口的定义表示该类的外部环境通过端口向类发出的请求，即该类向外部环境提供的服务；端口的实现则表示了该类通过端口向外部环境发出的请求，即环境向该类提供的服务。

例如，下图给出了引擎类的两种用途，汽车类和轮船类都将引擎作为它的一个组成部分。汽车类将引擎的端口 p 通过车轴与两个后轮连接起来；而轮船类则把引擎的端口 p 通过驱动轴与螺旋桨连接。这样一来，只要引擎与外部的交互符合端口 p 的定义和实现，无论是用于汽车，还是用于轮船，都可以很好地工作。

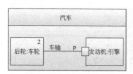 

端口的概念来自 TCP/IP，一个端口有一个编码，对应一种通信服务，如 21 端口提供 FTP 服务。同时，端口也与一些硬件设施有关。例如，一台计算机就拥有多种端口，例如输入端口，像鼠标端口和键盘端口；还有输出端口，像显示器端口等。计算机通过这些端口与外部设备进行数据传输。

而在 UML 中，一个端口确定了某个类对外部的一个交互点。端口的定义和实现规范了通过该端口进行的交互所必需的内容。如果一个类与其环境的所有交互都是通过端口进行的，那么该类的内部就与外部环境完全隔离。这样，该类可用于任何环境中，只要符合端口定义的约束即可。

> **注意**
>
> 在 Java 或者 C++ 的编程语言中并没有端口的概念，因此，模型中的端口不能映射到编程语言中。

11.1.3　协作

在一个系统中，一个类通常不是单独存在的，一般都需要与其他类结合，以实现特定功能。协作（Collaboration）描述了参与结合的多个元素（角色）的一种结构，它们各自完成特定的功能，并通过协作提供某些新功能。协作的本意是用来解释一个系统或者一种机制的工作原理，通常仅描述相关的侧面，而一些细节（像参与协作的实例的具体名称和标识等）都可以省略。

一个协作更像是一个特殊的类，它定义了一组协同操作的实例及其角色，通过一组连接器来定义参与协作的实例之间的通信路径。一种协作规范了一组类的某种视图，确定了对应的实例之间必需的链接，这些实例在协作中各自扮演不同的角色。协作也描述了这些实例的类所具有的特性。另外，一个类可同时存在于多个协作中。

在 UML 中使用一个虚线的椭圆来表示一个协作，如下图所示。

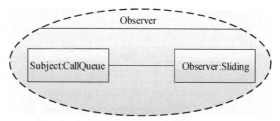

在椭圆的上部标明协作的名称，协作的内部结构由一组角色和一组连接器组成。例如，在上图中，协作名称为 Observer，其内部有两个角色 Subject 和 Observer，冒号后面是两个具体的类名。有时冒号和类名可以省略，用于表示一种抽象的设计模式——观察者（Observer）。该设计模式是指当 Subject 对象的状态发生某种改变时，或者 Subject 对象执行特定操作时，相关的 Observer 对象就应执行特定的操作。该模式主要用于协调多个对象之间状态和行为的一致性。

UML 11.2 交互概览图

顺序图、通信图和时序图主要关注特定交互的具体细节，而交互概览图则将各种不同的交互结合在一起，形成针对系统某种特定要点的交互整体图。交互概览图的外观与活动图类似，只是将活动图中的动作元素改为交互概览图的交互关系。如果概览图内的一个交互涉及时间，则使用时序图；如果概览图中的另一个交互可能需要关注消息次序，则可以使用顺序图。交互概览图将系统内单独的交互结合起来，并针对每个特定交互使用最合理的表示法，以显示出它们如何协同工作来实现系统的主要功能。

11.2.1 组成部分

交互概览图具有类似活动图的外观，因此也可以按活动图的方式来理解，唯一不同的是，使用交互代替了活动图中的动作。交互概览图中每个完整的交互都根据其自身的特点，以不同的交互图来表示，如下图所示。

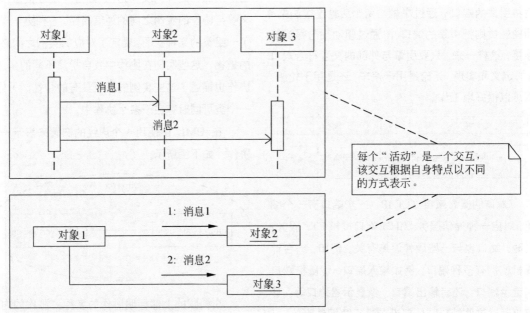

每个"活动"是一个交互，该交互根据自身特点以不同的方式表示。

交互概览图与活动图一样都是从初始节点开始，并以最终节点结束。在这两个节点之间的控制流通过两者之间的所有交互，并且交互之间不局限于简单顺序的活动，它可以有判断、并行动作，甚至循环，如下图所示。

在下图中，从初始节点开始，控制流执行第一个顺序图表示的交互，然后并行执行两个通信图表示的交互，最后合并控制流，并在判断节点处根据判断条件值执行不同的交互。当条件为真时，执行通信图表示的下一个交互，交互完成后结束；当条件为假时，执行下一个顺序图表示的交互，该交互在结束之前将循环执行 8 次。

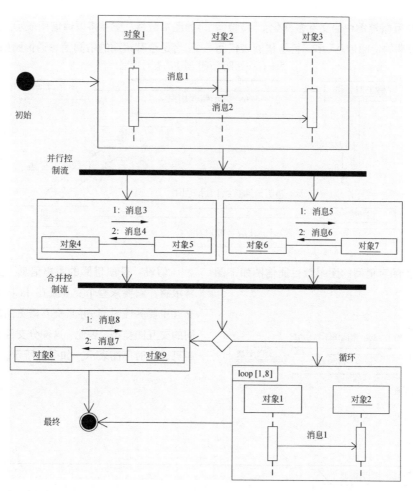

11.2.2　使用交互

以交互概览图为用例建模时，首先必须将用例分解成单独的交互，并确定最有效表示交互的图类型。例如，对"图书管理系统"中的借书用例的基本操作流程而言，它可以分为如下几个交互。

- 验证借阅者身份。
- 检验借阅者是否有超期的借阅信息。
- 获取借阅的图书信息。
- 检验借阅者借阅的图书数目。
- 记录借阅信息。

对于交互"验证借阅者身份"和"记录借阅信息"而言，消息的次序比任何其他因素都重要，因此对这些交互使用顺序图。此处可以重用建模顺序图中的相关步骤，其验证借阅者身份顺序图如下图所示。

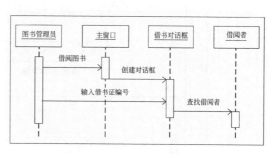

而记录借阅信息顺序图，则如下图所示。

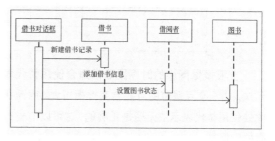

为了使交互概览图中的交互多样化,"检验借阅者是否有超期的借阅信息"和"检验借阅者借阅的图书数目"交互将以通信图表示,其中,检验借阅者是否有超期的借阅信息通信图如下图所示。

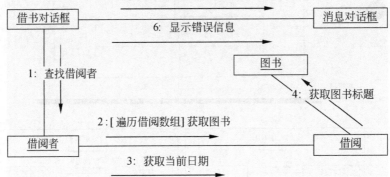

而检验借阅者借阅的图书数目通信图如下图所示。

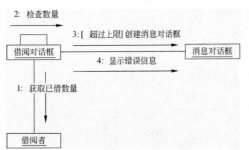

假设"获取借阅的图书信息"交互对时间非常敏感,它要求整个交互要在 1s 内完成。这部分交互主要关注时间,并且交互概览图能包含任何不同的交互图类型。因此,这部分交互在交互概览图中可以用时序图表示,如下图所示。

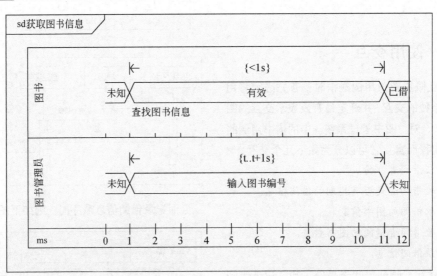

交互概览图中的时序图非常适合使用替代表示法。由于交互概览图可能会变得相当大,因而在此处使用替代表示法无疑是正确的,这可以节省有限的空间。

11.2.3　组合交互

在分析交互概览图中的各个交互后,下一步就是根据操作步骤,使用控制线将各个交互连接起来形成一幅图——交互概览图。对用例借阅图书的交互概览图描述如下图所示。

在下图中，通过控制流依次执行每个单独的交互，完成了对借阅图书用例的动态交互描述，并且针对各个交互的不同特点以不同的形式显示。通过交互概览图对顺序图、通信图和时序图的结合，可以显示更高级的整体图像。

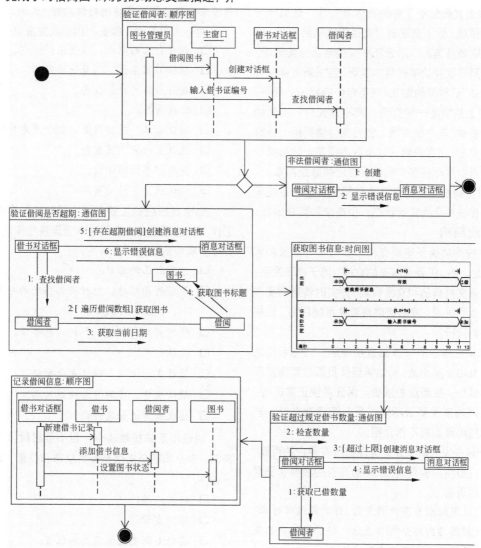

建模实例：创建网上购物系统用例图

网上购物已经成为当前社会的主流，网络购物系统也各有千秋，但这些不同都体现在细节方面，在整体的轮廓和流程上都是一样的。本节根据网上购物系统建立用例图，详细描述关于 UML 用例图的设计过程。

11.3.1　系统概述

网上购物系统通过网络实现了商品的交易，

采用的是 B/S 架构，商家和客户只需在网页进行操作即可完成交易。但系统是整个交易的枢纽，除了实现交易，还要确保交易安全、可靠，包括钱款的支付、发货和收货等。

网上交易免不了商品的信息管理，这属于一个大的模块。除了商家利用商品管理功能展示、修改或删除商品信息，后台还要提供商品分类管理、商家级别控制等功能的具体实现，包括新型商品种类的添加、旧种类的淘汰、对不合格商家的处理等。

网上购物是一种交易，离不开支付，支付的方式有多种，其中使用网上银行支付需要网上银行账户的参与。由客户确认订单后将指定金额转账给中介，再由中介在客户确认收货后转账给商家。

网上购物当中的商品交付需要快递，系统需要快递传递商品的实时状态，供商家和客户审查。

1．系统结构

系统的功能是完成交易，参与者有商家和客户。除此之外，还要有商家的仓库，用于存取商品；要有快递交付商品和交易金额，并实时传递商品当前的位置和时间；网站管理员管理系统后台，维护系统正常运行。

商家仓库没有与系统直接接触，它与系统之间的交互由商家完成。网站管理员负责监管商家和用户的操作，更新维护系统，保证系统正常运行。因不同网购系统要求不同，后台管理存在很大差异，这些内容本章不作介绍。

整体来说，系统分为呈现给所有用户的页面、呈现给注册用户的页面、呈现给商家的页面和呈现给快递的页面。

❑ 呈现给所有用户的页面，作为网站的形象，提供站内部分商品展示、特价促销商品展示及商品分类搜索等功能。

❑ 呈现给注册用户的页面，供注册用户使用。注册用户主要为商品交易的买家，需要挑选商品，支付、收货和评论。

❑ 呈现给商家的页面为注册商家服务，商家是系统的主要用户，借助系统完成日常工作。商家主要需要利用系统展示自己的商品，供买家选购。在接到订单及到款通知之后发货，并跟踪商品实时位置。

❑ 呈现给快递的页面只需要提供发货通知、实时更新商品状态、位置和收货通知即可。

2．系统功能

系统是为商家和客户服务，通过快递完成商品交易的，因此分别从客户、商家、快递和交易的角度来看系统需要实现的具体功能。

对于客户来说，需要利用系统完成以下内容。

❑ 拥有自己的账户，以便系统识别。
❑ 根据不同条件，浏览选择商品。
❑ 查看商品的详细信息。
❑ 收藏商品。
❑ 确认订单，包括商品、数量及发货地址。
❑ 选择支付方式及支付。
❑ 查看订单快递动向。
❑ 确认收货、评论商品。

商家是系统的主要用户，借助系统完成日常工作，系统通过商家登录进入管理系统实现交易，具体要实现的功能如下所述。

❑ 拥有自己的账户。
❑ 管理商品信息，包括商品信息的分类、添加、删除、修改等。
❑ 管理商品的促销、打折、包邮等。
❑ 接收订单。
❑ 接收支付方式，确认支付金额。
❑ 确认发货、实时查看快递动向。
❑ 接收到货通知及评论。

快递与系统接触较少，但不可忽视，主要为商家、中介和客户提供商品的状态和位置，具体操作如下。

❑ 接收订单。
❑ 确定发货。
❑ 实时更新商品的状态和位置。
❑ 确定收货或退货。

除此之外，系统需要提供给所有用户首页和搜索浏览页面，客户登录后可转到这些页面，即这些页面是所有用户共有的主页面。

除了系统使用者，系统关于信息的处理包括：商品信息管理、订单信息管理、支付信息管理和快递信息管理。

为确保交易安全进行，系统中有网上银行账户和支付中介存在，它们需要依靠系统实现如下功能。

- 查看快递（商品是否接收）动态。
- 确认金额交易条件。
- 指定金额的转入转出。

3．UML 建模步骤

UML 建模语言中有多种独立类型的图，包括用例图、类图、对象图、顺序图、通信图、状态图、活动图、组件图、部署图等，这些图针对不同的侧重点来描述系统，但实际建模中并不需要创建所有类型的图，而是根据系统开发的需要选取合适的图来辅助开发。

UML 建模针对系统开发过程中依次进行的分析、设计、实施几个阶段分为以下几个步骤。

1）分析阶段建模步骤

分析阶段建模包括下列步骤：

- **用例图**　根据需求、功能建模。
- **静态模型**　包括类图、对象图和包图，概括系统结构和交互。
- **交互图**　包括顺序图和通信图，初步分析对象的行为。
- **活动图**　针对控制流建模。

2）设计阶段建模步骤

设计阶段建模包括下列步骤：

- **状态图**　描述具体对象的状态变化。
- **组件图**　描述系统的所有物理组件及其关系。

3）实施阶段建模步骤

实施阶段的建模步骤只包括部署图，而部署图主要用于描述系统模块的分布式部署。

11.3.2　创建用例图

用例图描述用户希望如何使用一个系统，包括用户希望系统实现什么功能，以及用户需要为系统提供哪些信息。用例图保证系统开发过程中实现所有功能。

首先是对系统参与者的确认，由该系统结构和需求可知，参与系统的主要有商家、客户和快递，其中客户包括注册的和未注册的，快递包括邮政和其他快递。

接下来是用例的确认。用例图要确保系统开发过程中实现所有功能，因此确认的用例要包含参与者的所有操作。

1．确认用例

由系统需求可知，客户需求的操作有：注册、登录、搜索、浏览、收藏、确定商品、确认订单、选择支付方式并支付、查看快递动向、确认收货和评论商品。

商家需求的操作有：注册、登录、商品信息管理（商品信息的分类、添加、删除、修改、促销、打折、包邮等）、接收订单、接收支付方式、确认支付金额、确认发货、实时快递动向、接收到货通知和查看评论。

快递需求的操作有：确认发货、查看和更新商品状态和确认收货或退货。

另外，还要有中介作为参与者、账户作为用例存在。

网购系统的用例图如下图所示。

接下来总结用例间的关系。通过上图可以发现，一些用例属于同一个模块，可以合并；还有一些用例是可以删除的。

如确认发货用例、更新商品状态、查看商品状态和确认收货（退回）都属于快递，可以用一个模块来实现。

模块使用例图更简单清晰、便于理解，但合并的用例不需要丢弃，这些在后面的 UML 其他图形建模和系统的实现过程中是很重要的。能够包含的用例如下图所示。

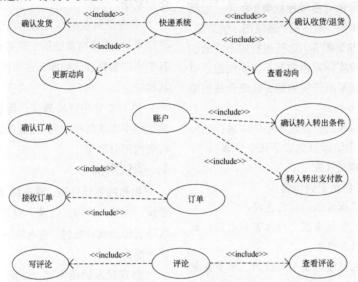

2．完成网购用例图

在用例关系确定后，查看最终的用例与参与者的关系。其中，商家、客户、快递和中介都需要操作快递系统；商家、客户和中介都需要操作账户；商家、客户和快递都需要使用订单；商家和客户都需要管理评论。

结合以上两个图，网购系统的用例图如下图所示。

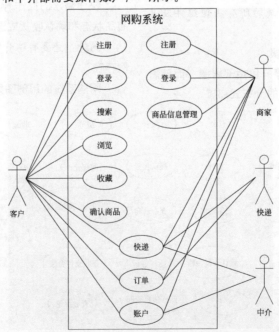

11.4 **新手训练营**

练习 1：登录处理用例图

downloads\11\新手训练营\登录处理用例图

提示：本练习中，将创建一个即时通信系统中的登录处理用例图。在该用例图中，将用户登录和管理员登录合并为登录处理用例。用户登录包括验证用户账号、显示好友信息、通知在线好友登录信息、添加本人登录信息、获取离线信息和删除已显示的离线信息用例；管理员登录用例包括验证管理员账号和显示监控记录两个用例。

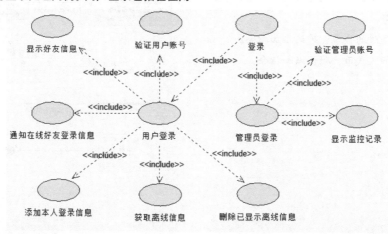

练习 2：创建即时通信用例图

downloads\11\新手训练营\即时通信用例图

提示：本练习中，将创建一个即时通信系统中的即时通信用例图。在该用例图中，包括 2 个参与者和 6 个用例角色，并运用关联关系创建它们之间的连接。

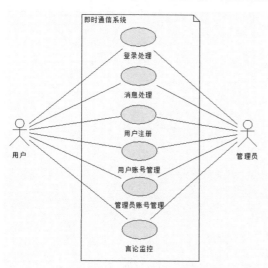

练习 3：创建自动存款状态转移状态机图

downloads\11\新手训练营\自动存款状态转移状态机图

提示：本练习中，将创建一个自动存款状态转移状态机图。在本系统中，创建状态图正常工作时的状态转移为：激活，在接收卡号后输出该账户的信息，在接到确定命令后打开数钱的区域接收人民币，接着读取并验证人民币，输出未通过验证的人民币，输出接收的人民币总额，接收确定命令，修改账户余额，终止。

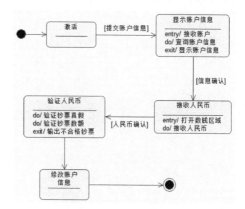

练习 4：创建无卡存款状态机图

⚙downloads\11\新手训练营\无卡存款状态机图

提示：本练习中，将创建一个无卡存款的状态机图。用户在存款过程中，有可能出现一些特殊状况。例如，输出账户信息之后，发现信息不对而需要重新输入卡号；有未通过的真币；需要继续添加人民币等。在上述状态下，需要在状态机图中显示 3 种额外的状态转移。

- ❑ 输出账户信息，接收账号重置命令，重新接收账号。
- ❑ 输出未通过的钱币，确认添加指令。
- ❑ 继续添加人民币，确认添加指令。

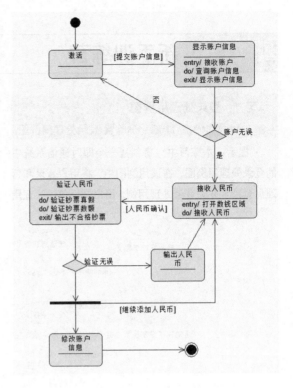

进阶篇

第 **12** 章

UML 与 RUP

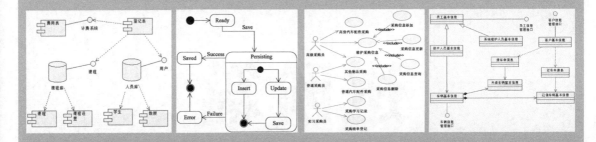

  软件开发过程是软件工程的要素之一。有效的软件开发过程可以提高软件开发团队的生产效率,并且能够提高软件质量、降低成本、减少开发风险。UML 是一种可应用于软件开发的非常优秀的建模语言,但是 UML 本身并没有告诉用户如何使用它。为了有效地使用 UML,需要有一种方法,当前最流行的使用方法是 RUP(Rational 统一过程)。RUP 是软件开发过程的一种,为能够有效使用 UML 提供指导。

12.1　RUP 概述

RUP（Rational Unified Process）也称 Rational 统一过程。统一过程是一个软件的开发过程，它将用户需求转化为软件系统所需的活动的集合。统一过程不仅仅是一个简单的过程，而且是一个通用的过程。但是，在了解 RUP 之前，还需要先了解一下软件开发的过程。

12.1.1　理解软件开发过程

软件开发过程是指应用于软件开发和维护中的阶段、方法、技术、实践和相关产物（计划、文档、模型、代码、测试用例和手册等）的集合。它是开发高质量软件所需完成的任务框架。软件工程是一种层次化的技术。下图为软件工程的层次结构图。

所有工程方法都以有组织的质量保证为基础，软件工程也不例外。软件工程的方法层在技术层面上描述了应如何有效地进行软件开发，包括进行需求分析、系统设计、编码、测试和维护。

软件工程的工具层为软件过程和方法提供了自动或者半自动的支持。软件开发过程为软件开发提供了一个框架，该框架包含如下内容。

❑ 适用于任何软件项目的框架活动。
❑ 不同任务的集合。每个集合都由工作任务、阶段里程碑、产品以及质量保证点组成，它们使得框架活动适应不同软件项目的特征和项目组的需求。
❑ 验证性的活动。例如，软件质量保证、软件配置管理、测试和评估，它们独立于任何一个框架活动，并贯穿于整个软件开发过程。

当前，软件的规模越来越大，复杂程度也越来越高，而且用户常常要求软件是具有交互性的、国际化的、界面友好的、具有高处理效率和高可靠性的，这都要求软件公司能够提供高质量的软件，并尽可能地提高软件的可重用性，以降低软件开发成本，提高软件开发效率。使用有效的软件开发过程可以为实现这些目标奠定基础。

当前比较流行的软件开发过程主要包括 RUP、OPEN Process、Object-Oriented Software Process（OOSP）和 Catalysis 等。

12.1.2　什么是 RUP

RUP 是一套软件工程方法，也是文档化的软件工程产品。所有 RUP 的实施细节及方法导引都以 Web 文档的方式集成在一张光盘上，由 Rational 公司开发、维护并销售，这是一套软件工程方法的框架，各个组织可以根据自身的实际情况和项目规模对 RUP 进行裁剪或者修改，以制订出合乎要求的软件工程过程。

1. RUP 的核心概念

RUP 中定义了一些核心概念，如下图所示。

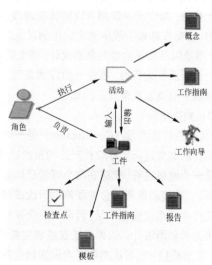

从上图中可以看出，RUP 的核心概念包括角色、活动和工件。它们的具体说明如下。

- **角色** 描述某个人或者一个小组的行为与职责。RUP 预先定义了很多角色。
- **活动** 是一个有明确目的的独立工作单元。
- **工件** 是活动生成、创建或修改的一段信息。

2．RUP 的开发过程

RUP 中的软件生命周期在时间上被分解为 4 个阶段，每个阶段结束于一个主要的里程碑（Major Milestones），而且每个阶段本质上是两个里程碑之间的时间跨度。在每个阶段的结尾执行一次评估，以确定这个阶段的目标是否已经完成。如果评估结果令人满意，则允许项目进入下一个阶段。

1）初始阶段

RUP 的初始阶段（Inception）用于确定要开发的系统，包括内容和业务，它是进行最初分析的阶段。在该阶段中，应当针对要设计的系统所能完成的工作与相关领域的专家以及最终用户进行讨论；应该确定并完善系统的业务需求，并建立系统的用例图模型。

2）筹划阶段

RUP 的筹划阶段（Elaboration）用于确定系统的功能，该阶段是进行详细设计的阶段。设计人员应从初始阶段建立的系统用例模型出发进行设计，以获得对构建系统的统一认识，然后把系统分割为若干子系统，每个子系统都可以被独立建模。在该阶段中，应把在初始阶段中确定的用例发展成为对域、子系统以及相关业务对象的设计。筹划阶段的工作是需要反复进行的，在这一阶段的最后，将会建立系统中的类以及类成员的模型。

3）构造阶段

RUP 的构造阶段（Construction）是一个根据系统设计的结果进行实际软件产品构建的过程，该过程是一个增量过程，代码在每个可管理的部分进行编写。在构建阶段可能会发现筹划阶段或者初始阶段工作中的错误或者不足，因而可能需要对系统进行再分析和再设计，以修正错误或者完善系统。总之，在该阶段中，可能需要多次返回到构建阶段

之前的阶段，尤其是筹划阶段，以进一步完善系统。

4）转换阶段

转换阶段（Transition）处理软件系统交付给用户的事务。该阶段的完成并非意味着软件生命周期的真正结束，因为在这之后，还需要对软件进行必要的维护和升级。

3．RUP 裁剪

RUP 是一个通用的过程模板，包含很多开发指南、制品、开发过程所涉及的角色说明，所以如果是具体的开发机构或项目，还可以使用 RUP 裁剪，即对 RUP 进行配置。RUP 就像一个元过程，通过对 RUP 进行裁剪，可以得到很多不同的开发过程。这些软件开发过程可以被看作 RUP 的具体实例。

RUP 裁剪可以分为以下几步。

（1）确定本项目需要哪些工作流。RUP 的 9 个核心工作流不是必需的，可以取舍。

（2）确定每个工作流需要哪些制品。

（3）确定 4 个阶段之间如何演进。确定阶段间演进要以风险控制为原则，决定每个阶段要哪些工作流，每个工作流执行到什么程度，制品有哪些，每个制品完成到什么程度。

（4）确定每个阶段内的迭代计划，规划 RUP 的 4 个阶段中每次迭代开发的内容。

（5）规划工作流的内部结构，它通常用活动图的形式给出。工作流涉及角色、活动及制品，其复杂程度与项目规模（即角色多少）有关。

12.1.3　RUP 的作用

RUP 是由发明 UML 的 3 位专家提出的，与其他软件开发过程相比，使用 RUP 可以更好地进行 UML 建模，而且 RUP 能够为软件开发团队提供指南、文档模板和工具，从而使软件开发团队能够最有效地利用从当前软件开发实践中获得的六大经验。

1．迭代式开发软件

迭代式开发允许需求在每次迭代过程中有变化，通过不断细化来加深对问题的理解。RUP 在生命周期的每个阶段都强调风险最高的问题，从而有效地降低了项目的风险系数。使用迭代方法开发

软件的好处如下：

□ 便于系统用户参与和反馈，从而能够有效地降低系统开发过程中的风险。

□ 在每次迭代过程结束时，都能生成一个可执行的系统版本，这能使开发团队始终将注意力放在软件产品上。

□ 迭代式开发软件有利于开发团队根据系统需求、设计的改变而方便地调整软件产品。

2．管理需求

确定系统的需求是一个连续的过程，开发人员在开发系统前不可能完全详细地说明一个系统的真正需求。RUP 描述了如何启发和组织系统所需要的功能和约束，以及如何为它们建档，如何跟踪建档，权衡与决策，并有利于表达商业需求和交流。

3．使用基于组件的架构

使用基于组件的架构技术能够设计出直观、适应变化、有利于系统重用的灵活的架构。RUP 支持基于组件的软件开发，提供了使用旧组件和新组件定义架构的系统方法。

4．可视化模型

RUP 往往和 UML 联系在一起，对软件系统建立可视化模型，帮助人们提高管理软件复杂性的能力。RUP 告诉人们如何可视化地对软件系统建模，获取有关体系结构与组件的结构和行为信息，有助于软件开发过程中不同层次、不同方面人的沟通，并能保证系统各部件与代码一致，维护设计与实现的一致性。

5．验证软件质量

软件性能和可靠性的低下是影响软件使用的最重要的因素，因此，应根据基于软件性能和软件可靠性的需求对软件质量进行评估。RUP 有助于进行软件质量评估，在 RUP 的每个活动中都存在软件质量评估，并可以让与系统有关的所有人员都参与进来，这样可以及早发现软件中的缺陷。

6．控制软件变更

迭代式开发中如果没有严格的控制和协调，整个软件开发过程很快就会陷入混乱，RUP 描述了如何控制、跟踪和监视软件修改，从而保证迭代开发成功；RUP 还可以指导人们如何通过控制所有对软件制品（如模型、代码、文档等）的修改，来为所有开发人员建立统一的工作空间。

12.1.4　RUP 的特点

RUP 的特点包括具有二维开发模型和迭代开发模型两个方面，其具体说明如下。

1．RUP 的二维开发模型

RUP 软件开发生命周期是一个二维的软件开发模型。横轴通过时间组织，是过程展开的生命周期特征，体现开发过程的动态结构，用来描述它的术语主要包括周期(Cycle)、阶段（Phase）、迭代（Iteration）和里程碑(Milestone)；纵轴是以内容组织为自然的逻辑活动，体现开发过程的静态结构，用来描述它的术语主要包括活动（Activity）、产物（Artifact）、工作者（Worker）和工作流（Workflow）。

2．RUP 的迭代开发模型

RUP 中的每个阶段可以进一步分解为多个迭代，一个迭代是一个完整的开发循环，产生一个可执行的产品版本，是最终产品的一个子集，它是增量式发展的，从一个迭代过程到另外一个迭代过程，再到最终系统。与传统的瀑布模型相比，其好处如下。

□ 降低了在一个增量上的开支风险。

□ 降低了产品无法按照既定进度进入市场的风险。

□ 加快了整个开发工作的进度。

□ 迭代式开发模型更容易适应需求的变化。

UML 12.2 RUP 的二维空间

从 RUP 的特点可以知道，RUP 软件开发生命周期是一个二维软件开发模型，并且它是沿着横轴和纵轴两个方向发展的。本节将详细介绍它的相关知识。

12.2.1 时间维

时间维是 RUP 的动态组织。RUP 将软件生命周期划分为初始阶段、筹划阶段、构造阶段和转换阶段。每个阶段的结果都是一个里程碑，都要达到特定的目标。下图为 RUP 的二维开发模型。

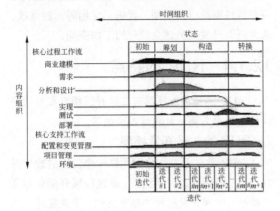

1. 初始阶段

RUP 初始阶段需要为软件系统建立商业模型，并确定系统的边界。为此，需要识别出所有与系统交互的外部实体，包括识别出所有用例、描述一些关键用例。除此之外，还需要在较高层次上定义这些交互。商业系统将包括系统验收标准、风险评估报告、所需资源计划和系统开发规划。

初始阶段的输出如下所述。

- 系统蓝图文档，包括对系统的核心需求、关键特性、主要约束等的纲领性描述。
- 初始的用例模型（占完整模型的 10%～20%）。
- 初始的项目词汇表。
- 初始的商业案例，包括商业环境、验收标准（如税收预测等）和金融预测。
- 初始的风险评估。
- 确定阶段和迭代的项目规划。
- 可选的商业模型。
- 若干个原型。

初始阶段结束之前，需要使用如下评估准则对初始阶段的成果进行认真评估，只有达到这些标准，初始阶段才算完成，否则就应修正项目，甚至取消项目。

- 风险承担人是否赞成项目的范围定义、成本/进度估计。
- 主要用例能够无歧义地表达系统需求。
- 成本/进度估计、优先级、风险和开发过程的可信度。
- 开发出的架构原型的深度和广度。
- 实际支出与计划支出的比较。

2. 筹划阶段

筹划阶段的主要任务是：分析问题域，建立合理的架构基础，制订项目规划，并消除项目中风险较高的因素。因此，应当很好地理解系统范围、主要功能需求和非功能需求。

筹划阶段的活动必须保证架构、需求和规划有足够的稳定性，充分降低风险，进而估计出系统的开发成本/进度。该阶段的输出如下。

- 用例模型（占完整模型的 80%以上），已识别出所有用例和角色，并完成了大多数用例的描述。
- 补充性需求，包括非功能性需求以及与特定用例无关的需求。
- 系统架构描述。
- 可执行的架构原型。
- 修正过的风险清单和商业案例。
- 整个项目的开发规划，包含了迭代过程和每次迭代的评价准则。
- 更新过的开发案例。
- 可选的用户手册（初步的）。

在筹划阶段结束之前，也需要使用包含如下问题的评价准则进行评价。

- 软件的前景是否稳定。
- 系统架构是否稳定。
- 当前的可执行版本是否强调了主要风险元素，并已有效解决。
- 构建阶段的规划是否足够详细和准确，并有可靠的基础。
- 如果根据当前的规划来开发整个系统，并使用当前的架构，是否所有的风险承担者都同意系统达到了当前的需求。

❑ 实际资源支出与计划支出是否都是可接受的。

3．构造阶段

构造阶段的主要工作是管理资源，控制运作，优化成本、进度和质量。在该阶段，组件和应用程序的其余性能被开发、测试，并被集成到系统中。

构造阶段的输出是可以交付给用户使用的软件产品，它应该包括如下几方面。

❑ 集成到适当平台上的软件产品。

❑ 用户手册。

❑ 对当前版本的描述。

❑ 在构造阶段结束以前，需要使用包含如下问题的评价准则进行评价。

❑ 当前的软件版本是否足够稳定和成熟，并可以发布给用户。

❑ 是否所有风险承担者都做好了将软件交付给用户的准备。

❑ 实际支出和计划支出的对比是否仍可被接受。

4．转换阶段

RUP 的转换阶段需要将软件产品交付给用户。将产品交付给用户后通常会产生一些新的要求，如开发新版本、修正某些问题和完成被推迟的功能部件等。转换阶段中，需要系统的一些可用子集达到一定的质量要求，并有用户文档，具体包括以下几方面。

❑ "beta 测试"确认新系统已达到用户的预期要求。

❑ 同时运行新、旧系统。

❑ 对运行的数据库进行转换。

❑ 训练系统用户和系统维护人员。

❑ 进行新产品展示。

❑ 评价 RUP 的转换阶段需要回答如下两个问题。

❑ 用户对系统是否满意。

❑ 开发系统的实际支出和计划支出的对比是否仍可被接受。

5．迭代

RUP 中的每个阶段都可以进一步细分为多个

迭代，每个迭代都是一个完整的开发循环，在每次迭代过程的末尾，都会生成系统的可执行版本，每个这样的版本都是最终版本的一个子集。系统开发增量式地向前推进，不断地迭代，直至完成最终的系统。

采用迭代的方法进行软件开发具有更灵活、风险更小的特点。通过不断地迭代，实现了软件的增量式开发。采用迭代方法开发的软件更易于根据用户需求的不断变化而做出调整，从而能够开发出充分满足用户需要的软件。

12.2.2　RUP 的静态结构

RUP 的静态结构是用工作人员、活动、产品和工作流等描述的。这些建模元素描述了什么人需要做什么，如何做，以及应该在什么时候做。

1．工作人员、活动和产品

在 RUP 中，工作人员是指个体或者工作团队的行为和责任。分配给工作人员的责任包括完成某项活动，以及负责一组产品。

某个工作人员的活动是承担这一角色的人必须完成的一组工作，活动通常用创建或者更新某些产品来表示，包括模型、类和规划等，诸如规划一个迭代、找出用例和角色、审查设计、执行性能测试等都是活动的例子。

产品是一个过程所生产、修改或者使用的一组信息，是工作人员参与活动时的输入和完成活动时的输出。产品的形式主要包括以下几种。

❑ 模型，如用例模型。

❑ 模型元素，如类、用例和子系统等。

❑ 文档，如软件架构文档。

❑ 源代码。

2．核心过程工作流

RUP 中的工作流是由活动构成的活动序列，包括 9 个核心工作流，其中有 6 个核心过程工作流（Core Process Workflows）和 3 个核心支持工作流（Core Supporting Workflows）。

1）商业建模

商业建模（Business Modeling）工作流程描述

了如何为新的目标组织开发模型，并以此为基础在商业用例模型和商业对象模型中定义组织的过程、角色和责任。它是为了确定系统功能和用户需要。在商业建模工作流中需要建立如下模型。

① 上下文模型。该模型描述了系统在整个环境中发挥的作用。

② 系统的高层需求模型，如用例模型。

③ 系统的核心术语表。

④ 域模型，如类图。

⑤ 商业过程模型，如活动图。

2）需求分析

需求（Requirement）工作流的目标是描述系统应该做什么，并使开发人员和用户就这一描述达成共识。为了达到这个目标，要对需要的功能和约束进行提取、组织、文档化；重要的是理解系统所要解决问题的定义和范围。该工作流的主要结果是软件需求说明（SRS）。

3）分析和设计

分析和设计（Analysis and Design）工作流将需求转化成未来系统的设计，为系统开发一个健壮的结构，并调整设计，使其与实现环境相匹配，优化其性能。分析设计工作的结果是一个设计模型和一个可选的分析模型。设计模型是源代码的抽象，由设计类和一些描述组成。设计类被组织成具有良好接口的包和子系统，而描述则体现了类的对象如何协同工作实现用例的功能。

4）实现

实现（Implementation）工作流的内容有 4 个，其具体说明如下。

❑ 用层次化的子系统形式描述程序的组织结构。

❑ 用组件的形式实现系统中的类和对象，如源文件、可执行文件、二进制文件等。

❑ 将系统以组件为单元进行测试。

❑ 将所有已开发的组件组装成可执行的系统。

5）测试

RUP 提出了迭代的方法，意味着在整个项目中进行测试（Test），从而尽可能早地发现缺陷，

从根本上降低修改缺陷的成本。测试类似于三维模型，分别从可靠性、功能性和系统性能来进行。而测试工作流的作用就是要验证对象间的交互，验证软件中所有组件的正确集成，检验所有的需求已被正确实现，识别并确认缺陷在软件部署前被提出并已处理。

6）部署

部署（Deployment）工作流的目的是成功地生成版本，将软件分发给最终用户。它描述了与确保软件产品对最终用户具有可用性相关的活动，包含软件打包、生成软件本身以外的产品、安装软件、为用户提供帮助。在某些情况下，还可能包含有计划地进行测试、移植现有的软件和数据以及正式验收。部署工作流的内容包括 3 部分，如下所示。

❑ 打包、发布、安装软件、升级旧系统。

❑ 培训用户及销售人员，并提供技术。

❑ 制定并实施测试。

> **注意**
>
> 虽然核心过程工作流看似瀑布模型中的几个阶段，但是在迭代过程中这些工作流是一次又一次地重复出现的，这些工作流在项目中被轮流执行，在不同的迭代中以不同的侧重点被重复。

3．核心支持工作流

核心支持工作流包括配置和变更管理、项目管理、环境 3 部分。

1）配置和变更管理

跟踪并维护系统所有产品的完整性和一致性。配置和变更管理（Configuration and Change Management）工作流描绘了如何在多个成员组成的项目中控制大量的产品，同时提供准则来管理演化系统中的多个变体，跟踪软件创建过程中的版本。该工作流描述了如何管理并行开发、分布式开发，如何自动化创建工程，同时也阐述了对产品修改的原因、时间、相关人员的审计记录。

2）项目管理

项目管理（Project Management）工作流为计划、执行和监控软件开发项目提供可行性的指导；

为风险管理提供框架。软件项目管理平衡各种可能产生冲突的目标，管理风险，克服各种约束并成功交付使用户满意的产品。其目标包括以下两个方面。

- ❏ 为项目的管理提供框架。
- ❏ 为计划、人员配备、执行和监控项目提供实用的准则。

3）环境

环境（Environment）工作流为组织提供过程管理和工具的支持，其目的是向软件开发组织提供软件开发环境。环境工作流集中于配置项目过程中所需的活动，同样也支持开发项目规范的活动，提供了逐步的指导手册，并介绍了如何在组织中实现过程。

UML 12.3　核心工作流程

到目前为止，用户已经对 RUP 中的概念、作用和工作流有了概括性的了解。那么，现在还需要结合工作人员、产品和工作流这 3 个建模元素对 RUP 中的常用核心过程工作流（如需求获取工作流、分析工作流、设计工作流、实现工作流和测试工作流）进行了解。

12.3.1　需求获取工作流

系统的用户对其所用系统在功能、性能、行为和设计约束等方面的要求就是软件的需求。需求获取就是通过对系统问题域的分析和理解而确定系统所涉及的信息、功能和系统行为，进而将系统用户的需求精确化、完全化。进行需求获取的任务主要在 RUP 的初始阶段和筹划阶段完成。

1．工作人员

需求分析阶段工作人员主要包括 4 种：系统分析师（System Analyst）、用例描述人员（Use Case Specifier）、GUI 设计人员（GUI Designer）和架构工程师（Architect）。它们的具体说明如下。

- ❏ **系统分析师**　系统分析师是该工作流程中的领导者和协调者，主要负责确定系统的边界，确定系统的参与者和用例。系统分析师在该工作流程中负责的产品是系统的用例模型、参与者和术语表。系统分析师在该阶段的工作是宏观的，虽然系统的用例模型和参与者是由系统分析师确定的，但是具体的用例是由专门的用例描述人员完成的。
- ❏ **用例描述人员**　要能够开发出充分满足用户需要的软件，就必须准确而充分地确定系统需求。这项任务通常需要系统分析师协同其他相关人员共同完成，他们一起对若干用例进行详细描述，这些人员被称为用例描述人员。
- ❏ **GUI 设计人员**　GUI 设计人员负责设计系统与用户进行交互时的可视化界面。
- ❏ **架构工程师**（Architect）　架构工程师同样有必要参与需求获取工作流，因为这有助于描述用例模型的架构视图。

2．产品

在 RUP 的需求获取工作流中，主要的 UML 产品如下所示。

- ❏ **用例模型**（Use Case Model）　用例模型主要包括系统的参与者、用例以及用例间的关系。用例模型的构造有助于软件开发人员和系统用户之间的有效沟通，从而有利于充分而准确地确定用户需求。
- ❏ **参与者**（Actor）　参与者代表了系统为之服务或者与之交互的对象。
- ❏ **用例**（Use Case）　用例描述了系统所能提供的功能。一个功能可以用一个用例表示，整个用例模型就描述了系统所能提供的完整功能。用例可以认为是一个类元，它具有属性和操作；用例可以用序列图和协作图进行详细描述。
- ❏ **架构描述**　系统架构描述了系统提供的关键功能的用例。

❑ **术语表** 每个领域都具有描述和表达该领域的独特术语，在需求获取工作流中需要理解和获取这些术语。术语表包括了主要的业务术语及其定义，这有利于所有开发人员都使用统一的概念描述和表达系统，以便消除由于不同开发人员使用不同概念描述和表达同一事务所造成的不便，甚至错误。

❑ **GUI 原型** 在需求获取工作流中，GUI 原型可以在系统用户的参与下确定，这样有助于设计出更好的用户界面。

3. 工作流

需求获取工作流主要包含 5 个活动，它们的详细说明如下。

1）确定参与者和用例

确定参与者和用例的内容包括以下 3 个方面。

❑ 确定系统的边界。

❑ 描述将有哪些参与者会与系统进行交互，以及他们需要系统提供哪些功能。

❑ 获取并定义术语表中的公用术语。

确定参与者和用例的过程包括 4 个并发进行的步骤：确定参与者、确定用例、简要描述每个用例、构造用例模型。下图为确定参与者和用例的工作流程。

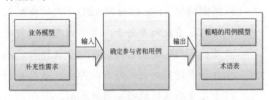

2）区分用例优先级

区分用例优先级就是确定用例模型中用例开发的先后次序，有些用例需要在早期的迭代中进行开发，而有些用例则应在后期的迭代中进行开发。区分用例优先级的活动如下图所示。

3）详细描述用例

详细描述用例主要是详细描述事件流。该活动包括建立用例说明、确定用例说明中包括的内容、对用例说明进行详细化描述 3 个步骤。详细描述用例的活动如下图所示。

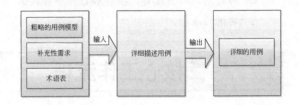

4）构造 GUI 原型

设计系统的用户界面是构造好用例模型之后需要做的工作。该活动由逻辑用户界面设计、实际用户界面设计和构造原型组成。下图为构造 GUI 原型图。

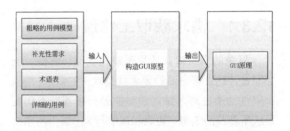

5）构造用例模型

构造用例模型的活动主要包括以下 3 部分。

❑ 确定可共享的功能性说明。

❑ 确定补充性或者可选性功能说明。

❑ 确定用例间的其他关系。

进行该活动是为了抽取通用的用例功能说明，这些用例功能说明可以用来描述更详细的用例功能，以及抽取可以扩展具体用例说明的补充性或者可选性用例功能说明。该活动如下图所示。

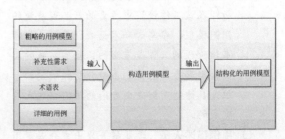

12.3.2 分析工作流

分析工作流的主要工作是从初始阶段的末尾开始进行的，但是大部分工作是在筹划阶段进行的。通常情况下，在对系统进行需求获取的同时，也需要进行分析。

1．工作人员

分析工作流阶段的工作人员包括 3 类：架构工程师、用例工程师和组件工程师，其具体说明如下。

- ❑ **架构工程师** 架构工程师在该过程中负责"分析模型"和"架构描述"两个 UML 产品，但是不需要对分析模型中各种产品的持续开发和维护负责。

- ❑ **用例工程师** 用例工程师的任务是完成若干用例的分析和设计，使这些用例实现相应的需求。

- ❑ **组件工程师** 在分析工作流中，组件工程师的任务是定义并维护若干个分析类，使它们都能实现相应用例的需求，并维护若干个包的完整性。

2．产品

在 RUP 的工作流中，UML 产品包括分析模型、分析类、用例实现的分析视图、分析包、架构模型等，其具体情况如下所述。

- ❑ **分析模型** 该产品是由代表分析模型顶层包的分析系统表示的。

- ❑ **分析类** 分析类是对系统问题域所做的抽象，对应现实世界业务领域中的相关概念，对现实世界来说，分析类所做的抽象应是清晰而无歧义的。

- ❑ **用例实现的分析视图** 用例实现是由一组类组成的，这些类实现了相应用例中描述的功能。分析类图是用例实现的关键部分，类图中类的实例可以协同实现若干用例所描述的功能。

- ❑ **分析包** 分析包用于对分析模型中的 UML 产品进行组织。分析包中可以包含用例、分析类、用例实现和其他分析包。

- ❑ **架构模型** 架构模型包含分析模型的架构视图。

3．工作流

分析工作流主要包含 4 个活动，它们的详细说明如下。

1）架构分析

进行架构分析的目的是通过粗略的分析包、粗略的分析类和公用的需求粗略地勾画出系统的分析模型和架构。下图所示为架构分析图。

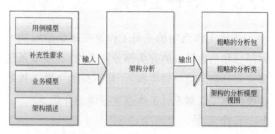

2）分析用例

分析用例活动中要做的工作包括：确定粗略的分析类；将用例的功能封装到特定的分析类中；获取用例实现中的特定需求，如下图所示。

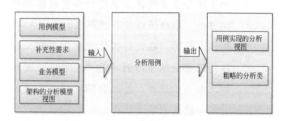

3）分析类

该活动的内容包括：根据分析类在用例实现中的角色确定分析类的职责；确定分析类的属性和参与的关系；获取对应于分析类实现的特定需求，如下图所示。

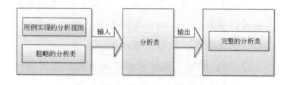

4）分析包

进行分析包活动的目的是尽可能保证该分析包的独立性，使该分析包能够实现一定领域内用例的功能等，如下图所示。

> **提示**
>
> 在分析工作流的分析包活动中，通常需要定义该包与其他包的依赖关系，其目的是使该包包含合适的类。

12.3.3 设计工作流

设计工作流中的主要工作是在筹划阶段的末尾部分和构建阶段的开头部分完成的。在获取系统需求和分析活动比较完善后，接下来的主要工作就是设计。下面对设计工作流进行详细介绍。

1．工作人员

设计工作流中的工作人员包括 3 类：架构工程师、用例工程师和组件工程师，其具体说明如下所述。

- □ **架构工程师** 在该工作流中，架构工程师的主要任务是确保系统设计和实现模型的完整性、准确性以及易理解性。
- □ **用例工程师** 在设计工作流中，用例工程师的任务是确保用例实现（设计）的图形和文本易于理解，并且准确地描述系统的特定功能。
- □ **组件工程师** 组件工程师的任务是定义和维护设计类的属性、操作、方法、关系以及实现性需求，确保每个设计的类都实现特定的需求。

2．产品

在 RUP 的设计工作流中，UML 的产品主要包括设计模型、设计类、用例实现、设计子系统、接口、部署图等，其具体情况如下所述。

- □ **设计模型** 设计模型是用于描述用例实现的对象模型，由设计系统表示。
- □ **设计类** 设计类是对系统问题域和解域的抽象，是已完成规格说明并能被实现的类。架构设计师应当在设计工作流中确定类具

有的属性，并将分析类中相应的操作转化为方法。

- □ **用例实现** 该产品是实现用例的对象和设计类在设计模型内的协作，描述了特定用例的实现和执行情况。
- □ **设计子系统** 设计子系统可将设计模型中的产品组织成易于管理的功能块。设计子系统中的元素可以是设计类、用例实现、接口和其他子系统。
- □ **接口** 接口用于描述设计类和子系统提供的操作。
- □ **部署图** 在设计工作流中将生成初步的部署图，以描述软件系统在物理节点上的部署情况。

3．工作流

设计工作流主要包含架构设计、设计用例、设计类和设计一个子系统 4 个活动，其具体情况如下所述。

1）架构设计

在架构设计活动中需要识别节点及其网络配置、子系统及其接口，以及重要设计类，进而构造设计和实现模型及其架构，如下图所示。

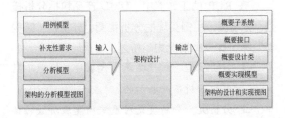

2）设计用例

在设计用例活动中需要识别设计类或者子系统；把用例的行为分配到有交互作用的设计对象或者所参与的子系统；定义对设计对象或者子系统及其接口的操作需求；为用例获取实现性需求，如下图所示。

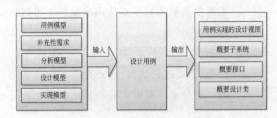

3）设计类

设计类活动的内容包含以下 3 个方面。

❑ 操作、属性、所参与的关系。

❑ 实现操作的方法、强制状态、对任何通用设计机制的依赖与实现相关的需求。

❑ 需要提供的任何接口的正确实现。

设计类活动能够实现其在用例实现中以及非功能性需求中所要求的角色，如下图为该活动图。

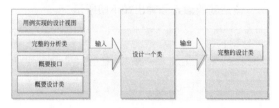

4）设计一个子系统

设计一个子系统的目的包括 3 个，它们分别如下所述。

❑ 保证该子系统尽可能独立于其他子系统或者它们的接口。

❑ 保证该子系统提供正确的接口。

❑ 保证该子系统提供其接口定义操作的正确实现。

下图为设计子系统的活动图。

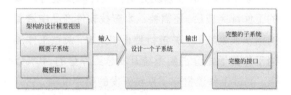

12.3.4　实现工作流

实现工作流是 RUP 中构造阶段的重点，它是把系统的设计模型转换成可执行代码的过程，可以认为实现工作流的重点就是完成系统的可执行代码。系统的实现模型只是实现工作流的副产品，系统开发人员应当把重点放在开发系统的代码上。

1．工作人员

RUP 的实现工作流中，工作人员包括架构设计师、组件工程师和系统集成人员，其具体说明如下所述。

❑ **架构设计师**　在实现工作流中，架构设计

师主要负责确保实现模型的完整性、正确性和易理解性。架构设计师必须对系统实现模型架构以及对可执行体与节点间的映射进行负责，但实现模型中各种产品的继续开发和维护不属于他的职责范围。

❑ **组件工程师**　组件工程师的任务是定义和维护若干组件的源代码，保证系统中的每个组件都能正确实现其功能。除此之外，组件工程师还应确保实现子系统的正确性。

❑ **系统集成人员**　系统集成人员主要负责规划在每次迭代中所需的构造序列，并在实现每个构造后对其进行集成。

2．产品

RUP 的实现工作流中，UML 的主要产品包括实现模型、组件等内容，其具体情况如下所述。

1）实现模型

该产品是一个包含组件和接口实现的子系统的层次结构，用于描述如何使用源代码文件、可执行体等组件来实现设计模型中的元素，以及组件的组织情况和组件间的依赖关系。

2）组件

组件也就是系统中可替换的物理部件，它封装了系统实现并且遵循和提供若干接口实现。也可以说，实现模型中的组件依赖于设计模型中的某个类。常用的组件包括以下几种。

❑ **<<EXE>>**　代表一个可以在节点上运行的程序。

❑ **<<Database>>**　代表一个数据库。

❑ **<<Application>>**　代表一个应用程序。

❑ **<<Document>>**　代表一个文档。

3）实现子系统

该产品可以把实现模型的产品组织成更易于管理的功能块。一个子系统可以包含组件或者接口，也可以实现和提供接口。

4）接口

实现工作流必须能够实现接口定义的全部操作，提供接口的子系统也必须包含提供该接口的组件。

5）架构的实现模型

该产品描述了对架构来说比较重要的产品，

例如，实现模型的子系统、子系统接口以及它们之间依赖关系的分解和关键的组件。

6）集成构造计划

在增量的构造方式中，每步增量中需要解决的集成问题并不多，增量的结果被称为构造，它是系统的一个可执行版本，包括部分或者全部系统功能。

3. 工作流

实现工作流主要包含 5 个活动，其具体说明如下所述。

1）架构实现

架构实现的过程主要包括：识别架构中的关键组件，如可执行组件；在相关的网络配置中将组件映射到节点上。该活动的输入和输出如下图所示。

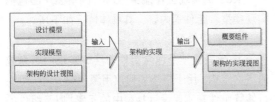

2）系统集成

系统集成的过程主要包括：创建集成构造计划，描述迭代中所需的构造和对每个构造的需求；在集成测试前集成每个构造。该活动的输入和输出如下图所示。

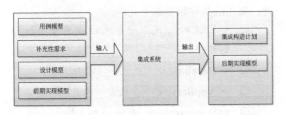

3）实现一个子系统

实现一个子系统是为了保证一个子系统扮演它在每个构造中的角色。该活动的输入和输出如下图所示。

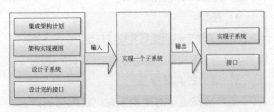

4）实现一个类

进行该活动可以在一个文件组件中实现一个设计类，其过程包括的主要内容如下。

- 描绘出包含源代码的文件组件。
- 从设计类及其所参与的关系中生成源代码。
- 实现设计类的操作。
- 保证组件提供与设计类相同的接口。

该活动的输入和输出如下图所示。

5）执行单元测试

该活动的目的是把已实现的组件作为个体单元进行测试，其主要输入和输出如下图所示。

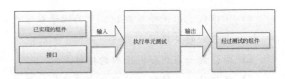

12.3.5 测试工作流

获取系统需求以及分析、设计和实现等阶段的工作都完成后，还需要认真查找软件产品中潜藏的错误或者缺陷，并进行更正和完善。测试工作流的工作量通常会占到系统开发总工作量的 40%以上。测试工作流贯穿于系统开发的整个过程，它开始于 RUP 的初始阶段，并且是筹划阶段和构建阶段的重点。

1. 工作人员

RUP 测试工作流期间，工作人员主要包括 3 类：测试设计人员、组件工程师和系统测试人员，其具体说明如下所述。

- **测试设计人员** 该类人员进行的工作主要包括：决定测试的目标和测试进度；选择测试用例和相应的测试规则；对完成测试后的集成及系统测试进行评估。
- **组件工程师** 该类人员的任务是测试软件，以及自动执行一些测试规程。

❏ **系统测试人员**　系统测试人员直接参与系统的测试工作，对作为完整迭代结构的构造进行系统测试。

2．产品

RUP 测试工作流中，UML 主要产品包括测试模型、测试用例、测试规程、测试组件、测试计划、缺陷和评估测试等，其具体情况如下所述。

❏ **测试模型**　该产品是测试用例、测试规格和测试组件的集合。测试模型主要描述如何通过集成测试和系统测试对实现模型中的可执行组件进行测试。测试模型也可以管理将要在测试中使用的测试用例、测试规格和测试组件。

❏ **测试用例**　该产品详细描述了使用输入或者结构测试什么，以及能够进行测试的条件。

❏ **测试规程**　测试规程描述了应如何执行一个或者多个测试用例。可以使用测试规则对测试用例进行说明，也可使用同样的测试规则说明不同的测试用例。

❏ **测试组件**　该产品自动执行一个或者多个测试规程，通常由脚本语言或者编程语言开发。

❏ **测试计划**　测试计划对测试策略、所用资源和测试进度进行了详细规定。

❏ **缺陷**　进行软件测试就是为了在软件交付使用前找出并更正系统存在的缺陷。

❏ **评估测试**　评估测试是对系统测试工作所做的评估。

3．工作流

RUP 的测试工作流主要包含制定测试计划、测试设计、实现测试、进行集成测试、进行系统测试和评估测试 6 个活动，其具体情况如下所述。

1）制定测试计划

制定测试计划的活动内容主要包括 3 部分：描述测试方法；预计测试工作所需的人力和系统资源；制定测试进度。下图为该活动的输入和输出图。

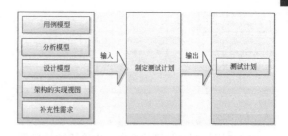

2）测试设计

测试设计的内容主要包括：识别并描述每个构造的测试用例；识别并构造测试规程。下图为该活动的输入和输出图。

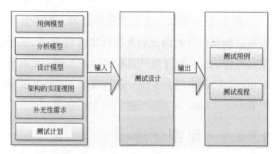

3）实现测试

进行该活动要建立测试组件，以使测试规程自动化。下图为该活动的输入和输出图。

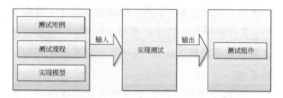

4）进行集成测试

在进行集成测试中，需要执行在迭代内创建的每个构造所需要的集成测试，并获取测试结果。下图为该活动的输入和输出图。

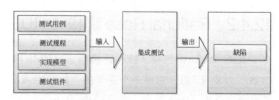

5）进行系统测试

进行系统测试是要执行在每次迭代中需要的系统测试，并且获取测试结果。下图为该活动的输入和输出图。

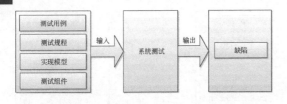

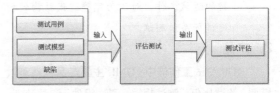

工作进行评估。下图为该活动的输入和输出图。

6）评估测试

进行评估测试的目的是对一次迭代内的测试

12.4 Rational Rose 在 RUP 模型中的应用

RUP 是一套软件工程方法的框架，软件开发者可以根据自身的情况以及项目规模对 RUP 进行裁剪和修改，以制订合乎需要的软件工程。而由于 Rational Rose 中包含了统一建模语言，因此可以使用 Rational Rose 对 RUP 进行可视化建模。

12.4.1 可视化建模

可视化建模（Visual Modeling）是利用围绕现实想法组织模型的一种思考问题的方法。模型对于了解问题、与项目相关的每个人（客户、行业专家、分析师、设计者等）沟通、模仿企业流程、准备文档、设计程序和数据库来说都是有用的。建模促进了对需求的理解、设计，利于开发出更加容易维护的系统。

可视化建模就是以图形的方式描述所开发系统的过程。可视化建模允许用户提出一个复杂问题的必要细节，过滤非必要细节。另外，可视化建模也提供了一种从不同的视角观察被开发系统的机制。

12.4.2 Rational Rose 建模与 RUP

Rational Rose 包括了统一建模语言（UML）、OOSE 以及 OMT，它是一个完全的、具有能满足所有建模环境（Web 开发、数据建模、Java、C++）需求能力和灵活性的解决方案。Rational Rose 允许开发人员、项目经理、系统工程师和分析人员在软件开发周期内将需要和系统的体系架构转换成代码，对需求和系统的体系架构进行可视化、理解和

提炼。通过在软件开发周期内使用同一种建模工具可以确保更快、更好地创建满足客户需求的、可扩展的、灵活的，并且可靠的应用系统。

Rational Rose 在 RUP 各个阶段可能涉及的模型图关系如下表所示。

软件开发阶段	Rational Rose 使用情况	可能用到的 Rational Rose 模型图及元素
开始阶段	建立业务模型（Business Use Case）	业务用例、参与者
	确定用例模型（Use Case）	参与者、用例
	事件流程建模	活动图、状态机图
细化阶段	对系统静态结构和动态行为建模	类图、顺序图、通信图、状态机图
	确定系统构件	组件图
构建阶段	正向工程产生框架代码	类图、顺序图、通信图、状态机图、组件图
	逆向工程更新模型	组件图
	创建部署图	部署图
交付阶段	更新模型	组件图、部署图

1. 开始阶段

开始阶段主要包括建立业务模型、确定用例模型和事件流程模型 3 方面的内容，其每方面的具体内容如下所述。

1）建立业务模型

建立业务模型包括下列 2 方面内容。

实现 RUP 任务：项目的前期调研，该任务主要针对当前业务提炼出的业务模型，包括参与者、业务用例等。如果系统属于前瞻性的，可以忽略业务模型，直接进入到确定用例模型阶段。

业务用例：主要针对系统业务而言，面向的人群主要为业务人员。

2）确定用例模型

确定用例模型包括下列 2 方面内容。

实现 RUP 任务：需求的粗分析，该任务是业务模型的深度分析，主要确定系统业务的具体工作。

业务用例：主要针对系统实现而言，面向的人群主要为系统分析和设计人员。

3）事件流程模型

事件流程模型包括下列 2 方面内容：

实现 RUP 任务：需求的深度分析，该任务是用例的业务目标必须完成的动作序列，必须包括相应的业务规则。一个用例可以包含多个事件流程，但只能有一个主事件流程。

业务用例：该阶段对所有的用例进行事件流程建模。

2．细化阶段

细化阶段主要包括系统建模和确定系统构件 2 部分内容，其每方面的具体内容如下所述。

1）系统建模

系统建模中需要实现的 RUP 任务是指导数据库设计说明书，该任务对系统的静态结构抽象出类图，而系统的动态行为提炼出序列图、通信图和状态机图。

2）确定系统构件

确定系统构件中需要实现的 RUP 任务是指导系统架构设计，在该任务中需要根据类图和交互图抽取系统构件。

3．构建阶段

构建阶段主要包括正向工程、逆向工程和创建部署图 3 部分内容。

- ❏ **正向工程**　实现模型转换到代码的过程，意义不大。
- ❏ **逆向工程**　实现代码转换到模型的过程。
- ❏ **创建部署图**　在该阶段需要创建系统的部署图。

4．交付阶段

在交付阶段中，主要工作是更新模型，也就是对组件图和部署图进行校正。

12.4.3　Rational Rose 建模与 RUP 应用实例

本节将以对手机开户的 Rational Rose 建模过程为例，说明 Rational Rose 在 RUP 过程中的应用。

1．业务用例

此处的业务用例可以以公司为研究对象，如下图所示。

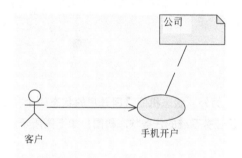

2．系统用例

系统用例可以以系统软件为研究对象，如下图所示。

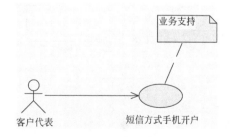

3．事件流程建模

事件流程建模的活动图如下图所示。

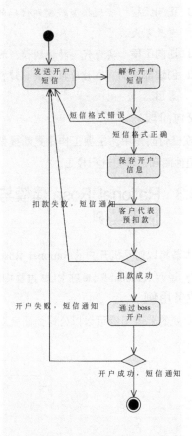

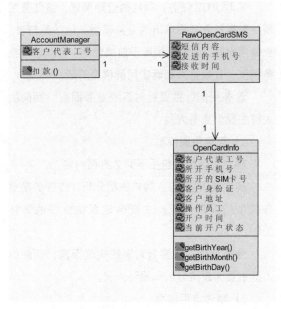

通信图如下图所示。

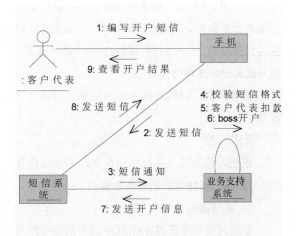

另外，状态机图（因开户的状态较少，因此使用任务系统的任务状态机图）如下图所示。

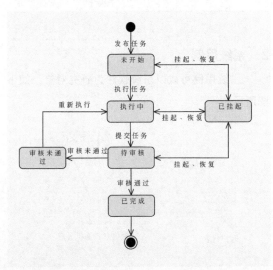

5. 确定系统组件

系统组件图如下图所示。

4. 系统建模

系统建模中的类图如下图所示。

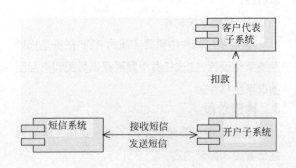

12.5 建模实例：创建网上购物系统静态模型

系统的静态模型用来概括系统的结构，描述了系统所操纵的数据块之间特有的结构上的关系，它们描述数据如何分配到对象中，这些对象如何分类以及它们之间可以具有什么关系等。

类图和对象图是两种最重要的静态模型，面向对象的开发免不了类和对象，如同系统中先建类和类库，再写方法，只有先概括了系统的结构，才能细化并开发出系统。静态模型总结了系统中的类和接口，以及它们之间的关系，是系统开发的得力助手。

静态模型以类图为基础，需要在类图的基础上创建对象图和包图。

12.5.1 定义系统的类

定义类需要找出系统中需要处理的数据，抽象为类，有商品信息系统、订单信息系统和快递信息系统；需要找出系统中的角色，有商家、客户、快递和中介；在定义用例时找出了包含一系列功能的模块：快递、订单和账户。

根据上述结论，可以定义为信息类型的类的有：商品类、订单类、客户信息类、商家信息类、快递类和账户类。

根据系统中的角色和功能定义的类有：中介类、快递管理类、客户页面和商家页面。

接着根据用例图和需求确定类及其关联，明确类的含义和职责，确定属性和操作。

商品类包括商品信息的属性有：商品类型、商品品牌、商品型号、商品价格、商品数量、剩余库存、是否为促销、是否有折扣、商品折扣、折扣价等。

通过分析商品类的属性，可以得出结论：商品类包含的属性太多，促销和折扣信息与商品基本信息关联不大；促销和折扣在管理中与商品信息关联更小。可以将商品信息分为商品基本信息类、促销折扣类两个类。

取消是否为促销和是否有折扣属性，两个类

的属性和方法如下。

❑ **商品基本信息属性**　商品编号、商品类型、商品品牌、商品型号、商品价格、商品数量、剩余库存。

❑ **商品基本信息方法**　商品基本信息添加、修改、查询和删除。

❑ **促销折扣类属性**　商品编号、优惠价、商品折扣、折扣价。

❑ **促销折扣类方法**　促销商品信息添加、查询、修改和删除。

订单类属性有：订单编号、订单商品编号、订单费用、订单支付方式、快递公司、发货地址、送货地址、订单邮费、邮费支付方式、订单时间等。

订单类方法有：订单信息添加、查询、修改和删除。

客户信息类属性有：客户编号、用户名、密码、联系电话、常用收货地址、常用支付方式、网购累计次数、网购累计金额等。

客户信息类方法有：客户信息添加、修改、查询和删除。

商家信息类属性有：商家编号、商家店名、商家密码、商家负责人、商家联系电话、商家地址、商家注册时间、商家总销量、商家月销量和商家信誉。

快递类属性有：订单编号、时间、位置、状态等。

快递类方法有：邮递信息添加、修改、查询和删除。

账户类属性有：账户类型、账号、密码、金额、交易类型和目标账户等。

账户类方法有：账户信息添加、修改、查询和删除。

中介类方法有：验证转账条件和转账。

客户页面方法有：注册、登录、查询商品、收藏商品、确定商品、确认收货、评论和修改密码等。

商家页面方法有：注册、登录、商品动态查询、商品信息管理（添加、删除和修改）、商品折扣管理（添加、修改和删除）等。

快递管理类方法有：订单查收，实时更新订单状态。

将已定义的类放在 UML 模型中，如下图所示。根据需求和图中的类，找出类之间的联系。

12.5.2 创建类关系

类图的完成需要了解类之间的关系。由上图可知，客户类、商家类、中介类和快递管理类没有属性，在使用信息类型的类的方法的基础上，有自己的方法。

商家和客户都依赖商品基本信息、促销折扣、商家信息、订单信息、账户信息和快递。客户单独依赖的有客户信息。促销折扣和商品基本信息都属于商品信息，促销折扣与商品信息有组合关系，商品基本信息与商品信息有聚合关系。而订单需要被

商家、客户、快递管理和中介依赖。

根据上述内容，类如下图所示。

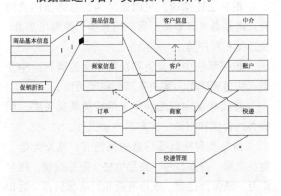

12.6 新手训练营

练习 1：创建数码录音机系统用例图

downloads\12\新手训练营\数码录音机系统用例图

提示：本练习中，将创建一个数码录音机系统用例图。在该用例图中共有 6 个用例，分别为记录一条信息（Record a message）、回放一条信息(Playback a message)、删除一条信息（Delete a message）、定时闹钟（Set the alarm time）、设定系统的时钟（Set the clock time）、显示系统时间（Watch the time）。

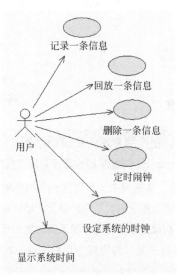

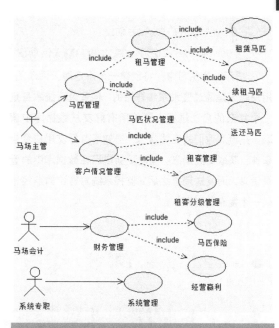

练习 2：创建租马管理系统用例图

downloads\12\新手训练营\租马管理系统用例图

提示：本练习中，将创建一个租马管理系统的用例图。租马管理系统中的业务重点在于租赁，系统的各个功能均以此为基点。

练习 3：创建即时通信类图

downloads\12\新手训练营\即时通信类图

提示：本练习中，将创建即时通信系统中的即时通信类图。在该类图中，通过描述系统中数据信息类和功能角色类及它们之间的关系，来实现即时通信系统的类图和关联敏感言论监控类、用户等。

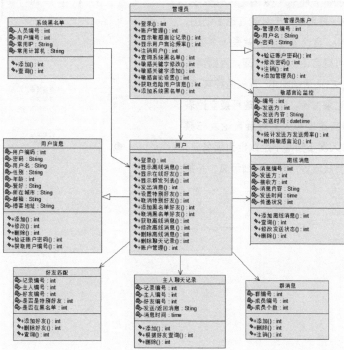

练习 4：创建用户聊天活动图

  downloads\12\新手训练营\用户聊天活动图

提示：本练习中，将创建一个用户聊天活动图。用户聊天是通过登录系统开始的，但登录系统本身是一个复杂的启动过程，要将所有好友从数据库中读取，并检测他们的在线状态，通知所有好友用户登录事件，获取离线消息，同时更新自己在数据库中的登录信息。而发送消息之后，监控系统对言论的监控也是一个复杂的过程。

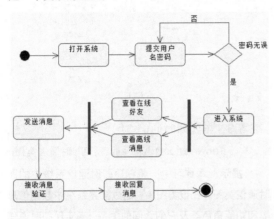

练习 5：创建可疑言论活动图

  downloads\12\新手训练营\可疑言论活动图

提示：本练习中，将创建一个可疑言论活动图。在上图的聊天活动图中，言论监控本身就是一个独立的活动。若没有发现可疑言论，那么返回；否则需要对可疑言论进行处理。在该活动图中，首先监控言论，若发现可疑言论，则记录言论；然后处理可疑言论表中的数据，获取当前言论发布人的可疑言论发布频率；最后，若当前发布人发布频率不足以定为黑名单，则终止处理；否则需要获取该用户的详细信息，并加入黑名单。

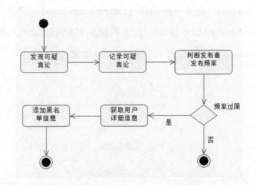

练习 6：创建用户聊天完整活动图

  downloads\12\新手训练营\用户聊天完整活动图

提示：本练习中，将创建一个用户聊天完整活动图。该活动图中包含了用户聊天活动图和可疑言论活动图。也就是说，将用户聊天活动图和可疑言论活动图合并在一起，即可成为用户实现一次聊天的活动图。

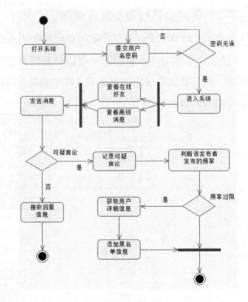

第 **13** 章

对象约束语言

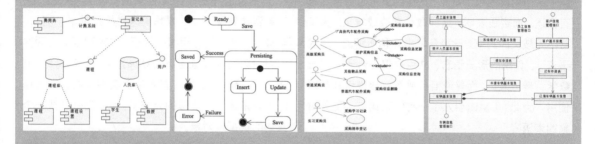

    UML 引入了一种称为对象约束语言（Object Constraint Language，OCL）的约束语言，它是关于一个或者多个模型元素的断言，指明了该系统处于合法状态时，系统必须满足的特性。OCL 是一种形式语言，是可以应用于任何实现方式的非正规语言；但它并不能修改对象的状态，而是用来指示对状态的修改何时发生。本章将详细介绍对象约束语言，包括对象约束语言的结构、语法、使用集合和 OCL 标准库等，展现给读者完整详尽的内容。

13.1 对象约束语言概述

对象约束语言（Object Constraint Language，OCL）是一种用于施加在指定模型元素上的约束语言。为了进一步完善 UML 模型，还需要了解一下对象约束语言的语言结构、语法和表达式等基础知识。

13.1.1 对象约束语言简介

UML 图（如类图）通常不够精细，无法提供与规范有关的所有相关部分。这其中就缺少描述模型中关于对象的附加约束。这些约束常常用自然语言描述。而实践表明，这样做经常造成歧义。为了写出无歧义的约束，已经开发出几种所谓的"形式语言"。传统的形式语言，缺点是仅适合于有相当数学背景的人员，而普通商务或系统建模者则难以使用。为此，UML 引入了一种约束语言，称为对象约束语言。

这是一种在用户为系统建模时，对其中的对象进行限制的方式。OCL 不仅用来写约束，还能够用来对 UML 图中的任何元素写表达式。每个 OCL 表达式都能指出系统中的一个值或者对象。OCL 表达式能够求出一个系统中的任何值或者值的集合，因此它具有和 SQL 同样的能力，由此也可得知 OCL 既是约束语言，同时也是查询语言。

OCL 任何表达式的值都属于一个类型，所以又称 OCL 为类型语言。这个类型可以是预定义的标准类型，如 Boolean 或者 Integer，也可以是 UML 图中的元素，如对象，还可以是这些元素组成的集合，如对象的集合、包等。

定义对象约束语言就是为建模提供清晰的方法，提供模型的约束，具体包括下列 3 项。

- 用来定义系统建模功能的前置条件和后置条件。
- 用来描述 UML 图中使用的控制点，或者其他图中从一个对象到另一个对象的转移。

- 用来描述系统的常量。

13.1.2 语言结构

OCL 从两个层次定义了对象约束语言的结构，分别是抽象和具体。其中，抽象层次的语法定义了 OCL 概念和应用该概念的规则，具体层次的语法则用于在 UML 模型中指定具体使用的约束和查询。下面详细介绍每个层次中语法的具体含义。

1．抽象语法

抽象语法是指 OCL 定义的概念层，在该层中，抽象语法解释了类、操作等内容的元模型。例如，类被定义为"具有相同的特征、约束和语义说明的一组对象"，并在该层将类解释为可与任何特性（或属性）、操作、关系，甚至嵌入类相关联。抽象语法中只是定义了类似的元模型，而并没有创建一个具体的模型或对象。

在 OCL 中，要注意如何区分抽象语法和其他自抽象语法派生的具体语法。抽象语法还支持其他约束语言，像基于元对象设施标准（Meta Object Facility，MOF）的 UML 基础结构元模型支持各种专业领域的建模。

抽象语法还必须支持真正的查询语言，为此引入了一些新的概念，如元组（Tuple）用于提供 SQL 的表达式。

> **提示**
>
> 抽象语法使用的数据类型和扩展机制与 MOF/UML 基础结构元模型的定义相同，另外还有一些自己的数据类型和扩展机制。

2．具体语法

具体语法（即模型层语法）用于描述现实世界中一些实体的类，它应用抽象语法的规则，创建可以在运行时段计算的表达式。OCL 表达式与类元关联，应用于该类自身或者某个属性、操作或参数。不论哪种情况，约束都是根据其位移

（Replacement）、上下文类元（Contextual Classifier）和 OCL 表达式的自身实例（Self Instance）定义的。

下面是约束中各个术语的含义描述。

- □ **位移**　表示 UML 模型中使用 OCL 表达式所处的位置，即作为依附于某个类元的不变式、依附于某个操作的前置条件或依附于某个参数的默认值。

- □ **上下文类元**　定义在其中包含的计算表达式的命名空间。如前置条件的上下文类元是在其中定义该前置条件的操作所归属的那个类。也就是说，该类中所有模型元素（属性、关联和操作）都可以在 OCL 表达式中被引用。

- □ **自身实例**　自身实例是对计算该表达式对象的引用，它是上下文类元的一个实例。也就是说，OCL 表达式对该上下文类元每个实例的计算结果可能不同。因此，OCL 可用于计算测试数据。

除了以上介绍，OCL 具体语言还有许多应用，主要体现在以下几个方面：

- □ 作为一种查询语言。
- □ 在类模型中指定关于类和类型的不变式。
- □ 为原型和属性指定一种类型的不变式。
- □ 为属性指定派生规则。
- □ 描述关于操作和方法的前置条件和后置条件。
- □ 描述转移。
- □ 为消息和动作指定一个目标和一个目标集合。
- □ 在 UML 模型中指定任意表达式。

OCL 的具体语法还在不断完善，直到目前，具体语法中还有一些问题没有解决。例如，在 UML 中，前置条件和后置条件被看作是两个独立的实体。OCL 把它们看作是单个操作规范的两个部分，因此单个操作中的多个前置条件和后置条件的映射还有待解决。

13.1.3　语言语法

OCL 指定每个约束都必须有一个上下文。上下文（Context）指定了哪一个项目被约束。OCL 是一个类型化的语言，因此数据类型扮演了重要角色，和高级语言 C++、Java 一样，OCL 也有多种数据类型。

1. 固化类型

约束就是对一个（或部分）面向对象模型或者系统的一个或者一些值的限制。UML 类图中的所有值都可以使用 OCL 来约束。约束的应用类似于表达式，在 OCL 中编写的约束上下文可以是一个类或一个操作。其中需要指定约束的固化类型，该类型可以由如下 3 项组成。

- □ **invariant**　表示常量，应用于类中，常量在上下文的生存期内必须始终为 True。

- □ **pre-condition**　表示前置条件，前置条件约束应用于操作，它是一个在实现约束上下文之前必须为 True 的值。

- □ **post-condition**　表示后置条件，后置条件约束应用于操作，它是一个在完成约束上下文之前必须为 True 的值。

下面是一个简单的 OCL 约束语句：

```
context Student inv:
    MaxDays=20
```

上面语句要求 Student 类的 MaxDays 值始终等于 20。语句中 context 为上下文约束的关键字，而 inv 是代表常量的关键字。

如果要表示操作的约束，就需要使用操作的名称和完整的参数列表替换上下文的值，并且要有返回值。如下面语句所示：

```
context AddNewBorrower(SutdentID):
Success
pre: StudentID.Length=10
post:StudentID<>BorrowerID
```

这段语句演示了如何指定操作的前置条件和后置条件约束，其中 pre:为前置条件约束的关键字，而 post:为后置条件约束的关键字，它们后面分别是约束。上面语句表示，在操作执行之前 StudentID 的位数必须为 10。操作执行完后，要检测 StudentID 和 BorrowerID，它们二者的值必须不同。

2．运算符和操作

与其他编程语言一样，OCL 也包含很多运算符，有些运算符已经在前面的例子中使用到。其他运算符如下表所示。

运算符	含　义	运算符	含　义
+	加	<>	不等于
–	减	<=	小于等于
*	乘	>=	大于等于
/	除	and	与
=	等于	or	或
<	小于	xor	异或
>	大于		

编程语言中的运算符都存在计算的优先级，OCL 也不例外，运算符同样也存在优先级顺序，其顺序如下表所示，按其重要性顺序从上到下排列。如果要改变运算符优先级顺序，可以使用括号。

操 作 符	说　明
@pre	操作开始的值
. ->	
Not –	"–"是负号运算符
* /	
If then else endif	判断语句
<,> <=,>=	
=,<>	
And,or,xor	
Implies	此操作是定义在布尔类型上的操作

在 OCL 中还定义了多种操作，用于完成不同的功能，其常用的一些操作如下所述。

- **max** 用于返回较大的数字。例：(4).max(3)=4。
- **min** 用于返回较小的数字。例：(4).min(3)=3。
- **mod** 取模值。例：3.mod(2)=1。
- **div** 整数之间除法，只能用于整数并且其结果也是整数。例：(3).div(2)=1。

- **abs** 取整数部分。例：(2.79).abs=2。
- **round** 按四舍五入原则取整数部分。例：(5.79).round=6。
- **size()** 取字符串的长度。例："ABCDEFG".size()=7。
- **toUpper()** 返回字符串大写。例："abc".toUpper()="ABC"。
- **concat()** 连接两个字符串。例："ABC".concat("DEF")="ABCDEF"。

上述示例中 "(4).max(3)=4" 的 "." 是 OCL 中访问 OCL 数据类型某个操作的标准方法。

> **提示**
>
> 这里仅列举了 OCL 中常用的操作，目的是使读者了解 OCL 操作的简单用法。更多的操作将在以后的学习和实际建模中逐步介绍。

3．关键字

OCL 是一种形式语言，同样也定义了一些关键字。OCL 中的关键字如下表所示。

and	attr	context	def
else	inv	let	not
oper	or	endif	endpackage
if	implies	in	package
post	pre	then	xor

4．元组

元组是对一组数据元素，如文件中的一个记录或数据库中的一行等内容的定义，每个元素被赋予名称和类型。元组可以使用字符或基于表达式的赋值来创建。

在 OCL 中，元组是使用被大括号包围的一系列 "名称:类型" 对和可选值来定义的，其定义形式如下所示。

```
Tuple{name:String= 'Jim',age:Integer=
23}
```

元组只是将一组值集合在一起的一种途径，然后元组必须被赋予一个变量。例如，下面的示例使用 def 关键字来创建一个代理类上下文内叫 sales

的新属性。

```
context Agent
def:attr sales:Set
(sale(venue:Venue,performance:Perf
ormance,soldSeats:Integer,
perfCommission:Integer))
```

表达式中的 sales 是一个属性，sale 是元组的名称。表达式定义了一个包含每次演出时代理销售信息的元组 Set。后面的表达式定义如何为每个元组设定值。

13.1.4　表达式

OCL 除了具有语言结构和语法之外，还具有表达式，其 OCL 表达式具有以下特点。

- ❏ OCL 表达式可以附加在模型元素上，模型元素的所有实例都应该满足表达式的条件。
- ❏ OCL 表达式可以附加在操作上，此时表达式要指定执行一个操作前应该满足的条件或一个操作后必须满足的条件。
- ❏ OCL 表达式可能指定附加在模型元素上的监护条件。
- ❏ COL 表达式的计算原则是从左到右。整体表达式的子表达式得到一个具体的值或一个具体类型的对象。
- ❏ COL 表达式既可以使用基本类型，又可以

使用集合类型。

OCL 表达式用于一个 OCL 类型的求值，它的语法用扩展的巴斯科范式（EBNF）定义。在 EBNF 中，"|"表示选择，"?"表示可选项，"*"表示零次或多次，"+"表示一次或多次。OCL 基本表达式的语法定义如下：

```
PrimaryExpression:=literalCollecti
on | literal
| pathName time Expression ? Feature
Callparameters?
|"("expression")" | ifExpression
Literal:=<string>|<number>|"#"<nam
e>
timeExpression:="@"<name>
featureCallparameters:="("(declara
tor)?(actualParameterList)?")"
ifExpression:="if" expression "then"
expression"else" expression "endif"
```

定义中说明了 OCL 基本表达式是一个 literal，literal 可以是一个字符串、数字，或者是 "#" 后面跟一个模型元素或操作名；OCL 基本表达式可以是一个 literalCollection 型，它代表了 literal 的集合。

OCL 基本表达式可以包含可选路径名，后面的可选项中包括时间表达式（timeExpression）、限定符（Qualifier）或特征调用参数（featureCallParameters）。OCL 基本表达式还可以是一个条件表达式 "ifExpression"。

13.2　数据类型

OCL 中不仅有与其他编程语言类似的运算符、运算符优先级、关键字和表达式，而且还定义了各种数据类型，并讨论每种数据类型提供的常用操作。

OCL 标准库（Standard Library）定义了用于组成 OCL 表达式的所有可用 OCL 类型，每种类型都有一组可用于该类型对象的操作和属性。这些类型呈现一种层次结构，如下图所示。

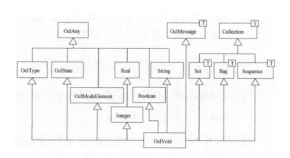

13.2.1 基本数据类型

在 OCL 标准库中定义的基本数据类型包括实型（Real）、整型（Integer）、字符串（String）和布尔型（Boolean）。它们都是 UML 核心包中元类的实例。

1. 实型

实型（Real）代表数学中实数的概念，整型是实型的一个子类，所以可以使用整型作为实型的参数。

实型常用的操作如下。

- **+(r:Real):Real** 返回 self 与 r 相加的值。
- **−(r:Real):Real** 返回 self 与 r 相减的值。
- ***(r:Real):Real** 返回 self 与 r 相乘的值。
- **/(r:Real):Real** 返回 self 除以 r 的值。
- **−:Real** self 的负值。
- **abs():Real** self 的绝对值。示例如下：

```
-1.abs()=1
```

- **round():Integer** 依据四舍五入原则取整数值。示例如下：

```
8.57.round()=9  8.47.round()=8
```

- **floor():Integer** 取实型值的整数部分。示例如下：

```
8.57.floor()=8  8.47.floor()=8
```

- **max(r:Real):Real** 返回 self 和 r 两值较大的数。示例如下：

```
8.57.max(8.65)=8.65
```

- **min(r:Real):Real** 返回 self 和 r 两值较小的数。示例如下：

```
8.57.min(8.65)=8.57
```

- **<(r:Real):Boolean** 如果 self 小于 r 值，返回值为"真"，否则返回值为"假"。
- **>(r:Real):Boolean** 如果 self 大于 r 值，返回值为"真"，否则返回值为"假"。
- **<=(r:Real):Boolean** 如果 self 小于或等于 r 值，返回值为"真"，否则返回值为"假"。
- **>=(r:Real):Boolean** 如果 self 大于或等于 r 值，返回值为"真"，否则返回值为"假"。

2. 整型

整型（Integer）为实型的一个子类，在实型中定义的大部分操作在整型中也适用，这里只介绍一些只适用于整型的操作，如下所示。

- **div(i:Integer):Integer** 整除。示例如下：

```
8.div(3)=2
```

- **mod(i:Integer):Integer** 取模。示例如下：

```
3.mod(2)=1
```

3. 字符串

String 代表能够成为 ASCII 或 Unicode 的字符串。定义在字符串类型上的操作如下所示。

- **size():Integer** 返回字符串中字符的个数。示例如下：

```
'Game'.size()=4
```

- **concat(s:String):String** 返回两个字符串相连接后新的字符串。示例如下：

```
'Game'.concat('Over') = 'GameOver'
```

- **substring(lower:Integer,upper:Integer):String** 取子字符串，子字符串的位置从 lower 开始到 upper 结束。示例如下：

```
'GameOver'.substring(1,4) = 'Game'
```

- **toInteger():Integer** 把字符串转化为整型值。
- **toReal():Real** 把字符串转化为实型值。

4. 布尔型

布尔型（Boolean）的值只有两个，即"真"（True）和"假"（False），标准库中也定义了许多操作，如下所示。

- **or(b:Boolean):Boolean** self 与 b 中一个值为"真"，则返回值为"真"，否则返回值为"假"。示例如下：

```
TRUE or FALSE = TRUE
```

❑ **xor(b:Boolean):Boolean** 如果 self 或 b 中有一个是"真"，而且 self 和 b 不同时为"真"，返回值为"真"，否则为"假"。示例如下：

```
TRUE xor FALSE = TRUE
```

❑ **and(b:Boolean):Boolean** 如果 self 和 b 都是"真"，返回值为"真"，否则返回值为"假"。示例如下：

```
TRUE and FALSE = FALSE
```

❑ **not:Boolean** 非运算，如果 self 为"假"，则结果为"真"，否则相反。示例如下：

```
not TRUE = FALSE
```

❑ **implies(b:Boolean):Boolean** 如果 self 为"假"，或 self 为"真"而 b 也为"真"时，则结果为"真"。

13.2.2 集合类型

集合（Collection）是 OCL 标准库中所有集合类型的父类，子类包括 Set、Bag 和 Sequence。每种类型都是带有一个参数的模板类型，具体集合类型是通过将该参数替换为某种类型创建的。

Collection 是一个抽象类型，Collection 的 3 个子类 Set、Bag 和 Sequence 也是抽象类型，它们不能被实例化。下面是对这 3 种子类型的描述。

❑ **Set** 包含一组不重复的项，且 Set 内所有的项都为同一类型，各项之间没有特定的顺序。

❑ **Bag** 包含一组同类型的项，Bag 内各项可以重复出现，各项之间没有特定的顺序。

❑ **Sequence** 包含一组同类型的项，各项在 Sequence 内可以重复出现，但各项之间有特定的顺序。这种顺序不是 Sequence 内各项自身的值，而是指序列内某一项的位移。

13.2.3 OclMessage 类型

OclMessage 是一个模板类，不能被直接初始化，但可以通过参数来初始化。每个 OCL 消息类型实际上是带一个参数的模板类型，创建 OCL 消息实例时将参数替换为一个操作或信号来实现。

每个 OclMessage 类型完全由作为参数的操作或信号确定，并且每种 OclMessage 类型都将操作或信号的名称以及该操作的所有形式参数或该信号的所有属性作为 OclMessage 类型的属性。OclMessage 类型中定义的操作如下所示。

❑ **hasReturned():Boolean** 如果模板参数的类型是调用操作，并且被调用的操作返回了一个值，则其返回值为"真"，此时消息已被发送。

❑ **post:result():<<被调用操作的返回类型>>** 如果模板参数的类型是调用操作并且被调用的操作返回了一个值，则返回被调用操作的结果。

❑ **isSignalSent():Boolean** 如果 OclMessage 代表发送一个 UML 信号，则该操作返回值为"真"。

❑ **isOperationCall():Boolean** 如果 OclMessage 代表发送一个 UML 调用操作，则该操作返回值为"真"。

13.2.4 OclVoid 和 OclAny 类型

对象约束语言的数据类型中，除了基本数据类型、集合类型和 OclMessage 类型外，还包括常用的 OclVoid 类型和 OclAny 类型。

1. OclVoid 类型

OclVoid 类型是与其他所有类型一致的一种类型，仅包含一个名为 OclUndefined 的实例，该实例应用于未定义类型的任何特性调用。

在 OclVoid 类型中，除了 oclIsUndefined() 操作返回"真"，其他都会产生 OclUndefined。该操作会判断，如果对象与 OclUndefined 相同，那么

oclIsUndefined()的计算结果为"真"。

2．OclAny 类型

OclAny 类型是一个 UML 模型里所有类型和 OCL 标准库的父类，它包括了诸多子类，如 Real、Boolean、String、OclState 和 Integer 等。模型里所有的子类都继承由 OclAny 定义的特性。OclAny 类包含如下操作。

- ❑ **=(object:OclAny):Boolean** 如果 self 与 object 是同一对象，则返回值为"真"。示例如下：

```
post:result = (self = object)
```

- ❑ **<>(object:OclAny):Boolean** 如果 self 是一个与 object 不同的对象，则返回值为"真"。示例如下：

```
pre:result = (self <> object)
```

- ❑ **oclIsNew():Boolean** 只能用在后置条件中，检查是不是由表达式创建。如果 self 是在执行该操作期间创建的，也就是说，它在前置条件中不存在，那么 oclIsNew() 的返回值为"真"。
- ❑ **oclIsUndefined():Boolean** 如果 self 与 OclUndefined 相等，则该操作返回值为"真"，否则返回值为"假"。
- ❑ **oclType()** 返回 OclType 对象的类型。
- ❑ **oclIsTypeOf():Boolean** 当指定的类型与 OclType 对象类型相同时，返回值为"真"。
- ❑ **oclIskindOf():Boolean** 当指定的类型是 OclType 对象的子类型时，返回值为"真"。
- ❑ **oclAsType()** 返回指定类型的对象实例。

13.2.5　模型元素类型

模型元素类型是一种枚举类型，它允许建模人员引用在 UML 模型中定义的元素。模型元素类型中的某些特性可被用于在使用对象前计算该对象。使用这些特性的标准操作可以检测对象的类型和它是不是另一类型对象的子类。

1．OclModeElement 类型

OclModeElement 类型是一个枚举型，UML 模型中的每个元素都有一个对应的枚举名称，定义在该类型中的操作如下所示。

- ❑ **=(object:OclModeElementType):Boolean** 如果 self 是一个与 object 相同的对象，则操作返回值为"真"，否则为"假"。
- ❑ **<>(object:OclMeodeElementType):Boolean** 如果 self 是一个与 object 不相同的对象，则操作返回值为"真"，否则为"假"。

2．OclType 类型

标准库中有几个预定义特性应用于所有对象，即 OclType 类型和 OclState 类型。OclType 类型包含一个对与上下文对象相关联类的元类型引用。它是一个枚举型，UML 模型中的每个类元都有一个对应的枚举名称。

- ❑ **=(object:OclType):Boolean** 如果 self 是一个与 object 相同的类型，则返回值为"真"，否则为"假"。
- ❑ **<>(object:OclType):Boolean** 如果 self 是一个与 object 不相同的类型，则返回值为"真"，否则为"假"。

3．OclState 类型

OclState 类型包含一个对上下文对象当前状态的引用。OclState 类型是一个枚举型，UML 模型中的每个状态都有一个对应的枚举名称。

- ❑ **=(object:OclState):Boolean** 如果 self 是一个与 object 相同的状态，则返回值为"真"，否则为"假"。
- ❑ **<>(object:OclState):Boolean** 如果 self 是一个与 object 不相同的状态，则返回值为"真"，否则为"假"。
- ❑ **oclInState(s:State)** 该操作用于确定对象的当前状态，s 的值是依附于对象类元状态机的状态名。

13.3　集合

OCL 表达式的许多结果中包含不止一个值，这构成被 OCL 称为 Collection 的对象列表。OCL 中共定义了 4 种类型的对象列表，分别是：Collection（集合）、Set（集）、Bag（袋子）和 Sequence（序列）。而 Collection 是一个抽象类型，Collection 的 3 个子类 Set、Bag 和 Sequence 也是抽象类型，它们不能被实例化。

13.3.1　创建集合

集合可以通过字符显式地创建，创建集合时只需要写出创建集合的类型名称，后跟列表值，各值项使用逗号隔开，并被大括号括住。创建集合如下所示：

```
Set{1,5,6,99}
Set{'Jim','Tim',' xy'}
Sequence{1,3,94,0,1,3}
Sequence{'Jim','Tim',' Jim'}
Bag{1,2,4,5,4}
Bag{'Jim','Tim',' Tim'}
```

其中，Sequence 可以通过使用变量 Int-expr1 和 Int-expr2 指定范围来定义，即 Int-expr1...Int-expr2 的形式。将该范围表示置于大括号内，放在前面示例中值列表的位置。该表示形式如下所示：

```
Sequence{1...10}
Sequence{1,2,3,4,5,6,7,8,9,10}
```

以上两种创建序列的方式是相同的。第一种方式是采用变量指定范围的形式创建序列，第二种方式是采用一般形式创建序列。

13.3.2　操作集合

为了便于操作集合，OCL 还定义了一些操作，这里只给出一些常用且重要的操作来示例，更多具体的操作会在 OCL 的标准库中介绍。如下所示。

- ❑ **select**　按照一定的规则选择符合规则的项，组成一个新的集合。
- ❑ **reject**　从集合中选择不满足规则的项，组成一个新的集合。
- ❑ **forAll**　指定一个应用于集合中每个元素的约束。
- ❑ **exists**　确定某个值是否存在于集合中的至少一个或多个成员中。
- ❑ **isEmpty**　操作判断集合中是否有元素。
- ❑ **count**　判断集合中等于 count 参数的元素个数，并返回该数值。
- ❑ **iterate**　访问集合中的每个成员，对每个元素进行查询和计算。

Collection 的操作是通过集合名称和操作之间的箭头符号 "->" 来访问的。例如下面的语句：

```
Collection->select()
Set->iterate()
```

下面的语句演示了 select 操作的具体含义，在 set{1,2,3,4,5} 中根据 x<3 规则重新组成一个新的 set{1,2}，如下面的语句所示：

```
(set{1,2,3,4,5})->select(x|x<3)=se
t{1,2}
```

reject 操作的含义与 select 相反，如下面语句所示：

```
(set{1,2,3,4,5})->reject(x|x<3)=se
t{4,5}
```

下面语句演示了 forAll 操作的使用方法：

(set{1,2,3,4,5})->forAll(x|x>0)=True

exists 操作根据条件判断是否存在满足条件的元素，如下面语句所示：

(set{1,2,3,4,5})->exists(x|x>5)=False

count 返回元素中与给定元素相同的个数，如下面语句所示：

```
(set{1,2,3,2,4,5})->count(2)=2
```

select、reject、collect、forAll 和 exists 这 5 个操作的参数相同，具有 4 种形式，包括 3 种标准形式和一种简写形式。

1．第一种形式

第一种形式中，操作使用布尔型来计算集合的每个成员，如下所示：

```
context Book
inv:BookStatus->select(status=Book
Status::Borrowed)
```

上面的语句创建了当前图书中所有状态为 Borrowed 的图书集合。

2．第二种形式

第二种形式在访问所有成员时使用变量容纳集合的每个成员，然后对该变量中容纳的成员计算布尔表达式，如下所示：

```
collection->select(v|Boolean
expression)
```

这种形式可以通过变量对成员的属性进行访问，下面的语句说明了这一点：

```
context Book
inv:BookStatus->select(e|e.status=
BookStatus::Borrowed)
```

3．第三种形式

第三种形式中，变量被赋予一种类型，该类型必须与集合的类型一致，如下所示：

```
collect
ion->select(v:Type|Boolean
expression)
```

下面的语句为第三种参数形式的使用方式：

```
context Book
inv:BookStatus->select(e:Book|e.st
atus=BookStatus::Borrowed)
```

4．第四种形式

第四种形式为 iterate 操作提供访问集合中所有成员并累积信息的简写形式。该形式如下面语句所示：

```
collection ->iterate(element:Type1;
accumulator:Type2=<initial value
expression>|<evaluation
expression>)
```

上面的语句中，结果表示为 accumulator 变量的一个值，element 为一个迭代器，用于访问所有成员。语句描述了访问 collection 的所有成员，对每个类型为 Type1 的 element，计算<evaluation expression>并将结果保存在类型为 Type2 的变量 accumulator 中，其中 accumulator 使用初始值表达式<initial value expression>来初始化。

13.3.3　Collection 类型

Collection 类型中每个对象的出现叫作一个元素，如果某个元素在集合中出现两次，就应该算作两个元素。Collection 对所有子类型都具有相同语义，其中的某些操作可以在子类型中被重载来提供其他后置条件或更加具体的返回值。Collection 中定义的操作如下所示。

- **size():Integer**　返回集合中元素的数目。示例如下：

```
set{1,5,2,6,4}
collection->size() = 5
bag{'Jim', 'Tim', 'Game' 'Game'}
collection->size() = 4
```

- **includes(object:T):Boolean**　如果 object 是集合 self 中的元素，则该操作返回值为"真"，否则返回值为"假"。示例如下：

```
set{1,5,2,6,4}
collection->includes(2) = True
Sequence{10.5,40,72}
collection->includes(90) = False
```

- **excludes(object:T):Boolean**　如果 object

不是集合 self 中的元素，则该操作返回值为"真"，否则返回值为"假"。示例如下：

```
set{1,5,2,6,4}
collection->excludes(2) = False
bag{'Jim', 'Tim', 'Game' 'Game'}
collection->excludes('Gim') = True
```

❑ **count(object:T):Integer** 操作返回集合中元素 object 出现的次数。该操作被 Collection 子类型重载，其使用方法如下面的语句所示：

```
set{1,5,2,6,4}
collection->count(2) = 2
bag{'Jim', 'Tim', 'Game' 'Game'}
collection->count('Jim') = 1
Sequence{10.5,40,72}
collection->count(10.5) = 1
```

❑ **includesAll(Coll:Collection(T)):Boolean**
该操作判断集合 self 中是否包含另一集合 Coll 中的所有元素。如果包含，则返回值为"真"，否则返回值为"假"。示例如下：

```
set{1,5,2,6,4}
collection->includesAll(set{2,6})
= True
Sequence{10.5,40,72}
collection->includesAll(sequence{9
0,72}) = False
```

❑ **excludesAll(Coll:Collection(T)):Boolean**
该操作判断集合 self 中是否不包含另一集合 Coll 中的所有元素。如果不包含，则返回值为"真"，否则返回值为"假"。示例如下：

```
set{1,5,2,6,4}
collection->excludesAll(set{1,2})
= False
bag{'Jim', 'Tim', 'Game' 'Game'}
collection->excludesAll(bag{'Gim'})
= True
```

❑ **isEmpty():Boolean** 判断集合是否为空。

如果为空，则返回值为"真"，否则返回值为"假"。示例如下：

```
bag{'Jim', 'Tim', 'Game' 'Game'}
collection->imEmpty() = False
```

❑ **notEmpty():Boolean** 判断集合是否为不空。如果集合不空，则返回值为"真"，否则返回值为"假"。示例如下：

```
bag{'Jim', 'Tim', 'Game' 'Game'}
collection->notEmpty() = True
```

❑ **sum():T** 集合中所有元素相加，前提为集合中的元素必须支持加法运算。其返回类型为集合的参数类型，并且满足加法的结合律和交换律。示例如下：

```
set{1,5,2}
collection->sum() = 8
```

❑ **Iterate()** 在 Collection 上迭代进行计算。示例如下：

```
set{1,5,2,6,4}
collection->iterate(elem; number:
Integer=0|number+1) = 5
```

13.3.4　Set 类型

Set 类型是不包括重复元素的对象组，Set 类型中的元素是无序的，它是数学上"集合"的概念。Set 本身是元类型 SetType 的一个实例。Set 类型是 Collection 的一个子类，它重载了部分 Collection 定义的操作，对于这部分操作，本节不再详细介绍，请参见 Collection 中对操作的讲解。

Set 类型常见的操作如下所示。

❑ **=(s:Set(T)):Boolean** 如果集合 self 和集合 s 中的元素相同，则返回结果为"真"。示例如下：

```
set{1,2,5}->=(set{1,2,5}) = True
```

❑ **-(s:Set(T)):Set(T)** 描述了 self 与 s 的差集，由 self 中不属于 s 的元素组成。示例

如下：

```
set{1,2,5}->-(set{1,2}) = set{5}
```

❏ **union(s:Set(T)):Set(T)** 该操作为 self 与 s
两个集的并集，返回一个 Set 型。示例如
下：

```
set{1,2,5}->union(set{6,7}) = set{1,
2,5,6,7}
```

❏ **union(s:Bag(T)):Bag(T)** 该操作是 self 与
Bag 类型 s 的并集，最后返回的是一个 Bag
类型。示例如下：

```
set{1,2,5}->union(bag{'Jim',
'Tim'}) = Bag{1,2,5, 'Jim', 'Tim'}
```

❏ **including(object:T):Set(T)** 如果 object 在
self 中不存在，则将 object 追加到集合中
组成一个新的集。示例如下：

```
set{1,2,5}->including(9) = set{1,2,
5,9}
```

❏ **excluding(object:T):Set(T)** 如果 object
在 self 中不存在，则将 object 从 self 中删
除。示例如下：

```
set{1,2,5}->excluding(5) = set{1,2}
```

❏ **intersection(bag:Bag(T)):Bag(T)** 描述
self 集与 bag 的交集，返回一个 Bag 型。
示例如下：

```
set{'Jim',    'Tim'}->intersection
(bag{'Tim'}) = bag{'Tim'}
```

❏ **intersection(set:Set(T)):Set(T)** 描述 self
集与 set 的交集，返回一个 Set 型。示例
如下：

```
set{'Jim', 'Tim'}->intersection(bag
{'Jim'}) =set{'Jim'}
```

❏ **select(OclExpression)** 返回 set 中表达式
为真的元素组成的 set。示例如下：

```
set{1,5,6}->select(x>3) = set{5,6}
```

❏ **reject(OclExpression)** 返回 set 中表达式
为假的元素组成的 set。示例如下：

```
set{1,5,6}->reject(x<3) = set{5,6}
```

❏ **symmetricDifference(s:Set(T)):set(T)** 由
self 和 s 中所有元素组成的集，但不包含
self 和 s 中共有的元素。示例如下：

```
set{'Jim', 'Tim'}->symmetricDifference
(set{'Jim', 'Gim'}) = set{'Tim',
'Gim'}
```

❏ **collect(OclExpression)** 返回对 set 中每个
成员应用表达式得到的所有元素组成的
set。示例如下：

```
set{-1,1,5,6}->collect(x<3 and x>0)
= set{1}
```

❏ **asBag()** 返回包含 self 中所有元素的一个
Bag。示例如下：

```
set{1,5,6}->asBag() = Bag{1,5,6}
```

❏ **asSequence()** 返回包含 self 中所有元素
的一个 Sequence，这些元素没有顺序。示
例如下：

```
set{1,5,6}->asSequence() = sequence
{1,5,6}
```

13.3.5 Bag 类型

袋子（Bag）是允许元素重复的集合。一个对
象可以在袋子中出现多次，袋子中的各元素没有顺
序。袋子本身是元类型 BagType 的一个实例。定义
在 Bag 类型上的操作与 Set 类型上的操作大致相
同，如下所示。

❏ **=(bag:Bag(T)):Boolean** 如果 self 和 bag
中的元素相同，且各元素出现的次数也相
同，那么结果返回"真"，否则结果返回
"假"。

❏ **union(bag:Bag(T)):Bag(T)** self 与 bag 的

并集，结果返回一个 Bag。

- **union(set:Set(T)):Bag(T)**　self 与 set 的并集，结果返回一个 Bag。

- **intersection(bag:Bag(T)):Bag(T)**　self 与 bag 的交集，结果返回一个 Bag 类型。

- **intersection(set:Set(T)):Set(T)**　self 与 set 的交集，结果返回一个 Set 类型。

- **including(object:T):Bag(T)**　如果 self 中不包含 object，那么将 object 添加到 self 中所有元素之后组成新的袋子。

- **excluding(object:T):Bag(T)**　如果 self 中包含 object，那么将 object 从 self 中删除，组成新的袋子。

- **count(object:T):Integer**　返回 self 中 object 元素出现的次数。

- **asSequence():Sequence(T)**　包含 self 中所有元素的一个 Sequence，这些元素没有顺序。

- **asSet():Set(T):**　包含 self 中所有元素的一个 Set，这些元素没有重复。

13.3.6　Sequence 类型

Sequence 类型和 Bag 类型类似，也可以包含重复元素，不过，Sequence 类型中的元素是有序的。定义在 Sequence 类上的一部分操作与 Set 和 Bag 相同，但也有自己独特的操作，如下所示。

- **=(s:Sequence(T)):Boolean**　如果 self 中包含的元素与 s 中的元素相同，而且顺序也一样，则其返回值为"真"，否则返回值为"假"。示例如下：

```
sequence{1,5,6,1,3}->=(sequence{1,
5,6}) = False
```

- **count(object:T):Integer**　self 中元素 object 出现的次数。示例如下：

```
sequence{1,5,6,1,5,1}->count(1) = 3
```

- **union(s:Sequence(T)):Sequence(T)**　self 中所有元素与 s 的并集，并且顺序不变。s

中元素跟在 self 元素后面，组成新的序列。示例如下：

```
sequence{1,5,6}->union(sequence{1,
6}) = sequence{1,5,6,1,6}
```

- **append(object:T):Sequence(T)**　追加元素 object 于 self 集所有元素之后，组成新的序列。示例如下：

```
sequence{1,5,6}->append(7) = sequence
{1,5,6,7}
```

- **prepend(object:T):Sequence(T)**　追加元素 object 于 self 集所有元素之前，组成新的序列。示例如下：

```
sequence{1,5,6}->prepend(7) = sequence
{7,1,5,6}
```

- **insertAt(index:Integer,object):Sequence(T)**　将元素 object 插入 self 所有元素的 index 位置，组成新的序列。示例如下：

```
sequence{1,5,6}->insertAt(2,19) = sequence
{1,19,5,6,}
```

- **subSequence(lower:Integer,upper:Integer):Sequence(T)**　将 self 中元素由起始位置 lower 到终止位置 upper 之间的元素组成新的 Sequence。示例如下：

```
sequence{1,5,6,7,4,8}->subsequence
(2,5) = sequence{5,6,7,4}
```

- **at(i:Integer):T**　返回 Sequence 中位置为 i 的元素。示例如下：

```
sequence{1,5,6}->at(2) = 5
```

- **indexOf(object):Integer**　对象 object 在 Sequence 中的位置，返回一个整数。示例如下：

```
sequence{1,5,6}->indexOf(5) = 2
```

- **first():T**　返回 Sequence 中第一个元素。

示例如下：

```
sequence{1,5,6}->first() = 1
```

❑ **last():T** 返回 Sequence 中最后一个元素。示例如下：

```
sequence{1,5,6}->last() = 6
```

❑ **collect(OclExpression)** Sequence 中所有满足 OclExpression 的元素组成的新Sequence。示例如下：

```
sequence{1,5,6}->collect(x/3=2)  =
sequence{6}
```

❑ **select(OclExpression)** 其功能类似于collect()。示例如下：

```
sequence{1,5,6}->select(x>3) =
sequence{5,6}
```

❑ **reject(OclExpression)** 去除 Sequence 中满足 OclExpression 的所有元素组成的新Sequence。示例如下：

```
sequence{1,5,6}->reject(x>3) =
sequence{1}
```

❑ **including(object:T):Sequence(T)** 如果序列 self 中不存在 object，则将 object 追加到 self 所有元素之后，组成新的序列。示例如下：

```
sequence{1,5,6}->including(7) =
sequence{1,5,6,7}
```

❑ **excluding(object:T):Sequence(T)** 如果序列中包含 object，则从序列 self 中删除object，组成新的 Sequence。示例如下：

```
sequence{1,5,6}->excluding(5) =
sequence{1,6}
```

13.4 语言约束

前面的章节中介绍了有关 OCL 的一些基础知识，像语法、表达式、运算符和集合等。除了这些之外，还需要了解一些语言约束，包括使用约束、对象级约束、消息级约束等内容。

13.4.1 使用约束

使用约束主要讲解一些基本类型的约束，它们不仅可用于构成简单约束，而且也可以使用运算符的约束，用于表达某些更复杂的特性的组合约束；更可以用于递归地应用到一个集合的所有元素的迭代约束。

1. 基本约束

约束的最简单形式是用比较两个数据项的关系运算符组成的约束。在 OCL 中，对象和集合可以用运算符 "=" 或者 "<>" 比较相等或者不相等，这些标准运算符可用于测试数值。

由于写一个表达式就能够引用模型中的任何数据项，所以许多通用模式的特性只须使用测试表达式的相等或不等就可以形式地表示，而无须使用任何其他方式。

例如，一个会员的级别，应该是该会员所在系统的一个级别的约束。现在用约束可以定义为：如果直接从会员找到系统，或者间接地从会员找到级别，再从该级别找到系统，将会达到同一个效果。这种约束可以定义为如下形式：

```
context Member inv:
self.user=self.level.system
```

上面使用相等运算符进行测试，它可用于对象和集合，另外还有一些基本约束只能应用于集合。例如，使用 isEmpty 可以测试一个集合是否为空，当然，也可以约束集合的长度为零来实现。

假设现在要约束会员的符号必须大于 1000，

通常可以定义一个集合，然后形式化地表示为：该集合包含了除这个特性之外的所有特性，并约束这个集合为空。下面给出两种表示方式：

```
context System
inv:member->select(grade()>1000)->
isEmpty
inv:member->select(grade()>1000)->
size=0
```

在 OCL 中使用 include 操作可以约束指定对象是一个集合的成员。例如，在商城系统中一个基本的完整性约束是，每个会员的级别是与该会员相关的级别集合中的一个成员。约束的定义如下：

```
context System inv:
member.grade->includes(contract.gr
ade)
```

与 include 类似的还有 includeAll 操作，它以集合作为它的参数，而不是单个对象。因此，它相当于集合的一个子集操作符。例如，下面的约束指定了某个级别的会员全体都是该级别所在系统中的会员。

```
context grade inv:
system.member->includeAll(staff)
```

2．组合约束

所谓组合约束，是指在基本约束的基础上组合前面介绍的多个 OCL 运算符（如 and、or、not 等），最终构成的复杂约束表达式。

OCL 不同于大多数编程语言的是，它定义了一个表示满足预期条件的表达式。例如，假设在商城系统中有一项政策，即每个在线时长超过 50 的会员最低积分为 2500。这个约束用 OCL 定义如下：

```
context member inv:
onlinetime()>50 implies contract.
grade.scores>2500
```

3．迭代约束

迭代约束与 select 操作类似，都是定义在集合上的运算符，返回的结果由应用表达式到该集合的每个元素确定，即迭代约束返回的是对每个元素应用表达式的结果。

例如，forAll 操作表示的是：如果将它应用于集合的每个成员，指定的布尔表达式为真，那么该操作返回 True，否则返回 False。下面的示例演示了使用 forAll 操作约束在商城系统中每个级别必须至少包含一个会员。

```
context System inv:
self.grade->forAll(g|not g.contract->
isEmpty())
```

与 forAll 互为补充的是 exists 操作，它表示的是：如果对该集合中的至少一个元素应用表达式的结果为真，则返回 True；如果对该集合的所有元素应用表达式，结果均为假，则返回 False。下面的示例演示了约束每个部门必须有一位负责人。

```
context System inv:
staff->exists(e|e.manager->isEmpty())
```

如果要定义一个应用于类所有实例的约束，可以不用 forAll 操作。因为对于类的约束，本身就是应用到该类的所有实例。例如，下面的约束指定商城系统中的每个会员的初始积分大于 1000。

```
context Member inv:
scores>1000
```

上述示例说明了，在简单的情况下要为一个特性的类定义约束，没有必须使用 forAll 应用集合。

OCL 还定义了一个 allInstances 操作，该操作应用于一个类型名称，返回的是该类型名称所对应类型的所有实例组成的集合。下面使用 allInstances 操作重写上面的约束。

```
context Member inv:
Member.allInstances->forAll(g | g.
scores>1000)
```

如上述代码所示，在这种情况下使用 allInstances 使约束更加复杂。然而，在某些情况下使用 allInstances 操作却是必要的。一个常见的示例是，定义一个约束必须系统地比较不同的实例，或者一个类的值。例如，下面的约束定义了任何两个级别所需的会员积分都不相同。

```
context Member inv:
Member.allInstances->forAll(g:Memb
er| g<> self implies g.scores<>
self.scores)
```

上面的约束会隐含地应用到会员级别的每个实例，其中 self 指的是上下文的约束。这个约束通过反复应用 allInstances 所形成的集合将上下文对象与该类的每个实例进行对比。

13.4.2 对象级约束

所谓对象级约束，是指对一个对象的属性、操作等与对象有关的特性进行限定。在 OCL 中实现这种约束的方式分别是：常量、前置和后置条件，以及 Let 约束。

1. 常量

常量通常附加在模型元素上，它规定的约束条件通常需要该模型元素的所有实例都满足。例如，对于会员类来说，每个会员的编号必须是唯一的，因此附加在 Member 类上的约束可以如下表示。

```
context Member inv:
self.allInstances->forAll(s1,s2|s1
<>s2 implies s1.id<>s2.id)
```

上述语句中的 inv 是表示常量的关键字，它指出冒号后面是不变的量。常量对于该模型元素的实例在任何时刻都应该为"真"（True）。

2. 前置和后置条件

前置条件表示的是操作开始执行前必须保持为真的条件，后置条件指的是操作成功执行后必须为真的条件。使用前置条件和后置条件的一般形式如下所示。

```
context  operateName(parameters) :
return
pre:constraint
post:constraint
```

在实际应用中，可以灵活使用一般形式。前

置条件和后置条件不一定同时存在，可以只存在前置条件，也可以只存在后置条件。如下面的一段 OCL 语句：

```
context Book::setBookStatus():Boolean
pre : status=BookStatus::Borrowed
or status=BookStatus::Free
```

上面语句是对 Book 类中 setBookStatus()操作的约束，返回一个 Boolean 类型。语句中只有前置条件，并且使用了多个"::"。第一个"::"用于指定操作所属的类，前置条件中的 BookStatus 是一个枚举型，Borrowed 和 Free 是枚举型的可取值。第二个"::"是标识枚举中的值。

前置条件和后置条件约束的写法也很灵活，上面的语句同样也可以写成下面两种表达形式：

```
context Book::setBookStatus():Boolean
pre :
status=" Borrowed"or status="Free "
```

```
context Book::setBookStatus():Boolean
pre :
status="Borrowed"or status= " Free "
```

上面讲述的一些规则对于后置条件同样适用。后置条件表示为操作完成时检测该操作的结果值和模型的状态。例如，在 OCL 表达式中，操作 setBookStatus()将属性值改变为 BookStatues :: None，当操作完成时，对该改动的检测结果应该是 True。如下面的语句所示：

```
context Book::setBookStatus():Boolean
post: status=BookStatues :: None
```

在 OCL 中还支持使用约束的名字。对前置条件或后置条件而言，约束名字位于前置条件或后置条件关键字之后、冒号之前，语句中的黑体 success 即为约束名字。如下所示：

```
context Book::ReturnBook():Boolean
post success :CurrentBookStatues.
status=BookStatues ::Free
```

3. Let 约束

let 表达式附加在模型元素的属性上，它通常用于定义约束中的一个变量。例如，一个学生的综合评分（totalscore）属性是由成绩（score）和附加分（addscore）组成的。因此，对于学生的综合评分，应该满足如下约束：

```
context Student inv:
let  totalscore:integer=self.score
->sum
if noAddscore then
    totalscore<=80
else
    totalscore>=20
endif
```

上述代码使用 let 表达式结合 if…else…endif 组成了综合评分的约束条件。

13.4.3　消息级约束

OCL 支持对已有操作的访问，也就是说，OCL 可以操作信号和调用信号来发送消息。针对信号的操作，OCL 提供了 3 种机制。

- 第一种机制"^"　"^"为 hasBeenSent 已经发送的消息。该符号表示指定对象已经发送了指定的消息。
- 第二种机制 OclMessage　OclMessage 是一种容器，用于容纳消息和提供对其特征的访问。
- 第三种机制"^^"　它是已发送符号"^"的增强形式，允许访问已经发送消息的集合，所有的消息都被容纳在 OclMessage 中。

使用"^"符号可以确定消息是否已经发送。此时需要指定目标对象、"^"符号和应该被发送的消息。例如，当某个代理操作 terminate()完成执行时，该代理的当前合约应该已经发送消息 terminate()。也就是说，当系统中止一个代理时，就必须确保代理的合约也被中止。如下面语句所示：

```
context Agent:terminate()
post:currentContract()^terminate()
```

消息可以包含参数，当操作指定参数时，表达式中传递的值必须符合参数的类型。如果参数值在计算表达式之前未知，就在该参数的位置上使用问号，并提供其类型，如下面的语句所示。

操作声明：

```
Agent terminate(date:Date,vm:Employee)
Contract terminate(date:Date)
```

OCL 表达式：

```
context  Agent:terminate(?:Date,?:
Employee)
post:currentContract()^terminate(?
:Date)
```

上面语句表示消息 terminate()已经被发送到当前的合约对象，但这里没有给出参数的具体含义，此时不用关心参数值是什么。

"^^"消息运算符支持对包含已发送消息的 Sequence 对象的访问。该集合中的所有消息都在一个 OclMessage 内，如下面的语句所示：

```
context  Agent:terminate(?:Date,?:
Employee)
post:currentContract()^^terminate(
?:Date)
```

上面语句中的表达式产生一个 Sequence 对象，该对象容纳了在对代理执行 terminate 操作期间发送到与代理实例相关联的所有合约的消息。

OCL 提供了 OclMessage 表达式，用于访问消息自身。OclMessage 实际上是一个容器，提供一些有助于计算操作执行的预定义操作，如下所示。

- hasReturned()　布尔型。
- result()　被调用操作的返回类型。
- isSignalSent()　布尔型。
- isOperationCall()　布尔型。

使用 OclMessage 可以访问被使用"^^"消息运算符的前一个表达式返回的消息。为建立 OclMessage，使用 let 语句创建类型为 Sequence 的变量来容纳从"^^"消息运算符得来的 Sequence。

运算声明如下：

```
Agent terminate(date:Date,vm:
Employee)
Contract terminate(date:Date)
```

OCL 表达式如下：

```
context Agent::terminate(?:Date,?:
Employee)
post:let message:Sequence(OclMessage)=
contracts^^terminate(?:Date) in
message->notEmpty and
message->forAll(contract|
contract.terminationDate=agent.ter
minationDate and
contract.terminationVM=agent.termi
nationVM)
```

该表达式计算发送到所有合约的消息，以检查日期和剧院经理属性是否已被正确设置为与代理中的值一致。

在 OCL 表达式中，操作和信号之间的一个重要区别是，操作有返回值，而信号没有返回值。这里再次说明 "." 和 "->" 的使用场合："." 是在调用对象的属性时使用；而 "->" 符号是在 Collection 类型包括 Bag、Set 和 Sequence 调用特性或操作时使用。

OCL 语法提供了 hasReturned() 操作，来检查某个操作是否执行完成。当 hasReturned() 操作的结果为 "真" 时，由于操作产生的值是可以访问的，因此 OCL 表达式可以继续；如果 hasReturned() 操作结果为 "假" 时，表示检测不到操作的结果，OCL 表达式应该中止。上面语句中，如果操作没有执行完成，语句 message->notEmpty 之后将引用不存在的值，添加 message.hasReturned() 操作将阻止以下语句在没有可以引用的值时执行。

```
context Agent::terminate(?:Date,?:
Employee)
post:let message:Sequence(OclMessage)=
contracts^^terminate(?:Date) in
message.hasReturned() and
message->motEmpty and
message->forAll(contract|
contract.terminationDate=agent.ter
minationDate and
contract.terminationVM=agent.termi
nationVM)
```

13.4.4 约束和泛化

使用泛化关系时不会引发对象间任何可导航的关系，所以泛化在约束中的作用并不明显。但是，在某些情况下，需要约束引用对象在运行时的类型时，泛化可能会使定义的约束非常复杂。

例如，考虑下图所示的多态示例图，在这里的会员可以有多个不同的收货地址。假设商城对会员有一个限制，即在这些收货地址中必须有一个是默认的。

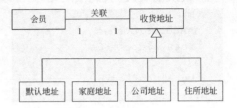

此时，通过约束的形式来表示这个限制。但是，前面的内容中并没有 OCL 表示这个限制的方法。因为在上图中一个会员对象的上下文导航跨过关联提供给对象集合，因此需要另外一种方式确定这些对象运行时的类型。

OCL 中定义了一个 oclIsTypeOf 操作，它以类型作为参数，并且只有该对象的实际类型与指明的类型相同时才为真。使用这个操作，所要求的约束可以使用下列的表示方式。

```
Context Member inv:
Address->size>0 implies
Address->select(oclIsTypeOf(Defaul
tAddress))->size=1
```

约束中运行时的类型信息还有另外一种用文本形式表达模型中并行结构之间必须保持的约束。如下图所示的情况，该商城针对两类不同的会员并对每类会员提供了适应其特殊需要的账户类型。

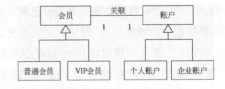

在这种情况下，常常要限制这些子类之间的连接。例如，该商城要求只有普通会员才能成为个人账户，只有 VIP 会员能成为企业账户，这个要求可以用两个底层关联取代会员与账户的关联。此时就可以用另一种方式的约束来表达这种实例具有的特性。

在 OCL 中类似这种约束可以使用 oclType 操作表示。它表示的是，当此操作应用于一个对象时，即返回该对象的类型。下面使用这个操作约束普通会员（Member）必须是个人账户（PersonalAccount）。

`Context Member inv:`

```
Account->forAll(a|a.oclType=Person
alAccount)
```

UML 13.5 建模实例：创建网上购物系统的交互模型

交互图描述了系统的实际运作，在确定了用例和类之后，需要交互图描述系统对象的实际运行和交互。交互图包括顺序图和通信图两种图形。顺序图是交互图中应用最为广泛，并且是最基础的。通信图和时间图根据系统的具体需要确定用不用建模，并且建立在顺序图基础上。

13.5.1 顺序图

顺序图根据具体用例或类的对象，描述对象之间的交互和交互发生的次序。首先是客户与系统

的交互，与客户类交互的用例和类有：客户类、中介类、快递类、订单类、促销折扣类、商品基本信息类、商家信息类。

客户的工作流：注册、登录、查询商品信息、查询促销商品、查询商家信誉、收藏商品、确认要选购的商品、填写订单、选择支付方式、确认订单、支付金额、收货和评论。

为简化模型，将商品基本信息与促销折扣合在一起，称为商品信息管理，则客户与网购系统交互的顺序图如下图所示。

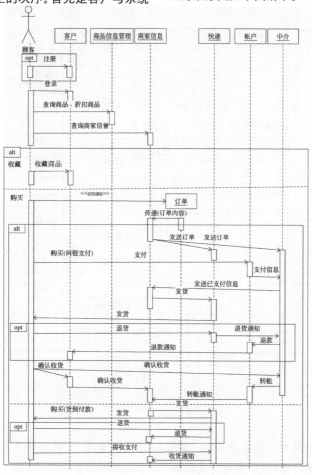

因书本页面有限，没有添加客户查看快递动态和客户评论。除了客户与网购系统的交互，还有商家与网购系统的交互、快递与网购系统的交互。

商家的工作流为：注册、登录、管理商品信息（包括商品信息的添加、修改、删除、查找及折扣信息的添加、修改、删除、查找）、接收订单、发货、查看快递动态和查看评论，如下图所示。

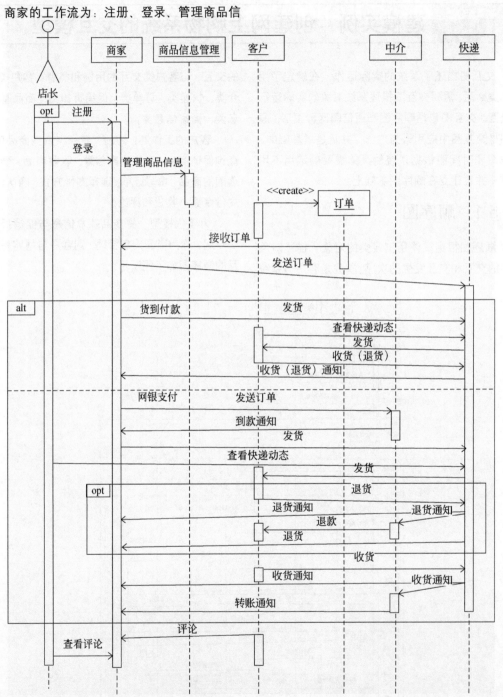

快递与网购系统的交互，其工作流为：接收订单及商品、接货、更新订单动态、查看快递动态、送货、接货、评论，如下图所示。

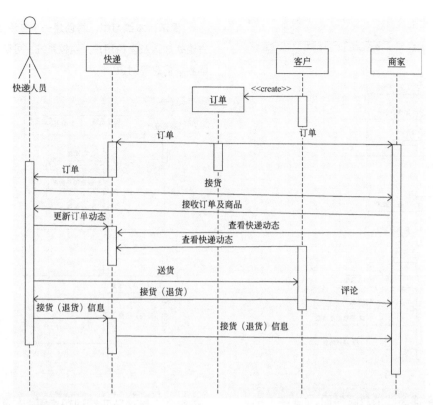

13.5.2 通信图

通信图强调对象间的联系，与顺序图相比更系统化，描述对象间的联系，使项目看起来更系统化，更有逻辑性。

在顺序图确定后，通信图创建起来相对容易。上一节分步创建了 3 个小的顺序图，首先用客户与网购系统交互的顺序图创建通信图。与客户关联的对象有：客户、商品信息管理、商家信息、快递、账户和中介，如下图所示。

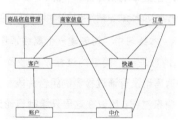

上图只是网购系统交互的一部分，并不包含对象间消息的传递。从中可以得出，网购系统对象间的联系过于复杂，若创建网购系统的通信图模型，对系统的开发益处不大。因此，网购系统不需要创建通信图模型。

UML 13.6 新手训练营

练习 1：创建用户登录顺序图

🔘downloads\13\新手训练营\用户登录顺序图

提示：本练习中，将创建一个用户登录顺序图。用户登录原本是一个简单的过程，但是即时通信系统中的登录需要将所有的好友从数据库中读取，并检测他们的在线状态，通知所有好友用户登录事件，获取离线消息，同时更新自己在数据库中的登录信息等，涉及通信用户、系统、账户信息、好友信息和离线消息这几个对象。在这个过程中，只有密码验证失败，这个组合片段才可使用选择组合片段。

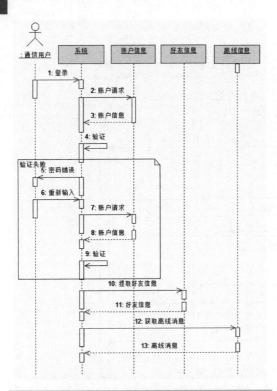

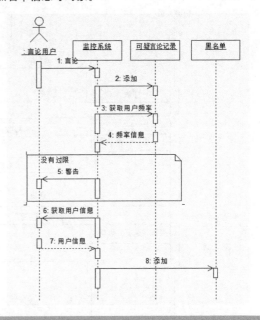

提示：本练习中，将创建一个言论处理顺序图。言论处理涉及言论用户、监控系统、可疑言论记录和黑名单信息等对象。

练习 2：创建离线消息顺序图

downloads\13\新手训练营\离线消息顺序图

提示：本练习中，将创建一个离线消息顺序图。发送离线消息是一个简单的过程，却涉及了多个对象，其中有言论没有通过检测的组合片段，由于该过程是一个复杂过程，所以在这里只绘制言论通过检测的顺序图。

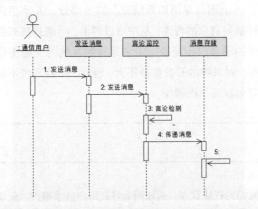

练习 3：创建言论处理顺序图

downloads\13\新手训练营\言论处理顺序图

练习 4：创建马匹管理顺序图

downloads\13\新手训练营\马匹管理顺序图

提示：本练习中，将创建一个马匹管理顺序图。

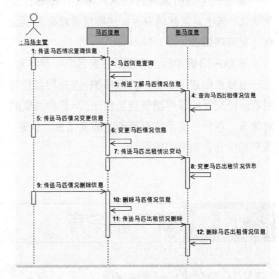

在该顺序图中可以查询、变更以及删除"马匹出租情况信息"。其中，马场主管对马匹信息进行维护；马匹信息变动后也将导致马匹出租情况信息变化。

第 14 章

UML 扩展机制

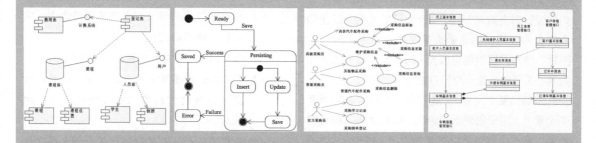

　　虽然 UML 为系统开发提供了一种标准的建模语言，但是任何建模语言均不能满足所有人的需求。为适应更高的建模需求，UML 提供了支持自身扩展和调整的 UML 扩展机制 (Extensibility Mechanism)，以允许建模者在不改变基本建模语言的前提下根据实际需求做相应的扩展。这些扩展机制已经被设计好，可以作为字符串存储和使用，其扩展的基础是 UML 元素，扩展的形式是给这些元素的变形添加一些新的语义。本章将从 UML 的体系结构入手，讲述 UML 扩展机制。

14.1 UML 的体系结构

按照面向对象的问题解决方案以及建立系统模型的要求，UML 从 4 个抽象层次对 UML 的概念、模型元素和结构进行了全面定义，并规定了相应的表示法和图形符号。UML 的 4 层体系结构就从这 4 个抽象层次演化而来，但在了解体系结构之前，还需要先来了解一下 UML 扩展机制的简单概述。

14.1.1 UML 扩展机制概述

为了避免 UML 整体的复杂性，UML 设计者们在设计时有意将 UML 设计为可扩展的，以便用户定义和使用新的元素来解决建模中遇到的一些问题。使用扩展机制可以为 UML 添加新的语义和内容，并可以创建一个已存在元素的构造型，将标签值添加到某个元素上，或者将一些约束施加到某个元素上，用于创建新的语义。除此之外，构建者还可以将扩展机制捆绑到某个用户文件中，从而创建新的适应于某个特定环境的 UML 的"专用语"。

UML 扩展机制由 3 部分组成：构造型（Stereotype）、标记值（Tagged Value）和约束（Constraint）。这 3 种扩展机制增加了模型中的新构造型、创建新特性和描述新语义。因此，可以根据这 3 种扩展机制进行实时扩展。在许多情况下，UML 用户利用该扩展机制对 UML 进行扩展，使其能够应用到更广泛的领域。

扩展的基础是 UML 元素，扩展的形式是给这些元素的变形添加一些新的语义。新语义可以有 3 种形式：重新定义、增加新的使用限制和对某种元素的使用增加一些限制。

14.1.2 4 层元模型体系结构

元模型理论是从 20 世纪 80 年代后期发展起来的，虽然起步比较晚，但是发展速度非常快。它解决了产品数据一致性与企业信息共享问题，对企业建模有重要价值。到目前为止，为了不同的目的，

已经定义了很多元元模型和元模型。例如，最早由 EIA（电子工业协会）定义的 CDIF（CASE Data Interchange Format）元元模型，由 OMG（对象管理组织）定义的 MOF（Meta Object Facility）元元模型等。这些元元模型的建立都是以经典的 4 层元数据体系结构为基础的。

4 层元模型是 OMG 组织指定的 UML 的语言体系结构，这种体系结构是精确定义一个复杂模型语义的基础。除此之外，该体系结构还有以下特点（功能）。

- 通过递归地将语义应用到不同层次上，完成语义结构的定义。
- 为 UML 元模型扩展提供体系结构基础。
- 为 UML 元模型实现与其他基于 4 层元模型体系结构的标准相结合提供体系结构基础。

UML 具有一个 4 层的体系结构，每个层次是根据该层中元素的一般性程序划分的。从一般到具体，这 4 层结构分别是：元元模型层（Metametamodel）、元模型层（Metamodel）、模型层（Model）和用户模型层（Usermodel）。下图列举了 UML 4 层体系结构的示意图。

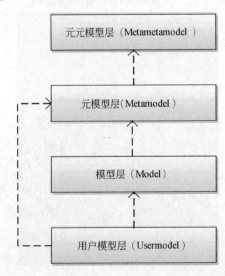

从上图中可以看出,元元模型层依赖于元模型层,而元模型层依赖于用户模型层和模型层,模型层又依赖于用户模型层。它们的具体说明如下所示。

1．元元模型层

元元模型层通常称为 M3 层,位于 4 层体系结构的最上层。它是 UML 的基础,表示任何可以被定义的事物。该层具有最高的抽象级别,这一抽象级别用作形式化概念的表示,并指定元元模型定义语言。元元模型层的主要职责是为了描述元模型而定义的一种"抽象语言"。一个元元模型中可以定义多个元模型,而每个元模型也可与多个元元模型相关联。元元模型上的元元对象的例子有元类、元属性和元操作等。

2．元模型层

元模型层通常称为 M2 层,包括所有组成 UML 的元素。元模型层中的每个概念都是元元模型层中概念的实例。一般来说,元模型比元元模型更加精细,尤其表现在定义动态语义时。元模型元对象的例子有类、属性、操作和构件等。

3．模型层

模型层通常称为 M1 层,由 UML 的模型构成。模型层主要用于解决问题、解决方案或系统建模,层中的每个概念都是元模型中概念的实例,这一抽象级别主要用来定义描述信息论域的语言。

4．用户模型层

用户模型层通常又称为 M0 层,位于所有层次的最底部,该层的每个实例都是模型层和元模型层概念的实例。该抽象级别的模型通常叫作对象或实例模型。用户模型层的主要作用是描述一个特定的信息。

UML 4 层体系结构又可以称作元模型建模,其建模的一个特征是定义的语言具有自反性,即语言本身能通过循环的方式定义自身。当一个语言具有自反性时,就不再需要去定义另一个语言来规定其语义。

当相关人员在模型中创建一个类时,其实已经创建了一个 UML 类的实例。同时,一个 UML 类也是元元模型中的一个元元模型类的实例。4 层元模型层次结构如下图所示。

提示

尽管元建模型体系结构可以扩展成含有附加层的结构,但是这一般是没用的。附加的元层(如元元元建模层)之间往往很相似,并且在语义上也没有明显的区别。因此,本书把讨论限定在传统的四层元建模体系结构上。

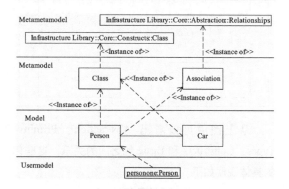

14.1.3　元元模型层

元元模型层由元元数据结构和语义的描述组成,它的定义比元模型更加抽象、简捷。一个元元模型可以定义多个元模型,而每个元模型也可以与多个元元模型相关联。元元模型描述基本的元元类、元元属性和元元关系,它们都用于定义 UML 的元模型。UML 的元元模型层是 UML 的基础结构,基础结构由包 Infrastructure 表示。下图为 Infrastructure 包的结构。

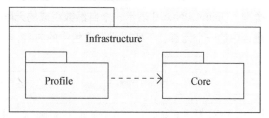

从上图中可以看出,元元模型层基础结构库包由两部分组成:核心包(Core)和外廓包(Profile)。其具体说明如下。

❑ **核心包**　包括了建立元模型时所用的核心概念。

❑ **外廓包**　定义了定制元模型的机制。

1．核心包

核心包中定义了 4 个包,它们分别是 Primitive

Types（基本类型包）、Abstraction（抽象包）、Basic（基础包）和 Constructs（构造包）。这 4 个包之间的关系如下图所示。

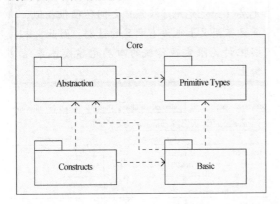

从上图中可以看出 Abstraction、Primitive Types、Constructs 和 Basic 包之间的关系，这些包的具体说明如下。

❑ **Abstraction**（抽象包）

抽象包中包括很多元模型重用的抽象元类，也可以用来进一步特化成由很多元模型重用的抽象元类。抽象包可以分为 20 多个小包，这些包说明了如何表示建模中的模型元素，其中最基础的包只含有 Element 抽象类的 Element 包。

❑ **Primitive Types**（基本类型包）

基本类型包中定义了许多数据类型，如 Integer、Boolean、String 和 UnlimtedNatual 等，同时也包含了少数在创建元模型时常用的已定义的类型。UnlimtedNatual 表示一个自然数组成的无限集合中的一个元素，下图显示了该包中的内容。

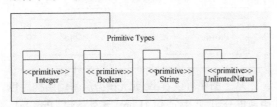

❑ **Constructs**（构造包）

构造包包括用于面向对象建模的具体元类，不仅组合了许多其他包的内容，还添加了类、关系和数据类型细节等。

❑ **Basic**（基础包）

基础包是开发复杂语言的基础，具有基本的指定数据类型的能力。

2．外廓包

外廓包定义了一种可以针对一个特定的知识领域改变模型的机制，这种机制可用于对现存的元模型进行裁减，使之适应特定的平台。外廓包的存在依赖于核心包。Profiles 包可以当作 UML 的一种调整，如针对建筑领域建模而改写的 UML。扩展 UML 是基于 UML 添加内容，正是 Profiles 包说明了允许设计者添加的内容。

14.1.4　元模型层

UML 的元模型层是元元模型层的实例，它由 UML 包的内容规定，又可以将 UML 中的包分为结构性建模包和行为性建模包。包之间相互依赖，形成循环依赖性，该循环依赖性是由于顶层包之间的依赖性概括了其子包之间的所有联系。子包之间是没有循环依赖性的，如下图显示了 UML 中包的结构。

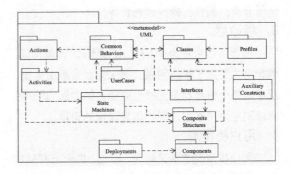

从上图可以看出，UML 中包含许多包，如 UserCases、Classes、Profiles、Deployments 和 Actions 等。这些包的名称已经表明了该包的内容，下面只选择几个比较重要的包进行介绍。其主要内容如下所示。

❑ **Classes 包**　Classes 包为类包，该包中含了类以及类之间关系的规范。Classes 包中的元素和 Infrastructure Library::Core 包中的抽象包和构造包相关联，并且 Classes 包通过那些包合并为 Kemel 包，并复用了其中的规范。

❑ **CommonBehaviors 包** CommonBehaviors 包只是一个普通的行为包,该包中包含了对象如何执行行为、对象间如何通信,以及对时间的消逝建模的规范。

❑ **UseCases 包** UseCases 包也叫作用例包,该包中包含有关参与者、用例、包含关系和扩展关系等的正式规范。UseCases 使用来自 Kemel 和 CommonBehaviors 包中的信息,并且规范了捕获一个系统功能需求的图。

❑ **CompositeStructure 包** CompositeStructure 包中除了包含组成结构图的规范外,还对端

口和接口进行了正式说明。

❑ **AuxiliaryConstruts 包** AnxiliaryConstruts 包负责处理模型外观,它处理的东西是模板和符号。

> **注意**
>
> 除了上面介绍的与包相关的内容外,还有其他包也是比较常用的,如 Deployments(部署图)、Components(组件图)和 Activities(活动图)等。这些包的具体说明不再详细介绍,具体内容可以参考前面的章节。

UML 14.2 UML 核心语义

如果用户要实现自定义扩展功能,就必须掌握 UML 的核心语义,它有助于理解 UML 底层模型。UML 的核心语义中最基础的内容是元素,这是 UML 大多数成分的抽象基类,在此之上可以附加一些其他机制。元素一般可以被转化为模型元素、视图元素等。

14.2.1 模型元素

模型元素是建模系统的一个抽象,如类、消息、节点和事件等。模型元素被专有化后对系统建模非常有用,大多数元素都有相对应的视图来表示它们。但是,某些模型元素没有相应的视图元素,如模型元素的行为就无法在模型中可视化地描述。

模型元素被专有化后表示多种 UML 使用的建模概念,如类型、实例、值、关系和成员等,具体说明如下所示。

❑ **类型** 类型是一组具有相同操作、抽象属性和关系以及语义实例的描述。它被专有化为原始类型、类和用例,其中类又可被专有化为活动类、信号、组件和节点。所有类型的子类都有一个相应的视图元素。

❑ **实例** 一种类型描述的某一个单个成员,类的实例就是对象。

❑ **笔记** 附加在一个元素或一组元素中的注

释。笔记没有语义,模型元素的笔记对应相应的视图元素。

❑ **值** 类型定义域里的一个元素。类型定义域是某个类型的定义域。定义域是数学范畴,如 1 属于整数的类型定义域。

❑ **构造型** 建模元素的一种类型,用于扩展 UML 的语义。构造型必须以 UML 中已经定义的元素为基础,可以扩展语义,但不能扩展元素的结构。UML 中定义有标准的构造型。

❑ **关系** 模型元素之间的一种语义连接。关系被专有化为通用化、相关性、关联、转移和链接等。通用化是更通用元素和更专有元素之间的一种关系。专有元素与通用元素完全一致还包含其他信息,在所有使用更通用元素实例的场合,都可以使用更专有化元素的实例;相关性是两个模型元素之间的一种关系;关联描述了一组链接的一种关系;链接是对象组之间的一种语义连接。转移是两个活动或状态之间的关系。在状态图和活动图中对转移介绍得十分详细,它就是关系的专有化。

❑ **标记值** 把性质明确定义为一个名—值对。UML 预定义了一些标签,相应的视图

元素是一个性质表。性质普遍应用于与元素有关的任意值，包括类的属性、关联和标记值。

□ **成员**　类型或类的一部分，表示一个属性或操作。

□ **约束**　一条语义或限制。UML 中定义了一些标准的约束，约束也有其对应的视图元素。

□ **消息**　对象之间的一种通信，传递有关将要进行活动的信息。可以认为接收消息是一个事件，不同的消息对应不同的视图元素。

□ **参数**　变量的规格说明，可以被传递、修改和返回。可以在消息、操作和事件中使用参数。状态图中的事件触发器中曾经使用了参数。

□ **动作**　是对信号或操作的调用，代表一个计算或执行过程，具有对应的视图元素。活动图中的活动就是动作的代表。

□ **关联角色**　类型或类在关联中扮演的角色，有对应的视图元素，如在类图中两类之间的关联类型。

□ **状态顶点**　转移的源或目标状态。

□ **协作**　支持一组交互的环境。

□ **事件**　时间或空间的一个显著发生。事件有对应的视图元素。

□ **行为**　行为是一个可见的作用及结果。

□ **链接角色**　关系角色的实例。

14.2.2　视图元素

视图元素是一个映射，单个模型元素或一组模型元素的文字或图形映射，可以是文字或图形符号。视图元素也可以被专有化为图，它们是前面曾经介绍过的用例图、组件图、类图、活动图、状态图、顺序图等。

包是一种组合机制，可以拥有或引用元素（或其他的包）。包中的元素可以有多种，如模型元素、视图元素、模型和系统等。下图演示了包、模型元素和视图之间的关系。

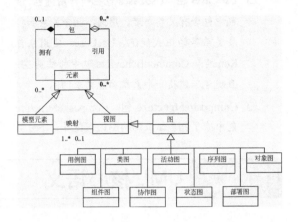

从上图中可以看到，一个包拥有或引用元素，而该元素可以是模型元素，也可以是视图元素，还可以是其他元素（如系统或模型）。视图元素是模型元素的映射，它映射一个或一级模型元素。另外，视图还可以被专有化为多种图，如用例图、类图、活动图、对象图和组件图等。

元素具有零个或一个构造型、零个或多个标记值，对约束有一种派生相关关系。所有元素都可能与其他元素有相关关系，而所有元素的子类，包括各类构造型、约束和标记值等也将继承这种相关关系。换句话说，类图中可以定义多个属性和操作，且类与类之间可以设置关系等，这些全都说明了元素之间存在的相关关系。

14.3 构造型

构造型扩展机制采用的方式是基于一个已存在的模型元素定义一种新的模型元素，新的模型元素在一个已存在的元素中加入了一些额外语义。构造型可以为 UML 增加新事物，是一种优秀的扩展机制，它把 UML 中已定义元素的语义专有化，能够有效地防止 UML 变得过于复杂。

14.3.1　表示构造型

构造型扩展机制不是给模型元素增加新的属性或约束，而是在原有模型元素的基础上增加新的语义或限制。构造型在原来模型元素的基础上添加了新的内容，但并没有更改模型元素的结构。

构造型允许用户对模型元素进行必要的扩展和调整，还能够有效地防止 UML 变得过于复杂。构造型可以基于所有种类的模型元素，如类、节点、组合、注释、关联、泛化和依赖等都可以用来作为构造型的基类。它也可以被看成特殊的类，相关人员在表示构造型时，可以将构造型名称用一对双尖括号（有的地方使用书名号或源码括号）括起来，

然后放置在构造型模型元素名字的邻近。下图演示了构造型的表示。

<<metaclass >>StudentScore

上图演示了一个基本的构造型类，相关人员可以利用这种方法表示一个特定的构造型元素，另外，也可以使用代表构造型的一个图形图标来表示，如数据库可以使用圆柱形图标表示。还可以将这两种方式结合起来，只要一个元素具有一个构造型名称或与它相连的图标，那么该元素就被当作指定构造型的一个元素类型被读取。

14.3.2　UML 标准构造型

UML 中已经预定义了多种标准构造型，相关人员可以在这些标准构造型的基础上自定义构造型，如<<actor>>、<<association>>和<<bind>>等。下表详细列出了标准构造型，以便参考。

构造型名称	对应元素	说　明
<<actor>>	类	该类定义了与系统交互的外部变量
<<association>>	关联角色	通过关联可访问对应元素
<<becomes>>	依赖	该依赖存在于源实例和目标实例之间，它指定源和目标代表处于不同时间点并且具有不同状态和角色的实例
<<bind>>	依赖	该依赖存在于源类和目标模板之间，它通过把实际值绑定到模板的形式参数创建类
<<call>>	依赖	该依赖存在于源操作和目标操作之间，它指定源操作激活目标操作。目标必须是可访问的，或者目标操作在源操作的作用域内
<<constraint>>	注释	指明该注释是一个约束
<<constructor>>	操作	该操作创建它所附属的类元的一个实例
<<classify>>	依赖	该依赖存在于源实例和目标类元之间，指定源实例是目标类元的一个实例
<<copy>>	依赖	该依赖存在于源实例和目标实例之间，它指定源和目标代表具有相同状态和角色的不同实例。目标实例是源实例的精确副本，但复制后两者不相关
<<create>>	操作	该操作创建一个它所附属的类元实例
	事件	该事件表明创建了封装状态机的一个实例

续表

构造型名称	对应元素	说　明
<<declassify>>	依赖	该依赖存在于源实例和目标类元之间，它指定源实例不再是目标类元的实例
<<destroy>>	操作	操作销毁它所附属类元的一个实例
	事件	事件表明销毁封装状态机类的一个实例
<<delete>>	精化	该精化存在于源元素和目标元素之间，它指明元素不能够进一步精化
<<derived>>	依赖	该依赖存在于源元素和目标元素之间，它指定源元素是从目标元素派生的
<<destructor>>	操作	该操作销毁它所附属类元的一个实例
<<document>>	组件	代表文档
<<enumeration>>	数据类型	该数据类型指定一组标识符，这些标识符是数据类型实例的可能值
<<executable>>	组件	组件代表能够在节点上运行的可执行程序
<<extends>>	泛化	该泛化存在于源用例和目标用例之间，它指定源用例的内容可以添加到目标用例中。该关系指定内容加入到要添加的源用例应该满足的条件
<<façade>>	包	包中只包含对其他包所属的模型元素的引用，它自身不包含任何模型元素
<<file>>	组件	该组件代表包含源代码或数据的文档或文件
<<framework>>	包	该包主要由模式构成
<<friend>>	依赖	该依赖存在于不同包的源元素和目标元素之间，它指定无论目标元素声明的可见性如何，源元素都可以访问目标元素
<<global>>	关联角色端	关联端的实例在整个系统中都是可访问的
<<import>>	依赖	该依赖存在于源包和目标包之间，它指定源包接收，并可以访问目标包的公共内容
<<implementation class>>	类	该类定义另一个类的实现，但这种类并非类型
<<inherits>>	泛化	该泛化存在于源类元和目标类元之间，它指定源类元是目标类元的一个实例
<<instance>>	类	该类定义一个操作集合，这些操作可用于定义其他类提供的服务。该类可以只包含外部的公共操作，而不包含方法
<<invariant>>	约束	该约束附属于一组类元或关系，它指定一个条件，对于类元或关系，这个条件必须为真
<<local>>	关联角色端	关联端的实例是操作中的一个局部变量
<<library>>	组件	该组件代表静态或动态库，静态库是程序开发时使用的库，该库链接到程序；动态库是程序运行时使用的库，程序在执行时访问该库
<<metaclass>>	类元	该类是某个其他类的元类
	依赖	该依赖存在于源类元和目标类元之间，它指定目标类元是源类元的元类
<<parameter>>	关联角色端	关联端的实例是操作中的参数变量
<<postcondition>>	约束	该约束指定一个条件，在激活操作之后，该条件必须为真
<<powertype>>	类元	该类元是元类型，它的实例是另一种类型的子类型，也就是说，该类元是包含在泛化关系中的判别式类型

续表

构造型名称	对应元素	说 明
<<powertype>>	依赖	该依赖存在于源类元和目标类元之间,它指定目标类元源泛化组的强类型
<<precondition>>	约束	该约束附属于操作,它指定一个操作要激活该操作,条件必须为真
<<private>>	泛化	该泛化存在于源类元和目标类元之间,在源类元中,继承目标类元的特性是隐藏的或是私有的
<<process>>	类元	该类元表示具有重型控制流的活动类,它是带有控制表示的线程,并可能由线程组成
<<query>>	操作	该操作不修改实例的状态
<<realize>>	泛化	该泛化存在于源元素和目标元素之间,它指定源元素实现目标元素。如果目标元素是实现类,那么该关系暗示操作继承,而不是结构的继承;如果目标元素是接口,那么源元素支持接口的操作
<<refine>>	依赖	该依赖存在于源元素和目标元素之间,它指定这两个元素位于不同的语义抽象级别。源元素精化目标元素或由目标元素派生
<<requirement>>	注释	该注释指定它所附属元素的职责或义务
<<self>>	关联角色端	因为是请求者,所以对应的实例是可以访问的
<<send>>	依赖	该依赖存在于源操作和目标信号类之间,它指定操作发送信号
<<signal>>	类	该类定义信号,信号的名称可用于触发转移。信号的参数显示在属性分栏中。该类虽然不能有任何操作,但可以与其他信号类存在泛化关系
<<stereotype>>	类元	该类元是一个构造型,它是一个用于对构造型层次关系建模的原模型类
<<stub>>	包	该包通过泛化关系不完全地转移为其他包,也就是说,继承只能继承包的公共部分,而不继承包的受保护部分
<<subclass>>	泛化	该泛化存在于源类元和目标类元之间,用于对泛化进行约束
<<subtype>>	泛化	该泛化存在于源类元和目标类元之间,表明源类元的实例可以被目标类元的实例代替
<<subsystem>>	包	该包是有一个或多个公共接口的子系统,它必须至少有一个公共接口,并且其任何实现都不能是公共可访问的
<<supports>>	依赖	该依赖存在于源节点和目标组件之间,指定组件可存于节点上,即节点支持或允许组件在节点上执行
<<system>>	包	该包表示从不同的观点描述系统的模型集合,每个模型显示系统的不同视图。该包是包层次关系中的根节点,只有系统包可以包含该包
<<table>>	组件	该组件表示数据库表
<<thread>>	类元	该类元是具有轻型控制流的活动类,它是通过某些控制表示的单一执行路径
<<top level package>>	包	该包表示模型中的顶级包,代表模型的所有非环境部分。在模型中,它处于包层次关系的顶层
<<trace>>	依赖	该依赖存在于源元素和目标元素之间,指定这两个元素代表同一概念的不同语义级别
<<type>>	类	该类指定一组实例以及适用于对象的操作,类可以包括属性、操作和关联,但不能有方法

续表

构造型名称	对应元素	说　　明
<<update>>	操作	该操作修改实例的状态
<<use case model>>	包	该包表示描述系统功能需求的模型，它包含用例以及与参与者的交互
<<uses>>	泛化	该泛化存在于源用例和目标用例之间，它用于指定源用例的说明中包含或使用目标用例的内容。关系用来提取共享行
	依赖	该依赖存在于源元素和目标元素之间，用于指定下列情况：为了正确地实现源模型的功能，要求目标元素存在
<<utility>>	类元	该类元表示非成员属性和操作的命名集合

上表中已经详细列出了 UML 中的标准构造型，读者已经在前面的章节中见到过它们，它们的详细使用方法这里不再介绍。

14.3.3　使用 UML 扩展机制进行建模

从前面章节中可以了解到，使用 UML 图（如类图、组件图和部署图）可以进行建模，它们都离不开 UML 扩展机制的内容。下面将分别从数据建模、Web 建模和业务建模等方面进行介绍。

1．数据建模

进行数据建模时，通常使用的建模工具是 Erwin、Power Designer 和 ERStudio 等。UML 具有强大的功能，因此相关人员也可以使用 UML 进行建模。使用 UML 建模时就需要使用相关的扩展机制内容，对于关系型数据库来说，可以使用类图描述数据库模式和数据库表，使用操作描述触发器和存储过程。

进行数据库设计时，与数据库相关的一些关键概念需要使用 UML 来表示，如模式、主键、外键、域、关系、约束、索引、触发器、存储过程以及视图等。从某种意义上说，使用 UML 进行数据库建模就是要确定如何使用 UML 中的元素来表示这些概念，同时引用完整性、范式等要求。下表列出了常用的数据库概念对应的 UML 元素。

数据库中的概念	构造型	对应元素
数据库	<<database>>	组件
模式	<<schema>>	包
表	<<table>>	类
视图	<<view>>	类
域	<<domain>>	类
索引	<<index>>	操作
主键	<<PK>>	操作
外键	<<FK>>	操作
唯一约束	<<Unique>>	操作
检查约束	<<check>>	操作
触发器	<<trigger>>	操作
存储过程	<<SP>>	操作
表间非确定性关系	<<Non-Identifying>>	关联，聚合
表间确定性关系	<<Identifying>>	组合

2．Web 建模

Web 应用程序建模时需要利用 UML 的扩展机制对 UML 的建模元素进行扩展。对 Web 建模主要是利用 UML 的构造型这个扩展机制，在类和关联上定义一些构造型，以解决 Web 应用系统建模的问题。其中，WAE（Web Application Extension for

UML）扩展方法影响比较大。WAE 定义了一些常见的 Web 建模元素的版型，如果在开发中遇到 WAE 没有提供的版型，完全可以根据 UML 的扩展机制定义自己的构造型。

3．业务建模

使用 UML 进行业务建模时，同样需要对 UML 做一些扩展。例如，可以通过在 UML 的核心建模元素上定义版型来满足业务建模的需要。目前用得比较多的是 Eriksson 和 Penker 定义的一些版型，它们也可以称为 Eriksson-Penker 业务扩展。Eriksson-

Penker 扩展方法主要是利用 UML 的扩展机制对 UML 的核心元素进行扩展，其扩展的内容如下所示。

- ❑ 业务过程方面的元素。
- ❑ 业务资源方面的元素。
- ❑ 业务规则方面的元素。
- ❑ 业务目标方面的元素以及其他元素。

业务建模的特点：通常需要外部模型和内部模型才能表现。内部模型是描述业务内部事务的对象模型，外部模型是描述业务过程的用例模型。下表列出了业务模型建模时的构造型。

名 称	应 用 元 素	说 明
\<\<use case model\>\>	模型	该模型表示业务的业务过程与外在部分的交互。该模型将业务过程描述为用例，将业务的外在部分描述为参与者，并描述外在部分与业务过程之间的关系
\<\<use case system\>\>	包	该包是包含用例包、用例、参与者和关系的顶级包
\<\<use case package\>\>	包	该包包含用例、参与者和关系
\<\<object model\>\>	模型	该模型表示对象系统的顶级包，用于描述业务系统的内部事务
\<\<organization\>\>	子系统	该子系统是实际业务的组织单元，由组织单元、工作单元、类和关系组成
\<\<object system\>\>	子系统	该子系统是包含组织单元、类和关系的对象模型中的顶级子系统
\<\<work unit\>\>	子系统	该子系统包含的一个或多个实体为终端用户构成了面向任务的视图
\<\<worker\>\>	类	该类定义了参与系统的人，在用例实现时，工作者与实体交互并操作实体
\<\<case worker\>\>	类	该类定义直接与系统外部参与者交互的工作者
\<\<internal worker\>\>	类	该类定义与系统内其他工作者和实体交互的工作者
\<\<entity\>\>	类	该类定义了被动的、自身并不能启动交互的对象，这些类为交互中包含的工作者之间进行共享提供了基础
\<\<communicate\>\>	关联	该关联表示两个交互实例之间的关系：实例之间通过发送和接收消息进行交互
\<\<subscribes\>\>	关联	该关联表示原订阅者和目标发行者类之间的关系：订阅者指定一组事件，当发行者中发生其中一个事件时，发行者就要通知订阅者
\<\<use case realization\>\>	协作	该协作实现用例

UML 14.4 标记值

性质通常用于表示元素的值，增加模型元素的有关信息。标记值明确地把性质定义成一个"键—值"对，这些"键—值"对存储模型元素相关信息。而标记值扩展 UML 构造块的特性或标记其他模型元素，为 UML 事物增加新特性。使用标记值的目的是赋予某个模型元素新的特性，而这个特性不包括在元模型预定义的特性中。与构造型类似，标记值只能在已存在的模型上扩展，而不能改变其定义结构。

14.4.1 表示标记值

标记值可以用来存储元素的任意信息，也可以用来存储有关构造型模型元素的信息。标记值是一对字符串，包括标记字符串和值字符串，它是一个键值，存储着有关元素的一些信息。标记值用字符串表示，字符串有标记名、等号和值，它们被规则地放置在大括号内，等号左边代表键，即名称；等号右边代表值。通常使用的几种方式如下所示：

```
{tag=value} or {tag1=value1,tag2=
value2} or {tag}
```

从上述代码中可以看出，如果标记（键）是一

个布尔类型，则可以省略其值，将它的值默认为真。但是除了布尔类型外，其他的类型都必须明确写出值，值并没有语法限制，可以使用任何符号表示。下图演示了标记值的基本表示。

```
           Good
      {author = Dreamer,
       version = 3. 0. 1}

addBook (){多态, 连续}
deleteBook () {多态, 连续}
```

14.4.2 UML 标准标记值

与构造型扩展机制一样，UML 中也预定义了多种标准标记值，如 Documentation、Location 和 Semantics 等。这些标记值的具体说明如下表所示。

名　称	应用元素	说　明
Documentation（文档）	任何建模元素	指定元素的注解、说明和注释
Location（位置）	类元	指定类元所有组件
	组件	指定组件所在节点
Persistence（持久性）	属性	指定模型元素是持久的。如果模型元素是暂时的，当它或它的容器销毁时，它的状态同时被销毁；如果模型元素是持久的，当它
	类元	的容器被销毁时，其状态保留，仍可以被再次调用
	实例	
Responsibility	类元	指定类元的义务
Semantics	类元	指定类元的意义和用途
	操作	指定操作的意义和用途

14.4.3 自定义标记值

相关人员可以使用 UML 中的标准标记值，同样也可以自定义标记值。从前面的内容可以了解到，标记值由"键"（即标记）和"值"（即某种类型）组成，可以连接到任何元素上为这些元素加上一些新的语义。标记值是有关模型和模型元素的附加信息，在最终的系统中是不可见的。

相关人员自定义标记值时的具体步骤如下。

（1）确定要定义标记值的目的。

（2）定义需要标记值的元素。

（3）为标记进行命名。

（4）定义值类型。

（5）根据使用标记值对象（人或机器）的不同，适当定义标记值。

（6）在文档中给出一个以上使用该标记值的例子。

自定义标记值也十分简单，例如，在一个类中为某个操作 Show Information 和加在任何元素上的 Author 添加标记值。前者用于指明操作显示何种信息，后者说明该元素的作者是谁。内容如下所示：

```
{Show Information=System Information"}
{Author="XuSen"}
```

14.4.4 标记值应用元素

文献（Documentation）是给元素实例进行建档的标记，它的值是一个字符串。通常，这个标记值是单独显示的，并不会与元素放在一起，如在某些软件或工具中，其值是显示在一个性质或"文献

窗口"中的。抽象类的文献标记值，可以将该类描述为：

```
This class can inherit only.
```

标记值在元素类型、实例、操作和属性的应用一共有 9 种，分别为：不变性（Invariant）、后置条件（Postcondition）、前置条件（Precondition）、责任（Responsibility）、抽象（Abstract）、持久性（Persistence）、语义（Semantics）、空间语义（Space Semantics）和时间语义（Time Semantics）等，其标记值的具体说明如下所述：

❑ **不变性**　应用于类型，它指定了类型实例在整个生命周期中必须保持一种性质，这个性质通常是对于该类型实例必须有效的一种条件。

❑ **后置条件**　应用于操作，它是操作结束后必须为真的一个条件，该值没有解释，通常也不显示在图中。

❑ **前置条件**　应用于操作，它是操作开始时必须为真的一个条件。通常把不变性、后置条件和前置条件结合起来使用。

❑ **责任**　应用于类型，指定了类型的责任，它的值是一个字符串，表示了对其他元素的义务。责任通常是用其他元素的义务描述的。

❑ **抽象**　抽象标记值应用于类，表明该类不能有任何对象。该类用来继承和专有化成其他具体的类。

❑ **持久性**　应用于类型，将类型定义成持久性，说明该类对象可以存储在数据库或文件中，并且在程序的不同执行过程之间，该对象可以保持它的值或状态。

❑ **语义**　应用于类型和操作。语义是类型或操作意义的规格说明。

❑ **空间语义**　应用于类型和操作。空间语义是类型或操作空间复杂性意义的规格说明。

❑ **时间语义**　应用于类型和操作。时间语义是类型或操作时间复杂性意义的规格说明。

位置用于说明某个模型元素位于哪个组件或位于哪个节点中，它的值是节点或组件，它可以为模型元素和组件添加标记值。

14.5　约束

同构造型和标记值一样，约束也是 UML 中的扩展机制。就像原型一样，约束出现在几乎所有的 UML 图中。本节将简单介绍约束的相关知识，包括约束的概念、表示方法、UML 中的标准约束以及如何自定义约束等内容。

14.5.1　表示约束

约束是用文字表达式表示的施加在某个模型元素上的语义限制，它应用于元素。一条约束应用于同一种类的元素，因此一条约束可能涉及许多元素，但它们都必须是同一类元素。

约束的每个表达式都有一种隐含的解释语言，这种语言可以是正式的数学符号，如集合的符号；

也可以是一种基于计算机的约束语言，如 OCL；还可以是一种编程语言，如 C 语言和 C++等；除了前面 3 种语言外，约束还可以是伪代码或非正式的自然语言。

约束用于加入新的规则或修改已经存在的规则，即利用一个表达式把约束信息应用于元素上。它是一种限制，这种限制限定了该模型元素的用法或语义。

与构造型相似，约束出现在几乎所有 UML 图中，它定义了保证系统完整性的不变量。约束定义的条件在上下文中必须保持为真。

约束是用文字表达式来表示元素、依赖关系和注释上的语义限制。约束用大括号内的字符串表达式表示。例如，一个戏剧演出的属性叫作 name，然后要求该 name 属性的长度不能超过 50 个希腊字母，其中可以包括空格或标点，但是不能包含其他特殊字符。使用汉字表示该约束可以写成：

{最多包含 50 个希腊字母，包括空格和标点，但是不能包含其他特殊字符}

约束可以直接放在图中，也可以直接独立出来。下面分别从对通用化约束、对关联约束和对关联角色约束 3 个方面表示约束。

1．对通用化约束

通用化约束只能被应用于子类。应用于通用化约束的方式有 4 种：完整、不相交、不完整和覆盖。这 4 种约束都是语义的约束，它们被大括号包围，约束之间使用逗号进行分隔。其中，完整通用化约束、不完整通用化约束和覆盖通用化约束的具体说明如下所述。

- □ **完整通用化约束** 该约束指定了一个继承关系中的所有子类，不允许增加新的子类。
- □ **不完整通用化约束** 该约束与完整通用化约束相反，它可以增加新的子类，一般情况下该约束为默认值。
- □ **覆盖通用化约束** 该约束是指在继承关系中，任何继承的子类可以进一步继承一个以上的子类，可以说，同一个父类可以有多个子类，并且可以循环继承。

在类型中使用通用化约束，如果没有共享，则使用一条虚线通过所有的继承线，并且在虚线旁边添加约束。下图演示了通用化约束。

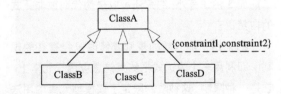

2．对关联约束

关联有两种默认的约束：隐含约束和或约束，具体说明如下所述。

- □ **隐含约束**

隐含约束表明关联是概念的，而不是物理的。隐含的关联连接类，但对象之间并没有关联。隐含

关联中的对象之间也没有物理连接，而是通过其他一些机制产生联系，如对象或查询对象的全局名。

- □ **或约束**

或约束指定一组关联对它们的连接有约束，或约束指定一个对象只连接到一个关联类的对象。或约束以{or}的形式出现，其使用方法如下图所示。

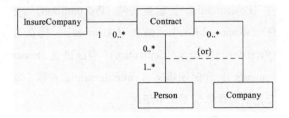

从上图的或约束图中可以看出，Person 和 Company 可以有 0 个或多个 Contract，一个 Contract 可以由一个或多个 Company 拥有。如果没有或约束，则表示一个或多个 Person 以及一个或多个 Company 可以拥有 Contract，将会影响语义，允许一个 Contract 属于不同的 Person。

3．对关联角色约束

有序约束是唯一对关联角色的标准约束。一个有序的关联指定关联里的连接之间有一定隐含顺序，此时可以使用{ordered}进行约束。下图为对关联角色的约束。

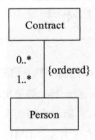

上图显示了 Contract 与 Person 之间的关联关系，图中{ordered}为定义的约束条件，指定了关联角色连接之间有明确的顺序，顺序可以在大括号中显示出来。例如，可以添加约束为{ordered by time}。

14.5.2　UML 标准约束

与构造型和标记值一样，UML 也提供了一些预定义的约束，如下表列出了这些标准约束，并对它们进行了详细说明。

名　　称	应用元素	说　　明
Abstract	类	该类至少有一个抽象操作，且不能被实例化
	操作	该操作提供接口规范，但是不能提供接口的实现
Active	对象	该对象拥有控制线程，并且可以启动控制活动
Add only	关联端	可以添加额外的链接，但是不能修改或删除链接
Association	关联端	通过关联，对应实例是可以访问的
Broadcast	操作信号	按照未指定的顺序将请求同时发送到多个实例
Class	属性	该属性有类作用域，类的所有实例共享属性的一个值
	操作	该操作有类作用域，可应用于类
Complete	泛化	对一组泛化而言，所有子类型均已指定，不允许其他子类型
Concurrent	操作	从并发线程同时调用该操作，所有的线程可并发执行
Destroyed	类角色	模型元素在用户执行期间被销毁
	关联角色	
Disjoint	泛化	对一组泛化而言，实例最多只可以有一个给定子类型作为类型，派生类不能与多个子类型有泛化关系
Frozen	关联端	在创建和初始化对象时，不能向对象添加链接，也不能从对象中删除或移动链接
Guarded	操作	可同时从并发线程调用此操作，但只允许启动一个线程，其他调用被阻塞，直至执行完第一个调用
Global	关联端	关联端的实例在整个系统中可访问
Implicit	关联	该关联仅仅是表示法或概念形式，并不用于细化模型
Incomplete	泛化	对一组泛化而言，并未指定所有的子类型，其他子类型是允许的
Instance	属性	该属性具有实例作用域，类的每个实例都有该属性的值
	操作	该操作具有实例作用域，可应用于类的实例
Local	关联端	关联端的实例是操作的局部变量
New	类角色	在交互执行期间创建模型元素
	关联角色	
New destroyed	类角色	在交互执行期间创建和销毁模型元素
	关联角色	
Or	关联	对每个关联实例而言，一组关联中只有一个是显示的
Ordered	关联端	响应元素形成顺序设置，其中禁止出现重复元素
Overlapping	泛化	对一组泛化而言，实例可以有不只一个给定子类型，派生类可以与一个以上的父类型有泛化关系
Parameter	关联端	实例可以作为操作中的参数变量
Polymorphic	操作	该操作可由子类型覆盖
Private	属性	在类的外部，属性和操作不可访问。类的子类不可以访问这些特性
	操作	
Protected	属性	在类的外部，属性和操作不可访问。类的子类可以访问这些特性
	操作	
Public	属性	无论在类的外部，还是该类的子类，都可以访问类的特性
	操作	
Query	操作	该操作不修改实例的状态
Self	关联端	因为是请求者，所以对应实例可以访问

续表

名　　称	应用元素	说　　明
Sequential	操作	可同时从并发线程调用操作,但操作的调用者必须相互协调,使得任意时刻只有一个对该操作的调用是显著的
Sorted	关联端	对应的元素根据它们的内部值进行排序,为实现指定的设计决策
Transient	类角色	在交互执行期间创建和销毁模型元素
	关联角色	
Unordered	关联端	相应的元素无序排列,其中禁止出现重复元素
Update	操作	该操作更新实例的状态
Vote	操作	有多个实例,在所有返回值中多数用于选择请求返回值

14.5.3　自定义约束

相关人员可以使用上表中的标准约束定义内容,同样也可以自定义约束内容。自定义的约束通过条件或语义限制来影响元素的语义,所以相关人员在自定义约束时,一定要仔细分析约束带来的影响。

相关人员自定义约束时需要做好以下工作。

- ❑ 描述需要约束的元素。
- ❑ 分析该元素的语义影响。
- ❑ 列举出一个或多个使用该约束的例子。
- ❑ 说明如何实现约束。

UML 14.6　建模实例:完成网上购物系统的创建

前面章节已经详细介绍了网上购物系统的系统概述、用例图、类图、顺序图和通信图。本小节将通过创建网上购物系统的状态机图、组件图和部署图,来完成网上购物系统的创建。

14.6.1　创建状态机图

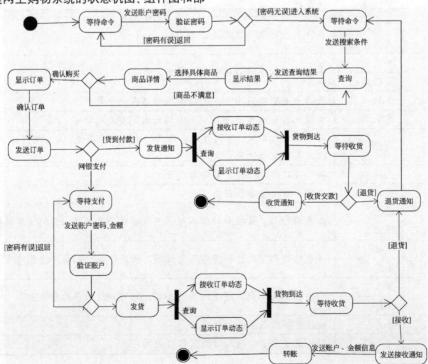

状态机图描述特定对象在其生命期内所经历的各种状态，以及状态间的转移，发生转移的原因、条件和转移中所执行的活动，指定对象的行为、不同状态间的差别，以及引发类对象状态改变的事件。

对象状态这样变化的过程细化了系统的功能，是对系统不可缺少的分析。

状态机图选取需要建模的对象为建模实体，应用于复杂的实体。本节将整个网购系统作为一个实体，来分析系统的状态转化。

网购系统是为网上交易服务的，本节以一次交易来分析系统的状态转移。系统的主要参与者有客户、商家和快递，从 3 个方面来创建状态机模型。

初始时，客户打开系统、登录系统，查找商品信息，接着确定选购商品、创建订单、支付货款、等待收货。状态机图如上图所示。

接下来从商家角色出发创建状态机模型。商家在系统中不只是发货接款，还要处理商品信息，包括商品基本信息和商品折扣信息，如下图所示。

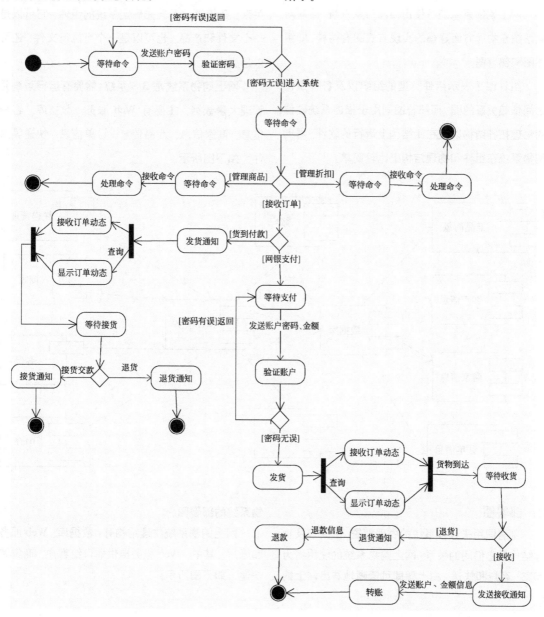

最后从快递角色出发创建状态机模型。快递在系统应用中所占比例最小,但不容忽视,主要负责发货、送货及更新订单状态,如下图所示。

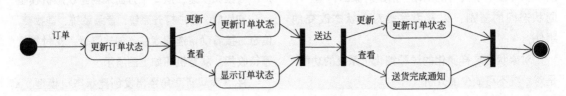

14.6.2 创建实现方式图

网上购物系统流行使用面向对象系统。面向对象系统在物理方面建模的实现方式图有两种,即组件图和部署图。

组件图是表示组件类型的组织以及各种组件之间依赖关系的图,而部署图则用于描述系统硬件的物理拓扑结构以及在此结构上运行的软件。网上购物系统在组件和物理结构上比较简单。

1. 组件图

组件图用来建模软件的组织及其相互之间的关系。建模组件图首先确定系统的组件,它可以是一个文件和产品,也可以是一个可执行文件,还可以是脚本。

网上购物系统是 B/S 系统,需要有运行系统并管理大量数据,主要有 Web 服务、数据库、客户信息、商家信息、商品信息、订单信息、快递等组件,如下图所示。

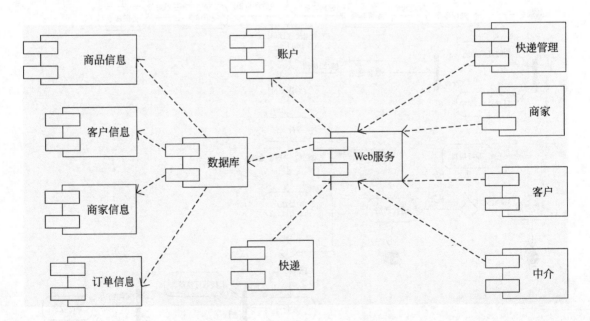

2. 部署图

部署图用来建模系统的物理部署,主要涉及物理结构及它们间的关系。网上购物系统的使用者为商家、客户和快递,由上图即可清晰地看出网上购物系统的部署图。

网上购物系统物理结构有:数据库、Web 服务和账户。其中,Web 服务提供端口给客户、商家和快递,如下图所示。

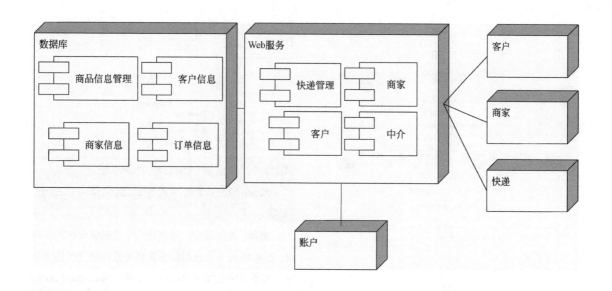

14.7 新手训练营

练习 1：创建即时通信系统组件图

📥 downloads\14\新手训练营\即时通信系统组件图

提示：本练习中，将创建一个即时通信系统组件图。

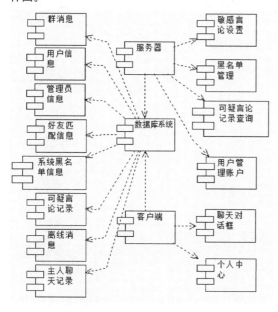

即时通信系统是 O/S 系统，需要有运行系统并管

理大量数据，主要有客户端、服务器和数据库系统这 3 个大型组件。这 3 个组件包含的内容如下：

❑ 服务器端需要对可疑言论的处理进行设置，需要查询可疑言论记录和黑名单，管理用户账号。

❑ 客户端需要有聊天对话框，有个人中心（包括好友设置、好友添加、个人信息管理、群管理等）。

❑ 数据库系统用于存服务器和客户端数据，以及群消息、用户信息、管理信息等即时通信信息。

练习 2：创建销售合同签订活动图

📥 downloads\14\新手训练营\销售合同签订活动图

提示：本练习中，将创建一个销售合同签订活动图。销售合同签订后要进行信息核对。如果发现错误，则终止合同；如果没有错误，则要核对货物清单确定是否有货；还要核对付款单，确定对方是否已经付款，只有这两项都完成了，才可以发货。如果无货或者对方还没付款，也会终止合同。

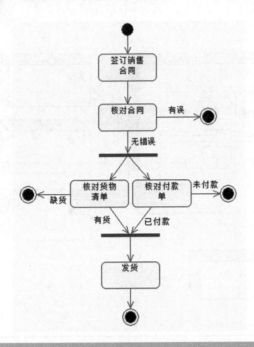

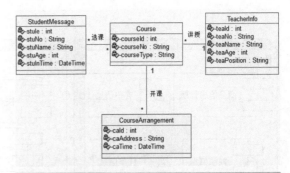

练习3：创建学生选课类图

downloads\14\新手训练营\学生选课类图

提示：本练习中，将创建有关学生选课、开课和讲授有关的选课类图。在该图中，StudentMessage 表示学生类，Course 表示课程类，TeacherInfo 表示教师类，CourseArrangement 表示开课安排类。学生与课程之间是多对多关联，教师与课程之间是一对多关联，课程与开课安排之间也是一对多关联。

练习4：创建数码录音机的子系统

downloads\14\新手训练营\数码录音机的子系统

提示：本练习中，将创建一个数码录音机的子系统。在本练习中将运用包图来创建数码录音机的子系统，该系统中包括了 Audio 子系统、MessageMemory 子系统、AlarmClock 子系统、UserInterface 子系统和 Battery 子系统。

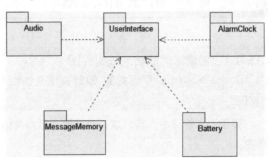

第 **15** 章

UML 与数据库设计

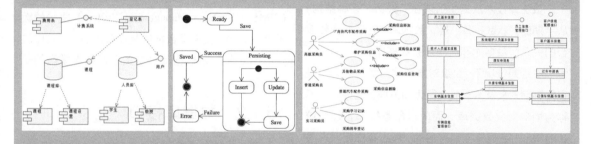

在过去的几十年中，关系数据库模型征服了数据库软件市场。尽管未来不再属于关系数据库模型，但是大型系统采用对象关系数据库技术或者对象数据库技术还需要若干年时间，还会有许多新的应用程序采用关系数据库技术。随着面向对象技术的发展，许多建模人员都意识到实体—关系模型的局限性；UML 不仅可以完成实体—关系图可以做的所有建模工作，而且可以描述其不能表示的关系。本章将介绍 UML 模型到关系数据库的映射问题，主要涉及两个方面：模型结构的映射和模型功能的映射。

15.1 数据库设计概述

数据库设计是指对于一个给定的应用环境,构造最优的数据库模式,并建立数据库及应用系统,快速且有效地存储数据,以满足用户的应用需求。数据库设计是建立数据库及其应用系统的技术,是信息系统开发和建设中的核心技术。在了解 UML 与数据库设计间的联系前,还需要先来了解一些数据库设计的基础知识。

15.1.1 数据库设计与 UML 模型

数据库技术从诞生到现在,经历了多种结构,从早期的网状数据库、层次数据库,到现在比较流行的关系型数据库和面向对象数据库。

在理想情况下,组织对象数据库的最好方式是直接存储对象及其属性、行为和关联。这种数据库称为面向对象数据库。面向对象数据库管理系统(ODBMS)在理论上是可用的,但还存在相对有限的有效性等问题,这就影响了这种系统的广泛应用。另外,传统型的数据库理论已经相当成熟,其性能非常可靠并且已经被广泛应用,这导致了人们不愿意用他们非常有价值的资源来冒险。

在实际的应用中,常见的数据库组织方式是使用关系的形式。关系其实就是一张二维表格,表格的行代表了现实世界中的事物和概念,列表示这些事物或概念的属性。表中事物间的关联由附加列或附加表来表示。

E-R 图只描述实体之间的关联关系,而 UML 对象之间的关系不仅仅是关联关系,还有泛化、组合和聚合等更复杂的描述。由于 E-R 模型结构与关系数据结构是同构的,所以统一建模过程的关键在于将更复杂的 UML 数据结构如何转化为关系型数据结构。但是,随着面向对象的发展,E-R 模型有许多的局限性,如传统的 E-R 模型结构简单,一般只针对数据进行建模。随着数据库规模的扩大,简单的 E-R 模型结构无法清晰地分析和描述问题,导致系统开发的难度系数增加。

将 UML 与关系数据库设计相结合,将数据库设计统一于面向对象的软件分析设计过程中,以提高系统开发的效率。UML 不仅可以完成 E-R 图可以做的所有建模工作,而且可以描述其不能表示的关系。UML 对系统数据库进行逻辑建模时,一般采用类模式来实现。类模式是 UML 建模技术的核心,数据库的逻辑视图由 UML 类图衍生。

现在的开发环境大多是面向对象的,而存储机制往往是基于功能分解的关系型数据库,同时在 DBMS(Database Management System)支持的数据库模型中,关系型数据库是最普遍的。目前比较流行的对象关系数据库也是关系数据库模型的一个扩展。

15.1.2 数据库接口

数据库接口实现从业务层对象中获取数据,然后保存到数据库中。数据库接口必须调用 DBMS 提供的功能来对对象及其关联进行操作,这些操作是独立于数据库结构的。

对于对象及其关联而言,一个对象需要有 4 种操作,关联需要两种操作,这些操作是独立于数据库组织的。对象的一般操作包括以下 4 种。

- ❑ **Create** 建立新对象。
- ❑ **Remove** 删除存在的对象。
- ❑ **Store** 更新已经存在对象的一个或多个属性值。
- ❑ **Load** 读入对象的属性数据。

与关联相关的一般操作如下所示。

- ❑ **Create** 创建一个新的链接。
- ❑ **Remove** 删除已经存在的链接。

由于对象型数据库存在一定的局限性,因此在实际应用中,数据库通常是关系型的。但是,在数据库接口设计的过程中主要会出现以下 2 个问题。

- ❑ 业务模型中的大多数对象都是持久的,这意味着几乎业务层中的所有对象都要求在数据库中是可见的，并且需要使用 DBMS 的操作。

❑ 另外，由于关系模型中的表是"平面"的，即表的每个单元仅包含一个属性值，并且不允许有重复出现的数据。

针对上面两个问题，大家可以提出不同的解决办法。对于第 1 个问题来说，要求数据库的操作是全局可见的，这就需要定义一个静态类，当业务层中的对象需要访问数据时，就可以通过相应的静态类来实现。这种类型的静态类主要用于数据库的访问，因此也可以称为数据访问类。

对于第 2 个问题来说，它要求一个类中的所有对象都有同样数量的属性，并且每个属性有单一的数据对象类型，那么将对象模型转换到关系模型是很简单的。

15.2　类图到数据库的转换

UML 对象模型本质上只是一个扩展的实体-关系模型，在设计关系型数据库时，人们通常使用实体-关系模型来描述数据库的概念模型。与实体-关系模型相比，UML 的类图模型具有更强的表达能力。本节将介绍从 UML 类图模型到关系数据库的结构转换问题。本节主要包括 3 部分内容：基本映射转换、类到表的转换和关联关系的转换。

15.2.1　基本映射转换

基本映射转换包含两部分内容：标识和域（属性类型）。

1．标识

实现对象模型的第一步便是处理标识。处理标识时需要注意几个常用的术语。它们的具体说明如下所述。

1）候选键

候选键是一个或多个属性的组合，它唯一地确定某个表里的记录。候选键中的属性不能为空。一个候选键中的属性集必须是最小化的；除非破坏唯一性，否则属性不能从候选键删除。

2）主键

主键是一个特定的候选键，用来优先地参考记录。换句话说，主键可用来标识数据库表中的记录。

3）外键

外键是一个候选键的参考，它必须包含每个要素属性的一个值，或者它必须全部为空。另外，外键也可用来实现关联关系和泛化关系。

提示

一般情况下，可以为每张表都定义一个主键，所有的外键强烈建议都指向主键，而不是对其他候选键的引用。

定义主键有以下两种基本的方法。

1）基于存在的标识定义主键

将 UML 中的类映射为关系数据库中的表时，相关人员应该为每个类表添加一个对象标识符属性，并且将它设置为主键。每个关联表的主键包括一个或者更多的相关类的标识符，基于存在的标识符有作为单独属性的优势，占位小并且大小相同。多数的关系型数据库（RDBMS）都提供了有效的基于存在的标识符的分配顺序号码，只要关系型数据库管理系统支持，基于存在的标识符就没有性能的劣势，但是基于存在的标识符在维护时没有固定的意义，即实际意义。

2）基于值的标识定义主键

一些现实世界的属性的组合确定了每个对象，基于值的标识有不同的优势，其具体优势如下所述。

❑ 主键对于用户具有一些固有的意义，容易进行调试和数据库维护。

❑ 基于值的主键很难改变，一个主键的改变需要传播到许多外键，而一些对象没有现实世界里的标识符。

2．域

属性类型是 UML 的术语，它对应于数据库里域的术语。域的使用不仅仅增强了更加一致的设计，而且便利了应用程序的可移植性。简单域的实现只需要定义相应的数据类型和大小。每个使用了域的属性都必须为其约束加入一条 SQL 检查子句。

一个枚举域把一个属性限制在一系列的值里，枚举域比简单域实现起来更加复杂，如下表列举了枚举域的 4 种实现方法。

方 法 名	方 法 定 义	优　势	劣　势	建　议
枚举字符	通过定义一条 SQL 语句检查约束，把该枚举限制在允许的值里	简单、受控的，方便搜索词汇表	大量的枚举难以使用检查，约束难以编码	常用的实现方法
每个枚举值一个标记	可以为每个枚举的值定义一个布尔类型的属性	回避命名的难处	冗长，每个值都需要一个属性	当枚举值不相互排斥且多个值可能同时应用时使用
枚举表	把枚举定义存储到一个表里，不是每个枚举一个表，也不是所有的枚举一个表	高效地处理大的枚举不用改变应用的代码就可以定义新的枚举值	必须编写通用的软件来阅读枚举表和加强值	适合大的枚举和没有结尾的枚举
枚举编码	把枚举值编码作为有序的数字	节省了磁盘空间，并且有助于使用多种语言处理	大大地复杂化了维护和调试	仅仅在处理多语言应用程序下使用

15.2.2　类到表的转换

将 UML 模型中的类转换（也可称为映射）为关系数据库中的表时，类中的属性可以映射为数据库表中的 0 个或者多个属性列，但并非类中所有的属性都需要映射。如果类中的某个属性本身又是一个对象，则应将其映射为表中的若干列。除此之外，也可将若干个属性映射为表中的一个属性列。

将类映射为表时，类之间继承关系的不同处理方式会对系统的设计有不同的影响；在处理类之间的继承关系时，可采用如下所示的 4 种方法。

1．将所有的类都映射为表

将所有的类都映射为表时，超类和子类都可以映射为表，它们共享一个主键，如下图所示为一个简单的类图。

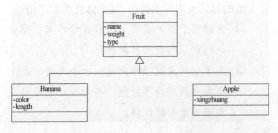

而下图则将类图中所有的类都映射为数据库

的相关表。

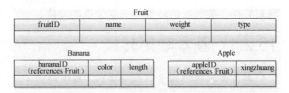

从上面 2 个图中可以看到，第 2 个图是从第 1 个图的类图映射的表。fruitID 是表 Fruit 的主键，bananaID 和 appleID 分别为 Banana 表和 Apple 表的主键，它们也叫外键，它们是对主键 fruitID 的引用。

将所有的类都映射为表可以很好地支持多态性，要更新超类或者添加子类，只需修改或者添加相应的表即可。但是，使用这种方法会导致数据库中表的数量过多，进而导致读写数据的时间过长。除此之外，还应该为需要生成报表的数据库表增添视图，否则在生成报表时会比较困难。

2．将有属性的类映射为数据库表

将有属性的类映射为数据库表是指只把具有属性的类映射为表，使用这种方法可以减少数据库中表的数量，如下图中的类图。

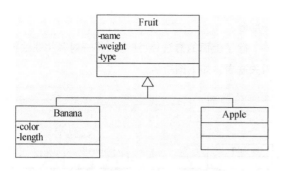

而下图则将有属性的类映射为数据库表。

Fruit			
fruitID	name	weight	type

Banana		
bananaID (references Fruit)	color	length

3．将子类映射的表中包含超类的属性

　　将子类映射的表中包含超类的属性是指只将子类映射为数据库表，超类并不映射为数据库表。从子类映射而来的数据库表中，属性列既有从子类属性映射而来的，也有从超类继承的属性映射而来的。使用这种方法也可以减少数据库中表的数量，该方法的效果如下图所示。

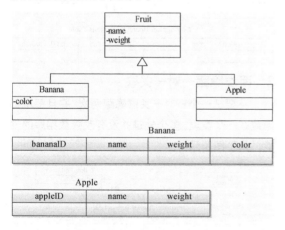

　　从上图中可以看出，只将子类 Banana 和 Apple 映射为相应的数据库表，而没有将超类 Fruit 映射为数据库表，并且从子类映射的数据库表中包含了从父类继承的属性。在数据库表 Banana 和 Apple 中，bananaID 和 appleID 分别是它们的主键。

　　由于相关的数据通常位于同一个数据库表中，

因此采用这种方法有利于报表的生成。但是这种方法也存在着缺点。例如，如果向超类 Fruit 中添加两个属性时，从子类映射而来的对应的数据库表也要做相应的更改，这样做非常麻烦并且容易出错。另外，这种方法支持多个角色的同时不易于维护数据的完整性。

4．超类映射的表中包含子类的属性

　　超类映射的表中包含子类的属性是指只将超类映射为数据库表，而该超类下的所有子类都不做映射。从超类映射而来的数据库表中既包含了超类的属性，也包含了该超类的所有子类的属性，如下图所示。

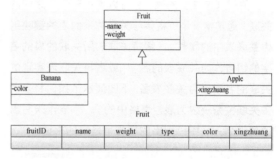

Fruit					
fruitID	name	weight	type	color	xingzhuang

　　从上图中可以看出，类图中有 3 个类，但是仅将超类 Fruit 映射为数据库表，且将所有子类的属性全部映射到该数据库表中。

　　使用这种方法可以将同一继承层次中的所有类映射到一个表中，因此这种方法可以减少数据库表的数量，并且有利于报表的生成。但是，使用这种方法也存在着缺点，每当在类层次中的任何类中添加一个新属性时，都要将该属性添加到表中，因此这种方法导致类层次结构中耦合性的增强。如果在一个地方出现了错误，很可能会影响到类层次结构中的其他类。另外，使用这种方法在一定程度上会浪费系统的存储空间。例如，将上图中的类图映射为数据库表时，需要多添加一个 type 列，该列说明表中的各行代表的是 Banana，还是 Apple。

> **注意**
> 上面介绍的 4 种方法都有各自的优缺点，实际应用中可以根据具体情况选用。

15.2.3 关联关系的转换

将 UML 模型向关系数据库转换时，不仅需要转换模型中的类，还需要转换类与类之间的关系，如关联关系、泛化关系等。聚合关系和组合关系是特殊的关联，本节将介绍类与类之间关联关系的转换，也包括聚合关系和组合关系的转换。

关系数据库中的关系是通过表的外键来维护的，通过外键，一张表中的记录可以与另一张表中的记录关联起来。

1. 多对多关联

如果要映射多对多关联关系，一般要使用关联表。关联表是独立的表，它可以维护若干表之间的关联。通常情况下，将参与关联关系的表的键映射为关联表中的属性。常常将关联表所关联的表的名字的组合作为关联表的名字，或者将关联表实现的关联的名字作为关联表名。下图演示了如何将多对多关联关系映射为表。表格中的"…"表示未写出的属性列，表中已列出的属性也是表的主键。

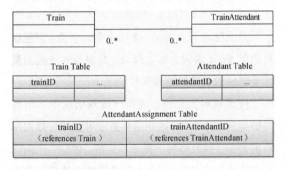

2. 一对多关联

在映射一对多关联关系时，可以有两种方法。第一种方法如下图所示。

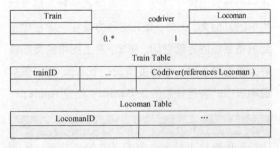

在上图中，映射一对多关联时，可以将外键放置在"多"的一边，而将角色名作为外键属性名的

一部分。

除了上面的方法外，还可以将一对多关联映射为关联表，如下图所示。

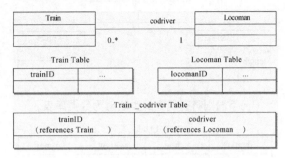

15.2.4 需要避免的映射情况

在关系数据库中实现关联关系时，相关人员有时可能会作出错误的映射，因此应该尽量避免下面的映射。

1. 合并

合并虽然减少了关系数据库中表的数量，但是这样做违背了数据库的第三范式。因此，不要合并多个类，不要把关联强制成为一张单独的表，如下图所示。

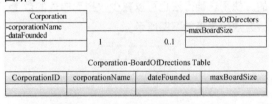

2. 两次隐藏一对一关联

不要把一个一对一关联隐藏两次，并且每次都隐藏在一个类里。多个外键并没有改善数据库的性能，如下图所示。

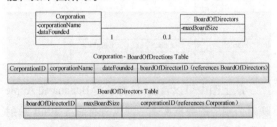

3. 并行属性

不要在数据表中实现具有并行属性的关联的多个角色。并行属性增加了程序设计的复杂性，但是也阻碍了数据库应用程序的设计。

15.3　完整性与约束验证

UML 模型中类与类之间的关系是对现实世界商业规则的反映，在将类图模型映射为关系数据库时，应当定义数据库中数据上的约束规则。如果使用对象标识符的方法映射数据库表的主键，在更新数据库时就不会出现完整性问题，但是对象之间的交互和满足商业规则来说，进行约束验证

是有意义的。本节将介绍如何进行关系约束的验证。

15.3.1　父表的约束

对于对象之间的关系，下表列举了父表上操作的约束。

对象关系	关系类型	插　　入	更　　新	删　　除
关联	数据无耦合关系，则不映射			
	可选对可选	无限制	无限制，子表中的外键可能需要附加的处理	无限制，一般将子女的外键设置为空
	强制对可选	无限制	修改所有子女（如果存在）相匹配的键值	删除所有子女或对所有子女进行重新分配
聚合	可选对强制	插入新的子女或合适的子女已存在	至少修改一个子女的键值或合适的子女已存在	无限制，一般将子女的外键设置为空
组合	强制对强制	对插入进行封装，插入父记录的同时至少能生成一个子女	修改所有子女相匹配的键值	删除所有子女或对所有子女进行重新分配

1．关联关系

对于类图模型中的关联关系来说，如果比较松散，则通常不需要进行映射。也就是说，关联的双方只在方法上存在交互，而不必保存对方的引用；但是，如果双方的数据存在耦合关系，则通常需要进行映射。下图演示了强制对可选约束及其映射。

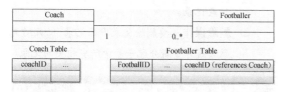

从上图中可以看出，Coach 类和 Footballer 类之间具有强制对可选约束。父表上操作的约束主要包括以下几方面内容。

❑ **插入操作**　由于强制对可选约束的父亲可以没有子女，所以父表中的记录可以不受限制地添加到表中。

❑ **修改键值操作**　要修改父表的键值，必须首先修改子表中其所有子女的对应值，通常采

用如下步骤。

（1）向父表中插入新记录，更新子表中原对应记录的外键，然后删除父表中的原记录。

（2）使用级联更新方法更新数据库。

❑ **删除操作**　要删除父表记录，必须首先删除或者重新分配其所有子女。在 Coach-Footballer 关系中，所有的 footballer 都可以重新分配，可采用如下步骤。

（1）首先删除子记录，再删除父记录。

（2）先修改子记录的外键，再删除父记录。

（3）采用级联删除方法更新数据库。

关联关系中除了强制对可选外，还有可选对可选的关系约束，如下图所示。

在上图中，Patient 表中的 doctorID 为外键，并且该外键的值可以为空。在这种情况下，Doctor 表和 Patient 表中的记录可以根据需要进行修改，它的处理方法与聚合关系的处理方法相同。

2．聚合关系

聚合是一种特殊的关联，它描述了类与类之间的整体—部分关系。下图是一个聚合关系示例及其映射而成的数据库表。

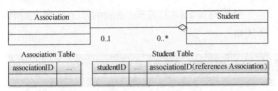

上图中演示的关系是可选对强制形式的约束，子表 Student 中的外键 associationID 可以取空值。在这种情况下，父表上可以操作的约束如下所述。

- **插入操作**　在可选对强制约束中，必须在至少有一个子女被加入或者至少已存在一个合法子女的情况下，父亲才可以加入。例如，对于 Association 和 Student 之间的关系，一个新的 Association 只有在已经有学生时才可以加入，其他同等的可选条件是，要么该学生已经存在，要么可以创建一个学生，要么修改一个学生所在协会的值，也就是说，必须已经有学生存在。具体可使用如下所示的步骤。

（1）首先向主表中添加记录，再修改子表的外键。

（2）以无序的形式同时加入主表和子表记录，然后再修改子表的外键。

> **注意**
>
> 如果先加入子表记录，则可能无法将加入子记录的数据集保存到数据库中。

- **修改键值操作**　执行这种操作的前提是，必须至少有一个子女被创建或者至少已经有一个子女存在。具体可采用如下所示的步骤。

（1）在修改主表键值的同时将子表的外键置空。

（2）将子表按照从父亲到儿子，再到孙子的次序进行级联修改。

- **删除操作**　通常情况下，不使用级联删除子表的方法删除父表记录，而是将子表的外键置空。

3．组合关系

组合关系是特殊的聚合关系。组合关系中的成员一旦创建，就与组合对象具有相同的生命周期。下图演示的是企业账单和账单上条目之间的组合关系以及从其映射成的数据库表。

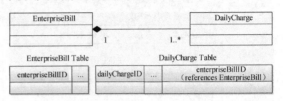

在上图中，子表 DailyCharge 的外键 enterpriseBillID 是强制性的，不能取空值。从严格意义上来说，它们之间的约束为强制对强制约束。在这种情况下，父表上操作的约束如下所述。

- **插入操作**　可以在向父表执行插入操作后，再向子表添加记录，也可以通过重新分配子表来实施完整性约束。

- **修改键值操作**　该操作执行前必须先更新子表对应的外键的值，或者先创建新的父表记录，再更新子表所对应的记录，使其与父表中的新记录关联起来，最后删除原父表记录。

- **删除操作**　要删除父表中的记录，必须首先删除或者重新分配子表中所有相关的记录。

> **提示**
>
> 本节是以一对多关系为例介绍如何进行约束验证的，如果是一对一关系，则可以视为特殊一对多关系；如果是多对多关系，则可以将其分解为多个一对多关系。

15.3.2　子表的约束

要删除或者修改子表中的记录，必须在该记录有兄弟存在的情况下才能进行。在可选对强制、强制对强制约束中，就不能删除或者更新子表中的最后一个记录。在这种情况下，可以及时更新父表记录或者禁止这种操作。通过向数据库中加入触发器可以实现子表约束，但是更好的办法是在业务层中实现对子表的约束。下表总结了在子表上操作的约束。

对象关系	关系类型	插　　入	更　　新	删除
关联	可选对可选	无限制	无限制	无限制
	强制对可选	父亲存在或者创建一个父亲	具有新值的父亲存在或者创建父亲	无限制
聚合	可选对强制	无限制	有兄弟	有兄弟
组合	强制对强制	无限制	具有新值的父亲存在（或者创建父亲），并且具有兄弟	有兄弟

从上表中可以看出，关联关系、聚合关系和组合关系之间共存在 4 种约束，它们分别是：可选对可选、强制对可选、可选对强制和强制对强制。在更新键值时，可能会改变表之间的关系，而且也可能会违反约束。但是，不可以出现违反约束的操作。本节介绍的规则仅为具体实现提供了可能性，在具体的数据库应用中，要根据实际情况进行选择。

15.4 数据库实现与转换技术

前面已经详细介绍了如何将类图映射到数据库，也介绍了如何在类图转换到数据库时确保表的完整性以及相关的约束验证。本节将详细介绍数据库的转换、实现技术和类映射到数据库表其他相关的技术。

15.4.1 类映射到数据库技术

类映射到数据库技术属于数据库的其他技术类，包括存储过程、触发器和索引等数据库技术。

1. 存储过程

存储过程是需要在数据库服务器端执行的函数/过程。执行存储过程时，通常都会执行一些 SQL 语句，最终返回数据处理的结果，或者出错信息。总之，存储过程是关系数据库中的一个功能很强大的工具。

在实现 UML 类模型到关系数据库的转换时，如果没有持久层并且出现如下两种情况，就应该使用存储过程。

❑ 需要快速建立一个粗略的、不久后将抛弃的原型。

❑ 必须使用原有数据库，而且不适合用面向对象方法设计数据库。

使用存储过程时，也会出现一些缺点，如下所示。

❑ 如果出现存储过程被频繁调用的情况，则数据库的性能会大大降低。

❑ 由于编写存储过程的语言不统一，所以不利于存储过程的移植。

❑ 使用存储过程会降低数据库管理的灵活性。例如，更新数据库时，可能不得不更新存储过程，这就增加了数据库维护的工作量。

2. 触发器

触发器其实也是一种存储过程，通常用来确保数据库的引用完整性。一般情况下，可以为表定义插入触发器、更新触发器和删除触发器，这样，当对表中的记录进行插入、更新和删除操作时，相应的触发器就会被自动激活。

通常情况下，触发器也是使用特定数据库厂商的语言编写的，所以可移植性较差。但是，由于许多建模工具都能根据 UML 模型自动生成触发器，因而，只要从 UML 模型重新生成触发器，就可便于移植触发器。

3. 索引

一般情况下，需要为每个主键和候选键定义唯一性索引,同时还需要为主键和候选键约束未包容的外键定义索引。

索引是数据库结构的最后一步。在主键和候选键上添加索引有两个目的。

- ❑ 加速数据库访问。
- ❑ 为主键和候选键强制唯一性。

15.4.2 UML 模型转换为数据库

为了更好地理解前面介绍过的将 UML 模型转换为关系数据库的有关规则,本节以铁路系统为例,将该系统的 UML 模型转换为关系数据库。下图列举了铁路系统的 UML 类图模型。

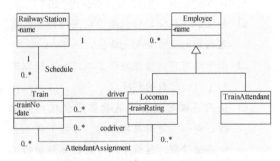

上图中包含 5 个类,它们分别是 Railway-Station、Train、Employee、Locoman 和 TrainAttendant。根据前面介绍的相关转换规则,可以将上图的模型图转换为下图中的数据库表。

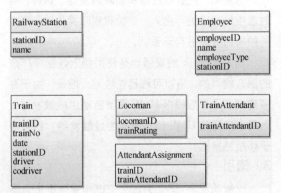

在上图中,分别将类图模型中的 Railway-Station、Employee、Locoman、TrainAttendant 和 Train 类分别转换成关系数据库中的 RailwayStation 表、Employee 表、Locoman 表、TrainAttendant 表和 Train 表。另外,将多对多关联关系 Attendant-Assignment 转换为 AttendantAssignment 表。

该铁路系统数据库的结构可以用如下所示的 SQL 语句进行定义。以下这些代码完整地体现了本章前面介绍的相关转换规则和完整性约束。

```
CREATE TABLE RailwaySta-
tion
    (stationID integer
    CONSTRAINT    nn_railwaystation1
    NOT NULL,
    name text(20) CONSTRAINT
    nn_railwaystation2 NOT NULL,
    CONSTRAINT  PrimaryKey  PRIMARY
    KEY (stationID),
    CONSTRAINT    uq_railwaystation
    UNIQUE(name)
    );
CREATE TABLE Train
    sw  (trainID integer CONSTRAINT
    nn_train1 NOT NULL,
    trainNo text(8) CONSTRAINT
    nn_train2 NOT NULL,
    date datetime CONSTRAINT
    nn_train3 NOT NULL,
    stationID integer CONSTRAINT
    nn_train4 NOT NULL,
    driver integer CONSTRAINT
    nn_train5 NOT NULL,
    codriver integer CONSTRAINT
    nn_train6 NOT NULL
    CONSTRAINT PrimaryKey PRIMARY
    KEY (trainID)
);
ALTER TABLE Train
    ADD CONSTRAINT fk_train1 FOREIGN
    KEY(stationID) REFERENCES
    RailwayStation
    ON    DELETE NO ACTION;
ALTER TABLE Train
```

```
        ADD CONSTRAINT fk_train2 FOREIGN
        KEY(driver) REFERENCES
        Locoman
        ON DELETE NO ACTION;
ALTER TABLE Train
        ADD CONSTRAINT fk_train3 FOREIGN
        KEY(codriver) REFERENCES
        Locoman
        ON DELETE NO ACTION;
CREATE INDEX index_train1 ON Train
(stationID);
CREATE INDEX index_train2 ON Train
        (driver);
CREATE INDEX index_train3 ON Train
(codriver);
CREATE TABLE Employee
        (employeeID integer CONSTRAINT
        nn_employee1 NOT NULL,
        name text(20) CONSTRAINT
        nn_employee2 NOT NULL,
        employeeType CONSTRAINT
        nn_employee3 NOT NULL,
        stationID integer CONSTRAINT
        nn_employee4 NOT NULL,
        CONSTRAINT PrimaryKey PRIMARY
        KEY (employeeID)
);
ALTER TABLE Employee
        ADD CONSTRAINT fk_employee1
        FOREIGN KEY(stationID) REFERENCES
        RailwayStation
        ON DELETE NO ACTION;
CREATE INDEX index_employee1 ON
Employee(stationID);
CREATE TABLE Locoman
        (locomanID integer CONSTRAINT
        nn_locoman1 NOT NULL,
        trainRating text(10),
        CONSTRAINT PrimaryKey PRIMARY
        KEY (locomanID)
);
ALTER TABLE Locoman
        ADD CONSTRAINT fk_ Locoman1
        FOREIGN KEY(LocomanID) REFERENCES
        Employee
```

```
        ON DELETE CASCADE;
CREATE TABLE TrainAttendant
        (trainAttendantID integer
        CONSTRAINT    nn_trainAttendant1
        NOT NULL,
        CONSTRAINT   PrimaryKey   PRIMARY
        KEY (trainAttendantID)
);
ALTER TABLE TrainAttendant
        ADD CONSTRAINT fk_ trainAttendant1
        FOREIGN KEY(trainAttendantID)
        REFERENCES
        Employee
        ON DELETE CASCADE;
CREATE TABLE AttendantAssignment
        (trainID integer CONSTRAINT
        nn_attendantAssignment1 NOT NULL,
        trainAttendantID integer
        CONSTRAINT nn_attendantAssignment2
        NOT NULL,
        CONSTRAINT   PrimaryKey   PRIMARY
        KEY (trainID,trainAttendantID)
);
ALTER TABLE AttendantAssignment
        ADD CONSTRAINT fk_attendantAssignment1
        FOREIGN KEY(trainID)
REFERENCES
        Train
        ON DELETE CASCADE;
ALTER TABLE AttendantAssignment
        ADD CONSTRAINT fk_attendantAssignment2
        FOREIGN KEY(trainAttendantID)
REFERENCES
        TrainAttendant
        ON DELETE NO ACTION;
CREATE INDEX index_attendantAssignment1
ON AttendantAssignment
(trainAttendantID);
```

15.4.3 SQL 语句实现数据库功能

UML 对象模型在开发数据库应用程序中主要包含 3 个作用，它们的具体说明如下所述。

❑ **定义数据库的结构** UML 对象模型通过定义应用程序中包含的对象以及它们之间

的关系而定义了关系数据库的结构。

□ **定义数据库的约束** UML 对象模型也对施加于关系数据库中数据上的约束进行了定义，在实现对应的关系数据库模型时，所定义的约束可以保证数据库中数据的引用完整性。

□ **定义关系数据库的功能** 在 UML 的对象模型中，也可以定义关系数据库可实现的

功能，如可以执行哪些种类的查询。

通过遍历 UML 对象模型可以看出它体现的数据库应用程序所具有的功能。使用 UML 对象约束语言（OCL）可以说明对象模型的遍历表达式，并且这些用来说明对象模型遍历过程的遍历表达式可以直接转换为 SQL 语句。对于上图所示的铁路系统 UML 模型，下表任意列举了几种比较普遍的表达式，并且给出了相应的说明和对应的 SQL 语句。

OCL 表达式	说　　明	SQL 语句
aTrain.codriver:Employee.name	查询一次列车的副驾驶员	SELECT Employee.name FROM Train,Locoman,Employee WHERE Train.trainID=:aTrain AND Train.codriver=Locoman.locomanID AND Locoman.locomanID=Employee.employeeID
aRailwayStation.Train [getMonth(date)== aMonth]. driver[trainRating== aTrainRating]	查找指定月份内在同一条线路上驾驶，并且达到指定出勤率的所有驾驶员	SELECT Locoman.locomanID FROM Train,Locoman WHERE Train.stationID=:aStation AND getMonth(Train.date)=:aMonth AND Train.driver=Locoman.locomanID AND Locoman.trainRating=:aTrainRating

在上表所示的信息中，小圆点表示从一个对象定位到另一个对象，或者定位到对象的属性；而方括号说明对象集合上的过滤条件。

UML 15.5 建模实例：创建图书管理系统用例图

从本章开始将前面介绍的图书管理系统各部分的建模实例综合起来，形成一个完整的系统模型实例。本练习主要介绍图书管理系统中各用例图的描述与创建方法，在创建用例图前需要了解一下图书管理系统的需求分析。

15.5.1　需求分析

系统需求也就是系统功能，功能需求描述了系统可以做什么，或者用户期望做什么。在面向对象的分析方法中，这一过程可以使用用例图来描述系统的功能。图书馆的图书管理系统需求信息描述如下：

在图书馆的图书管理系统中，学生要想借阅图书，必须先在系统中注册一个账户，然后系统为其

生成一个借阅证，借阅证可以提供学生的姓名、系别和借阅证号。持有借阅证的借阅者可以借阅图书、归还图书和查询借阅信息，但这些操作都是通过图书管理员代理与系统交互。借阅图书时，学生进入图书馆内首先找到自己要借阅的图书，然后到借书处将借书证和图书交给图书管理员办理借阅手续。图书管理员进行借书操作时，首先需要输入学生的借书证号（可以采用条形码输入），系统验证借阅证是否有效（根据系统是否存在借阅证号所对应的账户），若有效，则系统还需要检验该账户中的借阅信息，以验证借阅者借阅的图书是否超过了规定的数量，或者借阅者是否有超过规定借阅期限而未归还的图书；如果通过了系统的验证，则系统会显示借阅者的信息，以提示图书管理员输入要

借阅的图书信息，然后图书管理员输入要借阅的图书信息（也可以通过图书上的条形码输入），系统记录一个借阅信息，并更新该学生账户完成借阅图书操作。

学生还书时只需要将借阅的图书交给图书管理员，由图书管理员负责输入图书信息，然后由系统验证该图书是否为本图书馆中的藏书，若是，则系统删除相应的借阅信息，并更新相应的学生账户。还书时也会检验该学生是否有超期未还的图书。学生也可以查询自己的借阅信息。

为了系统能够正常运行和系统的安全性，系统还需要系统管理员进行系统的维护。

通过对上述图书管理系统的分析，可以获得如下的功能性需求：

❑ 学生持有借阅证。
❑ 图书管理员作为借阅者的代理完成借阅图书、归还图书和查询借阅信息工作。
❑ 系统管理员完成对系统的维护。对系统的维护主要包括办理借阅证、删除借阅证、添加管理员、删除管理员、添加图书、删除图书、添加标题信息、删除标题信息。

15.5.2　识别参与者和用例

在本系统中需要注意"图书"和"标题"两个概念。在一个图书馆中，多本图书可以拥有一个名称，为了区别每一本图书，需要为每一本图书指定一个唯一的编号。在本系统中，图书标题采用图书名称、出版社名称、作者以及图书的 ISBN 号标识每一种图书；而具体的图书则为其指定一个唯一的编号识别。其中，图书的标题信息用 Title 类表示，具体的图书则由 Book 类表示。

通过对系统的分析，可以确定系统中有两个参与者：图书管理员（Librarian）和系统管理员（Administrator）。各参与者的描述如下。

❑ 图书管理员　图书管理员代理学生完成借书、还书、查询其借阅信息。
❑ 系统管理员　系统管理员可以添加、删除为学生建立的账户，可以添加、删除具体的图书信息，还可以添加、删除图书标题。

另外，系统管理员也可以添加、删除管理员，实现对访问系统权限的管理。

在识别出系统参与者后，从参与者角度就可以发现系统的用例，并通过对用例的细化处理完成系统的用例模型。

1．图书管理员代理请求服务的用例图

图书管理员代理学生完成借书、还书和查询借阅信息的用例图如下图所示。

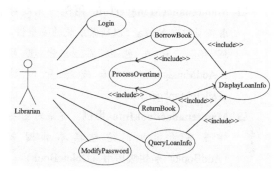

用例图说明如下。

❑ Login 用例　完成图书管理员的登录功能，验证图书管理员的身份，以保证系统的安全。
❑ ModifyPassword 用例　当图书管理员成功登录系统后，调用该用例可以完成对用户密码的修改。
❑ BorrowBook 用例　完成书籍借阅处理。
❑ ReturnBook 用例　完成归还图书处理。
❑ ProcessOvertime 用例　该用例检查每个借阅者（为学生在系统中创建的账户）是否有超期的借阅信息。
❑ DisplayLoanInfo 用例　用于显示某借阅者的所有借阅信息。
❑ ReturnBook 用例　完成还书处理。
❑ QueryLoanInfo 用例　完成查找某个借阅者。

2．系统管理员进行系统维护的用例图

系统管理员进行系统维护包含如下图所示示例。

用例图说明如下。

❑ Login 用例　该用例完成对系统管理员身份的验证。

❑ **MaintenanceBorrowerInfo 用例** 用于完成对借阅者信息的维护。对借阅者信息的维护包括添加借阅者（AddBorrowerInfo）、删除借阅者（DeleteBorrowerInfo）。

❑ **MaintenanceTitleInfo 用例** 用于完成对图书标题的维护。同样，对图书标题的维护包括添加图书标题（AddTitleInfo）和删除图书标题（DeleteTitleInfo）。

❑ **MaintenanceManagerInfo 用例** 完成对管理员信息的维护，以确保系统的安全性。同样，它也包括添加管理员（AddManagerInfo）和删除管理员（DeleteManagerInfo）。

❑ **MaintenanceBookInfo 用例** 完成对图书馆藏书的维护，它包括添加图书（AddBook）和删除图书（DeleteBook）。

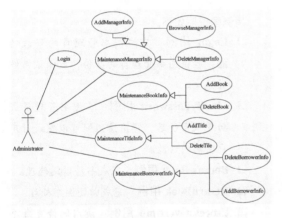

15.5.3 用例描述

建立用例图后，为了使每个用例更加清楚，可以对用例进行描述。描述时可以根据其事件流进行。用例的事件流是对完成用例行为所需要的事件的描述。事件流描述了系统应该做什么，而不是描述系统应该怎样做。

通常情况下，事件流的建立在细化用例阶段进行。开始只对用例的基本流所需的操作步骤进行简单描述。随着分析的进行，可以添加更多的详细信息。最后，将例外添加到用例的描述中。

对图书管理系统的借书用例描述见下表。

用例名称	BorrowBook
标识符	UC0001
用例描述	图书管理员代理借阅者办理借阅手续
参与者	图书管理员
前置条件	图书管理员登录进入系统
后置条件	如果这个用例成功，在系统中建立并存储借阅记录
基本操作流程	1．图书管理员输入借阅证信息； 2．系统验证借阅证的有效性； 3．图书管理员输入图书信息； 4．添加新的借阅记录； 5．显示借书后的借阅信息
可选操作流程	该借阅者有超期的借阅信息，进行超期处理；借阅者所借阅的图书超过了规定的数量，用例终止，拒绝借阅；借阅证不合法，用例终止，图书管理员进行确认

对图书管理系统的还书用例描述如下表所示。

用例名称	ReturnBook
标识符	UC0002
用例描述	图书管理员代理借阅者办理还书手续
参与者	图书管理员
前置条件	图书管理员登录进入系统
后置条件	如果这个用例成功，就删除相关的借阅记录
基本操作流程	1．图书管理员输入要归还的图书信息； 2．系统验证图书的有效性； 3．删除借阅记录
可选操作流程	该借阅者有超期的借阅信息，进行超期处理；归还的图书不合法，即不是本馆中的藏书，用例终止，图书管理员进行确认

对图书管理系统的查询借阅信息用例描述如下表所示。

用例名称	QueryLoanInfo
标识符	UC0003
用例描述	查询某学生借阅的所有图书信息
参与者	图书管理员
前置条件	图书管理员登录进入系统
后置条件	如果这个用例成功，找到相应的借阅者信息

续表

用例名称	QueryLoanInfo
基本操作流程	1. 图书管理员输入学生的学号； 2. 系统根据该学号检索借阅者信息； 3. 调用显示借阅信息用例，显示借阅者借阅的图书信息
可选操作流程	该学生的学号在系统中不存在，用例终止

显示借阅信息用例描述如下表所示。

用例名称	DisplayLoanInfo
标识符	UC0004
用例描述	显示某借阅者借阅的所有图书
参与者	无
前置条件	找到有效的借阅者
后置条件	显示借阅者借阅的所有图书信息
基本操作流程	1. 根据借阅者检索借阅信息； 2. 由借阅信息找到图书信息； 3. 根据图书信息显示相应的图书标题信息
可选操作流程	无
被包含的用例	UC0001、UC0002、UC0003

超期处理用例的描述如下表所示。

用例名称	ProcessOvertime
标识符	UC0005
用例描述	检测某借阅者是否有超期的借阅信息
参与者	无
前置条件	找到有效的借阅者
后置条件	显示借阅者借阅的所有图书信息
基本操作流程	1. 根据借阅者检索借阅信息； 2. 检验借阅信息的借阅日期，以验证是否超期
可选操作流程	若超期，则通知图书管理员
被包含的用例	UC0001、UC0002、UC0003

修改登录密码用例的描述如下表所示。

用例名称	ModifyPassword
标识符	UC0006
用例描述	图书管理员修改自己登录时的密码
参与者	图书管理员
前置条件	图书管理员成功登录到系统
后置条件	图书管理员的登录密码被修改
基本操作流程	1. 输入旧密码； 2. 验证该密码是否为当前用户的密码； 3. 输入新密码； 4. 修改当前用户的密码为新密码
可选操作流程	输入的旧密码不是当前用户密码，用例终止

添加借阅者信息用例的描述如下表所示。

用例名称	AddBorrower
标识符	UC0007
用例描述	系统管理员添加借阅者信息
参与者	系统管理员
前置条件	系统管理员成功登录到系统
后置条件	在系统中注册一名借阅者，并为其打印一个借阅证
基本操作流程	1. 输入借阅者的信息，如姓名、院系、学号等； 2. 系统存储借阅信息； 3. 系统打印一个借阅证
可选操作流程	输入的借阅者信息已经在系统中存在，提示管理员并终止用例

删除借阅者信息用例的描述如下表所示。

用例名称	DeleteBorrower
标识符	UC0008
用例描述	系统管理员删除借阅者信息
参与者	系统管理员
前置条件	系统管理员成功登录到系统
后置条件	在系统中删除一借阅者信息
基本操作流程	1. 输入借阅者的信息； 2. 查找该借阅者是否有未还的图书； 3. 从系统中删除该借阅者的信息
可选操作流程	该借阅者有未还的图书，提醒管理员并终止用例

登录用例的描述如下表所示。

用例名称	Login
标识符	UC0009
用例描述	管理员登录系统
参与者	系统管理员、图书管理员
前置条件	无
后置条件	登录到系统
基本操作流程	1．系统提示用户输入用户名和密码； 2．用户输入用户名和密码； 3．系统验证用户名和密码，若正确，则用户登录到系统中

续表

用例名称	Login
可选操作流程	如果用户输入无效的用户名和密码，系统显示错误信息，并返回重新提示用户输入用户名和密码；或者取消登录，终止用例

对其他用例的描述与此类似，这里不再列出。

UML 15.6 新手训练营

练习 1：创建网站建设流程图

⊙downloads\15\新手训练营\网站建设流程图

提示：本练习中，将创建一个网站建设流程图。本练习中的网站建设流程图是运用 UML 状态机图进行创建的，主要描述了网站建设中生命周期的具体情况。

工作流程和并发行为，用于展现参与行为的类所进行的各种活动的顺序关系。

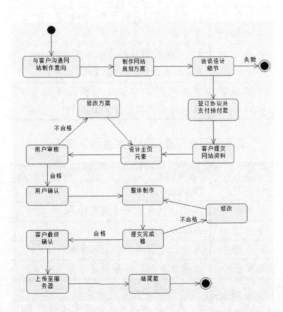

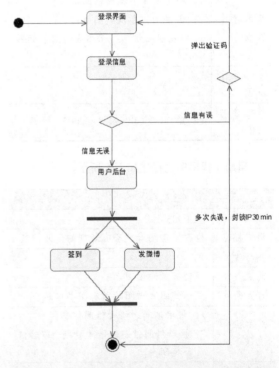

练习 2：创建微博登录活动图

⊙downloads\15\新手训练营\微博登录活动图

提示：本练习中，将运用 UML 中的活动图，来创建有关微博用户登录的活动图，来描述微博登录的

练习 3：创建分数记录系统用例图

⊙downloads\15\新手训练营\分数记录系统用例图

提示：本练习中，将创建一个分数记录系统用例图。本用例图主要展示了教师、管理员和学生角色参与的各项用例活动。

员 2 个角色参与的一系列的用例活动。

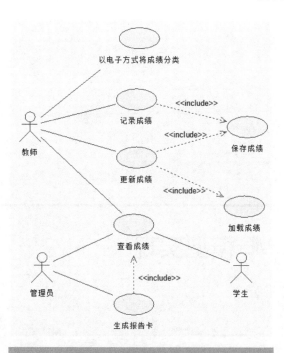

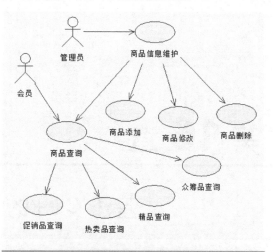

练习 4：创建商品用例图
downloads\15\新手训练营\商品用例图

提示：本练习中，将创建一个有关商品查询和维护的用例图。在该用例图中，分别展示了管理员和会

练习 5：创建危机管理业务流程图
downloads\15\新手训练营\危机管理业务流程图

提示：本练习中，将创建一个危机管理业务流程图。本练习中的危机管理业务流程图是运用 UML 活动图进行创建的，主要描述危机管理中各活动的顺序，展现从一个活动到另一个活动的控制流，从而指明了系统将如何实现它的目标。

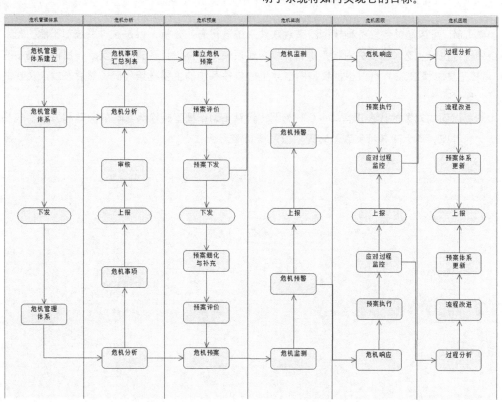

第 **16** 章

基于 C++的 UML 模型实现

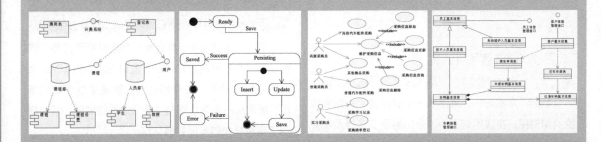

　　虽然 UML 可以通过建立各种模型图来对软件系统进行有效分析，但是这种系统却不能执行。为了使系统处于可执行状态，需要先对模型进行转换，然后使用程序设计语言进行实现。目前市场中有一些 UML 建模工具（像 Rose）可以根据模型图自动生成软件系统的主要框架代码，然后开发人员在此基础上编写实现代码。

　　本章将以面向对象的代表语言——C++为例，讲解 UML 模型转换为实现的原理和方法，包括实现类、泛化的实现、类之间各种关联的实现，以及接口等。

16.1 模型元素的简单实现

UML 模型图中的很多元素可以用面向对象程序设计语言直接实现，像类图中类可以作为 C++的类实现、泛化可以用继承实现等。

为了方便描述，下面将 UML 类图中的类称为 UML 类，将 C++中的类称为 C++类。在 C++中，一个类一般由数据成员集合、成员函数声明集合、可见性与类名 4 部分组成。各部分含义如下。

- **数据成员集合** 即属性集合，一个类可以没有或者包含多个数据成员。
- **成员函数声明集合** 即 C++类中声明的函数原型的集合，实际上描述了一个类的对象所能提供的服务。一个类可以没有或者包含多个函数原型。
- **可见性** 成员的可见性分为私有（Private）、受保护（Protected）和公有（Public）3 种类型。其中私有成员仅在本类中可见，受保护成员在本类及子类中可见，公有成员在所有类中可见。
- **类名** C++中的类等同于类型，类名实际上是类型声明符，可用它来声明对象。

16.1.1 类

C++类的定义由类头和类体两部分组成，类头通常放在扩展名为.h 的文件中，而类体放在扩展名为.cpp 的文件中。因此，在将 UML 模型中的类转换为 C++类时，应分别创建一个.h 文件和.cpp 文件，在.h 文件中给出数据成员和成员函数的声明，而在.cpp 文件中编写类体的框架，类体中的某些具体实现细节由开发人员添加。

如下图所示为 UML 模型中的学生类，该类有学号和姓名两个属性，以及学习操作，其中属性为私有的，操作为公有的。

```
         学生
-学号 : int
-姓名 : string
+学习()
```

该类转换成 C++类的代码如下所示：

```cpp
//Student.h
class Student
{
  public:
    Student();
    ~Student();
    void study();     //表示学习操作
  private:
    int ID;           //表示学号属性
    string Name;      //表示姓名属性
};
//Student.cpp
#include "Student.h"
Student::Student()
{
    ...
}
Student::~Student()
{
    ...
}
void Student:: study ()
{
    ...
}
```

C++类 Student 由头文件 Student.h 和实现文件 Student.cpp 组成。在头文件中给出了数据成员 ID 和 Name 的定义，以及成员函数（方法）study()的原型声明；在实现文件中给出了成员函数的框架。

16.1.2 实现原理

关于 UML 类（UML 模型中的类）向 C++类（用 C++语言定义和实现的类）的转换，还有一些较复杂的细节，本节将详细介绍。

在 UML 模型中，符号"+"可以表示类中的特性和操作对外部可见，符号"-"表示只在本类中可见，符号"#"表示只在本类以及本类的派生类中可见。相应地，在 C++语言中，关键字 public、private 和 protected 可用来表示类中数据成员或者成员函数的可见性。

在 UML 模型中，如果属性带有下画线，则表示该属性为静态属性。这一类静态属性拥有单独的存储空间，类的所有对象都共享该空间。静态属性的定义必须出现在类的外部，并且只能够定义一次。类似地，如果 UML 类中的操作带有下画线，则表示该操作为静态操作。这一种操作是为类的所有对象而非某些对象服务的。静态操作将转换为 C++类中的静态成员函数，它们不能访问一般的数据成员，只能访问静态数据成员或者调用其他的静态成员函数。在 C++中，关键字 static 可用来说明静态数据成员或者静态成员函数的作用域。

在 UML 模型中，如果类的操作名以斜体表示或者操作名后面的特性表中有关键字 abstract，则表示该操作为抽象操作。该类操作在基类中没有对应的实现，其实现是由派生类去完成的。包含抽象操作的类是不能被实例化的抽象类。在 C++中，与抽象操作对应的机制为虚函数。

如果 UML 类的名字以斜体表示，或者类名之后的特性表中具有关键字 abstract，则该类就是抽象类。这时，如果该类中不包含抽象方法，在用 C++实现时应将构造函数的可见性设为 protected 类型。

UML 类中操作名后的特性表中可能具有关键字 query 或者 update，如果 query 为真，则表明该操作不会修改对象中的任何属性，也就是说，该操作只对对象中的属性进行读操作；如果 update 为真，则表示该操作可对对象中的属性进行读访问和写访问。相应地，在 C++中，如果一个成员函数被声明为 const 函数，那么该函数就只能对对象中的数据成员进行读操作。而如果成员函数没有被声明为 const 函数，则该函数将被看作要修改对象的数据成员。

UML 类中的操作可以有 0 个或者多个形式参数，参数可用如下关键字。

❑ **in 关键字** 表示在方法体内只能对其进行读访问。

❑ **out 关键字** 表示在方法体内可对其进行写操作，该参数为输出参数。

❑ **inout 关键字** 表示在方法体内可对该参数进行读写操作。

在 C++中，可使用关键字 const 来规定函数参数的可修改性。如果用 const 对某个函数形参进行限制，那么在函数体内就不能再对其进行写访问，否则，编译程序就会报错。

如果在 UML 类中没有使用<<constructor>>和<<destructor>>修饰操作，则通常会自动生成默认的构造函数与析构函数。在 C++中，复制构造函数使用相同类型的对象引用作为它的参数，以用于根据已有类创建新类。如果 UML 类中具有抽象操作，也就是对应的 C++类中包含虚函数，则在转换时应自动生成虚析构函数。

综上所述，在将 UML 类转换为 C++类时，可遵循如下规则。

❑ 可将 UML 类中的"+""−"和"#"修饰符分别转换为 C++类中的 public、private 和 protected 关键字。

❑ 将 UML 类中带有下画线的特性或者操作转换为 C++类中的静态数据成员或者静态成员函数。

❑ 从 UML 类转换而成的 C++类中应该具有默认的构造函数和析构函数。

❑ 如果 UML 类中操作的特性表中具有关键字 abstract 或者操作名用斜体表示，那么就应将该操作转换为 C++类中的纯虚成员函数，相应的析构函数应为虚析构函数。

❑ 如果 UML 类中操作的特性表中 query 特性为真，则应将该方法转换为 C++类中的 const 成员函数。

❑ 如果 UML 类中操作的特性表中 update 特性为真，则应将该方法转换为 C++类中的非 const 成员函数。

❑ 如果 UML 类的名字以斜体表示或者类名后的特性表中具有 abstract 关键字，则应将相应构造函数的可见性设置为 protected。

通常情况下，在 UML 模型中，不仅包含若干个类，而且类与类之间还存在这样那样的关系，例如关联关系、聚合关系、泛化关系等，这时，不仅需要将 UML 类转换为 C++类，而且还需要转换类与类之间的关系。

16.2　实现关联

在 UML 中的关联可通过嵌入指针实现，也可通过语言提供的关联对象来实现。由于 C++和大多数语言一样，没有提供关联对象，因此，在将 UML 类转换为 C++类时，类之间的关联关系可以用嵌入指针来实现。

在转换时，关联端点上的角色名可实现为相关类的属性（对象指针），可见性通常使用 private。关联角色在类中的具体实现受关联多重性的影响，可分为以下 3 种情况。

- ❏ 如果多重性为 1，则相应类中应包含一个指向关联对象的指针。
- ❏ 如果多重性大于 1，在相应类中应包含由关联对象指针构成的集合。
- ❏ 如果关联多重性大于 1 而且有序，则相应类中应包含有序的关联对象指针集。

除此之外，相应的类中还应包含对指针进行读写的成员函数，以维护类之间的关联关系。

16.2.1　基本关联

这里的基本关联指的是单向关联和双向关联，下面将详细介绍如何使用 C++语言来实现它们。

对于单向关联，在实现时可将关联角色作为位于关联尾部的类的属性，并且还应在相应类中包含对该属性进行读写的函数。

对于双向关联，在实现时可将关联角色作为所有相关类的属性，并在每个类中都包含对这些属性进行读写的函数，还要将每个类都声明为其他类的友元类。

如下图所示，顾客和商品之间的关系就是一个二元关联。根据上面的描述顾客类 Customer 和商品类 Product 的 C++实现如下所示：

```
//文件名: Customer.h
class Customer       //顾客类
{
    friend class Product;
  public:
    ...
    void setProduct (Product*
    newProduct);
    const Product* getProduct()const;
  protected:
    ...
  private:
    ...
    Product *ProductPtr;
};
//文件名: Product.h
#ifndef Customer_H
#include "Customer.h"
#endif
class Product           //商品类
{
    friend class Customer;
  public:
    ...
    void setCustomer (Customer *
    newCustomer);
    const Customer* getCustomer ()
    const;
    ...
  protected:
    ...
  private:
    ...
    Customer* CustomerPtr;
```

```
    };
    ...
```

16.2.2 强制对可选或者强制关联

下图是图书与借阅记录之间的强制对可选关联，表示一本图书可以没有借阅记录，有且最多只能有一条借阅记录。

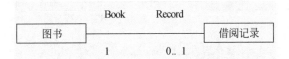

在实现这种强制对可选关联时，需要在 Book 类添加一个指向 Record 类对象的指针，而在 Record 类中也应该添加一个指向 Book 类对象的指针。在该关联中，Book 类对 Record 类而言是强制的，因此在创建 Record 类对象时应在其中设置指向 Book 类对象的指针，并且应当在 Record 类的构造函数中进行。

用 C++ 语言实现 Record 类的头文件如下所示：

```cpp
//文件名: Record.h
...
class Record
{
    friend class Book;
  public:
    Record (const Book& book);
    ...
};
```

假设 Book 类的一个对象以强制对可选的方式与 Record 类的对象关联，那么在更新时，应先将 Record 类的对象和未与任何 Record 类的对象关联的 Book 类的对象关联起来，然后将原 Book 类对象中指向 Record 类对象的指针置空。

下图所示为订单与收货人之间的强制对强制关联关系，表示一个订单有且只能有一个收货人。如果要实现下图所示的强制对强制关联，Order 类和 Address 类中都应包含一个指向对方对象的指针。因为从 Order 类到 Address 类和从 Address 类

到 Order 类的关联都是强制的，所以在这两个类中都应包含以对方的对象为参数的构造函数，以确保关联的语义。但是，这在逻辑上又是行不通的，因此应当在其中一个类中包含一个不以另一个类的对象为参数的构造函数。此时，关联的语义将由开发人员来确保。

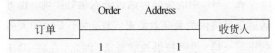

16.2.3 可选对可选关联

如下图所示，ClassA 和 ClassB 之间存在可选对可选关联关系。在将这种关联关系使用 C++ 实现时，这两个类中都应包含一个指向对方对象的指针；而如果要更新这种关联，则应先删除原有的关联。

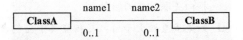

当更新这种关联关系时，首先应该删除原来的关联，然后才能建立新的关联。例如，在下图中，对象 A1 与 B1 之间、A2 与 B2 之间原来都具有可选对可选关联关系（图中的箭头表示指针）。

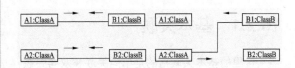

假设，现在要在对象 A2 和 B1 之间建立可选对可选关联关系，采取的步骤如下所示。

(1) 把对象 A1 中指向 B1 的指针置空。

(2) 把对象 B2 中指向 A2 的指针置空。

(3) 把对象 A2 中指向 B2 的指针修改为指向对象 B1。

(4) 把对象 B1 中指向 A1 的指针修改为指向对象 A2。

16.2.4 可选对多关联

如下图所示，ClassA 和 ClassB 之间具有可选

对多关联关系。在将这种关联用 C++实现时，需要在 ClassA 中添加指向 ClassB 对象的指针集合，向 ClassB 中添加一个指向 ClassA 对象的指针。

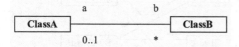

如果要更新这种关联关系，应当先删除 ClassB 的对象与 ClassA 的旧对象之间的关联关系（假设它原来与 ClassA 的其他对象之间具有关联关系），然后将一个指向 ClassB 对象的指针加入到 ClassA 的某个对象的指针集合中。

如下图所示，对象 A1 中包含了指向对象 B1、B2 和 B3 的指针集合，对象 A2 中的指针集合为空。

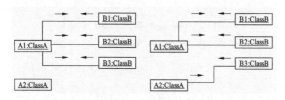

假设要在对象 A2 和 B3 之间建立关联关系，可采用如下所示的步骤。

（1）将指向对象 B3 的指针从 A1 的指针集中删除。

（2）将 B3 中指向 A1 的指针改为指向对象 A2。

（3）将一个指向 B3 的指针添加到 A2 的指针集中。

对于更新，在 C++中可以使用标准模板库中提供的 set 来实现指针集。此时，ClassA 的头文件如下所示：

```cpp
//ClassA.h
#include <set>
#include "ClassB.h"
using namespace std:
...
class ClassA
{
    friend class ClassB;
  public:
    ClassA();
    ~ClassA();
    ...
```

```cpp
    const set<ClassB*>& getptrSet()
    const;
    void addClassB(ClassB* b);
    void removeClassB(ClassB* b);
    ...
  private:
    set<ClassB*> ptrSet;
};
...
```

16.2.5　强制对多关联

如下图所示的 ClassA 与 ClassB 之间具有强制对多关联关系。在实现这种关联时，需要在 ClassA 中添加一个指向 ClassB 对象的指针集合，并向 ClassB 中添加一个指向 ClassA 对象的指针。

这种关联关系的更新方法与可选对多关联的方法类似，只是在这两个类中都不能有删除对象指针的方法。

16.2.6　多对多关联

在下图中，ClassA 与 ClassB 之间具有多对多关联关系。这种关系在 C++实现时，ClassA 中应该添加一个指向 ClassB 对象的指针集，ClassB 中也应该添加一个指向 ClassA 对象的指针集。除此之外，ClassA 中还应包含能将指向 ClassB 对象的指针添加到 ClassA 对象指针集中的方法，在 ClassB 中也要包含类似的方法。

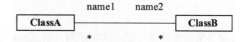

如果要修改多对多关联关系，则需要修改关联两端对象中的指针集。例如，在下图所示的关联关系中，如果要将对象 A2 和对象 B3 关联起来，可采用如下所示的步骤。

（1）将一个指向对象 B3 的指针添加到对象 A2 的指针集中。

（2）将一个指向对象 A2 的指针添加到对象 B3 的指针集中。

如果要删除关联关系，也应修改关联两端对象中的指针集。

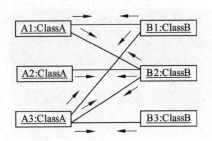

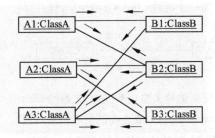

16.2.7　有序关联的实现

在下图中，ClassA 与 ClassB 之间存在有序的可选对多关联关系。将有序关联转换为 C++类的方法和无序关联的方法类似，但是在实现上有一些细微的区别。

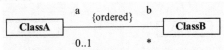

在转换为 C++实现代码时，可通过使用标准模板库中的 list 来实现。此时，ClassA 的头文件如下所示：

```
//ClassA.h
#include <list>
#include "ClassB.h"
using namespace std:
...
class ClassA
{
    friend class ClassB;
```

```
public:
    ClassA();
    ~ClassA();
    ...
    const list<ClassB*>& getptrSet()
    const;
    void addClassB(ClassB* b);
    void removeClassB(ClassB* b);
    ...
private:
    list<ClassB*> ptrSet;
};
...
```

16.2.8　关联类的实现

在下图中，Buy 类就是关联类。在实现这种关联类时，可先将该结构转换为普通关联关系表示的结构，再用 C++代码实现。下图的右侧为转换后的关联关系，可以看到其中多了两个角色名 cust_buy 和 car_buy。

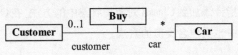

接下来根据前面介绍的转换规则，对 Customer 类、Buy 类和 Car 类进行实现，得出的 C++代码如下：

```
//文件: Buy.h
...
class Buy          //Buy 类
{
    friend class Customer;
```

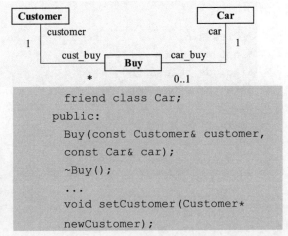

```
    friend class Car;
public:
    Buy(const Customer& customer,
    const Car& car);
    ~Buy();
    ...
    void setCustomer(Customer*
    newCustomer);
```

```
    const Customer* getCustomer()
    const;
    void setCar(Car* newCar);
    const Car* getCar() const;
  protected:
    ...
  private:
    ...
    Customer* customerPtr;
    Car *carPtr;
};
...
//文件: Customer.h
...
class Customer        // Customer 类
{
    friend class Buy;
  public:
    ...
    const CmapPtrToPtr& getCarSet()
    const;
    void addCar(Buy* newCar);
  protected:
```

```
    ...
  private:
    ...
    CmapPtrToPtr car_buySet;
};
...
//文件: Car.h
...
class Car              // Car 类
{
    friend class Buy;
  public:
    ...
    void setCustomer(Buy*
    newCustomer);
    const Buy* getCustomer()const;
  protected:
    ...
  private:
    ...
    Buy* cust_buyPtr;
};
...
```

16.3　受限关联的实现

受限关联是一种特殊的关联，在受限关联中限定符这一端类的对象中存在一张表，表中的每一项为指向另一端类对象的指针，限定符用作进行表查询的关键字。

16.3.1　受限关联概述

下面以一个简单的示例，介绍什么是受限关联。例如，在下图所示订单类 Order 的对象中存储了指向商品类 Product 对象指针的表，其中 pid 是查询的关键字，查询后的结果是一个由指向 Product 对象的指针构成的集合。

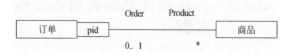

一般情况下，使用指针字典表示限定符端类中的表，但是在具体实现时会受非限定符端多重性和 C++ 类库的影响。在 C++ 标准模板库中，可以使用 map 或者 multimap 来存放<键,值>对，其中 map 的键与值是一一对应的，键是值的索引；而在 multimap 中，一个键可对应多个值。如果非限定符端的多重性是 "1,0..1" 或者 "1,0..1" 并且有序，则可使用 Map 实现；如果非限定符端的多重性是 "*" 或者 "*" 并且有序，则可用 multimap 实现。

限定符名称对应于指针字典中的键，数据类型则对应于键的类型。如果使用 map 实现指针字典，一个键对应一个对象指针；如果使用 multimap 实现，一个键就对应一个对象指针集。

按照上述的转换规则，上图中 Order 类的 C++

头文件实现如下所示:

```
//文件名: Order.h
#include <map>
#include <set>
#include <string.h>
#include "Product.h"
using namespace std;
...
class Customer
{
  public:
    ...
    const set< Product *>&
    getProductSet(String pid) const;
    void addProduct (String pic,
    Product* newProduct);
    void removeProduct (String pid,
    Product* oldProduct);
    ...
  private:
    ...
    multimap<String, Product*>
    ProductDictSet;
}
```

在更新这种关联关系时,假设 Order 类的一个对象以强制对可选的方式和 Product 类的对象关联,那么不能将其和 Product 的新类对象关联,否则会使 Product 类原来对象上的关联关系变成单向关联。解决的方法是先将 Product 类和未与任何 Product 类关联的 Order 类的一个对象进行关联,然后将 Order 类原来对象中指向 Product 类对象的

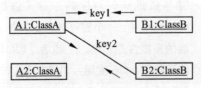

如果要将对象 A2 通过键 key3 与对象 B2 关联起来,则可采用如下所示的步骤。

(1) 将键为 key2 的数据项从对象 A1 的指针字典中删除。

(2) 将对象 B2 中指向对象 A1 的指针改为指向对象 A2。

指针置空。下面将详细介绍受限关联时各种情况的实现。

16.3.2 强制或者可选对可选受限关联

假设在下图中,ClassA 和 ClassB 之间存在强制对可选的受限关联关系。在将这种关联用 C++ 实现时,应在限定符一端的类中添加一个使用 map 声明的指向另一端类对象的指针字典,而在非限定符端的类中添加一个指向限定符端类对象的指针。如果要实现强制对多受限关联,则需要在限定符端的类中使用 multimap 声明指针字典。

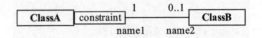

在下图中,ClassA 与 ClassB 之间存在可选对可选的受限关联。在将可选对可选的受限关联用 C++实现时,应向限定符端的类中添加一个用 map 声明的指向非限定符端类对象的指针字典,并向非限定符端类中添加一个指向限定符端类对象的指针。如果要更新可选对可选受限关联,则应先删除原有的关联,再建立新关联。

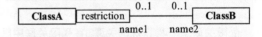

例如,在下图中 ClassA 的对象 A1 通过键 key1 和 ClassB 的对象 B1 关联,并通过键 key2 与 ClassB 的对象 B2 关联。

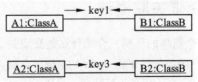

(3) 将一个键为 key3、值为指向 B2 的指针的数据项添加到对象 A2 的指针字典中。

16.3.3 可选对强制或者可选受限关联

在下图中,ClassA 和 ClassB 之间存在可选对

强制的受限关联，它的实现和更新方法与可选对可选受限关联类似。

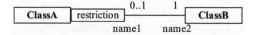

在下图中，ClassA 和 ClassB 之间存在可选对多受限关联，在用 C++实现时，应向限定符一端的类中添加一个用 multimap 声明的指针字典，并向非限定符端的类中添加一个指向限定符端类的对象的指针。

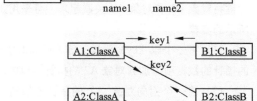

假设想再在 B2 和 A2 之间建立关联，则可采用如下所示的步骤。

（1）将键为 key2 的数据项从对象 A1 的指针字典中删除。

（2）将对象 B2 中指向对象 A1 的指针改为指向对象 A2。

（3）将一个键为 key3、值为指向对象 B2 的指针的数据项添加到对象 A2 的指针字典中。

16.3.4　多对可选的受限关联

在下图中，ClassA 和 ClassB 之间具有多对可选的受限关联关系。在用 C++实现这种关联关系时，需要向限定符一端的类中添加一个使用 map 声明的字典指针，并向非限定符端的类中添加一个由指向限定符端类的对象的指针构成的指针集。

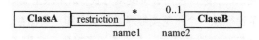

假如需要通过某个键将 ClassB 的一个新对象

如果要将 ClassB 的一个对象和 ClassA 的一个新对象关联起来，而 ClassB 的该对象已经与 ClassA 的其他对象存在关联关系，则应先删除该关联。也就是说，需要从 ClassA 的原对象的指针字典中删除指向 ClassB 对象的指针，并将 ClassB 对象中指向 ClassA 对象的指针改为指向 ClassA 的新对象。最后，再向 ClassA 新对象的指针字典中加入指向 ClassB 对象的指针。

在下图中，对象 A1 分别使用键 key1、key2 与 ClassB 的对象 B1、B2 关联，对象 A2 使用键 key3 与 B3 关联。

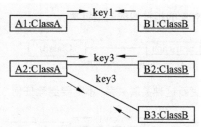

与 ClassA 的一个对象关联起来，并且在 ClassA 对象的指针字典中已存在以该键为索引的数据项，则应先删除该数据项中指针所指向 ClassB 对象的指针集中指向 ClassA 对象的指针，然后再将该数据项从 ClassA 对象的指针字典中删除，最后再将以该键为索引的指向 ClassB 的新对象的指针添加到 ClassA 对象的指针字典中，并在 ClassB 新对象的指针集中添加一个指向 ClassA 对象的指针。

在下图中，对象 A1 通过键 key1 和 key2 与对象 B1 和对象 B3 关联起来，对象 A2 通过键 key3 与对象 B3 关联起来。如果要将对象 B2 通过键 key2 与对象 A1 关联起来，可采用如下所示的步骤。

（1）将指向对象 A1 的指针从对象 B3 的指针集合中删除。

（2）在对象 A1 的指针字典中将以键 key2 为索引的指向 B3 的指针改为指向 B2。

（3）将一个指向对象 A1 的指针添加到对象 B2 的指针集中。

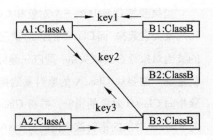

16.3.5 多对受限关联

如下图所示，ClassA 和 ClassB 之间具有多对多受限关联关系。这种关联关系在用 C++实现时，需要向限定符端的类中添加一个用 multimap 声明的指针字典，并向非限定符端的类中添加一个由指向限定符端类对象的指针构成的指针集。

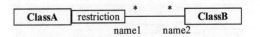

如果需要更新这种关联关系，不需要删除任何

已建立的关联关系，只需将参与关联的 ClassA 对象的指针字典和 ClassB 对象的指针集做相应的更新。

在如下图所示的关联关系中，如果需要以key3为键将对象 B1 和对象 A2 关联起来，可采用如下所示的步骤。

（1）将一个以 key3 为键、值为指向对象 B1 的指针的数据项添加到对象 A2 的指针字典中。

（2）将一个指向对象 A2 的指针添加到对象 B1 的指针集中。

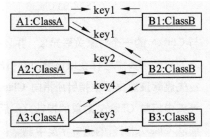

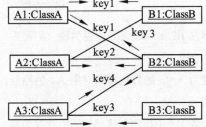

16.4 UML 关系的实现

在 C++的 UML 模型实现中，除了关联和受限关联的实现之外，还包括 UML 中的一些关系的实现，例如泛化关系的实现、聚合和组合关系的实现等。本小节将详细介绍关系的实现。

16.4.1 泛化关系的实现

UML 模型中的泛化关系在 C++中是通过继承机制实现的。继承是一种代码共享、代码复用和代码扩展的机制。通过使用继承，可以在父类（基类）的基础上定义子类（派生类），子类继承了父类的数据成员和成员函数。除此之外，子类还可以添加

其特有的数据成员和成员函数。在子类中，也可以对从父类继承的成员函数进行修改，也就是 C++的虚函数机制。在父类中将一个成员函数声明为虚函数后，在该类的子类中就可以为这个虚函数重新指定函数体。

子类继承父类的方式可以是公有的、私有的和受保护的，在用 C++代码实现 UML 类图中的泛化关系时，通常使用公有继承方式。如果派生类沿多条途径从一个根基类继承数据成员和成员函数，为确保派生类中只有一个虚基类子对象，在用 C++实现类图中的泛化关系时，通常都使派生类以

virtual 方式从基类中继承。

如下图所示,"油电混合型"的基类是"电动型"类和"汽油型"类,而"电动型"类和"汽油型"类的基类是"助力车"类。在转换时,如果不使用 virtual 方式从基类中继承,那么"油电混合型"类将把"助力车"类的数据成员和函数成员继承两次,因此会出现问题。

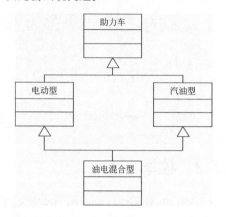

转换后,"油电混合型"类 MixModelCar 的头文件如下:

```
// MixModelCar.h
#include "GasolineModelCar.h"
#include "ElectricModelCar.h"
...
class MixModelCar:virtual public
GasolineModelCar,
virtual public ElectricModelCar
{
    ...
}
```

注意

如果某个类有派生类,则该类的析构函数应为虚析构函数;否则,如果基类指针指向了派生类对象,执行 delete 操作时派生类的析构函数将不会被调用。

16.4.2 聚合与组合关系的实现

聚合关系和组合关系都是特殊的关联关系,在用 C++语言实现聚合关系时,采用嵌入指针方式;实现组合关系时,采用嵌入对象方式。

在下图中,StringLink 类自身存在聚合关系,StringLink 类与 StringList 类之间也存在聚合关系,而 StringLink 类与数据类型 String 之间存在组合关系。

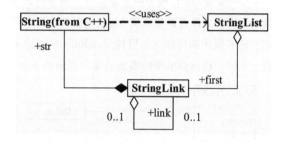

根据前面所述的实现方法,StringLink 类和 StringList 类的头文件如下所示:

```
//StringLink.h
...
class StringLink
{
  public:
    string str;
    StringLink *link;
    ...
};
...
//StringList.h
#include "StringLink.h"
...
class StringList
{
  public:
    StringLink *first;
    ...
};
```

16.5 特殊类的实现

前面介绍了大量有关类之间关联时的 C++实现,在 UML 中还有些模型元素可以作为特殊的类在 C++中实现，像接口、枚举和包等，本节将对其进行详细介绍。

16.5.1　接口

首先简单了解一下什么是接口。接口是操作规约的集合，当一个类实现了某接口中声明的所有操作时，就称该类实现了此接口。

C++实现 UML 模型中的接口时，需要将其转换为只有函数原型的抽象类，也就是要将接口中声明的所有操作都转换为可见性为 public 的纯虚函数，而将实现接口的类转换为从接口继承的子类。

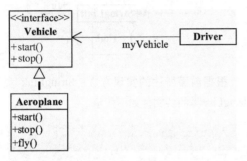

在上图中，Aeroplane 类实现了 Vehicle 接口，Driver 类和 Vehicle 类之间存在单向关联关系。根据前面介绍的实现方法，这 3 个类的 C++实现如下所示：

```
//文件名: Vehicle.h
...
class Vehicle        // Vehicle 类
{
  public:
    Vehicle();
    virtual ~Vehicle()=0;
    virtual void start()=0;
    virtual void stop()=0;
    ...
};
//文件名: Aeroplane.h
#include "Vehicle.h"
...
class Aeroplane:virtual public
Vehicle          // Aeroplane 类
  {
```

```
public:
    void start();
    void stop();
    void fly();
    ...
};
//文件名: Driver.h
#include "Vehicle.h"
...
Class Driver           // Driver 类
{
  public:
    ...
  private:
    Vehicle *myVehicle;
};
```

16.5.2　枚举

在 UML 中，使用<<enumeration>>定义的枚举类型与 C++中的枚举类型相对应，因此它们之间可以直接进行转换。如下图所示为一个枚举类型 WeekDay，该枚举包括了 7 个值。

<<enumeration>> WeekDay
Monday Tuesday Wednesday Thursday Friday Saturday Sunday

WeekDay 枚举类型转换为 C++后的代码如下所示：

```
//文件名: WeekDay.h
enum WeekDay{
    Monday,
    Tuesday,
    Wednesday,
    Thursday,
    Friday,
    Saturday,
    Sunday
};
```

16.5.3　包

在 UML 中，包用于将一个大系统分成若干子系统，它们之间可以有依赖关系。在 C++中，可以使用命名空间来描述包。当需要引用某命名空间中的标识符时，可通过使用 using 声明语句或者 using 指示语句来说明。using 语句可用于实现包之间的依赖关系。

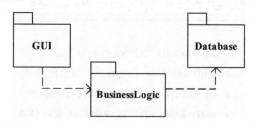

例如，对上图所示的包图模型来说，其 C++实现如下所示：

```
namespace Database  //Database 包
{
    class Table
    {
        ...
    };
    ...
}
namespace BusinessLogic
                //BusinessLogic 包
{
    using namespace Database;
                //包含 Database 包
    class Transaction
    {
        ...
    };
    ...
}
namespace GUI   //GUI 包
{
    using namespace BusinessLogic;
                //包含 BusinessLogic 包
    class Menu
    {
```

```
        ...
    };
    ...
}
```

16.5.4　模板

UML 中模板的参数可以是类或者类型，而且从一个模板可以派生出其他模板，但不能派生出一个类。根据模板参数的不同，一个模板可对应多个不同的模板实例。在 UML 中，模板实例是一个没有标出属性和方法，仅标出类名的类，它通过<<bind>>的依赖关系和模板绑定，从一个模板实例可以派生出其他类。

在将 UML 模板转换为 C++的实现时，可以直接转换为 C++的模板，即使用 typedef 将 UML 中的模板实例定义为类型名，或者用继承关系将它定义为带实际参数的模板的子类。

例如，上图所示为 TArray 模板及模板实例 BookList。根据上述转换规则，TArray 模板的头文件代码如下：

```
//文件名: TArray.h
template <class T, int k>
class TArray{
public:
    TArray();
    ~TArray();
    Void insert(T x,int k);
};
```

下面使用 typedef 将 BookList 定义为一个类型名标记，那么头文件的形式如下：

```
//文件名: BookList.h
#include "TArray.h"
typedef TArray<Book, 20> BookList
```

另外一种解决方法的代码如下：

```
//文件名: BookList.h
#include "TArray.h"
public BookList:public virtual
TAraay<Book,20>
{
```

```
public:
    BookList();
    virtual ~BookList();
protected:
private:
};
```

16.6 建模实例：创建图书管理系统静态结构模型

在本练习中，将进一步分析图书管理系统的系统需求，以发现类以及类之间的关系，确定它们的静态结构和动态行为，是面向对象分析的基本任务。系统的静态结构模型主要包括类图和对象图描述，在本练习中，将详细介绍图书管理系统中对象和类、用户界面类及类之间的关系。

16.6.1 定义系统中的对象和类

定义系统需求后，下一步就是确定系统中存在的对象。系统对象的识别可以通过寻找系统域描述和需求描述中的名词来进行。在图书管理系统中可以确定的主要对象包括借阅者（Borrower）、图书标题（Title）、借阅信息（Loan）和具体的图书信息（Book）。

1. 类 Borrower

类 Borrower 描述了借阅者的信息（本系统中，借阅者为一名学生）。借阅者的信息包括学号、姓名、院系和年级。这个类代表了学生在系统中的一个账户。

1）私有属性

❑ **stuID: String** 学生的学号。

❑ **name: String** 学生的姓名。

❑ **dept: String** 学生的院系。

❑ **borrowerID: String** 借书证号。

❑ **loans[]: Loan** 借阅记录。

2）公共操作

❑ **newBorrower(StuID:String,name:String,dept:String)** 创建一个 Borrower 对象。

❑ **findBorrower(ID:String)** 返回指定

BorrowerID 的 Borrower 对象。

❑ **addLoan(loan:Loan)** 添加借阅记录。

❑ **delLoan(loan:Loan)** 删除借阅记录。

❑ **getLoanNum()** 返回借阅记录的数目。

❑ **getBorrower(stuID:String)** 返回指定学号 stuID 的 Borrower 对象。

❑ **checkDate(title[]:Title)** 返回超期的图书标题。

❑ **getTitleInfo()** 返回图书标题 Title 对象的数组。

另外，还有设置和获取对象属性值的一系列方法：

```
setName(name:String)
getName()
setDept(dept:String)
getDept()
setStuID()
getStuID()
setBorrowerID(ID:String)
getBorrowerID()
```

2. 类 Title

类 Title 描述了图书的标题种类信息。对于每种图书，图书馆通常都拥有多本具体的图书。类 Title 封装了图书的名称、出版社名、作者名和 ISBN 号等信息。

1）私有属性

❑ **bookName:String** 图书的名称。

❑ **author:String** 作者名。

❑ **publisher:String** 出版社名。

- **ISBN:String**　图书的 ISBN 号。
- **books[]:Book**　该种类的图书信息。

2）公共操作

- **newTitle(name:String,author:String,ISBN: String,publisher:String)**　创建 Title 对象。
- **findTitle(ISBN:String)**　返回指定 ISBN 的 Title 对象。
- **AddBook(book:Book)**　添加该种类图书。
- **removeBook(index:int)**　删除该种类中某一本图书。
- **getNumBooks()**　返回该种类的图书数量。

设置获取对象属性值的一系列方法如下：

```
setBookName(name:String)
getBookName()
setPublisher(name:String)
getPublisher()
setISBN(ISBN:String)
getISBN()
setAuthor(author:String)
getAuthor()
```

3．类 Book

类 Book 代表图书馆内的藏书。Book 对象有两种状态："借出"和"未借出"，并且每一个 Book 对象与一个 Title 对象相对应。

1）私有属性

- **ID:String**　图书编号。
- **title:Title**　图书所属标题。
- **loan:Loan**　标记图书状态。

2）公共操作

- **newBook(ID:String,title:Title)**　创建新 Book 对象。
- **findBook(ID:String)**　返回指定编号的 Book 对象。
- **getTitleName()**　返回该图书的名称。
- **getID()**　获取图书编号。
- **setID(ID:String)**　设置图书编号。
- **getTitle()**　返回图书的 Title 对象。
- **getLoan()**　返回图书的借阅记录。
- **setLoan(loan:Loan)**　设置图书的借阅状

态。若参数为 null，则图书的状态为未借阅状态。

4．类 Loan

类 Loan 描述了借阅者从图书馆借阅图书时的借阅记录。一个 Loan 对象对应一个借阅者 Borrower 对象和一本图书 Book 对象。Loan 对象的存在表示：借阅者（Borrower 对象）借阅了借阅记录（Loan 对象）中记录的图书（Book 对象）。当返还一本图书时，将删除借阅记录。

1）私有属性

- **book:Book**　图书。
- **borrower:Borrower**　借阅者。
- **date:Date**　借阅图书的日期。

2）公共属性

- **newLoan(book:Book,borrower:Borrower, date:Date)**　创建 Loan 对象。
- **getBorrower()**　返回借阅者 Borrower 对象。
- **getBook()**　返回图书 Book 对象。
- **getDate()**　返回借阅图书时的日期。

为了实施系统的安全和权限管理，还需要添加一个管理员 Manager 类，该类保存了用户名和密码信息。在图书管理系统中，管理员分为图书管理员和系统管理员，这就需要用到类的继承和派生。派生的 Librarian 类和 Administrator 类如下图所示。

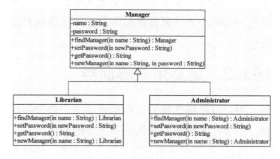

在 Manager 类中，findManager()方法用于查找指定的管理员对象；setPassword()方法用于修改管理员的密码；getPassword()方法则用于获取用户密码。方法 findManager()、setPassword()和 getPassword()都为抽象方法，它们的具体实现由继承的子类实现。

在 Administrator 类中，新添加了一个方法

newManager()，该方法用于创建一个新的 Manager 对象。

注意，定义类、类的方法和属性时，建立顺序图是很有帮助的。类图和顺序图的建立是相辅相成的，因为顺序图中出现的消息基本上都是类中的方法。因此，在设计阶段绘制系统的顺序图时，要尽量使用类中已经识别的方法来描述消息，若出现无法用类中已经识别的消息，就要考虑为该类添加一个新方法。

从上述分析可以得出系统中的 5 个重要的类：Borrower、Book、Title、Loan 和 Manager，上述类都是实体类，都需要持久性，即须存储到数据库中。因此，还可以抽象出一个代表持久性的父类 Persistent，该类实现了对数据库进行读、写、更新和删除等操作。Persistent 类中的属性和方法如下图所示。

Persistent
+read() +write() +update() +delete()

其中，方法 read()负责从数据库中读出对象的属性，write()方法负责将对象的属性保存到数据库中，update()方法负责更新数据库中保存的对象属性，delete()方法则负责删除数据库保存的对象属性。

16.6.2　定义用户界面类

用户与系统之间的交互是通过用户界面实现的。一个好的系统通常具备很友好的图形用户界面，因此，还需要为系统定义用户界面类。通过对系统的不断分析和细化，可以识别出下述界面类，以及类的操作和属性。

1. 类 MainWindow

MainWindow 是图书管理员与系统交互的主界面，系统的主界面具有菜单，当用户选择不同的菜单项时，MainWindow 界面类调用相应的方法，以完成对应的功能。公共操作如下。

❑ **createWindow()**　创建图书管理系统的图形用户界面主窗口。

❑ **borrowBook()**　当用户选择"借阅图书"菜单项时，调用该操作。

❑ **returnBook()**　当用户选择"归还图书"菜单项时，调用该操作。

❑ **queryLoan()**　当用户选择"查询借阅信息"菜单项时，调用该操作。

❑ **modifyPassword()**　当用户选择"修改密码"菜单项时，调用该操作。

2. 类 MaintenanceWindow

MaintenanceWindow 类是系统管理员对系统进行维护的主界面，与 MainWindow 界面类类似，它也提供相应的菜单项，以调用相应的操作。该界面类提供了如下的操作。

❑ **addTitle()**　当用户选择"添加图书种类"菜单项时，调用该操作。

❑ **delTitle()**　当用户选择"删除图书种类"菜单项时，调用该操作。

❑ **addBorrower()**　当用户选择"添加借阅者"菜单项时，调用该操作。

❑ **delBorrower()**　当用户选择"删除借阅者"菜单项时，调用该操作。

❑ **addBook()**　当用户选择"添加图书"菜单项时，调用该操作。

❑ **delBook()**　当用户选择"删除图书"菜单项时，调用该操作。

❑ **manager()**　当用户选择"管理员"菜单项时，调用该操作。

3. 类 LoginDialog

管理员运行系统时，启用类 LoginDialog 打开登录对话框，以完成对登录用户身份的验证。该界面只提供两个方法。

❑ **createDialog()**　当用户运行系统时，调用该方法，以创建登录对话框。

❑ **Login()**　当用户输入用户名和登录密码并单击登录按钮后，调用该方法完成对用户身份的验证。

4．类 BorrowDialog

界面类 BorrowDialog 是进行借阅操作时所需的对话框。当主窗口 MainWindow 中的菜单项"借阅图书"被选择时，该对话框弹出，图书管理员在对话框中输入借阅者的信息和图书信息，并创建、保存借阅记录。它具备的公共操作如下。

- **createDialog()**　创建 BorrowDialog 对话框。
- **inputBorrowerID()**　调用该方法，系统将获取用户输入的借书证号信息。
- **inputBookID()**　调用该方法，系统将获取用户输入的图书信息。

5．类 ReturnDialog

界面类 ReturnDialog 是进行还书操作时需要的对话框。当选择主窗口中的"归还图书"操作时，将弹出该对话框。图书管理员在该对话框中输入图书信息，系统将根据图书信息删除相关的借阅记录。该类的公共方法如下。

- **createDialog()**　创建用来填写还书信息的对话框。
- **returnBook()**　调用该方法，完成还书操作。

6．类 QueryDialog

界面类 QueryDialog 是进行查询某借阅者的所有借阅信息时需要的对话框。图书管理员可以在该对话框中输入学生的学号，并调用 QueryDialog 类中相应的方法，则该对话框将显示该学生所借阅的所有图书信息。该类具有的公共方法如下。

- **createDialog()**　创建 QueryDialog 对话框。
- **queryLoanInfo()**　查询某学生所借阅的所有图书信息。

7．类 ModifyDialog

界面类 ModifyDialog 用于修改用户登录密码时所需要的对话框。图书管理员可以在该对话框中输入自己的旧密码，以及要修改的新密码，然后单击"确定"按钮，系统将修改用户的密码。该类具有的公共方法如下。

- **createDialog()**　创建 ModifyDialog 对话框。
- **modifyPassword()**　调用该方法时，系统将修改当前用户的密码。

8．类 ManagerDialog

界面类 ManagerDialog 是进行"添加管理员""删除管理员"操作的对话框。当调用 Maintenance Window 类的 manager()方法时打开该对话框，在该对话框中显示当前系统中所有的管理员信息，系统管理员可在其中添加新的管理员，或者删除管理员。该类具有的公共方法如下。

- **createDialog()**　创建 ManagerDialog 对话框。
- **addManager()**　调用该方法可以添加管理员。
- **delManager()**　调用该方法可以删除管理员。
- **permission()**　调用该方法可以设置管理员的权限。

9．类 AddTitleDialog

界面类 AddTitleDialog 是进行"添加图书标题"操作所需要的类。在该对话框中，系统管理员可以输入图书的标题信息，并保存。它具有的公共方法如下。

- **createDialog()**　创建 AddTitleDialog 对话框。
- **addTitle()**　调用该方法，在系统中添加一个图书标题。

10．类 DelTitleDialog

界面类 DelTitleDialog 是进行"删除图书标题"操作所需要的类。管理员删除图书标题时，首先需要输入欲删除图书的 ISBN 号，并由系统找到该 ISBN 号对应的图书标题，然后由管理员确认，并决定是否删除。类 DelTitleDialog 具有如下的公共操作。

- **createDialog()**　创建删除图书标题的对话框。
- **findTitle()**　查找指定 ISBN 号图书的标题。
- **delTitle()**　删除某图书标题。

11．类 AddBookDialog

界面类 AddBookDialog 是进行"添加图书"操作所需要的类。管理员添加图书时，需要在该对话框中输入添加图书的信息，如名称、出版社名、作者名和 ISBN 号等信息，然后由系统查找该图书对应的标题信息，并添加图书。类 AddBookDialog 具有的公共操作如下。

- **createDialog()** 创建"添加图书"对话框。
- **addBook()** 向系统中添加图书。

12．类 DelBookDialog

界面类 DelBookDialog 是进行"删除图书"操作所需要的类。管理员删除图书时，需要在该对话框中输入图书的编号，并由系统查找该编号的图书，并显示该图书的标题信息进行确认，最后由管理员决定是否删除该图书。类 DelBookDialog 具有的公共操作如下。

- **createDialog()** 创建"删除图书"对话框。
- **inputBookID()** 查找指定编号的图书，并返回该图书的标题信息。
- **delBook()** 删除指定的图书。

13．类 AddBorrowerDialog

界面类 AddBorrowerDialog 是进行"添加借阅者"操作所需要的类。当打开该对话框后，可以在其中输入学生的姓名、学号等信息，然后调用对话框中的方法，为该学生创建一个账户。添加借阅者信息成功后，系统将生成一个唯一的借阅证号，并通过打印机打印借阅证。该类具有的公共操作如下。

- **createDialog()** 创建 AddBorrowerDialog 对话框。
- **addBorrower()** 调用该方法，添加一个借阅者。

14．类 DelBorrowerDialog

界面类 DelBorrowerDialog 是进行"删除借阅者"操作所需要的类。当打开该对话框后，首先需要输入要删除的借阅证号，系统根据该借阅证号查找到该借阅者的信息，并由管理员进行确认后，删除该借阅者。DelBorrowerDialog 类具有的公共方法如下。

- **createDialog()** 调用该方法，创建删除借阅者对话框。
- **findBorrower()** 调用该方法，查找指定的借阅者。

- **delBorrower()** 调用该方法，删除借阅者。

15．类 MessageBox

当管理员操作系统时，如果发生错误，则该错误信息由界面类 MessageBox 负责显示。MessageBox 类具有的方法如下。

- **createDialog()** 创建 MessageBox 对话框。
- **DisplayMessage()** 显示错误信息。

有一点需要强调的是：在本阶段，类图还处于"草图"状态。定义的操作和属性不是最后的版本，只是在现阶段看来这些操作和属性是比较合适的。类图最终的操作和属性是在设计顺序图以及随后的其他分析过程中不断修改和完善的。

16.6.3 类之间的关系

在面向对象的系统分析中，常常将系统中的类分为三种：GUI 类、问题域类和数据库访问类。GUI 类由系统中的用户界面组成，如 MainWindow 类和 ManageWindow 类；问题域（PD）类负责系统中的业务逻辑处理；数据库（DB）访问类则负责保存处理结果。将这三类分别以包的形式进行包装，它们之间的关系如下图所示。

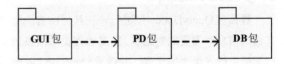

1．DB 包

对于一个系统而言，它必须保存一些处理结果，这就需要使用数据访问层来提供这种服务。从理论上讲，保存处理结果时，既可以使用文件，也可以使用数据库，但当要保存的信息较多时，使用文件保存会发生信息的冗余等一系列问题，因此，当前的系统几乎都使用数据库保存信息。

因为本案例的分析并不涉及数据库，因此，在本例中只用 Persistent 类定义访问数据的接口，当某对象需要保存时，只需要调用一些公共操作即可，如 read()、update()等。注意：Persistent 类只是一个抽象类，其方法只是定义了一个接口，并不涉及具体的实现，具体的实现由相应的子类完成。

定义 Persistent 接口后，就为日后对系统进行扩充提供了方法。例如，当想要保存借阅者信息时，就可以在 Borrower 类的 write()方法中调用相应的数据访问类，以保存 Borrower 的信息。

2．PD 包

PD 包中包含了系统中的问题域类，如 Book 类、Title 类等。它主要负责实现系统的业务逻辑需求，也是系统的主要部分，也称为域类。问题域类之间的关系如下图所示。

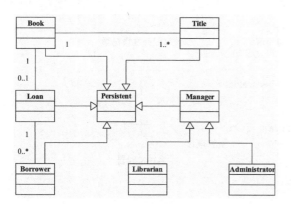

类 Book 与类 Title 之间存在"一对多"的关联关系，每个 Title 对象至少对应一个 Book 对象，每个 Book 对象则只对应一个 Title 对象。类 Book 与类 Loan 之间存在关联关系，每个 Book 对象最多只对应一个 Loan 对象，每个 Loan 对象则只记录了一本书的借阅（因为一本书在一定的时间段内，只能被一个人借阅，因此最多只能有一个借阅记录）。Borrower 与 Loan 之间存在一对多的关联关系，每

个 Borrower 对象对应多个 Loan 对象，而每个 Loan 对象最多只对应一个 Borrower 对象。

3．GUI 包

GUI 包中包含了与用户交互的用户界面类。该包主要包含的界面类包括 MainWindow 类和 ManageWindow 类。下图为组成 MainWindow 界面的类。

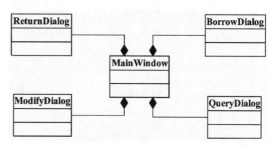

下图为组成 ManageWindow 界面的类。

除了 MainWindow 类和 ManageWindow 类之外，GUI 包中还包含两个单独的用户界面类：Login 类和 MessageBox 类。

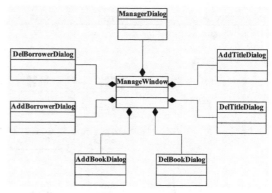

16.7 新手训练营

练习 1：创建发票申请用例图。

🔘 downloads\16\新手训练营\发票申请用例图

提示：本练习中，将制作一个发票申请用例图。在该用例图中，主要包括业务员、部门经理、主管、财务、系统定时器 5 个角色，展示了每个角色所设计的用例活动。

练习 2：创建鲜花信息查询活动图。

🔘 downloads\16\新手训练营\鲜花信息查询活动图

提示：本练习中，将创建一个有关鲜花信息查询的活动图。在该活动图中，包括用户、鲜花网和后台服务器 3 个泳道，每个泳道中包含相关的活动，充分展示了鲜花预览、查看鲜花信息等一系列活动。

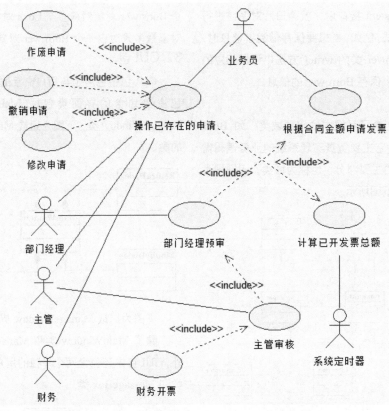

组状态下的一系列活动。

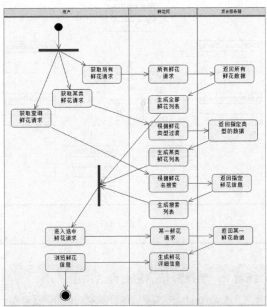

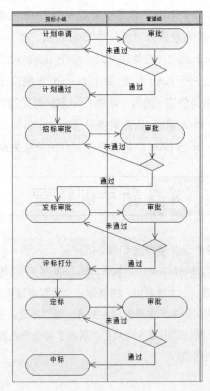

练习 3：创建招标流程图

⊙downloads\16\新手训练营\招标流程图

提示：本练习中，将运用 UML 活动图来创建一个招标流程图。该流程图主要展示了招标小组和管理

练习 4：创建网站访问数据流程图

downloads\16\新手训练营\网站访问数据流程图

提示：本练习中，将创建一个网站访问数据流

程图。该流程图使用 UML 活动图制作的一个数据流模型，展示了用户和客户端之间各活动的控制流。

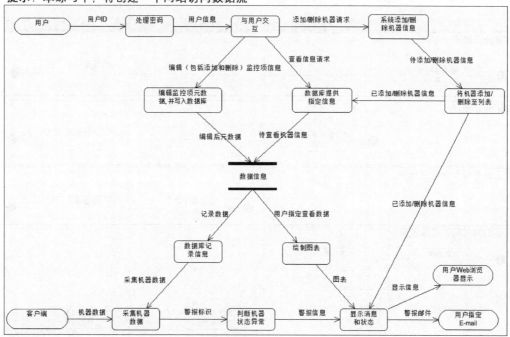

练习 5：创建商品销售顺序图

downloads\16\新手训练营\商品销售顺序图

提示：本练习中，将创建一个有关商品销售的顺

序图。在该顺序图中，主要描述系统中出纳员、界面、控制、销售单、商品和库存各组成部分之间的交互次序。

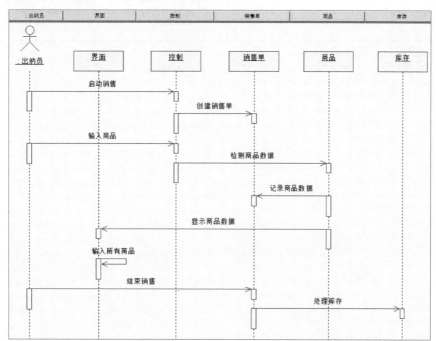

练习 6：创建购物支付流程图

downloads\16\新手训练营\购物支付流程图

提示：本练习中，将创建一个有关商品购物支付

的流程图。该流程图将使用 UML 中的活动图来制作，主要描述系统中卖家、买家、第三方支付和银行各状态之间的活动流。

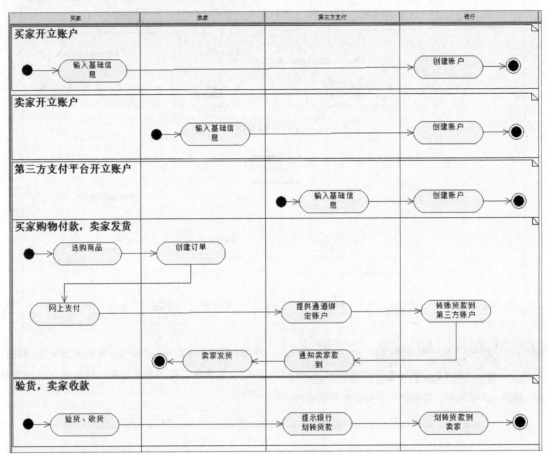

第 17 章

UML 与建模

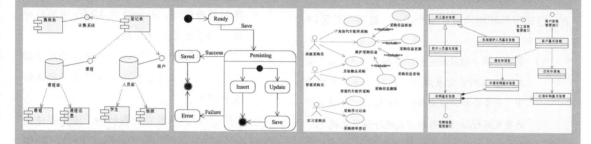

　　建模是建立模型，是为了理解事物而对事物做出的一种抽象，是对事物的一种无歧义的书面描述。建模是研究系统的重要手段和前提，也是开发优秀软件的所有活动中的核心部分，不仅可以将想要得到的系统结构和行为沟通起来，而且还可以对系统的体系结构进行可视化和控制，以便可以更好地理解正在构造的系统，并揭示简化和复用的机会。本章将详细介绍数据建模、业务建模和 Web 建模的基础知识和构建方法，以帮助用户更好地运用 UML 进行一些比较复杂的建模。

UML

UML 17.1 数据建模

数据库建模是一种用于定义和分析数据的要求和其需要的相应支持的信息系统的过程。在 UML 中，可以使用类图对数据进行建模，用于描述数据库模式、数据库表及触发器和存储过程。

17.1.1 数据库设计概述

数据库设计的基本过程包括传统的数据库设计过程和基于 UML 的数据库设计过程两部分内容。

1. 传统的数据库设计过程

传统的数据库设计主要涉及需求分析、概念设计、逻辑设计和物理设计 4 个阶段，其每个阶段的具体说明如下所述。

- ❑ **需求分析** 该阶段主要综合各个用户的应用需求，形成用户需求规约。同时，通过自顶向下，逐步分解的方法分析用户需求，并将分析结果采用数据流程图的方式进行图形化描述。
- ❑ **概念设计** 该设计阶段主要对用户要求描述的现实世界，通过对其进行分类、聚集和概括，建立抽象的概念数据模型。该概念模型应独立于各个 DBMS 产品的概念模式，并能反映现实世界各部门的信息结构、信息流动情况、信息间的互相制约关系，以及各部门对信息储存、查询和加工的要求等。
- ❑ **逻辑设计** 该阶段主要将现实世界的概念数据模型设计成适应于某种特定的数据库管理系统所支持的逻辑数据模式；然后，还需要为各种数据处理应用领域产生相应的逻辑子模式。
- ❑ **物理设计** 该设计阶段主要根据 DBMS 的特点和处理需求，为具体的应用任务选定最合适的物理存储结构(包括文件类型、索引结构、数据存放次序和位逻辑等)、存取方法和存取路径等。

2. 基于 UML 的数据库设计过程

基于 UML 的数据库设计过程与传统的数据库设计过程类似，也分为 4 个模型设计，其每个模型设计的具体说明如下所述。

- ❑ **业务模型设计** 业务模型设计是基于 Use Case 模型设计，即对数据库进行需求分析，并使用用例图等图建立业务模型。
- ❑ **逻辑数据模型设计** 该阶段用于确定系统所需要的数据、实体类和联系，使用类图等图建立数据库的逻辑模型，并将相应的数据映射为关系数据库的表和视图等。
- ❑ **物理数据模型设计** 该阶段用于设计数据库的物理模型，通常使用 UML 中的组件图、部署图等图来实现。
- ❑ **物理实现设计** 该阶段主要根据物理数据模型建立具体的数据库，并定义数据库的表和视图。

在基于 UML 进行数据库设计时，还需要注意一些相关的概念，如主键（primary key）、外键（foreign key）、域（domain）等。对于数据库中的这些概念，UML 会使用元素对应其构造型，其具体对应情况如下表所示。

数据库概念	构造型	UML 元素
数据库	<<Database>>	组件
模式	<<Schema>>	包
表	<<Table>>	类
视图	<<View>>	类
域	<<Domain>>	类
索引	<<Index>>	操作
主键	<<PK>>	操作
外键	<<FK>>	操作
值唯一性约束	<<Unique>>	操作
值检查约束	<<Check>>	操作
触发器约束	<<Trigger>>	操作
存储过程	<<SP>>	操作
表之间的非确定性联系	<<Non-Identifying>>	关联、聚集

续表

数据库概念	构造型	UML 元素
表之间的确定性联系	<<Identifying>>	组合

17.1.2　数据库设计的步骤

下面通过 Rose 软件来介绍如何使用 UML 的类图进行数据库设计。

在 Rose 中的【Component View】视图中可以创建数据库模型，而用于数据建模的菜单位于该视图下的【Data Modeler】菜单中，用户在"浏览器窗口"中右击鼠标即可显示该菜单。

1．在构件图中创建数据库对象

启动 Rose，在"浏览器窗口"中右击【Component View】图标名称，执行【New】|【Package】命令，创建一个包，并将包命名为 D_B。然后，右击包图标，执行【Data Modeler】|【New】|【Database】命令，创建数据库对象，创建后的情况如下图所示。

此时，右击数据库对象，执行【Open Specification】命令，在弹出的对话框中，将【Target】选项设置为"Oracle 9.x"，单击【OK】按钮，将目标数据库设置为"Oracle 9.x"。

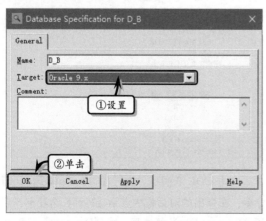

2．在逻辑视图中创建模式

在"浏览器窗口"中右击【Logical View】中的【Schemas】图标名，执行【Data Modeler】|【New】|【Schemas】命令，创建模式。

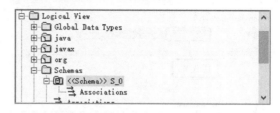

右击模型，执行【Open Specification】命令，在弹出的对话框中，将【Database】设置为"D_B"，单击【OK】按钮，设置目标数据库。

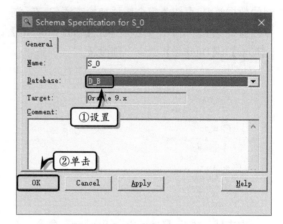

3．使用【时间轴】面板添加

在"浏览器窗口"中，右击【Logical View】中的【Global Data Types】图标名，执行【Data Modeler】|【New】|【Domain Package】命令，创建域包。

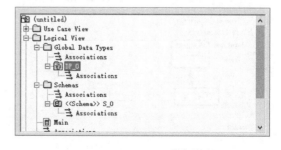

右击域包，执行【Open Specification】命令，在弹出的对话框中将【DBMS】设置为"Oracle"，

并单击【OK】按钮，表示在这个域包下定义的域是针对 Oracle 数据库的。

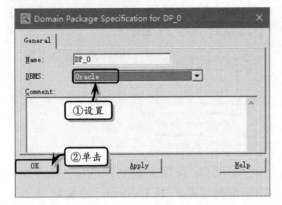

创建域包之后便可以创建域，域可以看作是定制的数据类型，可以为每个域添加检查语句。在"浏览器窗口"中，右击 DP_0 图标，执行【Data Modeler】|【New】|【Domain】命令，创建域。

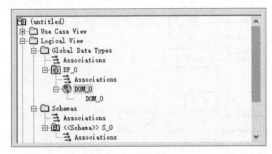

右击域，执行【Open Specification】命令，在弹出的对话框中，将【Datatype】设置为"VARCHAR2"，并将【Length】设置为"5"，单击【OK】按钮即可。

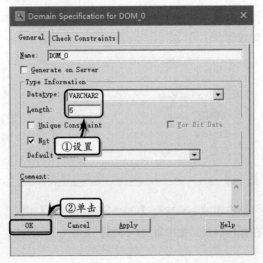

4．创建数据模型图

在"浏览器窗口"中，右击【Schemas】下的【<<Schema>>S_0】图标，执行【Data Modeler】|【New】|【Data Model Diagram】命令，创建模型图，并将名称更改为"DN"。

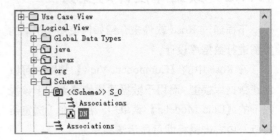

5．创建表和列

在"浏览器窗口"中，右击【Schemas】下的【<<Schema>>S_0】图标，执行【Data Modeler】|【New】|【Table】命令，创建表 T_0 和 T_1。

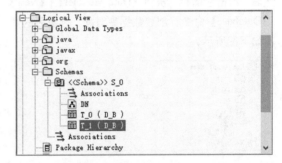

然后，右击【T_0（D_B）】图标，执行【Data Modeler】|【New】|【Column】命令，创建名为 COL_0 和 COL_1 的列。同样方法，在表 T_1 中创建名为 COL_2、COL_3、COL_4 的列。

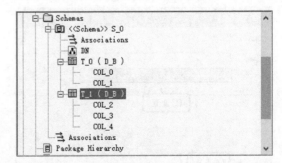

右击 COL_0 图标，执行【Open Specification】命令，在弹出的对话框中激活【Type】选项卡，启用【Primary Key】复选框，将【Datatype】设置为

"VARCHAR2"，并将【Length】设置为"10"，单击【OK】按钮即可。

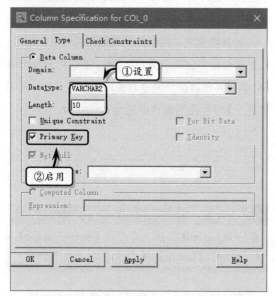

然后，在"浏览器窗口"中，更改主键名称。使用同样的方法，分别设置其他列的属性。其最终效果如下图所示。

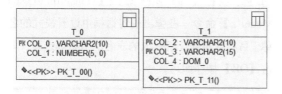

6．创建表与表之间的关系

表与表之间存非确定性（non-identifying）和确定性（identifying）两种关系。其中，非确定性关系表示子表不依赖于父表，而确定性关系必须依赖于父表。

非确定性关系使用关联关系的<<Non-Identifying>>版型表示，而确定性关系则使用组合关系的<<Identifying>>版型表示。

在这两种关系中，子表中会增加支持关系的外键。相对于子表而言，非确定性关系中的外键不会成为主键的一部分，而确定性关系中的外键则可以成为主键中的一部分。

在非确定性关系中，当父表的一端为多重性 1 或 1..n 时，称为强制（mandatory）非确定性关系。下图表示了两个表之间强制的非确定性关系。

将上图中强制的非确定性关系生成 SQL 语句如下所示：

```
CREATE TABLE T_0(
    COL_0 VARCHAR2(10) NOT NULL,
    COL_1 MUMBER(5),
    CONSTRAINT PK_T_00 PRIMARY KEY(COL_0)
    );
CREATE TABLE T_1(
    COL_2 VARCHAR2(10) NOT NULL,
    COL_3 VARCHAR2(15),
    COL_4 VARCHAR2(10) UNIQUE,
    COL_0 VARCHAR2(10) NOT NULL,
    CONSTRAINT PK_T_11 PRIMARY KEY(COL_2)
    );
ALTER TABLE T_1 ADD (CONSTRAINT FK_T_11
    FOREIGN KEY(COL_0)REFERENCES
    Table1(COL_0));
```

在非确定性关系中，当父表的一端为多重性为 0..1 或 0..n 时，称为可选的（optional）非确定性关系。下图中，表示了两个表之间可选的非确定性关系。

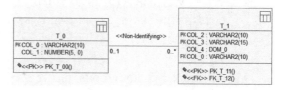

将上图中可选的非确定性关系生成 SQL 语句如下所示：

```
CREATE TABLE T_0(
    COL_0 VARCHAR2(10) NOT NULL,
    COL_1 MUMBER(5),
    CONSTRAINT PK_T_00 PRIMARY KEY
    (COL_0)
    );
CREATE TABLE T_1(
    COL_2 VARCHAR2(10) NOT NULL,
    COL_3 VARCHAR2(15),
    COL_4 VARCHAR2(10) UNIQUE,
```

```
COL_0 VARCHAR2(10),
CONSTRAINT PK_T_11 PRIMARY KEY
(COL_2)
);
ALTER TABLE T_1 ADD (CONSTRAINT FK_T_12
    FOREIGN KEY(COL_0)REFERENCES
    Table1 (COL_0));
```

而下图表示了两个表之间的确定性关系。

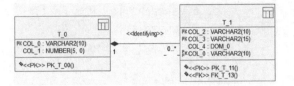

将上图的确定性关系生成 SQL 语句如下所示：

```
CREATE TABLE T_0(
    COL_0 VARCHAR2(10) NOT NULL,
    COL_1 MUMBER(5),
    CONSTRAINT  PK_T_00  PRIMARY  KEY
(COL_0)
    );
CREATE TABLE T_1(
    COL_2 VARCHAR2(10) NOT NULL,
    COL_3 VARCHAR2(15),
    COL_4 VARCHAR2(10) UNIQUE,
    COL_0 VARCHAR2(10) NOT NULL,
    CONSTRAINT PK_T_11 PRIMARY KEY
(COL_0,COL_2)
    );
ALTER TABLE T_1 ADD (CONSTRAINT FK_
T_13
        FOREIGN KEY(COL_0)REFERENCES
        Table1(COL_0));
```

17.1.3 对象模型和数据模型的互相转换

Rose 中的对象模型和数据模型可以互相转换，转换过程中会使用到"包"这种构造型。

1. 对象模型转换为数据模型

对象模型转换为数据模型是指将类转换成表，而类与类之间的关系转换为表与表之间的关系。在

Rose 中，可以将逻辑视图中的包直接转换为数据模型，但在转换的过程中，需要将要转换的类放在包中，通过转换整个包来转换类。

转换模型前，需要先创建数据库对象。然后，在逻辑视图中创建名为 DE 的包，在包中创建 F 和 FA 类，并创建类之间多对多的关系。另外，还需要将 F 和 FA 类的属性设置为 Persistent。

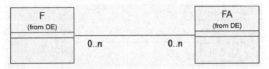

> **提示**
>
> 类的 Persistent 属性，需要在【Specification】对话框的【Detail】选项卡中进行设置。

在转换过程中，不仅可以转换多对多关联，而且还可以转换 1 对多关联及泛化关系等关联。

设置包和类之后，在"浏览器窗口"中，右击 DE 包，执行【Data Modeler】|【Transform to Data Model...】命令，在弹出的对话框中设置模式的名称、目标数据库、所生成的表名的前缀等选项，单击【OK】按钮即可。

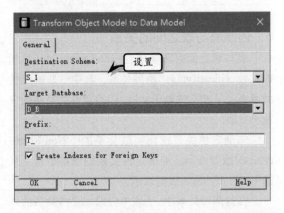

此时，在逻辑视图的 Schemas 包下将会自动创建 S_1 模式（包），展开该模式，会发现该模式中存放了 T_2、T_F 和 T_FA 表。分别将各个表拖到"模型图窗口"中，创建一个数据模型图，显示表与表之间的关系。

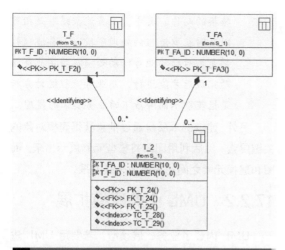

Model…】命令，在弹出的对话框中设置对象模型所要生成包的名称、类名的前缀等，单击【OK】按钮即可。

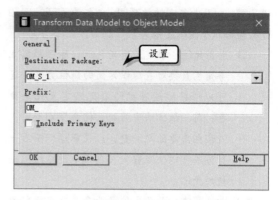

此时，在逻辑视图中会自动显示 OM_S_1 包，展开该包，会发现其中存放了 OM_T_F 类和 OM_T_FA 类。将类拖动到"模型图窗口"中，显示类与类之间的关系。

通过上图可以发现，除了类名带前缀之外，该类图与最初的类图几乎一样。

提示

将对象模型转换为数据模型，其结果并不是唯一的，Rose 中生成的对象模型只是其中的一种结果。

2. 数据模型转换为对象模型

数据模型向对象模型转换是指将表转换为类，而表与表之间的关系则被转换为类与类之间的关系。

在"浏览器窗口"中，右击<<Schema>>S_1模式，执行【Data Modeler】|【Transform to Object

17.2 业务建模

通过对业务过程建模，可以捕获较准确的需求，为后续软件系统的分析与设计提供依据。

17.2.1 业务建模概述

业务建模（Business Modeling）是以软件模型方式描述企业管理和业务所涉及的对象和要素，以及它们的属性、行为和彼此关系，包括对业务流程建模，对业务组织建模，改进业务流程，领域建模等方面。

业务建模强调以体系的方式来理解、设计和构架企业信息系统，其建模的目的包括下列几点：

- 了解目标组织的结构和机制。
- 了解目标组织中当前存在的问题，并确定

改进的可能性。
- 确保客户、最终用户和开发人员就目标组织达成共识。
- 导出支持目标组织所需要的系统需求。
- 说明并制定该组织在业务用例模型和业务对象模型中的流程、角色及职责。

根据环境和需求的不同，业务建模工作也具有不同的规模。另外，业务建模是需求工程中最初始的阶段，也是整个项目的初始阶段。

而 UML 业务建模是指业务系统从静态和动态两个方面进行抽象，并利用 UML 标记语言对其进行记录。UML 中的动态建模包含类图、对象图、组件图和部署图，而静态建模包括用例图、状态图、

活动图、顺序图和协作图。

根据业务系统的特点，UML 业务建模方法包括业务角色、业务实体、业务活动和业务流程等建模元素，以及业务实体关系图、业务流程活动图和业务流程状态图等图形表示，其中：

- **业务角色** 确定业务角色时，除了根据业务角色直接对应组织定义的岗位方法，还可以根据管理流程的本质来定义业务角色。前一种方法当组织结构发生调整时，流程也需要随之调整，比较麻烦；而后一种方法可以使流程定义更好地适应组织结构的变化。

- **业务实体** 业务实体是业务角色在进行业务活动时使用或产生的事物，它可以是一个文档，或者一个物品的一部分。业务实体是信息系统建设的重要环节，其分析成果为逻辑数据模型，可以知道信息系统的建设以及整合不同的信息系统。

- **业务活动** 业务活动由特定的业务角色进行，具有明确的输入和输出任务。对业务流程进行梳理时，应先明确业务活动，再绘制业务流程图，这样可以轻松地发现冗余的业务活动和一些重用的业务活动。

- **业务流程** 业务流程是由一组业务角色通过完成一系列的业务活动所操作的业务实体，并提供服务或成果。

- **业务实体关系图** 业务实体关系图可通过UML 类图进行描述，主要描述业务实体之间的相互关系。而业务实体之间常用包含关系、关联关系和泛化关系。

- **业务流程活动图** 业务流程活动图可通过UML 活动图进行描述，主要描述不同业务角色进行特定业务活动的流程图。对于业务活动比较多的流程图，可以将相关的连续执行的业务活动进行封装，从而呈现流程图的层次感。

- **业务流程状态图** 业务流程状态图主要对业务流程的执行进行跟踪、控制和统计分析，描述了业务对象的状态以及实现状态

转换的动作。其中，业务流程跟踪是指可以及时获取流程的处理阶段，业务流程控制是指后续的业务活动必须在特定业务活动完成后才能进行，而业务流程统计分析是指获取不同阶段下的业务实体的梳理。

另外，建模的本质是通过抽象获得建模对象的关键要素，然后利用图形将模型元素展示出来。而图和建模元素之间的关系为关联关系。

17.2.2　UML 业务建模扩展

UML 内置了业务扩展模型，若要用 UML 进行业务建模，需要在 UML 的核心建模元素上定义构造型来满足业务建模的需求。

1．Eriksson-Penker 业务扩展

Eriksson-Penker 业务扩展是 Eriksson 和 Penker 定义的一些构造型，它利用 UML 的扩展机制对核心元素进行一系列的扩展，其扩展类型可分为业务过程、业务资源、业务规则和业务目标等方面。

对于业务过程方面的建模来讲，可扩展的元素包括活动（activity）的<<process>>构造型，该构造型表示业务过程。

除了<<process>>构造型之外，Eriksson-Penker 扩展还包括装配线（assembly line）扩展元素，它的构造型为包。装配线是对 UML 的一种扩展，用来描述业务过程与信息系统中的包、子系统、对象之间的联系，可以被业务过程直接读写。

<<assembly line >>N

而业务资源和业务规则有关的建模元素包括资源（resource）、信息（information）、抽象资源（abstract resource）、具体资源（physical resource）、人（people）和业务规则（business rule）等元素。

资源元素可以是业务过程中的信息、抽象资源、具体资源等，它使用类的<<resource>>构造型来表示。

```
<< resource >>
resource N
```

信息元素是概念等信息形式的表现，属于资源元素的一种，它使用类的<<information>>构造型来表示。

```
<< information >>
Information N
```

抽象资源元素表示思想或概念，如合同、账户等，它使用类的<>构造型来表示。

```
<< abstract >>
abstract N
```

具体资源元素类似于文档，它使用类的<<physical>>构造型来表示。

```
<< physical >>
physical N
```

人元素属于具体资源类，它使用类的<<people>>构造型来表示。

```
<< people >>
peopleN
```

业务规则元素是业务过程中应当遵循的约束、条件和规范，它使用注解（note）的<<business rule>>构造型来表示。

```
<< business rule >>
business ruleN
```

业务规则包括派生、约束、存在性 3 种类型，其中派生表示从一种形态（状态）转变为另外一种形态（状态）所应遵循的规则；约束表示定义约束对象或工程出现的结构或行为规则；而存在性表示定义事物出现的规则。

在 Eriksson-Penker 业务扩展中，目标、问题属于业务目标建模元素，目标元素使用类的<<goal>>构造型来表示，而问题使用注解的<<problem>>构造型来表示。

```
<< goal >>          <<problem >>
goal N              problem N
```

Eriksson-Penker 业务扩展的目的只是作为一个框架，具体使用的时候除了内置的一些扩展元素之外，还可以自定义新的扩展元素，以满足建模的需要。

2．Rose 业务扩展

Rose 业务扩展包括业务参与者、业务工人、业务实体等概念。业务参与者是与机构进行交互的外部人或事物，它使用类的<<Business Actor>>构造型来表示；而业务工人是机构内的人或事物，它使用类的<<Business Worker>>构造型来表示。

业务参与者　　　　业务工人

业务实体是指在业务过程中所需要使用或产生的对象，它使用类的<<Business Entity>>构造型来表示。

业务实体

除了上述描述中的业务参与者、业务工人和业务实体概念之外，Rose 业务扩展中还包括业务用例概念。业务用例是一组相关的工作流，用于展示业务用例、业务参与者、业务工人之间的相互关系，它使用用例的<<Business Use Case>>构造型来表示。

业务用例

17.2.3　业务体系结构

业务建模的体系结构是指业务建模的架构和方面，主要表现在业务系统中的组织结构、行为结构和业务过程方面。

一个完整的业务建模应该具有多种视图来描述业务的体系结构，包括业务远景视图（Business Vision View）、业务过程视图（Business Process View）、业务结构视图（Business Structure View）和业务行为视图（Business Behavior View）4 种视图。

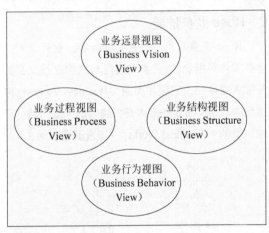

- **业务远景视图**　该视图用来描述机构业务目标及发展策略，需要考虑目标、优势、核心竞争力、策略、关键过程等因素。可以使用 UML 的类图、对象图等来描述业务远景视图。

- **业务过程视图**　该视图描述了为实现业务目标所进行的业务过程，以及过程与资源、过程之间的关系等，可以使用 UML 的活动图来描述业务过程视图。

- **业务结构视图**　该视图用于描述业务中的资源、产品、信息和组织结构，其内容包括资源建模、信息建模和组织建模等建模，可以使用 UML 的类图、对象图等来描述业务结构视图。

- **业务行为视图**　该视图描述了业务中重要资源和过程的独立行为及相互关系，包括资源状态建模、资源交互建模、过程交互建模等建模。可以使用 UML 的状态机图、顺序图、协作图、活动图等来描述业务行为视图。

在以上 4 种视图中，业务过程视图为业务模型的核心视图，而 Eriksson-Penker 业务扩展中的装配线图也是一种重要的活动图，通过它可以更清楚地表示过程的执行和资源的交互。

17.3　Web 建模

随着计算机的不断发展，Web 应用程序变得越来越复杂和重要，对于 Web 的这种复杂性，需要通过建模来解决。本小节将详细介绍基于 UML 的 Web 建模扩展及 Rose 中的 Web 建模。

17.3.1　Web 建模概述

UML 是一种通用的可视化建模语言，适用于各种软件的开发、各种应用领域。越来越多的系统开始使用 UML 作为建模语言。

1．建模

Web 应用程序是一种越来越复杂的软件密集型系统。管理复杂性软件比较好的方法便是对它们进行抽象和建模，而 UML 则是密集型系统的最有利的建模语言。

Web 应用程序通常由用例模型、实施模型、部署模型、安全模型等一组模型以及站点图来表示。除了 Web 应用程序中的模型和图之外，它还包括一个被作为对象处理的 Web 页面元素，该元素包括 html 页面、JSP（或 ASP）动态生成的页面等内容。在对 Web 建模时，其关键一点便是将对象正确划分到服务器端和客户机端，并对 Web 页面元素进行建模。

对 Web 应用程序进行建模时，需要注意页与页之间的链接、构成页及在客户机上出现过的所有动态内容是建模的重要对象。确定建模对象之后，下一步便是将这些对象映射到建模元素中。

UML 为了获取特定领域或架构的相关语义，确定了一种正式扩展机制，允许开发者自定义 UML 元素的构造型、标注值和约束。

2．Web 应用程序架构

Web 应用程序的基本架构包括浏览器、网络和 Web 服务器，浏览器会向服务器请求"Web 页"。Web 页中的每一页都由相应的内容和 HTML 指令组成，而部分页中包含了需由浏览器进行解释的客户端脚本，该脚本主要用于定义页中的动态行为，并且还可以与浏览器、页内容、页内控件和用户进行交互。

Web 页在客户端中显示的永远是 HTML 格式的文档，而在服务器端则可以显示为多种形式。

根据 CGI 脚本的用途，可以将 Web 服务器分为脚本页、编译页及混合页 3 类。

- ❑ **脚本页**　对于客户机浏览器请求的 Web 页，会以脚本文件的形式出现在 Web 服务器的文件系统中，该脚本由 HTML 和其他脚本语言混合编写而成。

- ❑ **编译页**　在编译页中，Web 服务器会加载并执行一个与脚本页一样功能的二进制构件，该构件也可以访问与页请求一起发送的信息。编译页包含的功能比脚本页要大一些，通过向编译页请求传递不同的参数，可以获得不同的功能。

- ❑ **混合页**　混合页是指一旦发送请求，即可进行编译的脚本页，在其后的所有请求都会使用编译过的页。在该混合页中，只有当最初页的内容改变后，才会进行另一次编译；因此，混合页是介于灵活脚本页和高效编译页之间的一种页。

17.3.2　Web 建模扩展 WAE

对于 Web 页来讲，无论是脚本页，还是编译页，都会对应地映射到 UML 中的构件上。而构模

型的实施视图（构件视图）则描述了系统的构件及它们之间的关系。但在对 Web 应用系统进行建模时，它的一些构件不能与标准 UML 建模元素一一对应。此时，便需要对 UML 进行扩展。

对 UML 进行扩展时，Rose 采纳了 WAE 中的部分建模符号，其预定义用于 Web 建模的构造型，包括类中的<<Server Page>>、<<Client Page>>、<<HTML Form>>等构造型，以及定义在关联中的<<Link>>、<<Submit>>、<<Build>>等构造型。

1．服务器页

服务器页（Server Page）构造型不仅可以访问服务器资源，而且还可以创建动态 Web 页面。服务器页具有与服务器中各组件通信，以及完成业务功能并显示处理结果等特点。

在 Web 应用程序中，服务器页用类<<Server Page>>构造型表示，一般分为下面 3 种表示形式。

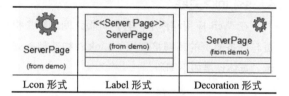

ServerPage (from demo) Lcon 形式	<<Server Page>> ServerPage (from demo) Label 形式	ServerPage (from demo) Decoration 形式

当服务器与客户机具有关联关系时，则需要使用关联的<<Build>>构造型来表示；而当服务器与其他服务器页具有关联关系时，则需要使用关联的<<Link>>构造型来表示。

2．客户机页

客户机页（Client Page）构造型是运行在客户机上的 HTML 页面，该类型的页面不直接访问服务器中的对象，其主要用于表示数据。

在 Web 应用程序中，客户机页使用类<<Client Page>>构造型来表示，该构造型具有下图中的 3 种表现形式。

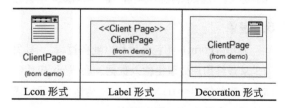

ClientPage (from demo) Lcon 形式	<<Client Page>> ClientPage (from demo) Label 形式	ClientPage (from demo) Decoration 形式

在生成代码框架时，可以将客户机页生成

以.html 为后缀名的文件。除此之外,还可以在 Rose 中设置所需生成的文件名。

3.《<Build>>关联

在 Web 应用程序中,服务器页和客户机页之间的单向关系,可以使用<<Build>>构造型来表示,其具体表现形式,如下图所示。

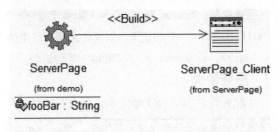

> **提示**
>
> 一个服务器页可以创建多个客户机页,但一个客户机页只能由一个服务器页创建。

4.《<Link>关联

在 Web 应用程序中,客户机页之间或客户机页与服务器页的超链接使用<<Link>>构造型来表示,具体连接如下图所示。

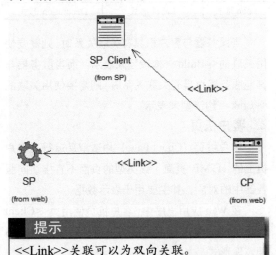

> **提示**
>
> <<Link>>关联可以为双向关联。

5. 表单

表单(Form)不包含操作(业务逻辑),其目的是从最终用户处取得输入数据。在 Web 应用程序中,表单使用<<HTML Form>>构造型表示。表单的 3 种表现形式如下图所示。

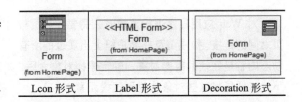

| Lcon 形式 | Label 形式 | Decoration 形式 |

客户机页可以包含多个表单,而客户机页和表单之间的关系为聚集关系,其表单与客户机页之间的关系如下图所示。

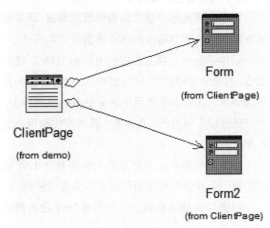

表单中包含的元素,分别使用<<HTML Input>>构造型、<<HTML Select>>构造型、<<HTML Textarea>>构造型来表示。其中,<<HTML Input>>构造型的类型可以为 text、password、checkbox、radio、submit、reset、file、hidden、image、button 等类型,不同类型表示 HTML 页面上不同的控件。下图中显示了包含 Input、Select、Textarea 等元素的表单例子。

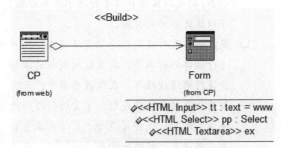

6.《<Submit>>关联

在 Web 应用程序中,表单和服务器页之间的关系,可以使用<<Submit>>构造型来表示。

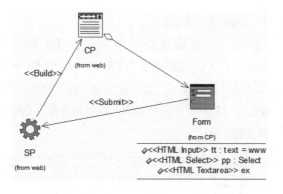

在上图中，SP 是服务器页，该服务器页是一个 JSP 页面，运行时生成 CP 客户机页。而该客户机包含了一个 Form 表单，用户通过 Form 表单输入一些数据，并提交给服务器页。

7．框架集

框架集（frameset）是包含多个框架（frame）的集合，而框架可以划分"浏览器窗口"，将"浏览器窗口"分为多个子区域。

在 Web 应用程序中，框架集可以使用类的 <<Frameset>>构造型来表示。但 Rational Rose 中没有关于框架集的预定义构造型，此时需要用户使用 Rose 扩展机制自定义框架集的构造型。

8．<<Include>>关联

在 Web 应用程序中，服务器页之间或客户机页和服务器页之间的关系，可以使用<<Include>>构造型来表示。

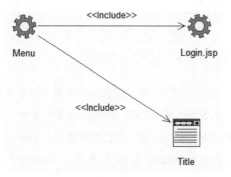

9．<<Forward>>和<<Redirect>>关联

在 Web 应用程序中，重定向问题可以使用 <<Forward>>或<<Redirect>>构造型的单向关联来表示。

而在 JSP 页面中，当服务器页转到服务器页或客户机页时，则需要使用<<Forward>>构造型的单向关联来表示。

在 ASP 页面中，当服务器页转到服务器页或客户机页时，则需要使用<<Redirect>>构造型的单向关联来表示。

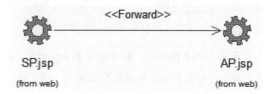

17.3.3　Rational Rose 中的 Web 建模

在 Rational Rose 中，可以对 Web 应用系统建模，建模前需要先设置系统的模型语言。执行【Tool】|【Option】命令，在弹出的对话框中激活【Notation】选项卡，将【Default Language】设置为"Web Modeler"，单击【确定】按钮。

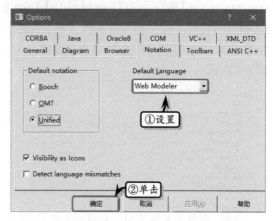

设置了建模语后，便可以在"浏览器窗口"中的【Logical View】中的【Web Modeler】菜单中进行系统建模了。

1．创建虚拟目录

在"浏览器窗口"中，右击【Logical View】图标，执行【Web Modeler】|【New】|【Virtual Directory】命令，在弹出的对话框中选择平台语言，设置 URL、虚拟目录的名称和物理路径。

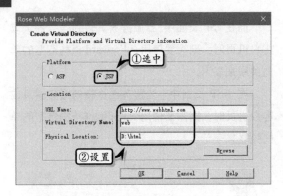

单击【OK】按钮后，系统会在【Logical View】下创建一个虚拟目录。创建虚拟目录后，便可以在该目录下创建服务器页和客户机页。

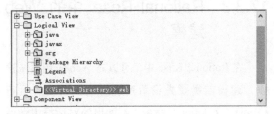

2．创建服务器页

在"浏览器窗口"中，右击【<<Virtual Directory>> web】图标，执行【Web Modeler】|【New】|【Server Page】命令，即可在 web 子包下创建一个版型为<<Server Page>>的类，将类名设置为 SP，如下图所示。

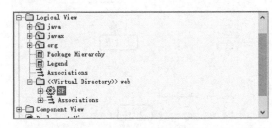

此时，展开服务器页 SP，会显示对应于 SP 的客户机页 SP_Client。除此之外，用户也可以自己创建客户机页。

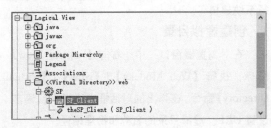

3．创建客户机页

在"浏览器窗口"中，右击【<<Virtual Directory>> web】图标，执行【Web Modeler】|【New】|【Client Page】命令，即可在 web 子包下创建一个版型为<<Client Page>>的类，将类名设置为 CP，如下图所示。

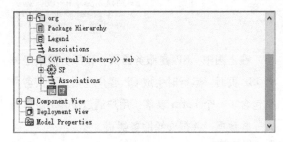

通过上图可以发现，刚创建的 CP 客户机页和服务器页自带的 SP_Client 客户机页不同，刚创建的 CP 客户机页是一个独立的客户机页，可以生成独立的代码。

4．创建表单

右击客户机页【CP】图标，执行【Web Modeler】|【New】|【HTML Form】命令，即可在客户机页 CP 下创建一个 Form，如下图所示。

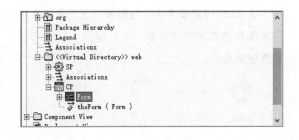

创建表单后，便可以为表单添加 HTML Input、HTML Select 或 HTML Textarea 元素。其中，Input 使用<<HTML Input>>构造型来表示，Select 使用<<HTML Select>>版型来表示，Textarea 使用<<HTML Textarea>>版型来表示。

然后，右击【From】图标，执行【Web Modeler】|【New】|【HTML Input】命令，在弹出的对话框中设置各项属性即可。

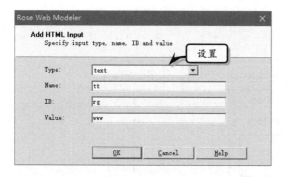

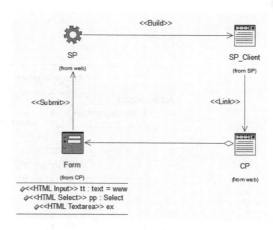

添加 Select 和 Textarea 元素的方法与添加 Input 的方法类似，但不需要指定 type 值。下图显示了创建 Input、Select、Textarea 等元素的示例。

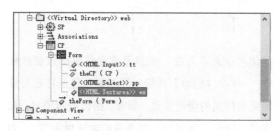

5. 创建 Web 元素之间的关系

Web 元素之间的关系包括 <<Build>>、<<Include>>、<<Link>>、<<Forward>>、<<Redirect>> 等关系，用户可以将相应的 Web 元素拖放到"模型图窗口"中，随后创建各元素之间的关联关系。

建模完成后，可以使用 Rose 生成代码框架。鼠标右击需要生成代码的类或包，如右击【CP】图标，执行【Web Modeler】|【Generate Code…】命令，此时系统会自动生成代码，并显示代码。

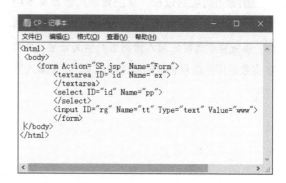

17.4　建模实例：创建图书管理系统动态行为模型

系统的动态行为模型图由交互图（顺序图和协作图）、状态图、活动图描述。在本练习中，将用顺序图对用例进行描述，用状态图描述对象的动态行为。

17.4.1　建立顺序图

建立顺序图时，将会发现新的操作，并可以将它们加到类图中。另外，操作仅仅是一个"草案"，同样要用说明来详细描述。分析的目的是同用户／客户沟通，对要建立的系统有更好的了解，而不是一个详细的设计方案。

1. 添加借阅者

添加借阅者的过程：系统管理员选择菜单项"添加借阅者"，弹出 AddBorrowerDialog 对话框。系统管理员可以在该对话框中输入学生的信息并保存，随后系统将对提交的学生信息进行验证，查看输入的学号是否已经存在系统中，若不在，则为学生创建一个账户，并存储该学生的信息。如果需要，系统还可以使用打印机打印生成的账户信息。"添加借阅者"用例的顺序图如下图所示。

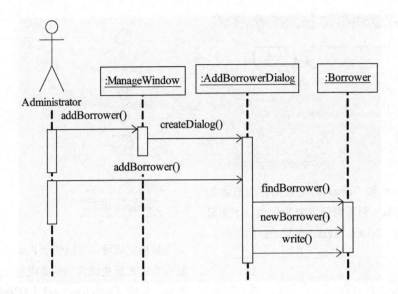

2. 删除借阅者

删除借阅者的过程：系统管理员选择菜单项"删除借阅者"，弹出【DelBorrower Dialog】对话框，系统管理员首先输入借阅者的借阅证号，系统查询数据库并显示相关的借阅者信息（如果输入的借阅者信息不存在，则显示提示信息结束删除操作），单击【删除】按钮，系统确认是否存在与该借阅者相关的借阅信息。若有，给出提示信息，结束删除操作；若没有，则系统删除该借阅者。"删除借阅者"的顺序图如下图所示。

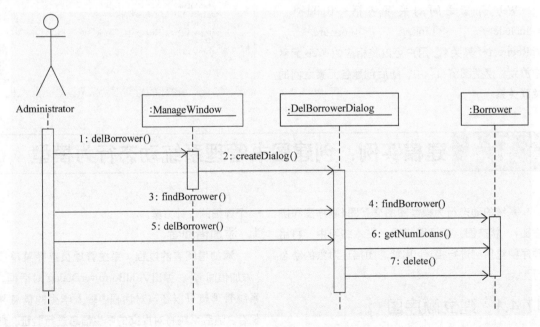

3. 添加图书标题

添加图书标题的过程：系统管理员选择"添加图书标题"菜单项，弹出【AddTitleDialog】对话框。系统管理员输入图书的名称、ISBN 号、出版社名、作者名称等信息并提交，系统根据 ISBN 号查询图书的标题是否存在，若不存在，则创建该图书标题。"添加图书标题"的顺序图如下图所示。

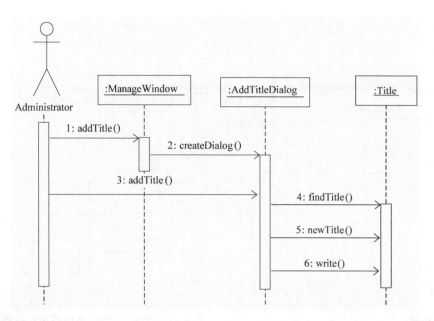

4. 删除图书标题

删除图书标题的过程：系统管理员选择菜单项"删除图书标题"，系统弹出【DelTitleDialog】对话框，系统管理员在该对话框中输入图书的 ISBN 号并提交，系统查询数据库，显示图书标题信息，然后由系统管理员对要删除的标题信息进行确认并删除，系统验证该标题对应的图书数目是否为 0，如果为 0，则删除该标题信息，反之，则提示必须先删除相应的图书。"删除图书标题"的顺序图如下图所示。

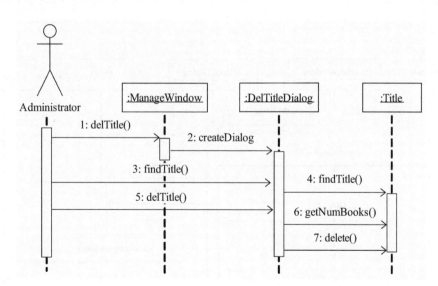

5. 添加图书

添加图书的过程：系统管理员选择菜单项"添加图书"，系统弹出【AddBookDialog】对话框，图书管理员输入图书 ISBN 号并提交，系统查询数据库是否存在与该图书对应的标题，若不存在，则提示管理员需要先添加标题，然后才可以添加图书；若存在，则添加一本图书，并更新图书对应的标题信息。"添加图书"的顺序图如下图所示。

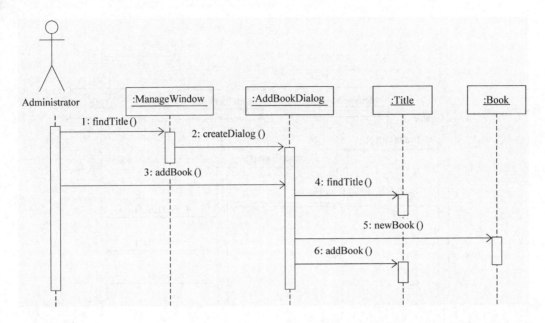

6. 删除图书

删除图书的过程：系统管理员选择菜单项"删除图书"，弹出【DelBookDialog】对话框。系统管理员输入要删除图书的编号并提交，系统查询数据库并显示该图书信息，系统管理员进行确认并单击【确定】按钮删除该图书，系统更新对应的标题信息。"删除图书"的顺序图如下图所示。

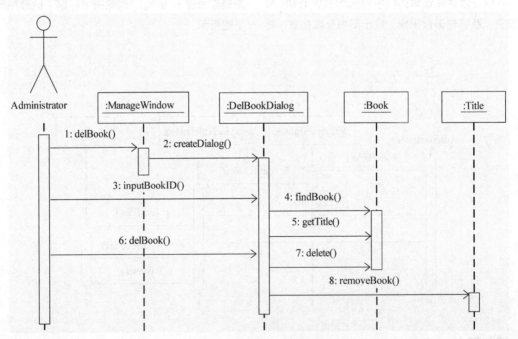

7. 维护管理员

维护管理员信息包括添加管理员和删除管理员。管理员又可以分为图书管理员和系统管理员。因此，维护管理员的过程：当添加管理员时，系统管理员先输入一个用户名和初始密码，然后提交，由系统验证该用户名是否已经存在。若该用户已经存在，系统提示出错；若不存在，则系统提示新添加管理员的权限为系统管理员，还是图书管理员，并根据系统管理员的选择添加一个图书管理员或系统管理员。删除管理员时，系统管理员输入要删除的管理员的用户名，系统查询数据库，以验证该

管理员是否存在；若存在，则删除该管理员。"添加管理员"的顺序图如下图所示。

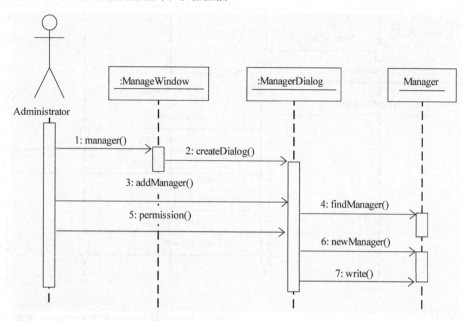

而"删除管理员"的顺序图如下图所示。

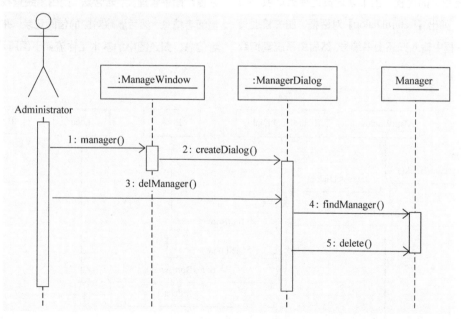

8. 借阅图书

借阅图书的过程：图书管理员选择菜单项"借阅图书"，弹出【BorrowDialog】对话框，图书管理员在该对话框中输入借阅者信息，然后由系统查

询数据库，以验证该借阅者的合法性，若借阅者合法，则再由图书管理员输入所要借阅的图书信息，系统记录并保存该借阅信息。借阅图书的基本工作流如下图所示。

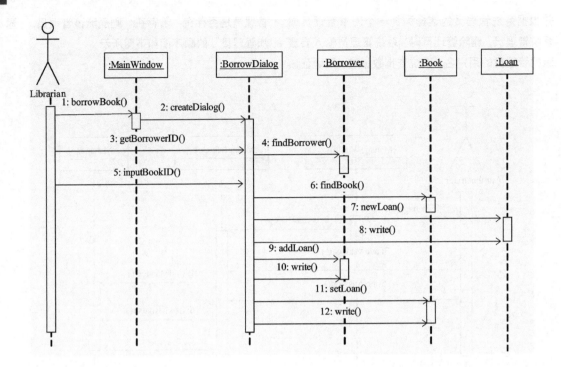

9. 归还图书

归还图书的过程: 图书管理员选择菜单项"归还图书",弹出【ReturnDialog】对话框,图书管理员在该对话框中输入归还图书编号,然后由系统查询数据库,以验证该图书是否为本馆藏书。若图书不合法,则提示图书管理员;若合法,则由系统查找该图书的借阅者信息,然后删除对应的借阅记录,并更新借阅者信息。归还图书的基本工作流如下图所示。

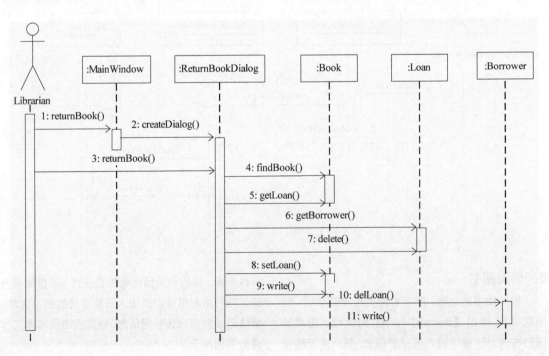

10．查询借阅信息

查询借阅信息的过程：图书管理员选择菜单项"查询借阅信息"，弹出【QueryDialog】对话框，图书管理员在该对话框中输入要查询学生的学号，然后由系统查询数据库，以获取该学生的信息，并通过显示借阅信息用例显示该学生借阅的所有图书信息。查询借阅信息的基本工作流如下图所示。

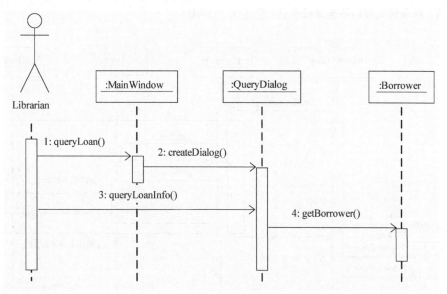

11．显示借阅信息

显示借阅信息的过程：当 BorrowDialog、ReturnDialog 和 QueryDialog 对话框调用 Borrower 类的 get TitleInfo()方法时，系统获取该借阅者的所有借阅信息，然后根据借阅信息找到所借阅的图书，并进一步获取所借阅图书对应的标题信息，最后由相应的对话框负责显示。QueryDialog 对话框调用显示借阅信息时的顺序图如下图所示。

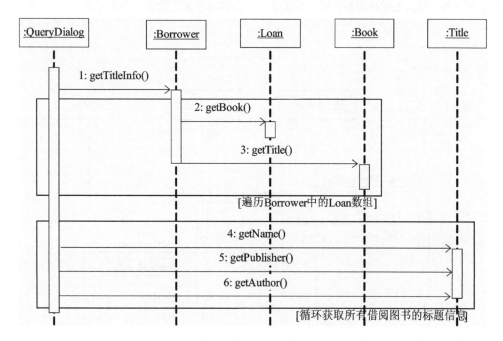

12．超期处理

超期处理的前提条件：当发生借书或还书时，首先由系统找到借阅者的信息，然后调用超期处理，以检验该借阅者是否有超期的借阅信息。超期处理的过程：获取借阅者的所有借阅信息，查询数据库以获取借阅信息的日期，然后由系统与当前日期比较，以验证是否超过了规定的借阅期限，若超过规定的借阅时间，则显示超期的图书信息，以提示图书管理员。下图为借书时超期处理的顺序图。

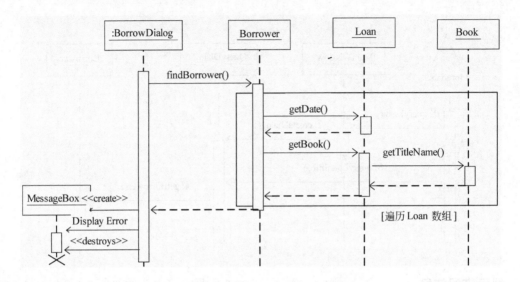

13．修改密码

修改密码的过程：图书管理员选择菜单项"修改密码"，弹出【ModifyDialog】对话框，图书管理员在该对话框中输入旧密码和新密码，并提交，然后由系统查询数据库，以验证当前用户的密码是否与输入的旧密码相同，若相同，则将密码更改为新的密码，并提示图书管理员修改密码成功。修改密码的基本工作流如下图所示。

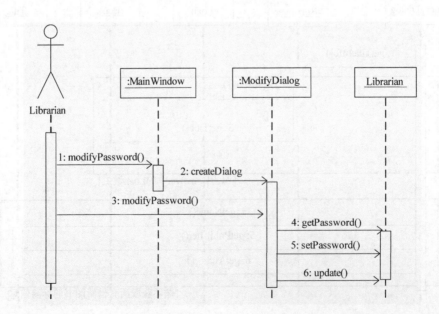

上图中出现了两个 Librarian，它们的含义是不相同的，一个代表系统的参与者，它不包含在系统中，另一个是为了实现系统的安全性，而在系统中创建的反映参与者的对象。

14．登录

登录的过程：当图书管理员或系统管理员运行系统时，系统首先运行 Login 对话框，由图书管理员或系统管理员输入用户名和密码，并提交到系统，然后由系统查询数据库，以完成对用户身份的验证，当通过验证后，将根据登录的用户是图书管理员，还是系统管理员，打开相应的对话框。图书管理员登录时的顺序图如下图所示。

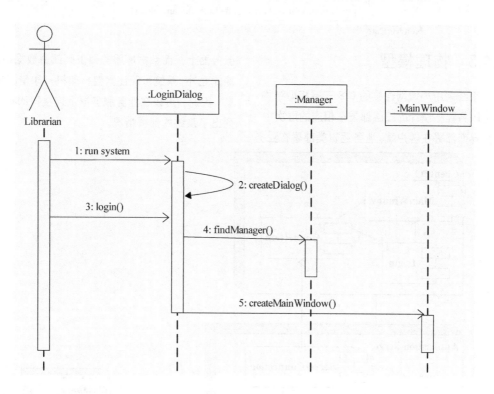

17.4.2　建立状态图

某些类可以由 UML 状态图来显示类对象的不同状态，以及改变对象状态的事件。本案例中，有状态图的类有 Book 和 Borrower。对象 Book 的状态图如下图所示。对象 Book 有两个状态：Borrowed（借出）状态和 Available（未借出）状态。对象 Book 开始处于 Available 状态，当发生 borrowBook()事件时，对象的状态变为 Borrowed 状态，同时执行动作 loan.write()将借阅记录添加到数据库中。如果对象处于 Borrowed 状态，事件 returnBook()发生后，对象 Book 将返回状态 Available，同时执行动作 loan.delete()从数据库中删除借阅记录。

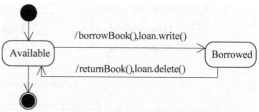

借阅者账户的状态图如下图所示。借阅者的账户 Borrower 同样有两个状态：Account Available 状态和 Account Unavailable 状态。Borrower 对象开始处于 Account Available 状态，当借阅的图书数量达到规定的上限时，或者借阅图书的时间超过规定时，Borrower 对象变为不可用状态 Account Unavailable。当发生 returnBook()事件后，将删除相应的借阅记录，并更新借阅者的借阅信息，如果更新后的 Borrower 对象满足没超期的借阅信息、所借阅的图书数量没有达到规定的数量这两个条件），则借阅者的账户 Borrower 会重新变为可用状态 Account Available。

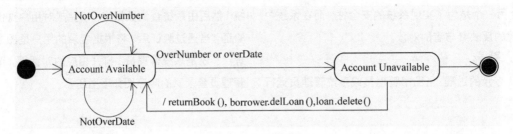

17.4.3 物理模型

本系统采用局域网连接的 C/S 三层模型结构，这样可以将程序设计的三层部署在相应的层次中，即用户界面部署在客户端，业务逻辑类部署在业务服务器上，而数据库服务器上则部署数据访问类。除此之外，系统可能还需要打印机打印借阅证等信息，因此，可以在业务服务器上连接打印机。下图列出了系统的部署情况。

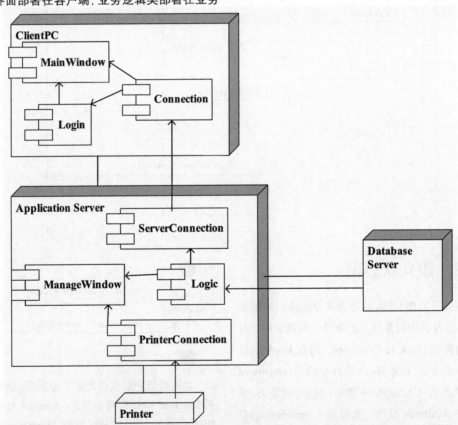

客户端 ClientPC 主要部署以 MainWindow 对话框组成的用户界面包。图书管理员在此端完成"借书""还书""查询借阅信息"等功能，然后由连接组件将该操作请求发送到服务器端，再由在服务器端部署的业务逻辑组件进行业务处理，并将更新后的信息保存到数据库。

服务器端主要部署的组件包括系统管理员进行系统维护的用户界面包和进行业务处理的业务逻辑包。业务逻辑包包含系统的主要问题域类，如下图所示。

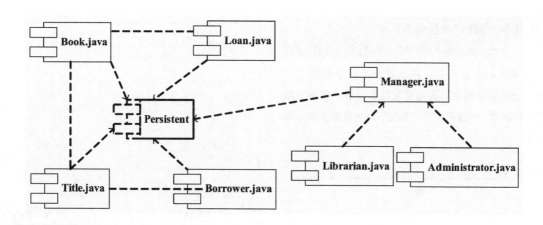

17.5　新手训练营

练习 1：创建电话业务办理流程图

downloads\17\新手训练营\电话业务办理流程图

提示：本练习中，将运用 UML 中的活动图来创

建一个学习领域图。在该领域图中，主要展示了电话
业务办理从开始到结束之间的活动状态与控制流。

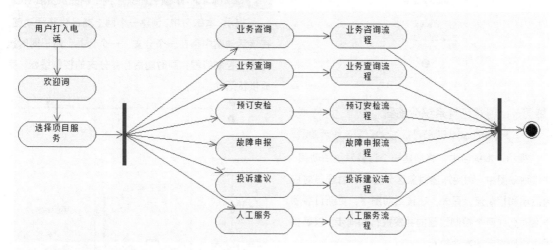

练习 2：创建课程系统组件图

downloads\17\新手训练营\课程系统组件图

提示：本练习中，将创建一个有关课程系统的组
件图。

课程系统组件图中主要包括课程库、人员库两
个数据库，以及费用表和登记表两个表格系统。以
登记表为基础，表示它与费用表及数据库之间的
关系。

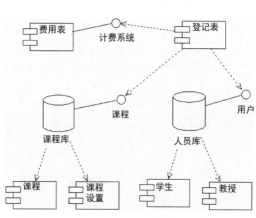

练习 3：创建订单服务活动图
downloads\17\新手训练营\订单服务活动图

提示：本练习中，将创建一个订单服务活动图。在该活动图中，客服首先接收订单，然后分派给销售供货，并递交发票与财务，财务收款完成订单服务。

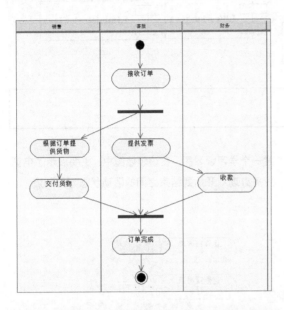

练习 4：创建订餐系统活动图
downloads\17\新手训练营\订餐系统活动图

提示：本练习中，将创建一个订餐系统活动图。在该活动图中，利用泳道对象区分客户和管理员对应的活动和控制流。另外，在该活动图中，更新订餐状态活动允许两个控制线程的并发执行和同步，以确保活动能按指定的次序执行。

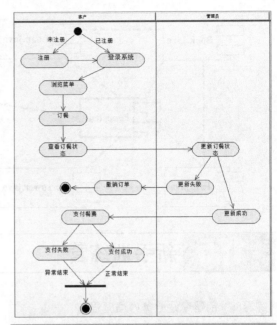

练习 5：创建网上商品供货活动图
downloads\17\新手训练营\网上商品供货活动图

提示：本练习中，创建一个网上商品供货活动图。在该活动图中存在一个分支、一个合并，用于同时执行两个控制线程，同时随后合并分支的控制线程，完成供货活动。

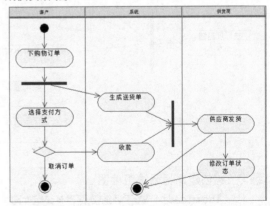

第 18 章

Web 应用程序设计

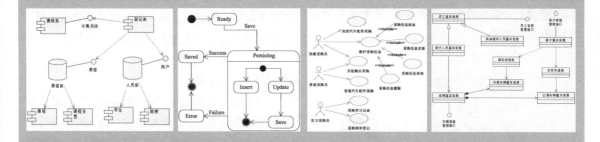

　　UML 是基于对象技术的标准建模语言，定义良好、易于表达、功能强大的特点使它在面向对象的分析与设计中更具优势。在基于 Web 技术和组件技术的系统建模中，它完善的组件建模思想和可视化建模的优势更利于系统开发人员理解程序流程和功能，进一步提高 Web 系统的开发效率以及 Web 组件的可重用性和可修复性。本章将对一个基于 Web 的学生成绩管理系统进行分析、设计和建模，介绍 UML 在基于 Web 技术和组件技术的系统建模中的应用。学生成绩管理系统是现代学校（院）管理系统的一个重要组成部分，传统的系统开发方法的效率和质量都比较低下，这里将通过一个学生成绩管理系统的分析与设计，阐述如何通过 UML 降低开发难度和提高开发效率。

18.1 Web 应用程序的结构

对于基于 Web 技术的应用系统，一般采用 B/S 模式，即用户直接面对的是客户端浏览器，用户使用系统时，通过浏览器发送请求，发送请求之后的事务逻辑处理和数据的逻辑运算由服务器与数据库系统共同完成，对用户而言是完全透明的。运算后得到的结果再以浏览器可以识别的方式返回到客户端浏览器，用户通过浏览器查看运行结果。这个过程可分成一些子步骤，每一个子步骤的完成可理解为通过一个单独的应用服务器来处理，这些应用服务器在最终得到用户所需的结论之前，相互之间还会进行一定的数据交流和传递。下图便是 Web 的应用结构简图。

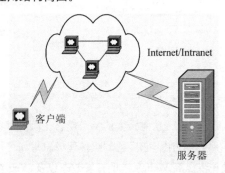

如上图所示，Web 应用的基本构架包括浏览器、网络和 Web 服务器。浏览器向服务器请求 Web 页，Web 页可能包含由浏览器解释执行的客户端脚本，而且还可以与浏览器、页内容和页面中包含的其他控件（Java Applet、ActiveX 控件等）进行交互。用户向 Web 页输入信息或通过超级链接导航到其他 Web 页，与系统进行交互，改变系统的"业务状态"。

Web 应用程序的体系结构模式描述了软件系统的基本的结构组织机制，Web 应用程序体系结构可以分为三种模式：瘦客户端模式、胖客户端模式和 Web 传输模式。

18.1.1 瘦客户端模式

瘦客户端模式主要适用于基于 Internet 的 Web 应用程序。在这种模式中，程序对客户端的配置几乎没有控制，客户端只要求一个标准的、支持表格的 Web 浏览器，所有的业务逻辑都在服务器上执行。该模式主要的适用情况为：客户端计算能力极其有限或对客户端的配置无法控制。

瘦客户端模式主要由下列组件组成。

1．客户端浏览器（Client Browser）

客户端浏览器是任何标准的支持表格的 HTML 浏览器，它充当了一个通用的用户接口。当在瘦客户端模式时，它提供了唯一的服务中接受和返回 Cookies 的能力。用户使用浏览器请求网页，服务器返回客户端完全支持的网页。用户与系统的所有交互是通过浏览器进行的。

2．Web 服务器

在瘦客户端模式中，Web 服务器用于接受客户端浏览器的网页请求。根据请求，Web 服务器可能启动服务器的进程进行处理。任何情况下，返回的结果都是 HTML 格式的网页，以便浏览器对其完全支持。

3．HTTP

HTTP 是客户端浏览器与 Web 服务器之间最常用的通信协议。

4．网页

网页可以分为动态网页和静态网页。静态网页是一种不经过任何服务器端处理的网页。通常，这些网页由文字、图片和一些格式标记符组成；当 Web 服务器接收到静态网页请求时，服务器只需要检索该网页，然后将该网页返回到客户端；由于这种网页是由 HTML 写成的，所以也称为 HTML 网页。另一种网页是动态网页。动态网页需要能经过服务器端的处理，生成客户端支持的 HTML 网页。

5．应用程序服务器

应用程序服务器是主要负责执行应用程序的业务逻辑。应用程序服务器可以和 Web 服务器位于同一个机器上，也可以位于通过网络连接的另一台机器上。逻辑上，用户程序服务器是一个独立的单元，它只参与业务逻辑的执行。

下图描述了瘦客户端模式的结构。瘦客户端模式的主要组成部分位于服务器上。

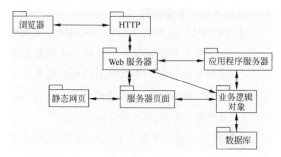

大部分 Web 应用程序使用数据库来存储业务逻辑处理的结果。在某些情况下，数据库也被用来存储网页，当在程序中使用数据库时，这种模式就变成了 B/S 三层模式。由于 Web 应用程序可以使用多种技术保存数据，因此这层也称为数据持久层。业务逻辑组件封装了对具体业务逻辑的处理。这个组件通常在应用程序服务器上编译并执行。

如上图所示，当客户端通过 HTTP 从 Web 服务器请求网页时，如果请求的网页是 Web 服务器中的 HTML 网页，Web 服务器只是查找该网页并将它返回到请求该网页的客户端；如果请求的是动态网页，Web 服务器则需要委托应用服务器进行处理。应用服务器运行动态网页中的程序，获取所需要的数据库中保存的数据，并生成一个 HTML 页面，最后将生成的 HTML 页面返回到客户端。

这样，只有处理页面请求时，服务器才会进行业务逻辑处理，一旦请求完成，结果返回到发送请求的客户端，客户端和服务器端之间的连接就终止了。这种模式有一个好处：当程序编写好或修改后，只需要将其安装到服务器端即可，而不需要修改客户端，这有利于对程序的部署和维护。

18.1.2　胖客户端模式

胖客户端模式意味着有相当数量的业务逻辑在客户端执行，在客户端可以使用客户端脚本和自定义的对象，以扩充瘦客户端模式。胖 Web 客户端对于可以确定客户端配置和浏览器版本的 Web

应用是最适合的。客户端通过 HTTP 与服务器通信，使用 DHTML、Java Applet 或者 ActiveX 控件执行业务逻辑。HTTP 的无连接特性，决定了客户端脚本、ActiveX 控件和 Java Applet 只能同客户端对象进行交互。瘦客户端模式和胖客户端模式的最大区别为：浏览器在系统的业务逻辑执行过程中扮演的角色不同。

正如前所说，胖客户端模式只是对瘦客户端模式的客户端进行扩充，所以两种模式的主要组成部分是相同的，只是在胖客户端模式中的客户端添加了如下组件。

- **客户端脚本**　嵌入到 HTML 页面中的 VBScript 和 JavaScript 客户端脚本。该脚本由浏览器解释执行。
- **XML 文档**　是用 XML 格式化的文档。
- **ActiveX 控件**　是可以在客户端脚本中引用的 COM 对象，通过它可以充分访问客户端资源。
- **Java Applet**　是可以在浏览器中运行的 Java 小程序。Java Applet 对客户端资源的访问是有限的。Java Applet 可以建立复杂的用户界面，分析 XML 文档，封装复杂的业务逻辑。
- **JavaBean**　Java 中的组件技术，它类似于 ActiveX 组件。

下图显示了胖客户端模式中构架对象之间的关系。

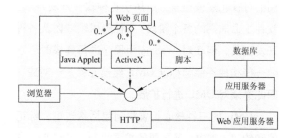

客户端显示接收的页面时，浏览器执行嵌入的脚本，这些脚本通常可以在不同的线程中执行，通过 DOM 接口（文档模型接口）与页面内容进行交互。

胖客户端模式的最大缺点是跨浏览器的可移植性差。不是所有的 HTML 浏览器都支持

JavaScript 或 VBScript。另外，只有基于 Windows 系统的客户端才能使用 ActiveX 组件。这就需要浏览程序的所有浏览器都具有相同的配置。

18.1.3　Web 传输模式

Web 传输模式除了使用 HTTP 负责客户端和服务器的通信之外，还可以使用 RMI 和 DCOM 等协议支持分布式对象系统。Web 页面通过远程对象桩和远程对象传输协议与远程对象服务器通信，由服务器管理远程业务对象的生命周期，向客户端对象提供服务。下图显示了 Web 传输模式中各组件之间的关系。

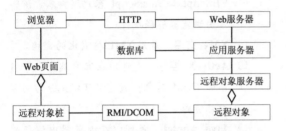

远程对象桩是一个对象，在客户端执行，并与远程对象具有相同的接口。通过这个对象调用方法时，这些方法被封装起来，使用远程对象传输协议

RMI/DCOM 发送到远程对象服务器，服务器解释请求，实例化并调用实际对象实例中的方法。

如上图所示，Web 发送模式的重要组成部分除了包括瘦 Web 客户端模式中规定的那些元素外，还包括以下几个重要组件。

- ❑ **DCOM**　分布式 COM（DCOM）是微软的分布式对象协议。它使得一个机器上的对象可以与另一个机器上的对象交互。
- ❑ **RMI**　远程方法调用协议，是分布式 Java 对象间进行交互的协议。

这种模式不适用于基于 Internet 的应用程序或网络通信不可靠的情况。通过客户端和服务器之间的直接和持久的通信，这种模式克服了前面两种 Web 应用程序模式（瘦客户端模式和胖客户端模式）的限制，客户端可以在更大程度上执行重要的业务逻辑，这种模式是不能孤立使用的，通常，这种模式和前面两种模式结合起来一起使用。

实际的应用中，往往根据业务需要，综合使用上述三种构架。在我们的学生成绩管理系统中，综合采用了瘦 Web 客户端和胖 Web 客户端传输构架。有的客户端网页中使用了 JavaScript 进行客户端验证，把经过验证的数据提交给服务器处理。

18.2　Web 应用系统的 UML 建模方法

UML（Unified Modeling Language）是一种通用的可视化建模语言，适用于各种软件开发方法、软件生命周期的各个阶段、各种应用领域以及各种开发工具。但在对 Web 应用程序进行建模时，它的一些构件不能与标准 UML 建模元素一一对应，因此必须对 UML 进行扩展。

UML 的三种核心扩展机制包括构造型、标记值和约束。其中，最重要的扩展机制是构造型，它不能改变原模型的结构，但是却可以在模型元素上附加新的语义，通常用"<<构造型名>>"表示。约束是模型元素中的语义关系，定义了模型如何组织在一起，通常用一对花括号"{}"之间的字符串

表示。标记值是对模型元素特性的扩展，大多数的模型元素都有与之关联的特性，通常用带括号的字符串表示。

页面、脚本、表单和框架是 Web 应用系统的关键部分，数据流程的模型化表示关键就是用 UML 对上述 Web 元素应用及其关系建模。下面对这几种元素的模型化表示进行简要介绍。

18.2.1　Web 页面建模

用户使用 Web 应用系统时，通过 Web 页面进行系统的操作。在页面建模过程中，可以用两个类别模板<<Client Page>>和<<Server Page>>分别表

示客户端页面和服务器端页面，两者之间通过定向关系相互关联。客户端页面的属性是在本网页的作用域中定义的变量，方法是本网页脚本中定义的函数；服务器页面的属性是该网页脚本中定义的变量，方法是脚本中定义的函数。使用页面信息传递时，还可能出现服务器页面的重定向。在 UML 建模过程中，可以用类别模板<<Redirect>>来表示；而有的 Web 页面可能同时包含客户端脚本和服务器端脚本，因此必须分别进行建模，服务器端 Web 页面一般包含由服务器执行的脚本，每次被请求时都在服务器上组合，更新业务逻辑状态，返回给浏览器。客户端 Web 页则可能包含数据、表现形式，甚至业务逻辑，由浏览器解释执行，并可以与客户端组件关联，如 Java Applet、ActiveX、插件等，这种关联关系用类别模板<<Build>>表示。这种关联是一种单向关联，由服务器页面指向客户端页面，具体表示如下图所示。

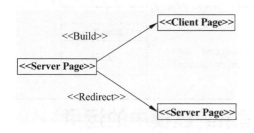

在 Web 应用系统中，还会经常用到的是超级链接。在 UML 建模过程中，将用类别模板<<link>>表示超级链接，它的参数模拟为超链接属性。

18.2.2　表单建模

在 Web 应用程序中，经常遇到系统需要与用户进行交互的情况，用户与系统之间的交互一般通过页面中的表单实现。表单是 Web 页的基本输入机制，在表单中可以包括<input>、<select>和<textarea>等输入元素。在 UML 建模过程中，表单用类别模板<<form>>表示，属性是表单中的域，表单没有方法。表单在处理请求时，要与 Web 页面交换数据，这个交换过程用提交按钮 submit 完成。为了在建模中表示这种关系，可以用类别模板<<submit>>表示。下图描述了含有表单的客户端

Web 页与服务器的交互过程。

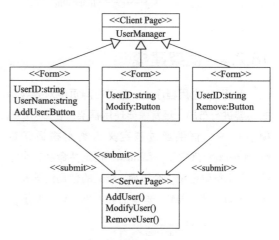

18.2.3　组件建模

Web 应用中的组件分为服务器端组件和客户端组件两类。服务器端较复杂的业务逻辑通常由中间层完成，包括一组封装了所有业务逻辑的已编译好的组件。因此，使用中间层不仅可以提高性能，而且可以共享整个应用的业务功能。客户端 Web 页中常见的组件是 Java Applet 和 ActiveX，利用它们访问浏览器和客户端的各种资源，实现 HTML 无法实现的功能。

在 UML 基本的图形化建模元素中，设立了专门的组件图。Web 应用扩展定义了类别模板<<Client Component>>表示客户端组件，用<<Server Component>>表示服务器端组件。<<Server Component>>的主要任务是在运行时为系统的物理文件和逻辑视图中的逻辑表现之间提供映射。下图显示了<<Server Component>>实现的逻辑视图类。

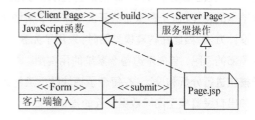

下图显示了<<Client Component>>实现的客户端组件。

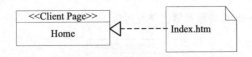

18.2.4 框架建模

在 Web 应用程序中，为了在网页中对要显示的内容进行布局，经常需要使用框架。在 UML 建模过程中，框架通过被定义为类别模板元素<<frameset>>来实现，frameset 指定并命名各个框架，每个框架容纳一个页面；框架的使用还涉及目标 target，在 UML 建模时用<<target>>表示。

<<target>>表示当前 Web 页引用的其他 Web 页或框架，<<frameset>>直接映射到 HTML 的<frameset>标记。为了表示框架与目标页之间的连接关系，UML 使用<<targeted link>>表示，<<targeted link>>是指向另一个 Web 页的超级链接，但它要在特定目标中才能提供。

如下图所示的框架模式用于在 Internet 上实现在线书籍管理，书的目录通常放在左边的框架，书的内容则显示在剩下的空间中，当用户单击索引格式中的链接时，所请求的页被载入到内容格中。

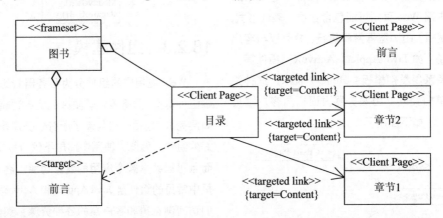

18.3 UML 在学生成绩管理系统建模中的运用

为了说明基于 Web 应用程序的设计，下面将以一个简单的学生成绩管理系统为例，介绍如何设计各种模式的 Web 应用程序。在对该系统的建模过程中，要体现整个系统前台与后台间数据交互的流程。设计时，主要考虑设计它的类图和组件图，用这两类模型图来体现 UML 的用例驱动和系统组件结构的特性。由于在系统的开发中采用了模块化的设计方法，因此在构建模型图时，采用了先整体、后局部的思路，首先考虑整个系统的用例图，再对子模块进行分析和设计，在每个子模块数据流的入口和出口设置模型图间数据交互的接口。

18.3.1 系统需求分析

Web 应用程序的分析与设计与其他程序一样，

都需要进行需求分析，建立业务模型。业务模型和需求分析的目的是对系统进行评估，采集和分析系统的需求，理解系统要解决的问题，重点是充分考虑系统的实用性。结果可以用一个业务用例图表示。根据学生成绩管理系统的基本特征和功能可得到本系统的用例图，如下图所示。

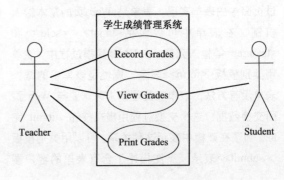

在用例模型中，系统的参与者包括教师和学生，教师可以使用系统"记录成绩""查看成绩"和"打印成绩"；而参与者学生则使用系统"查看成绩"。业务用例框图是对系统需求的描述，表达了系统的功能和所提供的服务，包括 Record Grades、View Grades 和 Print Grades 服务。

上图是学生管理系统层次的用例模型，只包含最基本的用例的模型，是系统的高层抽象。在开发过程中，随着对系统需求认识的不断加深，用例模型可以从顶向下不断细化，演化出更加详细的用例模型。

18.3.2　系统设计

对系统进行分析与设计是研究欲采用的实现环境和系统结构必需的，其结果是产生一个对象模型，也就是设计模型。设计模型包含了用例的实现，可以表现对象如何相互通信和运行来实现用例工作流。对于系统的静态结构，可以通过类图、对象图、组件图和配置图来描述；对于系统的动态行为，可以通过顺序图、协同图、状态图、活动图描述。这些图再加上说明文档，就构成一个完整的设计模型。

使用 UML 对学生成绩管理系统进行基于面向对象的分析和实现，可以从开发的第一步开始，从系统的底层就把握住学生成绩信息的特征，为下一步具体实现打好基础。在学生成绩管理系统建立模型时，要涉及处理大量的模型元素，如类、接口、组件、节点、图等，可以将语意上相近的模型元素组织在一起，这就构成了 UML 的包。包从较高的层次来组织管理系统模型。

学生成绩管理系统主要有以下四个包。

（1）用户界面包（User Interface Package）。

用户界面包在其他包的顶层次，为系统用户提供访问信息和服务。注意，由于所使用的开发工具不同，对用户界面的描述也有区别。如果采用 Java Web 开发，就要以 JSP（Java Server Pages）为基础，

如果采取 Microsoft 的 ASP.NET 开发，其基础就是标准化控件组。本系统在此将使用 Java Web 开发，下面有关代码的描述都是基于 Java 的。

（2）业务逻辑包（Business Rule Package）。

该包是学生成绩管理系统业务的核心实现部分，包括成绩管理、学生信息管理、成绩单管理等，其他包可以通过访问该包提供的接口，实现业务逻辑，如查询学生成绩业务等。

（3）数据持久访问包（Data Persistence Package）。

该包实现数据的持久化，也就是与数据库交互，实现数据的存取、修改等操作。

（4）通用工具包（General Tool Package）。

该包主要包括应用程序安全检查的类，可以为上面三个包提供安全检查，如客户端检查和服务器端业务规则检查等，同时包括一些系统异常检查与抛出处理以及系统日志服务等。

1. 瘦客户端设计

瘦客户端结构模式对网页的使用设置了最严格的约束，它规定每个网页只能包含有当前 HTML 版本所规定的结构元素。在瘦客户端应用程序中，参与者只与客户端交互，服务器页面只与服务器资源交互，所以，需要将客户端页面和服务器端页面放在顺序图中。在将分析模型转换为设计模型时，应该将分析模型中的边界类直接转换成客户端页面，而将控制对象转变为服务器页面。

下图是瘦客户端应用程序设计模型中的一个顺序图，该图描述了教师查询学生成绩用例。顺序图起始于参与者 Teacher 发送消息 Query Student Information 给客户端页面 Query Grades。由于 Query Grades 页面是"自引用"页面，因此，该网页在服务器端上的版本包含了适当的服务器端脚本。该页面的逻辑控制通过获取用户传递的数据，查询数据库，以获取要查询学生的详细信息，并根据学生信息获取其成绩信息。

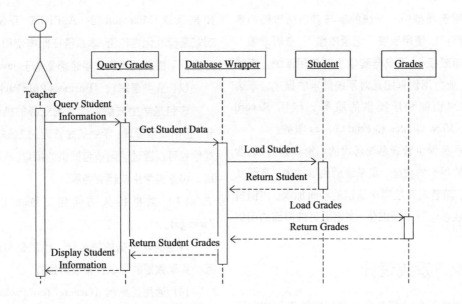

在瘦客户端应用程序中,服务器页面的逻辑往往比较复杂,它们既负责服务器端业务逻辑,同时,还需要建立用户界面,并将之发送到客户端。为了减小服务器页面的逻辑复杂性,可以将服务器页面中的业务逻辑分离出来,以减轻服务器页面的责任,并使服务器页面更易于维护。

从服务器页面中分离业务逻辑协调,以减轻服务器页面的责任,这可以通过引入另一个页面 Display Grades 来完成。用户界面的创建由该页面负责,而业务逻辑控制则由 Query Grades 页面负责。分离业务逻辑后的顺序图如下图所示。

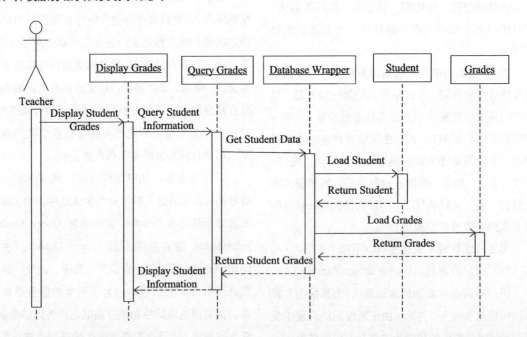

如上图所示的顺序图中"页面"对象的类图,下图中不但有网页,还有业务逻辑对象。为了简化,在此类图中没有列出各个类的属性和方法。

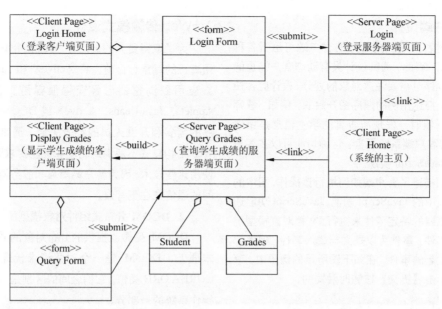

当教师记录学生成绩时，系统可能会发生意外的情况：输入的学生信息错误或当学生的信息不存在时，记录学生成绩用例终止。该用例的顺序图描述如下图所示。

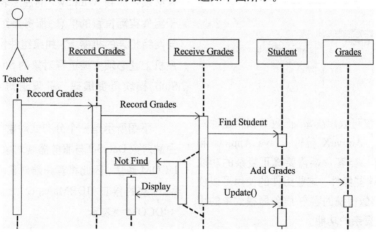

为该顺序图绘制页面类图时，可以使用 <<redirect>> 将服务器端页面 Receive Grades 重定向到客户端页面 Not Find。记录学生成绩的页面类图如下图所示。

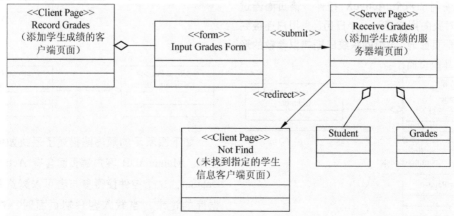

2．胖客户端设计

因为胖客户端应用程序的客户端可运行各种各样的对象，因此，为其设计具有动态客户端页的 Web 应用程序时需要注意对象的划分。设计胖客户端系统是从描述用例的顺序图开始的，例如，教师查询学生成绩时，发现所查询的学生信息是错误的。对于胖客户端系统而言，这种功能可以在客户端用脚本 JavaScript 实现。

顺序图描述了客户端如何执行该操作。图中的该操作是页中的 JavaScript 功能。JavaScript 功能通过响应浏览器的特定事件来执行。文档对象模型定义了这些事件，事件可以是文档载入事件，但大部分是用户发起的事件，在如下图所示的例子中，事件是用户单击【提交】按钮时触发的。

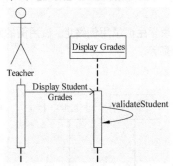

胖客户端不仅可以用脚本，而且可以用组件对象来实现，例如，ActiveX 控件、Java Applets 和 JavaBeans。这样，当客户端需要真正复杂的功能时，就可以使用这些组件，这些组件的使用可以使得 Web 应用程序像传统的客户/服务器模式中的用户界面一样提供复杂的功能。

当在客户端使用这些组件时，参与者或页面可以直接和这些组件交互。如下面的类图中，在客户端网页中使用了两个 ActiveX 控件，该页面通过 Calendar 对象向用户显示一个日历。当用户连接到系统的其他页面时，当前的系统日期将以参数的形式传递到其他页面。

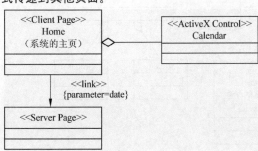

3．Web 传输模式设计

为了取得更大的灵活性，Web 应用程序可以使用真正的对象。目前，将 ActiveX 和 JavaBean 对象应用到浏览器已经变得很容易。使用 Java Applets、Java Beans、ActiveX 或 DCOM 由应用程序的需要和开发人员的经验决定，通常，当其他 Web 结构模式不能满足功能和性能要求时，就需要使用这些技术，因为客户端对象和服务器端对象之间的通信往往更有效。

❑ **DCOM 分布式组件对象模型**

DCOM 是微软提供的分布对象的通信方式。本质上，DCOM 是一个对象请求代理程序，与 CORBA ORB 类似。它们之间的区别是：DCOM 是操作系统的一部分。

为了使用 COM（或 ActiveX）对象，COM 对象必须注册到 Windows 的注册表。注册表含有关于组件实际位置的信息，服务器组件可驻留在任何与网络相连的机器上。如果组件位于远程机上，客户机上就必须安装远程对象的 Stub（插桩）模块。Stub 模块负责编码，并发送对象或组件传递的信息。

下图所示是一个分布式对象的类图，图中的客户端对象 DataSet 与服务器端对象 DBManager 通过 DCOM 通信，因此将客户端对象 DataSet 与服务器端对象的接口 IDBManager 之间的关联用原型 <<DCOM>> 表示。

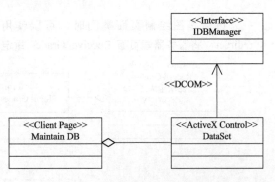

如下图所示的顺序图描述了系统如何访问数据库。MaintainDB 客户端页面含有 ActiveX 控件 DataSet，这个控件使得参与者可以浏览并编辑数据库的记录。当载入客户端页面时，控件通过

DCOM 与服务器端的管理数据库记录的组件连接，当这个网页在浏览器中保持打开状态时，ActiveX 控件保持与数据库管理对象 DBManager 的开放连接。参与者浏览数据库中的记录时，如果参与者修改数据库的记录，ActiveX 控件便与服务器组件通信，从而立即更新服务器端的数据库记录。

在 Web 应用程序中使用 DCOM 有一个缺点，即使用 DCOM 时客户端和服务器端都是基于 Windows 的，这样使得 Web 应用程序缺少平台的无关性。

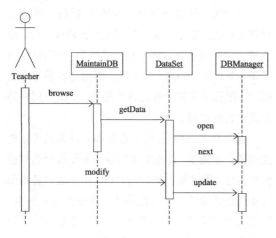

❏ RMI/IIOP

IIOP 是一个协议，是分布式对象之间通信的规范；RMI 则不仅仅是一个规范，它是一个具体的产品，RMI 是使服务器位置对客户端透明的高级编程接口，RMI 是 Java 到 Java 的产品，它规定了两个 Java 组件如何通信。如果客户端的 Java 组件需要和服务器端的 C++或 Ada 组件交互，那么就要使用 IIOP；如果只有 Java 组件为客户端组件提供公共接口，则选择使用 RMI。除了实现和跨语言能力上有一些细微差别外，RMI 和 IIOP 的建模和设计基本是相同的。在类图中，根据通信机制对客户端对象和服务器对象间的关系使用原型

<<IIOP>>或<<RMI>>。

下图描述系统通过 Java Applet 浏览或修改数据库中的记录。当参与者浏览含 Applet 的网页 StockPage 时，StockApplet 被激活，该 StockApplet 获取客户端网页中的服务器名，然后 StockApplet 与服务器对象 StockServer 建立连接，对象 StockServer 负责将客户端感兴趣的数据发送给 StockApplet。当参与者通过 StockApplet 修改数据时，StockApplet 将修改后的数据再发送到 StockServer，然后再由 StockServer 对象更新数据库中的记录。

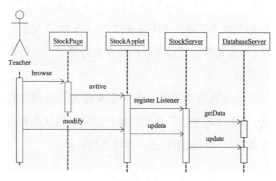

这些组件的类图如下图所示，客户端页面 StockPage 包含 StockApplet 对象，客户端对象与服务器端对象之间的关联通过 RMI 连接。RMI 连接在类图中用<<RMI>>表示。

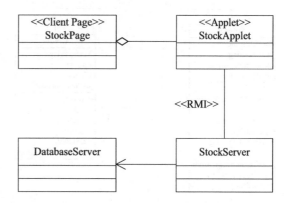

18.4　系统详细设计和部署

详细设计主要描述在系统分析阶段产生的类，与分析阶段类的区别是偏重于技术层面和类的细节实现；而系统部署则是使用组件图来显示系统的一系列组件部署情况。

18.4.1　系统详细设计

　　学生成绩管理系统提供的各种服务都是建立在分布、开放的信息结构之上，依托高速、可靠的网络环境来完成的。每项服务都可以看作一个事件流，由若干相关的对象交互合作来完成。对于这种系统内部的协作关系和过程行为，可以通过绘制顺序图和协作图来帮助观察和理解。此外，描述工作流和并发行为还可以通过活动图，表达从一个活动到另一个活动的控制流。同时，可以在理解这些图的基础上，抽象出系统的类图，为系统编码阶段继续细化提供基础。下图以使用 Java Web 开发工具为例，介绍学生成绩管理系统中业务逻辑对象的详细设计。

　　状态图适合描述一个对象穿越多个用例的行为。类的状态图表示类的对象可以呈现的状态和这个对象从一种状态到另一种状态的转换。

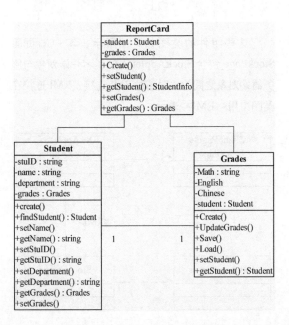

　　下图描述了 Grades 对象的生命期中可能的状态及状态变化（从创建、更新到消亡的转变过程），其中 Persisting 为复合状态，包含了 Insert、Update 和 Save 状态。

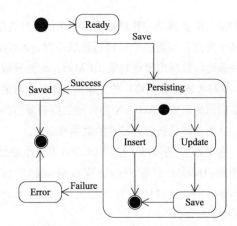

　　活动图用于描述业务过程和类的操作，类似于程序流程图，它是对业务处理工作流建模。在活动图中可以增加参与者的可视化的维数，下图是增加了 Teacher 和 UserInterface 两个游泳道的系统活动图，该图反映了在业务处理过程中，系统与用户的交互执行的程序。

　　通过状态图和活动图，设计和开发人员可以确定需要开发的类，以及类之间的关系和每个类的操作和责任。顺序图按照时间排序，用于通过各种情况检查逻辑流程。协作图用于了解改变后的影响，可以很容易看出对象之间的通信。状态图描述了对象在系统中可能的状态，如果要改变对象，就可以方便地看到受影响的对象。

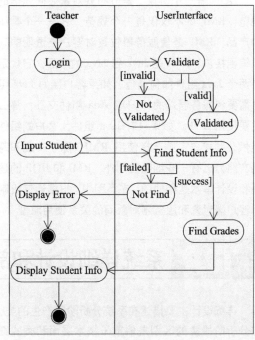

18.4.2　系统部署

　　软件系统一般由一组部件组成，换句话说，部件是相对独立的部分软件实现，有自己特有的功能，并可在系统中安装使用，系统中各部件相互协作合作，给系统提供完整的功能。对于瘦 Web 客户模式系统而言，系统采用五层逻辑结构：客户端只需浏览器；Web 层用几个 JSP（Java Server Page）文档实现动态页面，以创建、操作业务逻辑对象；业务核心对象层用三个 Java 类以 JavaBean 形式构成业务处理的核心对象；连接层采用 JDBC 提供两种连接方式：一种是基于 DriverManager，主要支持 Java 应用和测试，另一种基于 DataSource；资源层即数据库服务器。

　　经过系统分析和设计后，就可以根据设计模型在具体的环境中实现系统，生成系统的源代码、可执行程序和相应的软件文档，建立一个可执行系统；进而需要对系统进行测试和排错，保证系统符合预定的要求，获得一个无错的系统实现。测试结果将确认所完成的系统可以真正使用；最后完成系统配置，其任务是在真实的运行环境中配置、调试系统，解决系统正式使用前可能存在的任何问题。下图是本系统运行时的主要组件部署情况。

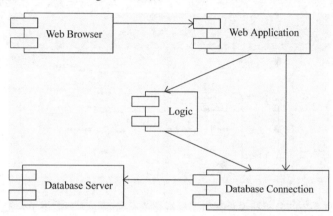

　　组件图是分析该环节所涉及的功能是如何实现的，这部分与具体的编码工作相关。类图和组件图说明了基于 Web 技术的信息交互流程。当编写页面之间的超级链接和页面之间的重定向时，由于模型图可以掌握它们之间交互的逻辑，这样使得程序编写更富条理性和方便性。在实际工作中，可以设置为 CRC 卡，方便编程人员使用。如再比较详细地设计出对象图和顺序图，对整个系统的类定义和方法设置，会提供更大的方便。

　　信息管理系统的发展方兴未艾，目前正处于传统手工、半手工管理向数字化过渡的阶段，转变过程中需要应用和集成最新的信息技术，以达到对网络信息资源最有效的利用和共享。传统的系统分析设计方法难以保证效率和质量，将 UML 应用于信息管理系统的建设，可以加速开发进程，提高代码质量，支持动态的业务需求。从实际效果来看，UML 可以保证软件开发的稳定性、鲁棒性，在实际应用中取得良好的效果。

第 **19** 章

嵌入式系统设计

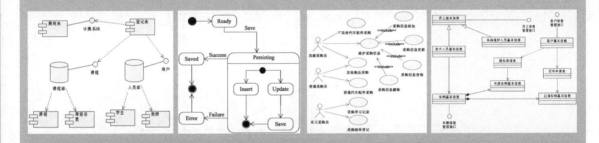

　　UML 为面向对象系统的分析和设计提供了标准化的符号表示，它提供了一套用于对系统建模的标准化图表。这些图表能从多个角度描述系统，使系统的设计人员、开发人员、用户和其他人员能清楚无误地理解系统。这样，UML 图就可用来对包含实时嵌入式系统在内的复杂软件系统建模。嵌入式系统是近年来研究和应用的热点，其应用范围也比较广泛。

　　本章通过一个MP3播放器的面向对象设计和实现过程，阐明如何应用UML为一个嵌入式系统建模。为此，本章将首先介绍 MP3 播放器的需求分析，接着讨论系统的对象模型并描述其类图，然后继续进行面向对象的分析，但重点放在每个对象的内部行为上，最后讨论系统结构设计方面的问题。

19.1 嵌入式系统概述

嵌入式系统（Embedded system）是一种"完全嵌入受控器件内部，为特定应用而设计的专用计算机系统"。与个人计算机这样的通用计算机系统不同，嵌入式系统通常执行的是带有特定要求的预先定义的任务。

嵌入式系统是一个控制程序存储在 ROM 中的嵌入式处理器控制板，它的核心由一个或几个预先编程好用来执行少数几项任务的微处理器或者单片机组成。与通用计算机能够运行用户选择的软件不同，嵌入式系统上的软件通常是暂时不变的，所以经常称为"固件"。

19.1.1 嵌入式系统的技术特点

在当前数字信息技术和网络技术高速发展的后 PC（Post-PC）时代，嵌入式系统已经广泛地渗透到科学研究、工程设计、军事技术、各类产业和商业文化艺术以及人们的日常生活等方方面面。随着国内外各种嵌入式产品的进一步开发和推广，嵌入式技术越来越和人们的生活紧密结合。

1970 年左右出现了嵌入式系统的概念，此时的嵌入式系统很多都不采用操作系统，它们只是为了实现某个控制功能，使用一个简单的循环控制对外界的控制请求进行处理。当应用系统越来越复杂，应用的范围越来越广泛的时候，每添加一项新的功能，系统都可能需要从头开始设计。没有操作系统已成为最大的缺点。

C 语言的出现使操作系统开发变得简单。从 20 世纪 80 年代开始，出现了各种各样的商用嵌入式操作系统，比较著名的有 VxWorks、pSOS 和 Windows CE 等，这些操作系统大部分是为专有系统而开发的。另外，源代码开放的嵌入式 Linux 操作系统，由于其强大的网络功能和低成本，近年来也得到越来越多的应用。

嵌入式系统通常包括构成软件的基本运行环境的硬件，以及嵌入式操作系统两部分。嵌入式系统的运行环境和应用场合决定了嵌入式系统具有区别于其他操作系统的一些特点。

1．嵌入式处理器

嵌入式处理器可以分为三类：嵌入式微处理器、嵌入式微控制器、嵌入式 DSP（Digital Signal Processor）。嵌入式微处理器就是和通用计算机的微处理器对应的 CPU。在嵌入式系统中，一般将微处理器装配在专门设计的电路板上，在电路板上只保留和嵌入式相关的功能，这样可以满足嵌入式系统体积小和功耗低的要求。

嵌入式微控制器又称为单片机，它将 CPU、存储器（少量的 RAM、ROM 或两者都有）和其他外设封装在同一片集成电路里。例如，常见的 8051、8055。

嵌入式 DSP 专用来对离散时间信号进行极快的处理计算，提高编译效率和执行速度。在数字滤波、FFT、谱分析、图像处理的分析等领域，DSP 正大量进入嵌入式系统市场。

2．微内核结构

大多数操作系统至少被划分为内核层和应用层两个层次。内核层只提供基本的功能，如建立和管理进程、提供文件系统、管理设备等，这些功能以系统调用方式提供给用户。一些桌面操作系统，如 Windows、Linux 等，将许多功能引入内核，操作系统的内核变得越来越大。

大多数嵌入式操作系统采用了微内核结构，内核只提供基本的功能，如任务的调度、任务之间的通信与同步、内存管理、时钟管理等。其他的应用组件，如网络功能、文件系统、GUI 系统等均工作在用户态，以系统进程或函数调用的方式工作。

3．任务调度

在嵌入式系统中，任务也就是线程。大多数的嵌入式操作系统支持多任务。多任务运行是靠 CPU 在多个任务之间的瞬间切换，使得 CPU 在某个时间段内可以运行多个任务。在多任务系统中，每个任务都有其优先级,然后由系统根据各任务的优先级进行调度。任务的调度有 3 种方式:可抢占式调度、不可抢占式调度和时间片轮转调度。不可抢占式调度在当前任务未完成前,由当前任务独占CPU,除非由于某种原因,它决定放弃 CPU 的使用权;可抢占式调度是基于任务优先级的,当前正在运行的任务可以随时让位给优先级更高的处于就绪态的其他任务;当两个或两个以上的任务有同样的优先级,不同任务轮转地使用 CPU,直到系统分配任务的 CPU 时间片用完,这就是时间片轮转调度。

目前,大多数嵌入式操作系统对不同优先级的任务采用基于优先级的抢占式调度法,对相同优先级的任务则采用时间片轮转调度法。

4.实时性

一般情况下,嵌入式系统对时间的要求比较高,这种系统也称为实时系统。实时系统有两种类型:硬实时系统和软实时系统。软实时系统并不要求限定某一任务必须在一定的时间内完成,只要求各任务运行得越快越好;硬实时系统对系统响应时间有严格要求,一旦系统响应时间不能满足要求,就可能会引起系统崩溃或致命的错误,一般在工业控制中应用较多。

5.内存管理

现在的一些桌面操作系统,如 Windows、Linux,都使用了虚拟存储器的概念。大多数的嵌入式系统不能使用处理器的虚拟内存管理技术,其采用的是实存储器管理策略。因而,对于内存的访问是直接的,其所有程序访问的地址都是实际的物理地址。

由此可见,嵌入式系统的开发人员不得不参与系统的内存管理。从编译内核开始,开发人员必须告诉系统有多少内存;开发应用程序时,必须考虑内存的分配情况,并关注应用程序需要运行空间的大小。另外,由于采用实存储器管理策略,用户程序同内核以及其他用户程序在一个地址空间,程序开发时要保证不侵犯其他程序的地址空间,以使得程序不至于破坏系统的正常工作,或导致其他程序的运行异常。因而,嵌入式系统的开发人员对软件

中的一些内存操作要格外小心。

6.系统运行方式

嵌入式操作系统内核可以在只读存储器上直接运行,也可以加载到内存中运行。只读存储器的运行方式是把内核的可执行程序映像烧录到只读存储器上,系统启动时从只读存储器的某个地址开始执行。这种方法实际上被很多嵌入式系统所采用。

由于嵌入式系统的内存管理机制,所以其对用户程序采用静态链接的形式。在嵌入式系统中,应用程序和操作系统内核代码编译、链接生成一个二进制映像文件来运行。

19.1.2 嵌入式系统的开发技术

嵌入式系统的开发相对于桌面操作系统Windows 而言,其应用程序有着很多的不同。嵌入式系统的硬件平台和操作系统的特点,为开发嵌入式系统的应用程序带来了许多附加的复杂性。

1.嵌入式系统开发过程

在嵌入式系统开发过程中,系统有宿主机和目标机之分。宿主机是执行应用程序编译、链接、定址过程的计算机;目标机指运行嵌入式软件的硬件平台。在开发嵌入式系统时,首先必须把应用程序转换成可以在目标机上运行的二进制代码。这一过程分为 3 个步骤完成:编译、链接、定址。编译过程由交叉编译器完成,要想让计算机源程序运行,就必须通过编译器把这个源程序编译成相应计算机上的目标代码,而交叉编译器就是指运行在一个计算机平台上,而为另一个平台产生代码的编译器。链接过程就是将编译过程中产生的所有目标文件链接成一个目标文件。随后的定址过程会把物理存储器地址指定给目标文件的每个相对偏移处,该过程生成的文件就是可以在嵌入式平台上执行的二进制文件。

在嵌入式系统的开发过程中还有另外一个重要的步骤:调试目标机上的应用程序。嵌入式调试采用交叉调试器,一般采用宿主机对目标机的调试方式。宿主机和目标机之间由串行口线或以太网连接。交叉调试有任务级、源码级和汇编级的调试,

调试时需要将宿主机上的应用程序和操作系统内核下载到目标机的 RAM 中，或者直接烧录到目标机的只读存储器（ROM）中。目标监控器是调试器对目标机上运行的应用程序进行控制的代理，事先被固化在目标机的 ROM 中，在目标机通电后自动启动，并等待宿主机调试器发来的命令，配合调试器完成应用程序的下载、运行和基本的调试，将调试信息返回给宿主机。

2．软件移植

大部分嵌入式系统开发人员选用的软件开发模式为：首先在 PC 上编写软件并调试，使软件能够正常运行；然后再将编译好的软件移植到目标机上。因此，在 PC 上编写软件时，需要注意软件的可移植性，通常选用具有较高移植性的编程语言（如 C 语言），尽量少调用操作系统函数，注意屏蔽不同硬件平台带来的可移植性问题。

19.2　嵌入式系统的需求分析

MP3 播放器主要用来播放媒体格式为.mp3 的声音文件，其 MP3 媒体文件存放在系统的存储器中。硬件 MP3 播放器是独立的、具有特殊用途的产品，它具有电源和专门的部件，以满足存储、管理、播放数字音乐及显示其相关信息的功能。而且未来的播放器将能存储更多的音乐，具有更快的处理器，并能支持更多的音乐文件格式。

对于硬件 MP3 播放器而言，用户可通过该设备前部的按钮播放媒体文件，其体积一般都非常小，并且可通过 USB 接口与计算机连接。下图给出了模拟设计的 MP3 播放器的外观，它只有火柴盒大小，除具有显示屏外，上面还有 5 个按钮。

该 MP3 播放器具有如下几个特点：

- 存储媒体文件的多少取决于播放器存储器的大小和媒体文件的大小。
- 存储的媒体文件可以通过 USB 接口由计算机删除和存储。
- 显示屏除显示媒体文件的名称外，还显示音量的大小信息。
- 用户可以用 VOL+和 VOL–按钮调节音量的大小。
- 用户可以通过面板上的按钮选择播放的媒体文件。
- 播放器具有一个电压指示器，电压指示器根据电池的电量多少，将剩余的电量显示在屏幕上。
- 在播放音乐的过程中关闭显示屏，进入省电模式，直到播放下一曲，或用户按下任一按键。

19.2.1　MP3 播放器的工作原理

一般地，MP3 播放器是利用数字信号处理器（DSP）来完成处理传输和解码 MP3 文件的任务的。MP3 播放设备的核心是 DSP。DSP 处理数据的传输，控制设备对音频文件进行解码和播放。DSP 的处理速度很快，并且在处理过程中消耗很少的电力。当数字文件在 PC 上被创建和下载时，处理过程就开始了，文件被制成 MP3（WMA 或 ACC）格式后，软件将文件变小，这个处理过程叫作有损压缩。

容量是 MP3 播放器的关键指标之一，硬件 MP3 播放器的最大限制在于存储数字音乐文件容量的大小。更小的 MP3 文件可通过进一步压缩来实现，通过压缩水平可知道音乐在压缩时的失真程度，一般用每秒钟音乐所占的比特数据来表示，这个数字越小，压缩程度就越高，但其播放音质也就越差。如，同一首 MP3 歌曲，压缩成 160kb/s 比压缩成 96kb/s 音质要好，而前者会占用更多的空间。

MP3 文件就是采用国际标准 MPEG 中的第三

层音频压缩模式，对声音信号进行压缩的一种格式。MPEG 中的第三层音频压缩模式比第一层和第二层编码要复杂得多，但音质最好。

一旦有了一个压缩后的 MP3 文件，下一步就是将其传输到 MP3 播放器的存储器中。第一代播放器使用的是用于存储数字音频式的数据存储介质，即闪存，这是一种有点类似于计算机 RAM 的存储介质，但在掉电的情况下不丢失内容。现在的播放器有了更多的选择，使用的存储介质包括内置硬盘和移动硬盘。当播放歌曲时（通过播放器的内置控制器选择，液晶显示屏会显示出歌曲名、艺术家名和播放时间等相关信息），数据被传送到 DSP，DSP 对文件进行解压。解压软件可内嵌在处理器或设备内存中。下一步，DSP 将数据传送到数字—模拟解码器，将二进制数字信息转换成模拟音频信号，然后模拟音频信号控制耳机或扬声器形成音乐。有的播放器还带有小型的前置功放集成电路，在音频信号到达耳机前加强声音效果。

19.2.2 外部事件

实时嵌入式系统一般都需要与环境交互，所以对于实时嵌入式系统，事件是非常重要的。在需求分析时，可以将 MP3 播放器系统看作是一个黑盒，它能对来自环境的请求和消息做出相应的反应。MP3 播放器由若干个参与者构成，每个参与者出于不同的目的和它进行交互，并交换不同的消息。

下图描述了播放器与外部环境的交互。在这个系统中，通过对系统的分析，可以识别出 3 种参与者：用户、电池和计算机。对于用户而言，播放器上的按钮是用户向系统输入操作请求的输入设备，显示屏与扬声器是用于向用户输出信息的输出设备。电池成为参与者的原因很简单，因为在使用 MP3 播放器时，电池的电量会不断减少，因此，系统需要不断获取电池电量的信息。

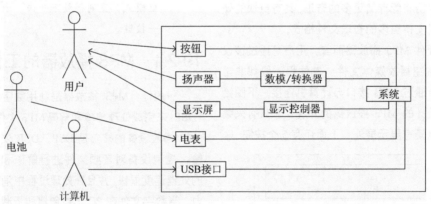

事件是来自环境的重要消息，一个实时系统必须在有限的时间内响应外部事件。事件的方向可以规定为"进"和"出"，"进"表示事件的方向是从外部环境到系统，"出"表示事件的方向是从系统到环境。事件的发生可以是周期的或随机的。如果系统不能在规定的时间内响应，就意味着系统的响应不正确。

下表给出了 MP3 播放器系统中可能发生的所有事件。在这个表中，In 表示事件的方向是从环境到系统，Out 表示事件的方向是从系统到环境。显然，一个事件的发生可能是周期性的，也可能是偶发性的。表中给出的响应时间指出了 MP3 播放器最多在多长时间内必须响应。如果系统在给定的响应时间内没有反应，那么系统就发生了错误。

	事件	系统响应	方向	事件发生的模式	响应时间/s
1	一曲播放结束	读取下一个媒体文件； 显示媒体文件名； 播放音乐	In	随机	1

续表

	事件	系统响应	方向	事件发生的模式	响应时间/s
2	用户按下 PLAY 按钮	如果正在播放音乐，则暂停； 如果未播放音乐，则开始播放音乐	In	随机	1
3	用户按下 VOL+按钮	增加一个单位的播放音量	In	随机	0.5
4	用户按下 VOL−按钮	减小一个单位的播放音量	In	随机	0.5
5	用户按下"下一曲"按钮	暂停当前播放的音乐； 读取下一个媒体文件； 显示媒体文件名； 播放音乐	In	随机	1
6	用户按下"上一曲"按钮	暂停当前播放的音乐； 读取上一个媒体文件； 显示媒体文件名； 播放音乐	In	随机	1
7	电量不足	提示用户并停止播放	In	随机	1
8	进入省电模式	关闭显示屏	In	随机	1
9	在省电模式下，用户按下任一个按钮唤醒系统	离开省电模式，打开显示屏	In	随机	1

19.2.3　识别用例

系统用例描述的是用户眼中的系统，即用户希望系统有哪些功能和通过哪些操作完成这些功能。一个用例代表用户与系统交互的一种方式。正如前面介绍过的，识别用例的最好方法是从参与者的角度分析系统。在 MP3 播放器中，首要的参与者是用户。如下图所示，它从用户角度描述了该系统应该具有的功能。下面将逐一介绍这些用例。

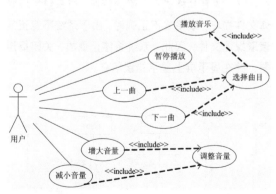

1. 播放音乐

用户按下"播放"按钮，MP3 播放器将通过扬声器播放存储的媒体文件，播放完后将播放下一

曲，直到用户停止播放为止。

2. 暂停播放

当用户再次按下"播放"按钮时，MP3 播放器将暂停当前播放的媒体文件，直到用户再次按下"播放"按钮，才开始播放。

3. 选择曲目

当用户按下"下一曲"或"上一曲"时，该用例从存储器中读取一个媒体文件，并播放。

4. 下一曲和上一曲

播放器中存储的媒体文件是以媒体文件的文件名排列的，用户通过"上一曲"和"下一曲"按钮，可以选择播放的媒体文件。

5. 调整音量

当用户按下"增大音量"或"减小音量"时，该用例调整播放媒体文件的音量大小。

6. 增大音量和减小音量

用户按下"增大音量"或"减小音量"按钮，以调整播放的音量大小。

对于参与者计算机而言，它可以向系统添加、删除、重命名和读取媒体文件。下图列出了计算机作为参与者的用例图。对参与者电池而言，系统只是周期性地获取电池的剩余电量，它并不向系统发送什么消息。

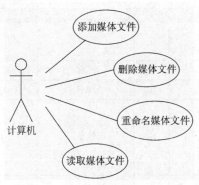

计算机

19.2.4　使用顺序图描述用例

　　因为在某些复杂的情况下，单靠文字的描述来说明用例是很难理解的，此时用顺序图来描述，使用例更易理解。下面使用顺序图来描述主动的外部参与者（用户、电池和计算机）与 MP3 播放器系统之间的交互。每个顺序图都描述了参与者与系统进行交互时发生的事情。

　　下图描述了"播放音乐"用例的基本工作流。当用户按下"播放"按钮时，即向系统发送消息，开始播放媒体文件，System 发送消息给 Speaker，Speaker 开始播放媒体音乐，System 向 LCD 发送消息显示播放进度和音量大小，System 周期性地获取电池的电量信息，并通过显示屏显示剩余电量。用户再次按下"播放"按钮，即向系统发送暂停播放消息，System 停止播放。因为实时系统对响应时间有比较严格的限制，所以在图中标出了系统的响应时间限制，第一个 1s 表示按下"播放"按钮和系统开始播放音乐的时间间隔不超过 1s；第二个 1s 表示再次按下"播放"按钮和系统停止播放的时间间隔不超过 1s。

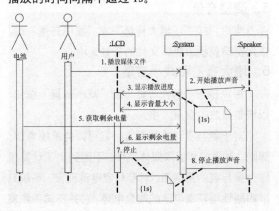

　　描述所有可能出现的情况，是复杂而烦琐的任务。一般而言，即使在每个参与者的作用都很清楚的情况下，研究所有参与者与系统之间所有可能发生的交互也是比较困难的。但是，在系统的设计早期还是应该描述这些情况。对于 MP3 播放器而言，在播放音乐 2s，用户未按下任一按钮时，系统进入省电模式。而当以下几种情况发生时，系统会进行相应的处理：

　　❑　电池的剩余电量不足。
　　❑　播放的媒体文件损坏，或格式不正确。
　　❑　用户按下了一个按钮。
　　❑　播放的当前媒体文件结束。

　　下图描述了当用户正在播放音乐时，电池剩余电量不足的情况。此时，系统将停止正常的播放，关闭系统，以节省电能。

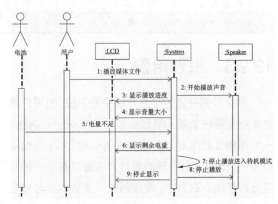

　　下图描述了当用户正在播放音乐时，媒体文件被损坏，或者其格式不正确的情况。当系统发现媒体文件损坏，或格式不正确时，由于系统不能正常读取媒体文件，因此，系统将停止播放，关闭扬声器，并在显示屏上显示错误信息。

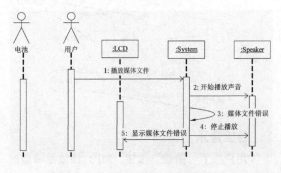

　　下图描述了当播放音乐时，用户按下了一个按

钮，这时系统将从省电模式退出，并根据用户按下的按钮调整系统状态。系统如果在 2s 内没有发生任何事件，就关闭显示屏，从而进入省电模式。当用户按下 VOL+或 VOL-按钮时，系统相应地调整音量的大小，并显示当前调整后系统的状态信息；随后用户又按下了"选择曲目"按钮，系统读取相应的媒体文件，并重新开始播放，显示系统当前状态。

下图描述了当播放完当前的媒体文件时，系统采取的响应。系统在播放完当前媒体文件时，会自动找到下一个媒体文件，并开始播放，同时显示当前系统的状态。系统中的媒体文件按名称进行了排列。

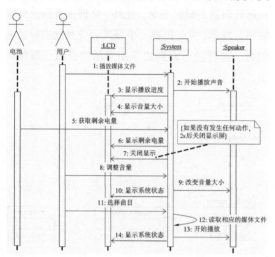

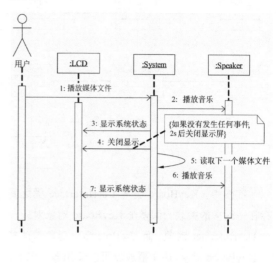

19.3 系统的静态模型

分析完系统的需求后，下一步就要对问题域进行分析，为系统建立一个静态模型。建立静态模型，也可以说是为系统绘制类图。注意，此时定义的类图只是一个草图，其中的操作和属性还需要逐步修改和完善。

19.3.1 识别系统中的对象或类

分析了系统的用例后，需要对系统进一步分析，以便发现其中的类或对象，并初步确定类的属性和操作，以及类之间的关系。

对于 MP3 播放器系统，很显然，用户通过显示器及按钮与系统进行交互。由于显示器和按钮是被动对象，因此需要添加一个用户接口对象来管理用户和系统之间的交互。用户接口对象依靠音频控制器来实现用户期望的操作。实际上，音频控制器是 MP3 播放器的核心，它完成用户接口所指定的

各种操作。音频控制器通过扬声器来播放音乐。

对于媒体文件，MP3 播放器提供了一个可读写存储器，以存储媒体文件。存储器可由计算机通过 USB 接口连接，这样就可以实现对存储的媒体文件进行管理。因此，需要一个类来表示存储器，而媒体文件将作为一个单独的类出现。

为了显示电池的剩余电量，系统需要周期性地测试电池的剩余电量。因此，也可以为电池建立一个对象。

通过上述分析，可以从系统中抽象出以下几个主要类：Battery、AudioController、Speaker、KeyBoard、Display、Memory、MediaFile 和 UserInterface。

19.3.2 绘制类图

根据前面识别出的系统中的类以及类之间的

关系，可以绘制出如下图所示的类图。

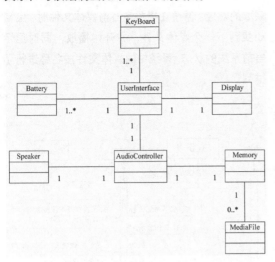

在图中，KeyBoard 类与 UserInterface 类之间存在一对多的关联，即多个 KeyBoard 对象对应一个 UserInterface 对象，而 UserInterface 对象管理多个 KeyBoard 对象；由于播放器可以使用多个电池，因此，多个 Battery 对象对应一个 UserInterface 对象；Display 类与 UserInterface 类之间为一对一的关联关系；Speaker 类与 AudioController 类之间也为一对一的关联关系；AudioController 类与 UserInterface 类之间为一对一的关联关系；播放器只有一个存储器，因此，Memory 类与 AudioController 类之间为一对一的关联关系；在存储器中可以存放 0 到多个媒体文件，即一个 Memory 类对象对应多个 MediaFile 类对象。

为了更好地理解系统的静态结构，可以把这个系统分为 4 个子系统：用户接口子系统、电池子系统、存储器子系统和音频子系统，如下图所示。

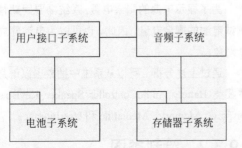

下面对各子系统分别分析，以确定类的操作和属性。

1. 音频子系统

在 MP3 播放器中，每个 MP3 媒体文件都是由帧（Frame）构成的，帧是 MP3 文件最小的组成单位，无论帧长是多少，每帧的播放时间都是 26ms。音频子系统的功能是播放一个完整的 MP3 文件。由于音频的输出是实时的，因而用一个定时器类来为音频输出提供精确的计时。定时器类实际上是对物理计时器的软件包装。此外，物理扬声器只能播放声音样本。因此需要一个扬声器类对此进行扩充包装。这样就可得到如下图所示的音频子系统类图。

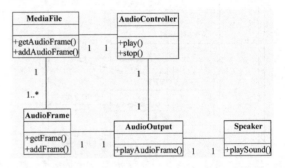

下图使用顺序图描述了 Audio 子系统播放音乐时各对象之间的交互作用，同时添加了 3 个实时约束。播放消息响应时间是指从用户按下按钮开始，一直到开始播放声音文件为止这段时间。停止响应时间是指从用户再次按下按钮开始，到声音停止播放为止这段时间。帧间隔表示系统播放完一个数据帧到获取下一个数据帧的时间间隔。

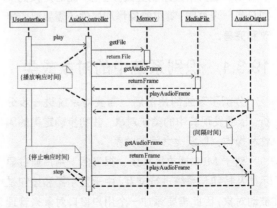

如上图所示，当用户按下播放按钮时，UserInterface 对象将发送消息 play 给 AudioController 对象，AudioController 对象发送消

息 getFile 给 Memory 对象，Memory 对象返回一个媒体文件对象 MediaFile，随后，AudioController 向 MediaFile 发送一个 getAudioFrame 消息，以获取媒体文件的一个数据帧，然后，再由 AudioController 对象向 AudioOutput 对象发送 playAudioFrame 消息，以便播放获取的数据帧。当第一个数据帧播放完后，AudioController 对象便立即获取第二个数据帧，并进行播放处理。这种情况会一直持续到媒体文件播放完毕，或者用户再次按下播放按钮停止播放。

2．存储器子系统

存储器类用来管理 MP3 播放器的存储空间，它维护已经存储的媒体文件，并为新的媒体文件分配存储空间。存储器子系统的类图如下图所示。

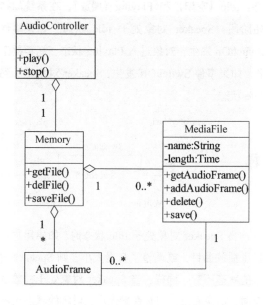

用户界面（UserInterface）类可以通过 Memory 类来获取 MP3 媒体文件，但是用户界面类不能直接修改它，只有 AudioController 类可以通过 Memory 类来修改所保存的媒体文件。例如，如果 UserInterface 类想删除媒体文件，它只需要调用 AudioController 类的方法 delFile，而不是直接访问对象 MediaFile。这样做是为了防止 AudioController 对象正在播放媒体文件时，用户通过 UserInterface 类删除该媒体文件。下图所示的顺序图描述了这个过程。

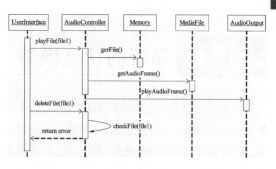

3．用户接口子系统

用户接口子系统的功能是管理用户和系统间的交互。它通过按钮接收用户的输入，并通过显示屏给用户反馈信息。显示器类是操作硬件显示器的接口，通过该接口可以关闭显示屏，以节省电能。为了便于在显示屏上输出内容，可以建立一个图形设备上下文类，该类具有在显示屏上绘制圆点、画线、输入字符串等绘图操作。

除通过按钮接收来自用户的消息外，用户接口对象还获取来自电池和 USB 接口的消息。由上述分析可以得到如下图所示的用户接口子系统类图。

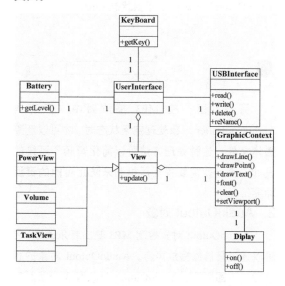

View 类调用 GraphicContext 的方法，以便在显示屏上显示当前播放的曲目、音量等信息，View 类与 GraphicContext 类是聚合关系。View 类有 3 个子类：PowerView 类、VolumeView 类和 TaskView 类，这 3 个子类分别负责在显示屏上显示剩余电量、音量和当前曲目信息。

19.4 系统的动态模型

类图是从静态结构视图上描述系统的，为了理解系统的动态行为，还应创建描述系统动态方面的图。一般而言，可以用顺序图、协作图、状态图和活动图描述系统动态行为。

19.4.1 状态机图

本节将通过状态机图对 MP3 播放器系统中具有动态行为的对进行描述。

1．AudioController 对象

下图是 AudioController 对象的状态机图，在 MP3 播放器中，AudioController 对象只有两个状态：Idle（空闲）和 Playing（播放）。刚进入系统时，AudioController 对象处于空闲状态。如果用户按下"播放"按钮，事件 play 发生，对象进入状态 Playing；当事件 stop 发生时，系统停止播放，AudioController 对象返回到状态 Idle。

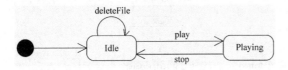

另一方面，在 MP3 播放器中，只有当 AudioController 对象处理空闲状态时，才可以删除媒体文件。这种处理方法可以简化音频子系统的设计，否则就需要用互斥机制来防止可能的资源冲突。

2．AudioOutput 对象

AudioOutput 对象控制 MP3 输出音乐通道，它可以通过扬声器播放声音。AudioOutput 对象的状态图如下图所示。AudioOutput 对象有 3 个状态：Idle（空闲）、Playing（播放）和 Expand（解压）。开始时，AudioOutput 对象处于 Idle 状态，如果发生 playCompressedAudioFrame 事件，则对象进入 Expand 状态，开始对数据解压缩；解压缩完成后，AudioOutput 对象进入 Playing 状态，开始播放声音；播放结束后，返回到 Idle 状态。

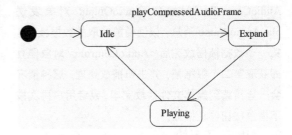

3．Speaker 对象

Speaker 对象是物理扬声器的软件接口。下图是 Speaker 对象的状态图。Speaker 对象有两个状态：Idle（空闲）和 Playing（播放）。在系统的初始阶段，Speaker 对象处于 Idle 状态，如果事件 SwitchOn 发生，对象进入 Playing 状态，扬声器工作；如果事件 SwitchOff 发生，Speaker 对象返回到 Idle 状态。

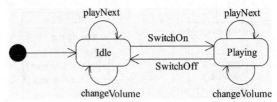

当 Speaker 对象处于 Idle 状态时，如果用户切换了播放曲目，或调整了音量大小，则 Speaker 对象的状态不变；同样，当 Speaker 对象处于播放状态时，切换曲目、调整音量大小，对象的状态也不会发生改变。这样，可以实现当切换曲目时，不会改变播放的音量；同样，当调整音量大小时，也不会改变当前播放的曲目。

4．Display 对象

Display 对象是物理显示器的软件接口。Display 对象的状态图如下图所示。Display 对象有两个状态：Idle（空闲）和 Holding（显示）。通常，Display 对象处于 Idle 状态，如果发生事件 SwitchOn，对象进入 Holding 状态，显示器工作；如果事件 SwitchOff 发生，对象返回到 Idle 状态。

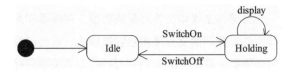

5．Timer 对象

Timer 对象是对物理定时器设备的软件包装。Timer 对象只有一个状态 Timer，当硬件时钟引起中断时，计时器计数。计时器的状态图如下图所示。

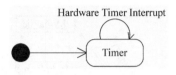

6．UserInterface 对象

UserInterface 对象负责外部事件与系统内部之间的通信。UserInterface 对象有两个状态：Idle（空闲）和 Playing（播放）。Idle 和 Playing 状态都是组合状态，它们含有两个子状态：ChangeVolume 和 ChangeTune。下图为 UserInterface 对象的状态图。

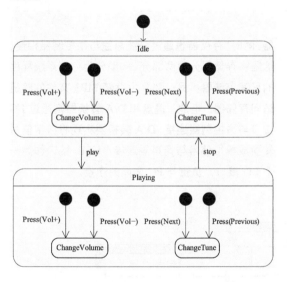

在系统的开始阶段，UserInterface 对象处于 Idle 状态，用户可以通过 VOL+ 和 VOL–按钮调整音量大小，或者通过按钮选择相应的曲目；在对象 Idle 状态时，如果用户按下"播放"按钮，则对象 UserInterface 进入 Playing 状态，系统按照 UserInterface 对象空闲时设置的状态播放音乐；在 Playing 状态时，用户也可以选择曲目和音量大小。

当用户再次按下"播放"按钮时，发生事件 stop，对象 UserInterface 返回 Idle 状态。

19.4.2　协作图

状态图描述了系统中对象的内部行为，即当事件发生时，对象的状态如何变化。本节将用协作图来描述不同的软件对象如何协作，以达到目标。

可以把系统中的硬件当作一个参与者来看待，这个新的参与者可能包含了分析阶段所描述的其他一些参与者。硬件参与者通过中断请求通知正在运行的程序发生了一个事件。当一个硬件设备通过事件和系统进行通信时，它就会发出一个中断请求，在处理器接收到这个中断后，它停止当前的程序流，并且调用一个中断服务程序，然后由中断服务子程序处理硬件请求，并且尽可能快地返回，使正常的程序流能继续执行。但是，不能将中断服务子程序作为某个对象的方法设计，因此，设计人员应该建立一种能将硬件中断变换成发送给某个对象的消息的机制。这里使用一个抽象类 ISR 包装机制。ISR 的子类可将中断服务子程序当作一个普通的方法来实现。

键盘、电池电量测量表、音频控制器通过反应对象与用户界面进行协作，反应对象将事件发送给事件代理，它们不需要等用户接口读取这些事件。用户界面则不断查询事件代理中的新事件，如果新的事件存在，用户界面就将事件指派给相应的视图和控制器进行处理。

键盘对象 KeyBoard 须定期检测物理按键的状态。在 MP3 播放器中，假设键盘对象每秒查询物理键盘 10 次，那么为了获取用户的输入，用户按下键的时间应该大于十分之一秒；如果用户按钮的时间不够十分之一秒，则击键操作可能会被错过。上面这种获取按键信息的方式为查询方法，为了减轻 CPU 的负担，也可以采用中断的方法。中断方法就是在按下一个按键时，物理按钮产生一个中断，这就需要添加相应的硬件。

为了定期地被激活，键盘和电池电量表对象需要使用 Scheduler 对象的服务。下图所示的协作图描述了调度者对象 Scheduler 与它的客户之间的协作。

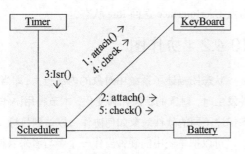

存储器是媒体文件对象的容器。存储器和媒体文件对象间的交互采用包容器模式。当音频控制器需要访问某个媒体文件对象时，它需要使用存储器对象，然后，由存储器对象返回媒体文件对象。

下图所示的协作图描述了用户接口对象、音频控制器、MP3 文件和音频输出对象之间的协作，该协作用来播放一个 MP3 媒体文件。

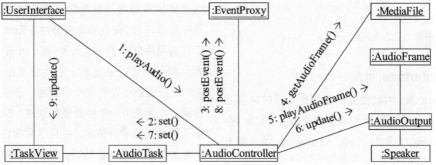

UML 19.5 体系结构

本节将讨论硬件资源分配问题。对于嵌入式系统而言，硬件的设计和软件的设计同样重要，因为在购买该产品时，谁都不会只购买软件或硬件，他们需要的是硬件和软件都包含的产品。

下图是系统硬件体系结构。对于 MP3 播放器，这个嵌入式系统的核心是微控制器。微控制器与时钟相连，以便时钟为其提供时间和计时服务。LCD 显示器通过 LCD 控制器由系统总线连接到微控制

器，同时，存储器也通过系统总线与微控制器相连。这里将存储器分为两部分：一部分为存储系统程序的只读存储器；另一部分为存储 MP3 文件的随机访问存储器。电池、键盘和 D/A 转换器则通过 I/O 接口与微控制器连接。D/A 转换器实现将数字信号转换成模拟信号与扬声器连接。USB 接口作为一个 I/O 接口，负责与 PC 之间的连接。

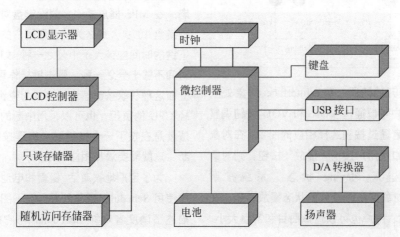